国家职业技能等级认定培训教材
国家基本职业培训包教材资源

电 工

（基础知识）

本书编审人员

主　编　赵　卿
参　编　张冬柏　易贵平　张文英

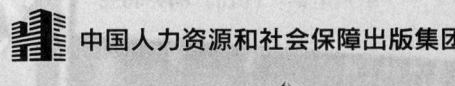
中国人力资源和社会保障出版集团

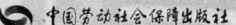　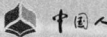
中国劳动社会保障出版社　　中国人事出版社

图书在版编目（CIP）数据

电工：基础知识 / 人力资源社会保障部教材办公室组织编写. -- 北京：中国劳动社会保障出版社：中国人事出版社，2022

国家职业技能等级认定培训教材

ISBN 978-7-5167-5294-4

Ⅰ.①电… Ⅱ.①人… Ⅲ.①电工技术 - 职业技能 - 鉴定 - 教材 Ⅳ.①TM

中国版本图书馆 CIP 数据核字（2022）第 043873 号

中国劳动社会保障出版社
中国人事出版社 出版发行

（北京市惠新东街 1 号 邮政编码：100029）

*

北京市白帆印务有限公司印刷装订　　新华书店经销

787 毫米 ×1092 毫米　16 开本　24.25 印张　427 千字
2022 年 6 月第 1 版　　2025 年 3 月第 2 次印刷

定价：**59.00** 元

营销中心电话：400-606-6496

出版社网址：http://www.class.com.cn

版权专有　　侵权必究

如有印装差错，请与本社联系调换：（010）81211666
我社将与版权执法机关配合，大力打击盗印、销售和使用盗版图书活动，敬请广大读者协助举报，经查实将给予举报者奖励。

举报电话：（010）64954652

前　　言

为加快建立劳动者终身职业技能培训制度，全面推行职业技能等级制度，推进技能人才评价制度改革，促进国家基本职业培训包制度与职业技能等级认定制度的有效衔接，进一步规范培训管理，提高培训质量，人力资源社会保障部教材办公室组织有关专家在《电工国家职业技能标准（2018年版）》（以下简称《标准》）和国家基本职业培训包（以下简称培训包）制定工作基础上，编写了电工国家职业技能等级认定培训教材（以下简称等级教材）。

电工等级教材紧贴《标准》和培训包要求编写，内容上突出职业能力优先的编写原则，结构上按照职业功能模块分级别编写。该等级教材共包括《电工（基础知识）》《电工（初级）》《电工（中级）》《电工（高级）》《电工（技师高级技师）》5本。《电工（基础知识）》是各级别电工均需掌握的基础知识，其他各级别教材内容分别包括各级别电工应掌握的理论知识和操作技能。

本书是电工等级教材中的一本，是职业技能等级认定推荐教材，也是职业技能等级认定题库开发的重要依据，已纳入国家基本职业培训包教材资源，适用于职业技能等级认定培训和中短期职业技能培训。

人力资源社会保障部教材办公室

Contents
目录 | 电工（基础知识）

职业道德及职业守则

职业模块一
培训项目一	职业道德	002
培训项目二	职业守则	005

电工基础

职业模块二
培训项目一	直流电路基本知识	010
培训项目二	电磁基本知识	049
培训项目三	交流电路基本知识	068
培训项目四	变压器	101
培训项目五	异步电动机	108
培训项目六	低压电器	115
培训项目七	电工识图基本知识	124
培训项目八	三相异步电动机基本电气控制电路	134

电子技术基础

职业模块三
培训项目一	半导体基本知识	140
培训项目二	PN结和二极管	142
培训项目三	三极管基本知识	152
培训项目四	直流稳压电路	159

电工常用工具、量具

| 职业模块四 | 培训项目一 | 电工常用工具 | 172 |
| | 培训项目二 | 电工常用量具 | 183 |

电工仪器仪表及测量

| 职业模块五 | 培训项目一 | 电工测量基础 | 202 |
| | 培训项目二 | 电工常用仪器仪表 | 250 |

常用电工材料应用

职业模块六	培训项目一	常用导线材料的分类及其应用	282
	培训项目二	常用绝缘材料的分类及其应用	293
	培训项目三	磁性材料的分类及其应用	302

安全知识

职业模块七	培训项目一	电工安全基本知识	308
	培训项目二	电气安全基本规定	310
	培训项目三	触电急救知识	316
	培训项目四	电气消防知识	322
	培训项目五	电气安全装置	325
	培训项目六	接地知识	327
	培训项目七	防雷和防静电知识	330
	培训项目八	电工安全用具	333
	培训项目九	电气安全措施	338

其他相关知识

职业模块八	培训项目一	供电和用电知识	348
	培训项目二	钳工基础知识	351
	培训项目三	质量管理知识	358
	培训项目四	环境保护知识	359
	培训项目五	现场文明生产	364

法律、法规相关知识

职业模块九	培训项目一	《中华人民共和国劳动合同法》相关知识	368
	培训项目二	《中华人民共和国电力法》相关知识	372
	培训项目三	《中华人民共和国安全生产法》相关知识	377

职业模块一

职业道德及职业守则

- 培训项目一　职业道德
- 培训项目二　职业守则

培训项目一　职业道德

《公民道德建设实施纲要》指出:"职业道德是所有从业人员在职业活动中应该遵循的行为准则,涵盖了从业人员与服务对象、职业与员工、职业与职业之间的关系。随着现代社会分工的发展和专业化程度的增强,市场竞争日趋激烈,整个社会对从业人员职业观念、职业态度、职业技能、职业纪律和职业作风的要求越来越高。"因此,认真学习和了解职业道德的基本知识,对电工的成长与发展具有重要意义。

一、职业道德的内涵

职业道德是从事一定职业的人们在职业活动中应该遵循的,依靠社会舆论、传统习惯和内心信念来维持的行为规范的总和。它调节从业人员与服务对象之间、从业人员之间、从业人员与职业之间的关系,是职业或行业范围内的特殊要求,也是社会道德在职业领域的具体体现。

二、职业道德的基本要素

1. 职业理想

职业理想即人们对职业活动目标的追求和向往,是人们的世界观、人生观、价值观在职业活动中的集中体现。职业理想是形成职业态度的基础,也是实现职业目标的精神动力。

2. 职业态度

职业态度即人们在一定社会环境的影响下,通过职业活动和自身体验所形成的、对岗位工作的一种相对稳定的劳动态度和心理倾向。职业态度是从业者精神境界、职业道德素质和劳动态度的重要体现。

3. 职业义务

职业义务即人们在职业活动中自觉地履行对他人、社会应尽的职业责任。我国的每一位从业者都有维护国家、集体利益，为人民服务的职业义务。

4. 职业纪律

职业纪律即从业者在岗位工作中必须遵守的规章、制度、条例等职业行为规范。例如，国家公务员必须廉洁奉公、甘当公仆，公安、司法人员必须秉公执法、铁面无私等。这些规定和纪律要求，是从业者做好本职工作的必要条件。

5. 职业良心

职业良心即从业者在履行职业义务中所形成的对职业责任的自觉意识和自我评价活动。人们所从事的职业和岗位的不同，其职业良心的表现形式也往往不同，例如，商业人员的职业良心是"诚实无欺"，医生的职业良心是"救死扶伤，治病救人"，从业人员能做到这些，内心就会得到安宁；反之，内心则会产生不安和愧疚感。

6. 职业荣誉

职业荣誉即社会对从业者职业道德活动的价值所做出的褒奖和肯定评价，以及从业者在主观认识上对自己职业道德活动的一种自尊、自爱的荣辱意向。当一个从业者职业行为的社会价值赢得社会公认时，就会由此产生荣誉感；反之，就会产生耻辱感。

7. 职业作风

职业作风即从业者在职业活动中表现出来的相对稳定的工作态度和职业风范。从业者在职业岗位中表现出来的尽职尽责、诚实守信、奋力拼搏、艰苦奋斗等，都属于职业作风。职业作风是一种无形的精神力量，对从业者所从事事业的成功具有重要作用。

三、职业道德的特征

职业道德作为职业行为的准则之一，与其他职业行为准则相比，体现出以下特征。

1. 鲜明的行业性

行业之间存在差异，各行各业都有特殊的道德要求。例如，商业领域对从业者的道德要求是"买卖公平，童叟无欺"，会计行业的职业道德要求是"不做假账"，驾驶员的职业道德要求是"遵守交规，文明行车"，这些都是职业道德行业性特征的表现。

2. 适用范围上的有限性

一方面，职业道德一般只适用于从业人员的岗位活动；另一方面，不同的职业道德之间也有共同的特征和要求，存在共通的内容，如敬业、诚信、互助等，但在某一特定行业和具体的岗位上，必须有与该行业、该岗位相适应的具体的职业道德规范。这些特定的规范只在特定的职业范围内起作用，只能对从事该行业和该岗位的从业人员起到指导和规范作用，而不能对其他行业和岗位的从业人员起作用。例如，律师的职业道德要求他们必须努力为其当事人进行辩护，而警察的职业道德则要求他们尽力去搜寻犯罪嫌疑人的犯罪证据。可见，职业道德的适用范围不是普遍的，而是特定的、有限的。

3. 表现形式的多样性

职业领域的多样性决定了职业道德表现形式的多样性。随着社会经济的高速发展，社会分工将越来越细，越来越专，职业道德的内容也必然千差万别。各行各业为适应本行业的行业公约、规章制度、员工守则、岗位职责等要求，都会将职业道德的基本要求规范化、具体化，使职业道德的具体规范和要求呈现出多样性。

4. 一定的强制性

职业道德除通过社会舆论和从业人员的内心信念来对其职业行为进行约束外，与职业责任和职业纪律也紧密相连。职业纪律属于职业道德的范畴，当从业人员违反了具有一定法律效力的职业章程、职业合同、职业责任、操作规程，给企业和社会带来损失和危害时，职业道德就将用其具体的评价标准，对违规者进行处罚，轻则受到经济和纪律处罚，重则移交司法机关，由法律来进行制裁。这就是职业道德强制性的表现所在。但需要注意的是，职业道德本身并不存在强制性，而是其总体要求与职业纪律、行业法规具有重合的内容，一旦从业人员违背了这些纪律和法规，除受到职业道德的谴责外，还要受到纪律和法律的处罚。

5. 相对稳定性

职业一般处于相对稳定的状态，决定了反映职业要求的职业道德必然处于相对稳定的状态。例如商业行业"买卖公平，童叟无欺"的职业道德，医务行业"救死扶伤，治病救人"的职业道德等，千百年来都为从事相关行业的人们所传承和遵守。

6. 利益相关性

职业道德与物质利益具有一定的相关性。利益是道德的基础，各种职业道德规范及表现状况，关系到从业人员的利益。对于爱岗敬业的员工，单位不仅应该给予精神方面的鼓励，也应该给予物质方面的褒奖；相反，违背职业道德、漠视工作的员工则会受到批评，严重者还会受到纪律的处罚。一般情况下，当企业将职业道德规范，如爱岗敬业、诚实守信、团结互助、勤劳节俭等纳入企业管理时，都要将道德规范与自身的行业特点、要求紧密结合在一起，变成更加具体、明确、严格的岗位责任或岗位要求，并制定出相应的奖励和处罚措施，与从业人员的物质利益挂钩，强调责、权、利的有机统一，便于监督、检查、评估，以促进从业人员更好地履行自己的职业责任和义务。

培训项目二 职业守则

一、遵纪守法，爱岗敬业

1. 遵纪守法

这里的法是指广义的法律，包括宪法、法律、行政法规、地方性法规、自治条例、单行条例、国务院部门规章和地方政府规章等。在依法治国的今天，法律、法规在人们生活中的作用越来越大。一个合格的电工必须具有先进的法律意识，掌握相关的法律规定，同时正确认识到自己的法律地位、法律权利、法律责任，做到知法、讲法、守法，遵守法律规定，履行法律义务，杜绝违法犯罪行为。只有这样，才能保证出色地完成电工工作任务。

2. 爱岗敬业

爱岗敬业的具体要求包括如下内容。

（1）树立职业理想

职业理想是指人们对未来工作部门和工作种类的向往和对现行职业发展水平、程度的憧憬。树立职业理想，可以帮助从业者在工作中奋发进取，勇往直前。

（2）强化职业责任

职业责任是指人们在一定职业活动中所承担的特定的职责，包括人们应该做的工作以及应该承担的义务。强化职业责任，增强责任意识，是实现自我管理、自我提升的重要途径。

（3）提高职业技能

职业技能是人们进行职能活动、履行职业责任的能力，包括从业人员的实际操作能力、业务处理能力、技术能力以及与职业有关的理论知识。提高职业技能，可以提高从业者各方面素质，成为专业人才。

二、精益求精，勇于创新

社会实践是不断发展的，我们的思想认识也应不断前进，应勇于和善于在实际工作中根据实践的要求进行创新。根据各个时期面临的形势和任务的需要，结合新情况、新问题，总结新经验、新方法，概括新理论、新观点，有所发现，有所创造，有所前进。

研究问题的症结，思忖解决的对策，或改良工具，或革新工艺，或运用新的材料，或发明新的技术，正是在解决一个个生产实践问题的过程中，精益求精、勇于创新的精神，推动着技术技能的发展，推动着社会文明的进步。

三、遵守规程，执行工艺

严格执行工作程序、工作规范、工艺文件和安全操作规程，是电工在具体操作中，确保人身和设备安全的准则，每个电工都需认真学习领会各种规章制度，并严格执行，以保证安全操作。

电工的工艺文件规定了与电工有关的生产方法和实施要求，包括安全用电、节约用电、电工常用工具及仪表、常用低压电器、室内线路及照明、电动机基本控制线路等。电工的工艺文件是电工生产活动的指导性文件，严格执行电工工艺是保证电工生产质量的前提和基础。

四、爱护设备，安全操作

电工应按照规定穿戴好个人防护用品。操作设备时，应对设备进行安全检查确认正常后再投入运行，严禁带故障运行。设备的安全装置必须按规定使用，不准随意拆除，设备运转时电工不得离开工作岗位。

五、保护环境，文明生产

电工在上班期间要求按公司要求统一着装，保持衣帽整洁，扣齐工作服纽扣。在电工生产现场，应保持设施完好，各种设备、工具及辅助工具等应有序摆放，生产所需的零、部件应放到指定位置。保持工作环境清洁、有序，文明生产，塑造企业良好形象。

职业模块二 电工基础

- 培训项目一　直流电路基本知识
- 培训项目二　电磁基本知识
- 培训项目三　交流电路基本知识
- 培训项目四　变压器
- 培训项目五　异步电动机
- 培训项目六　低压电器
- 培训项目七　电工识图基本知识
- 培训项目八　三相异步电动机基本电气控制电路

培训项目一　直流电路基本知识

一、电现象及电场

1. 电现象

电是一种重要的能源，广泛用于生产和生活，可以发光、发热、产生动力等，现代生活离不开电。

在干燥的季节里，用塑料梳子梳头发时，头发会向梳子的方向飘过去；雷雨天气时会出现闪电。以上现象都属于电现象。

用塑料梳子梳头发时因为摩擦，头发和塑料梳子就带上了电荷。像这样用摩擦的方法使物体带电的现象，称为摩擦起电，带电体具有吸引轻小物体的性质。物体带上电荷后，如果电荷是不流动的，就称为静电。上文梳子带的就是静电，而闪电是云与云之间、云与地之间或者云体内各部位之间的强烈放电现象。

电现象包括了许多种由于电荷的存在或移动而产生的现象。这其中有许多很直观的概念，如闪电、静电等，还有一些比较抽象的概念，如电磁场、电磁感应等。

2. 电场

电场是电荷及变化磁场周围空间里存在的一种特殊物质。

电场是自然界中的基本场之一，是电磁场的一个组成部分，以电场强度 E 与电通密度 D 来表征，具体表现为对每单位试验电荷的作用力。

电场与通常的实物不同，它虽不是由分子原子所组成，但它是客观存在的。电场具有通常物质所具有的力和能量等客观属性，电场的客观存在表现为：电场对进入其中的电荷有作用力，这种力称为电场力，当电荷在电场中移动时，电场力对电荷做功（这说明电场具有能量）。

静止电荷在其周围空间产生的电场称为静电场；随时间变化的磁场在其周围

空间激发的电场称为有旋电场,也称感应电场或涡旋电场。静电场是有源无旋场,电荷是场源;有旋电场是无源有旋场。普遍意义的电场是静电场和有旋电场两者之和。

二、电路和电路图

电荷有规则地移动就形成了电流,电流经过的路径就是电路,最基本的电路由电源、负载、开关和连接导线四个部分组成。

电源——把非电能转换成电能的装置,如发电机、干电池等。

负载——把电能转换成其他形式能量的装置,如电灯、电炉、电烙铁、扬声器、电动机等一切用电设备。

开关——接通或断开电路的控制元件。连接导线可以把电源、负载及开关连接起来,组成一个完整的闭合回路,起传输和分配电能的作用。

如图 2-1 所示为由干电池、小电珠、开关和连接导线构成的一个简单直流电路的实物图与电路图。当合上开关时,电池向外输出电流,电流流过小电珠,小电珠就发光。

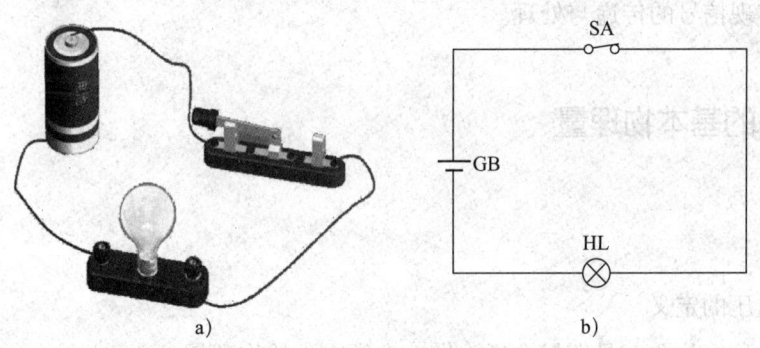

图 2-1 电路和电路图
a) 实物图 b) 电路图

1. 电路图及电气元件图形符号

电路可以用电路图来表示,上文中图 2-1b 就是图 2-1a 所示电路的电路图。

电路图在实际工作中广泛应用于分析电路,可用来表明各种电路的工作原理。由于应用电路往往比较复杂,电路图不可能按实物一一画出,图中设备或元件均以国家统一规定的符号表示。

常用电气元件的文字符号和图形符号见表 2-1。

表 2-1 常用电气元件的文字符号和图形符号

元件名称	文字符号	图形符号	元件名称	文字符号	图形符号
电池	GB	 —⊣⊢—	电感	L	 —⌒⌒⌒—
理想电压源	U	 ⊕	相连接的交叉导线		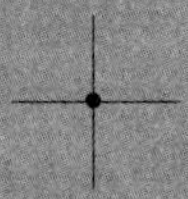 ┼•
电阻	R	 —▭—			
电容	C	 —⊣⊢—	不相连接的交叉导线		 ┼
开关	S	 —/—			

2. 电路的作用

（1）进行电能的传输、分配与转换。

（2）实现信号的传递与处理。

三、电路的基本物理量

1. 电压

（1）电压的定义

电压又称电位差，是衡量电场力做功本领大小的物理量。

（2）电压的分类

如果电压的方向不随时间变化，则称为直流电压，用大写字母 U 表示；如果电压的方向随时间变化，则称为变动电压。对电路分析来说，一种最为重要的变动电压是正弦交流电压（简称为交流电压），其大小及方向均随时间按正弦规律做周期性变化。交流电压的瞬时值用小写字母 u 或 $u(t)$ 表示。

（3）电压的大小和单位

如图 2-2 所示，在电场中，电场力 F_e 将电荷 Q 从 A 点移动到 B 点所做的功与电荷的比值称为该两点之间的电压，其数学表达式为

$$U_{AB} = \frac{W_{AB}}{Q}$$

式中　U_{AB}——电场中 A、B 两点的电压，V；

　　　Q——电荷，C；

　　　W_{AB}——在电场中电场力将电荷 Q 从 A 点移动到 B 点所做的功，J。

若电场力将 1 库仑（C）的电荷从 A 点移动到 B 点，所做的功是 1 焦耳（J），则 A、B 两点之间的电压大小就是 1 伏特，简称伏，用字母 V 表示。除伏特以外，常用的电压单位还有千伏（kV）、毫伏（mV）和微伏（μV），它们之间的换算关系为

　　　　1 kV=1 000 V

　　　　1 V=1 000 mV

　　　　1 mV=1 000 μV

（4）电压的方向

电压不仅有大小，还有参考方向，即有正、负。对于负载，规定电流流进端为电压的正端，电流流出端为电压的负端，电压的方向为由正指向负。

电压的方向在电路图中有两种表示方法：用箭头表示，如图 2-3a 所示，箭头的方向是电位降落的方向；用极性表示，如图 2-3b 所示，用"+"表示参考极性的正端，用"-"表示参考极性的负端。

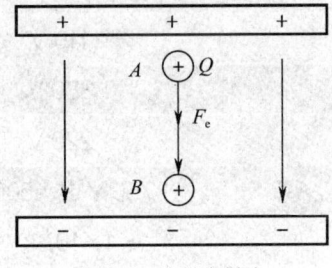

图 2-2　电场力做功

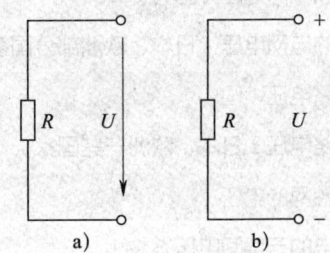

图 2-3　电压方向的两种表示方法

a）用箭头表示　b）用极性表示

在分析电路时，往往难以确定电压的实际方向，此时可先任意假设电压的参考方向，再根据计算所得值的正、负来确定电压的实际方向。

对于负载而言，没有电流就没有电压，有电流就一定有电压。电阻两端的电压称为电压降。

（5）电压的测量

电路中任意两点之间的电压大小，可用电压表进行测量，测量时应注意以下几点。

1）对交、直流电压应分别采用交流电压表和直流电压表进行测量。

2）电压表必须并联接在被测电路的两端。

3）直流电压表表壳接线柱上标明的"+""-"记号，应和被测两点的电位相一致，即"+"端接高电位，"-"端接低电位，如图2-4所示，不能接错，否则指针将反转，严重时会损坏电压表。

4）根据实际情况合理选择电压表的量程。

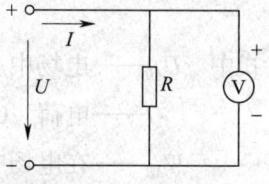

图2-4 直流电压的测量

在电路中提供电压的装置是电源，常见电源电压值见表2-2。

表2-2 常见电源电压值

常见电源	电压值
电视信号在天线上感应的电压	0.1 mV
维持人体生物电流的电压	1.2 mV
干电池标称电压	1.5 V
电子手表用氧化银电池两极之间的电压	1.5 V
一节蓄电池的电压	2 V
手持移动电话的电池两极之间的电压	3.6 V
对人体安全的电压	干燥情况下不高于 36 V
家用电的电网电压（国内）	220 V
家用电的电网电压（日本、欧洲部分国家）	110 V
动力电路电压（国内）	380 V
动力电路电压（日本、欧洲一些国家）	220 V
地铁接触网的电压	750 V 或 1 500 V
发生闪电的云层间电压	$1×10^3$ kV

2. 电动势

（1）电动势的定义

电动势是在电源内部，外力克服电场力将单位正电荷从电源的负极移动到电源正极所做的功，如图2-5所示。电动势是衡量电源将非电能转换成电能本领大小的物理量。

（2）电动势的大小和单位

电动势的数学表达式为

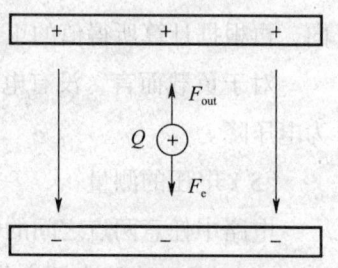

图2-5 外力克服电场力做功

$$E = \frac{W_E}{Q}$$

式中 E——电动势，V；

　　　W_E——非静电力做的功，J；

　　　Q——电荷，C。

电动势的单位与电压的相同，为伏特（V）。

（3）电动势的方向

电动势的方向规定为在电源内部由负极指向正极，如图2-6所示，图2-6a和图2-6b分别表示直流电动势的两种图形符号。

电动势与电压是完全不同但容易混淆的两个概念。电动势是表示非静电力把单位正电荷从负极经电源内部移到正极所做的功，具有电位升的特点；而电压则表示静电力把单位正电荷从电场中的某一点移到另一点所做的功。

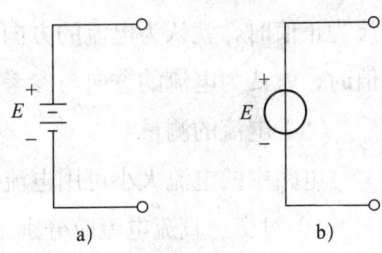

图2-6　直流电动势的两种图形符号
a）电池　b）理想电压源

对于一个电源来说，既有电动势又有电压。电动势只存在于电源内部，而电压只存在于电源的外部，其方向由正极指向负极。一般情况下，电源的电压总是低于电源内部的电动势，只有当电源开路时，电源的电压才与电源的电动势相等。

3. 电流

（1）电流的定义

电压的存在使电路中的电荷受到电场力的作用而产生定向移动，从而形成了电路中的电流。

（2）电流的分类

电流分直流和交流两种，电流的方向不随时间变化的称作直流，电流的大小和方向随时间变化的称作交流，文字符号为i（或I）。

（3）电流的大小和单位

电流的大小取决于在一定时间内通过导体横截面电荷量的多少，若在t秒内通过导体横截面的电量为Q库仑，则电流I为

$$I = \frac{Q}{t}$$

式中　I——电流，A；

　　　Q——通过导体截面的电量，C；

t——电量流过导体截面的时间,s。

如果在1秒(s)内通过导体横截面的电量为1库仑(C),则导体中的电流就是1安培,简称安,以大写字母A表示。除安培外,常用的电流单位还有千安(kA)、毫安(mA)和微安(μA),单位间转换公式如下:

$$1 \text{ kA} = 1\,000 \text{ A}$$

$$1 \text{ A} = 1\,000 \text{ mA}$$

$$1 \text{ mA} = 1\,000 \text{ μA}$$

(4)电流的方向

在分析电路时,常常要知道电流的方向,但有时往往难以判断某段电路中电流的方向,可先任意假定电流的参考方向(也称正方向),然后列方程求解,当解出的电流为正值时,就认为电流的方向与参考方向一致,如图2-7a所示;反之,当电流为负值时,就认为电流的方向与参考方向相反,如图2-7b所示。

(5)电流的测量

电路中的电流大小可用电流表(安培表)进行测量,测量时应注意以下几点。

1)对交、直流电流应分别采用交流电流表和直流电流表测量。

2)电流表必须串联接到被测量的电路中。

3)直流电流表表壳接线柱上标明的"+""-"记号,应和电路的极性相一致,如图2-8所示,不能接错,否则指针反转,会影响正常测量,也容易损坏电流表。

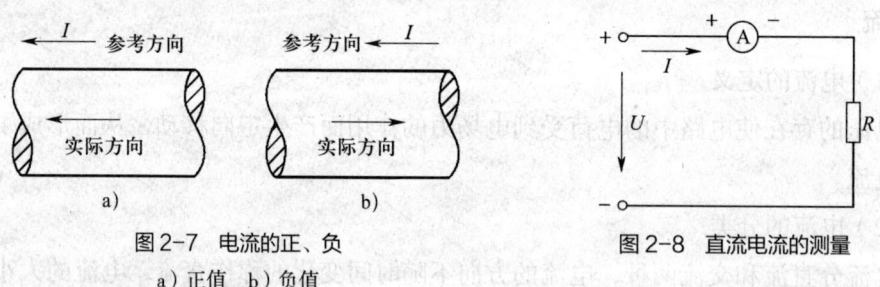

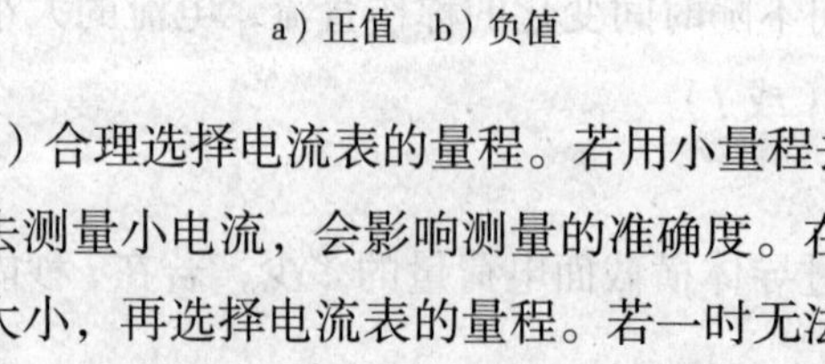

图2-7 电流的正、负
a)正值 b)负值

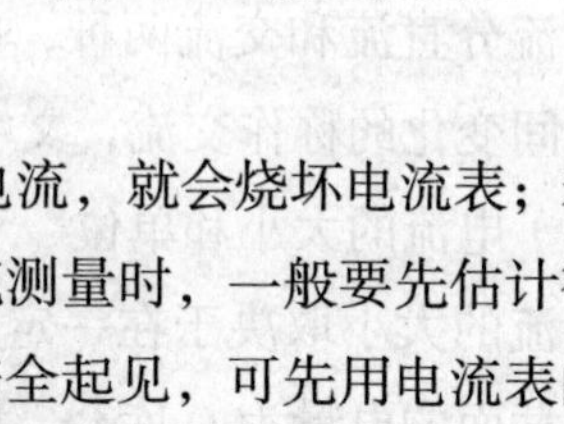

图2-8 直流电流的测量

4)合理选择电流表的量程。若用小量程去测量大电流,就会烧坏电流表;若用大量程去测量小电流,会影响测量的准确度。在进行电流测量时,一般要先估计被测电流的大小,再选择电流表的量程。若一时无法估计,安全起见,可先用电流表的最大量程挡,当指针偏转不到三分之一刻度时,再改用较小挡去测量,当指针偏转到三分之二左右时,测量的准确度最高。

(6)电流的三大效应

1)热效应。导体通电时会发热,这种现象叫作电流的热效应。

2）磁效应。奥斯特发现：任何通有电流的导线都可以在其周围产生磁场，这种现象称为电流的磁效应。

3）化学效应。电流中的带电粒子（电子或离子）参与而使得物质发生了化学变化，如化学中的电解水或电镀等都是电流的化学效应。

4. 电流密度

（1）电流密度的定义

电流密度是描述电路中某点电流强弱和流动方向的物理量。

（2）电流密度的大小和单位

电流密度的大小等于单位时间内通过垂直于电流方向单位面积的电量，一般用 J 表示，单位为安培每平方米，记作 A/m^2。

$$J = \frac{I}{S}$$

式中　J——电流密度，A/mm^2；

　　　I——流过导线的电流，A；

　　　S——导线的截面积，mm^2。

在变压器设计中，在不同铁芯大小、不同温升、不同压降要求及不同散热条件下，其绕组电流密度都会不同，不能认为固定的线径允许的电流密度大小是一个定值。

（3）电流密度的方向

电流密度是矢量，以正电荷流动的方向为正方向。

（4）电流密度与导线截面积的选择

选择合适的导线横截面积可以使导线的电流密度在允许的范围内，保证用电安全。导线允许的电流密度随导体横截面的不同而不同，例如，$1\ mm^2$ 及 $2.5\ mm^2$ 铜导线的 J 取 $6\ A/mm^2$；而 $120\ mm^2$ 铜导线的 J 取 $2.3\ A/mm^2$。当导线中通过的电流超过允许值时，导线将过热、冒火，甚至出现电气设备事故。

【例 2-1】

某照明电路需要通过 15 A 的电流，问应采用多粗的铜导线（设 $J=6\ A/mm^2$）？

解：$S = \dfrac{I}{J} = \dfrac{15}{6} = 2.5\ (mm^2)$

除计算外，实际应用中还可通过查"导线安全流量表"来选择导线的截面积。

四、电阻、电阻率及电阻器

1. 电阻

（1）电阻的定义

当电流通过导体时，由于做定向移动的电荷会和导体内的带电粒子发生碰撞，所以导体会对电流通过起阻碍作用，即为电阻。导体的电阻越大，表示导体对电流的阻碍作用越大。电阻是导体本身的一种特性，不同的导体，电阻一般不同。

导体的电阻常用 R 表示。在各种电路中经常会用到具有一定电阻值的元件为电阻器，也简称电阻。

（2）电阻的大小和单位

电阻的大小取决于材料本身的性质，数学表达式为

$$R = \frac{\rho L}{S} \tag{2-1}$$

式中　R——导线的电阻，Ω；
　　　ρ——电阻率，$\Omega \cdot m$；
　　　L——导线的长度，m；
　　　S——导线的截面积，m^2。

电阻用字母 R 表示，单位为欧姆，简称欧，符号为 Ω。常用的电阻单位还有千欧（$k\Omega$）、兆欧（$M\Omega$）（兆 = 百万，$1 M\Omega$ 即 100 万欧）。

若导体两端所加的电压为 1 V 时，通过的电流是 1 A，那么该导体的电阻就是 1 Ω，1 Ω = 1 V/A。

（3）影响导体电阻大小的因素

由式（2-1）可以看出电阻的大小与导体的长度、截面积和本身材质有关，电阻的大小与导体的长度成正比，与其截面积成反比。

此外，实验证明导体的电阻与温度有关。一般金属的电阻随温度的升高而增大，随温度的降低而减小。如 220 V、40 W 的白炽灯，不通电时，灯丝电阻为 100 Ω；正常发光时，灯丝电阻高达 1 210 Ω。某些材料温度降低到某一温度下电阻会突然消失，这就是超导现象。

【例 2-2】

用康铜丝来绕制 20 Ω 的电阻（20 ℃时康铜的电阻率 $\rho = 5 \times 10^{-7} \Omega \cdot m$），问需要

直径为 1 mm 的康铜丝多少米？

解：

$$S = \frac{\pi d^2}{4} = \frac{3.14 \times (1 \times 10^{-3})^2}{4} = 7.85 \times 10^{-7} \ (\text{m}^2)$$

$$L = \frac{RS}{\rho} = \frac{20 \times 7.85 \times 10^{-7}}{5 \times 10^{-7}} = 31.4 \ (\text{m})$$

因此需要直径为 1 mm 的康铜丝 31.4 m。

（4）电阻的测量

导体电阻的大小可用电阻计（欧姆表）进行测量，测量时要满足以下两点。

1）断开电路上的电源，如图 2-9a 所示。

2）使被测电阻的一端断开，如图 2-9b 所示。

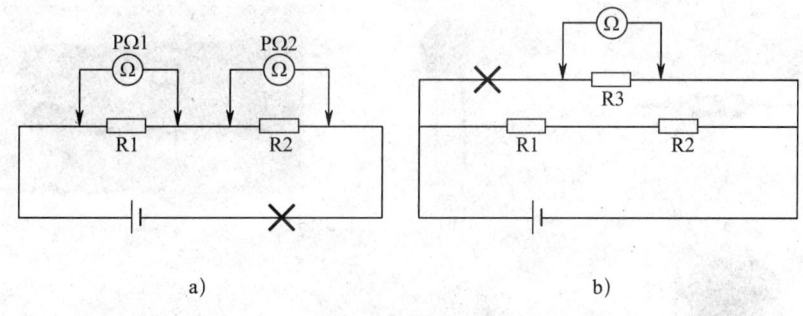

图 2-9　电阻的测量
a）断开电源后再测量　b）断开电阻的一端

3）避免把人体的电阻量入的情况，如图 2-10 所示。

2. 电阻率

电阻率（又称电阻系数）是用来表示各种物质电阻特性的物理量，用 ρ 表示。某种材料的电阻大小等于该材料制成的长度为 1 m、截面积为 1 mm² 的导体在一定温度下的电阻值，单位是欧·米（Ω·m）。

由式（2-1）可知电阻率的定义为

$$\rho = \frac{RS}{L}$$

电阻率会随温度的变化而变化，大部分金属材料的电阻率会随着温度的升高而升高，非金属材料的电阻率随温度升高而下降。

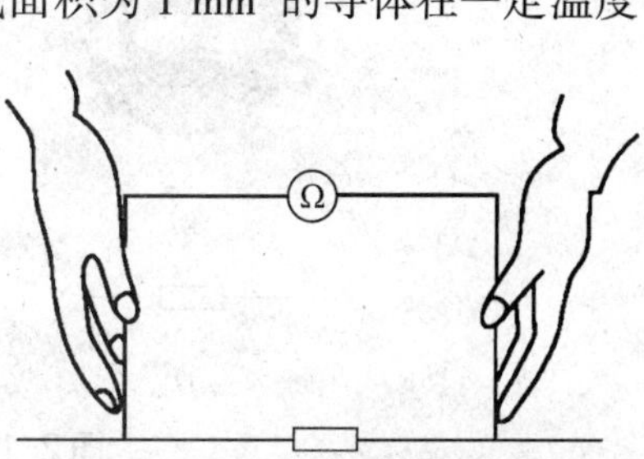

图 2-10　测量电阻时量入了人体电阻

3. 电阻器

利用导体的电阻性能制成具有一定阻值的实体元件，称为电阻器，通常简称电阻。电阻器是各种电路中经常使用的基本元件之一，主要用来稳定和调节电路中的电流和电压，作为分流器、分压器以及消耗电能的负载电阻器使用。

（1）电阻器的分类

电阻器的种类繁多，结构形式各异。一般根据其工作特性及电路功能可分为固定电阻器、可变电阻器、敏感电阻器三大类。

1）固定电阻器。固定电阻器的阻值是固定不变的，一般有碳膜电阻器、薄膜电阻器、陶瓷管状电阻器、线绕电阻器等形式。常用固定电阻器外形如图 2-11a、b、c、d 所示，图形符号如图 2-11i 所示。

图 2-11 常用电阻器的外形及图形符号

a）碳膜电阻器 b）薄膜电阻器 c）陶瓷管状电阻器 d）线绕电阻器 e）微调硬膜电位器
f）带开关可变电位器 g）瓷盘线绕可变电阻器 h）线绕可变电阻器 i）电阻符号 j）可变电阻符号

2）可变电阻器。可变电阻器的阻值可以在一定范围内变化，又称变阻器，具有三个引出端的常称为电位器。常用可变电阻器的外形如图 2-11e、f、g、h 所示，图形符号如图 2-11j 所示。

3）敏感电阻器。敏感电阻器的阻值对于某种物理量（如温度、电压、光通、机械力、磁通、湿度以及气体浓度等）表现敏感，根据其敏感的物理量不同，可分为热敏、压敏、光敏、力敏、磁敏、湿敏和气敏七种主要类型，如图 2-12 所示。由于敏感电阻器所用的材料几乎都是半导体材料，所以又称半导体电阻器。

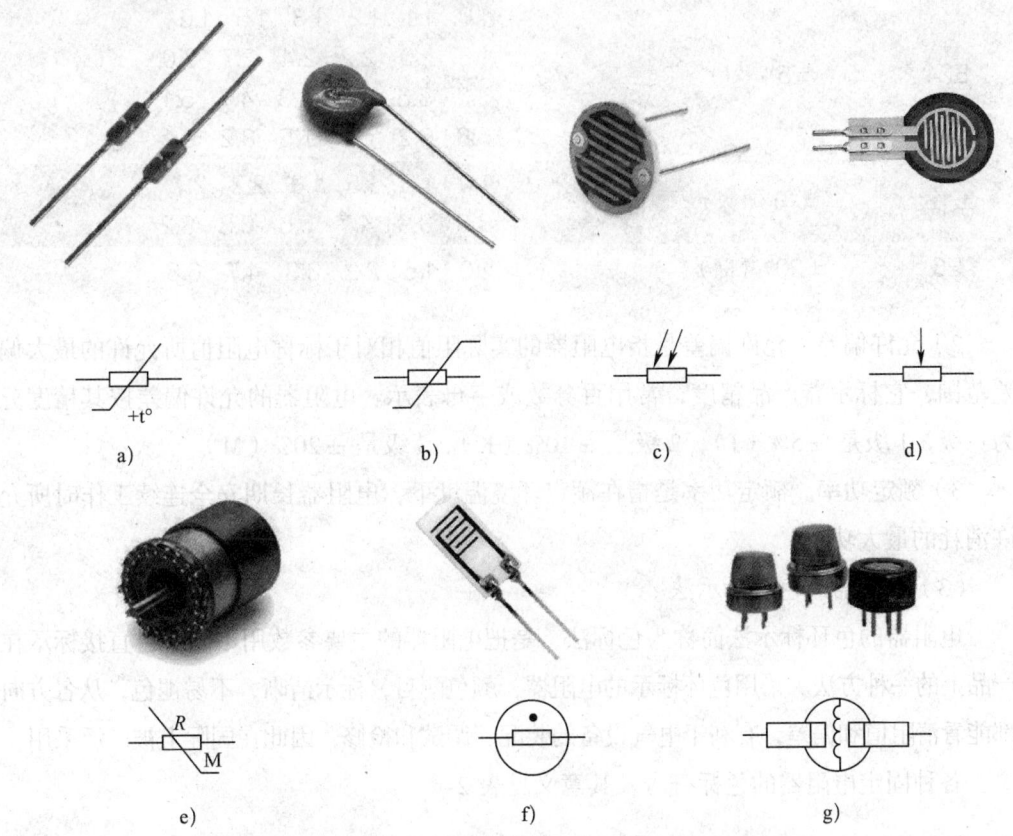

图 2-12　常用敏感电阻器的外形及图形符号
a）热敏电阻　b）压敏电阻　c）光敏电阻　d）力敏电阻　e）磁敏电阻　f）湿敏电阻　g）气敏电阻

（2）电阻器的主要指标

电阻器的指标有标称阻值、允许偏差、额定功率、最高工作电压、温度特性、稳定性等。其中，标称阻值、允许偏差和额定功率是主要指标，一般都用数字和文字符号，或者用色环直接标注在电阻器的表面。选用敏感电阻器时不仅要注意其标称阻值、额定功率、最高工作电压，更要注意最高工作温度和电阻温度系数等参数，并注意阻值变化方向。

1）标称阻值。成品电阻器上所标注的电阻值称为标称阻值。为了便于生产，同时考虑能够满足实际使用的需要，国家规定了一系列数值作为产品的标准，这一系列值叫作电阻的标称系列值，见表2-3。电阻器的标称阻值应为表中所列数值的10^n倍，n为正整数、负整数或零。

表2-3　电阻的标称系列值

系列	偏差	标称系列值
E24	±5%（J）	1.0　1.1　1.2　1.3　1.5　1.6 1.8　2.0　2.2　2.4　2.7　3.0 3.3　3.6　3.9　4.3　4.7　5.1 5.6　6.2　6.8　7.5　8.2　9.1
E12	±10%（K）	1.0　1.2　1.5　1.8　2.2　2.7 3.3　3.9　4.7　5.6　6.8　8.2
E6	±20%（M）	1.0　1.5　2.2　3.3　4.7　6.8

2）允许偏差。允许偏差是指电阻器的实际阻值相对于标称电阻值所允许的最大偏差范围，它标示着产品精度，常用百分数或字母表示。电阻器的允许偏差按其精度分为三级，1级是±5%（J），2级是±10%（K），3级是±20%（M）。

3）额定功率。额定功率是指在额定环境温度下，电阻器长期安全连续工作时所允许消耗的最大功率。

（3）电阻器的色环标示法

电阻器的色环标示法简称为色标法，是把电阻器的主要参数用不同颜色直接标示在产品上的一种方法。采用色环标示的电阻器，颜色醒目，标示清晰，不易褪色，从各方向都能看清阻值和偏差，有利于电气设备的装配、调试和检修，因此在国际上被广泛采用。

各种固定电阻器的色标符号及其意义见表2-4。

表2-4　固定电阻器的色标符号及其意义

色环颜色	有效数字	倍乘	允许偏差	色环颜色	有效数字	倍乘	允许偏差
银	—	10^{-2}	±10%	绿	5	10^5	±0.5%
金	—	10^{-1}	±5%	蓝	6	10^6	±0.2%
黑	0	10^0	—	紫	7	10^7	±0.1%
棕	1	10^1	±1%	灰	8	10^8	—

续表

色环颜色	有效数字	倍乘	允许偏差	色环颜色	有效数字	倍乘	允许偏差
红	2	10^2	±2%	白	9	10^9	+5% −20%
橙	3	10^3	—	无	—	—	±20%
黄	4	10^4	—				

色标电阻的色环是按从左至右依次排列的，最左边为第一色环，之后以此类推。一般4环电阻器，第一色环和第二色环代表电阻的第一位和第二位有效数字，第三色环代表倍乘，第四色环代表允许偏差，如图2-13所示。

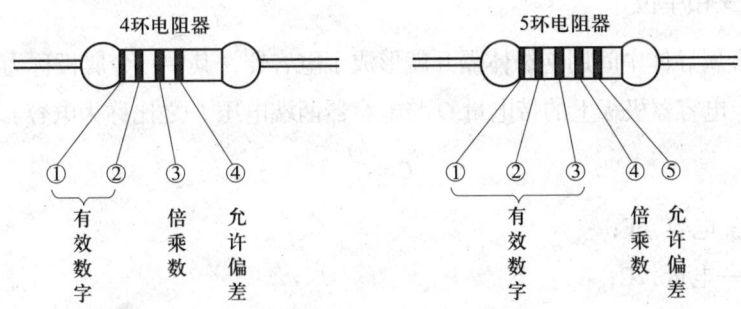

图2-13 色标法示例

（4）电阻器的选用

电阻器应根据其规格、性能指标以及在电路中的作用和技术要求选用，具体选用原则是：电阻器的标称阻值应与电路的要求相符；额定功率应为该电阻在电路中实际消耗功率的1.5~2倍；允许偏差应在要求的范围之内。另外，电工还应熟悉电阻器的型号及意义，国产电阻器的型号命名方法见表2-5。

表2-5 国产电阻器的型号命名方法

顺序	第一位	第二位	第三位
类别	主称	材料	形状及性能 +
名称及符号	电阻器 R 电位器 W	碳膜 T 金属膜 J 金属氧化膜 Y 线绕 X 实心 S	小型 X 精密 J 测量 L 高功率 G 微调 W

例如：RT 表示碳膜电阻器，RJJ 表示精密金属膜电阻器，RTL 表示测量用碳膜电阻器，WT 表示碳膜电位器，WXX 表示小型线绕电位器。

五、电容及电容器

1. 电容及电容器的定义

电容亦称作电容量，是在给定电位差下自由电荷的储藏量。电容器是储存电荷的容器，是电工、电子技术中的一个重要元件。

2. 电容的定义和单位

将两块金属导体中间用绝缘体隔开就形成了电容器，其中，金属板称为极板，绝缘体称为介质。电容器极板上的带电量 Q 与电容器两端电压 U 之比称为电容 C，表达式为

$$C = \frac{Q}{U}$$

式中　　C——电容，F；

Q——电量，C；

U——电压，V。

电容的文字符号为 C，单位是法拉 F，常用的有微法（μF）和皮法（pF）。一个电容器，如果带 1 库仑的电量时两极间的电势差是 1 伏，这个电容器的电容就是 1 法拉。

3. 电容器容量的大小

电容器容量的大小取决于电容器本身构造，而与加在电容器两极板间的电压无关。板形电容器电容量的计算公式为

$$C = \varepsilon \frac{S}{d}$$

式中　　C——电容量，F；

ε——绝缘材料的介电常数（不同种类的绝缘材料其介电常数是不同的），F/m；

S——极板的有效面积，m^2；

d——两极板间的距离，m。

决定电容器容量的大小有以下几个因素：

（1）极板间的距离

极板间的距离越小，正、负电荷间相互吸引力越大，电容器储存电荷的能力也越

大，所以电容量与极板间的距离成反比。

（2）两极板的面积

两极板的面积越大，容纳的电荷就越多，电容量也越大，所以电容量与极板面积成正比。

（3）介质材料

不同的介质对极板上的正负电荷的影响不同，在极板面积和距离相同时，以空气为介质时电容量最小，而用其他介质时，电容量都要增大。

4. 电容器的功能

充电和放电是电容器的基本功能。

（1）充电

使电容器带电（储存电荷和电能）的过程称为充电。把电容器的一个极板接电源的正极，另一个极板接电源的负极，两个极板就分别带上了等量的异种电荷，从而两极板之间形成了电场。充电过程可以把从电源获得的电能储存在电容器中。

（2）放电

使充电后的电容器失去电荷（释放电荷和电能）的过程称为放电。例如，用一根导线把电容器的两极接通，两极上的电荷互相中和，电容器就会放出电荷和电能。放电后电容器的两极板之间的电场消失，电能转化为其他形式的能。

5. 电容器的用途

电容器的性质概括起来为通交流、阻直流，具体分为以下作用。

（1）旁路

旁路电容器是为电路中元件提供能量的储能元件，它能使稳压器的输出均匀化，降低负载需求。

（2）去耦

去耦又称解耦，去耦电容器就是起到一个"电池"的作用，满足驱动电路电流的变化，避免相互间的耦合干扰。

（3）滤波

电容器的滤波作用就是通高阻低，即通高频阻低频。电容越大低频越容易通过。

（4）储能

储能型电容器通过整流器收集电荷，并将存储的能量通过变换器引线传送至电源的输出端。

6. 电容器主要特性参数

（1）额定电压

在额定环境温度下可连续加在电容器的最高直流电压值，一般直接标注在电容器外壳上。如果工作电压超过电容器的额定电压，电容器将被击穿，造成不可修复的永久损坏。

（2）标称容量

成品电容器上所标注的电容量称为标称容量。标称容量往往有误差，即电容器实际电容量与标称容量的偏差，在国家标准规定的允许范围内的误差称为允许误差。不同等级的允许误差使用不同的电容偏差标志符号表示。

电容偏差标志符号见表2-6。

表2-6 电容偏差标志符号

符号	允许误差/%
H	+100 -0
R	+100 -10
T	+50 -10
Q	+30 -10
S	+50 -20
Z	+80 -20

电容器标称容量有如下几种表示方法。

1）直标法。用数字和单位符号直接标出，如 1 μF 表示 1 微法。有些电容用"R"表示小数点，如 R56 表示 0.56。

2）文字符号法。用数字和文字符号有规律的组合来表示容量，如 p10 表示 0.1 pF，1p0 表示 1 pF，6P8 表示 6.8 pF，2μ2 表示 2.2 μF。

3）色标法。用色环或色点表示电容器的主要参数。电容器的色环、色点含义与电阻器相同。

4)数学计数法。如瓷介电容,标值272,容量就是27×100 pF=2 700 pF,标值473,容量就是47×1 000 pF,最后一位的2、3,都表示10的多少次方。

7. 电容器的分类

电容器种类很多,按其结构不同可分为固定电容器、可调电容器和微调电容器三种。

(1)固定电容器

电容量固定不可调节的电容器称为固定电容器。常用固定电容器的外形及图形符号如图2-14所示。

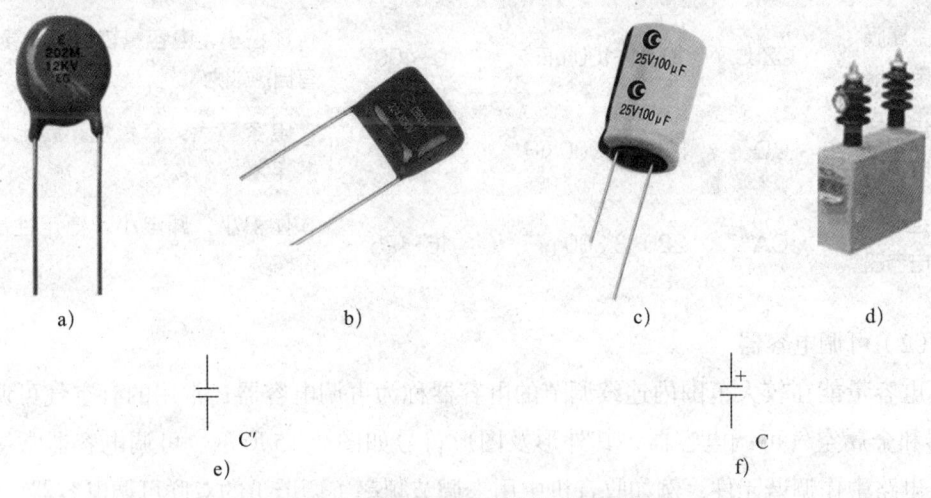

图2-14 常用固定电容器的外形及图形符号
a)陶瓷电容器 b)薄膜电容器 c)电解电容器 d)电力电容器
e)一般电容器图形符号 f)电解电容器图形符号

固定电容器按所用的介质来分,有纸介电容器、云母电容器、陶瓷电容器、金属化纸介电容器、有机薄膜电容器(聚苯乙烯薄膜或涤纶薄膜作介质)、电解电容器等。其中电解电容器有正、负极之分,只适用于直流电路,使用时要使正极接高电位,负极接低电位,不能接反。常用固定电容器的规格、特点见表2-7。

表2-7 常用固定电容器的规格、特点

名称	型号	电容量范围	耐压/V	主要特点
纸介电容器	CZG	1 000 pF~0.1 μF	160~400	价格低,损耗较大,体积也较大
云母电容器	CY	10~51 000 pF	100~7 000	耐压高、高温,性能稳定,体积小,漏电小,损耗小,但电容量小

续表

名称	型号	电容量范围	耐压 /V	主要特点
油质电容器	CZM	0.1~16 μF	250~1 600	电容量大，耐压高，但体积大
陶瓷电容器	CC	1~3 600 pF	63~500	耐高温，体积小，性能稳定，漏电小，容量小
涤纶电容器	CLX	1 000 pF~0.5 μF	63~360	体积小，漏电小，重量小
聚苯乙烯电容器	CBX	3 pF~1 μF	63~250	漏电小，损耗小，性能稳定，有较高的精密度
金属膜电容器	CZJ	0.01~100 μF	0~400	体积小，电容量较大，击穿后有自愈能力
铝电解电容器	CD	10~100 000 μF	3~450	电容量大，有极性，漏电大，损耗大
钽电解电容器	CA	220~3 300 μF	16~125	体积小，漏电小，稳定性高，价格贵

（2）可调电容器

电容量能在较大范围内连续调节的电容器称为可调电容器，常用的有空气可调电容器和金属空气可调电容器，其外形及图形符号如图2-15所示。可调电容器常用于电子电路中作调谐元件，例如收音机中用来调节频率（调谐）的双联可调电容器。

a)

b)　　　　　　　　　　c)

图2-15　常用可调电容器的外形及图形符号

a）空气可调电容器　b）金属空气可调电容器　c）可调电容器图形符号

（3）微调电容器

电容量只能在较小范围内调节的电容器称为微调电容器。常用的微调电容器有陶瓷微调电容器、插件微调电容器和晶片微调电容器等，其外形及图形符号如图2-16所示。常见的微调电容器电容量的调整方法是旋转压在动片上的螺钉，以改变电容值。

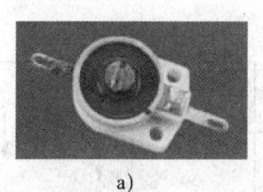         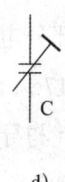

a)　　　　　　　　b)　　　　　　c)　　　　　　d)

图2-16　常用微调电容器的外形及图形符号

a）陶瓷微调电容器　b）插件可调电容器　c）晶片微调电容器　d）微调电容器图形符号

8. 电容器的选用

在实际选用电容器时，应考虑以下几方面的问题。

（1）满足电性能的要求

主要考虑电容量、允许误差和耐压等主要指标是否达到电路要求，既不能过高，也不能过低。过高会造成浪费，过低不但达不到电路要求，而且不安全。

（2）考虑电路要求和使用环境

例如，电力系统用以改善系统的功率因数时，应选择耐压高、电容量大的电力电容器；在谐振回路中，应选择稳定性高，介质损耗小的云母电容器或陶瓷介质电容器等；用于滤波时，选用大容量的电解电容器。总之，要视不同电路和环境来选用不同种类的电容器。

（3）考虑装配形式、体积及成本等，熟悉电容器的型号及意义

固定电容器的型号及符号意义见表2-8。

表2-8　固定电容器的型号及符号意义

顺序	第一位	第二位		第三位		第四位
类别	主称	介质材料		分类及特征		序号
名称及符号	电容器 C	纸介 Z 云母 Y 漆膜 Q 高频瓷 C 低频瓷 T 玻璃釉 I	铝电解质 D 钽电解质 A 铌电解质 N 聚苯乙烯 B 涤纶 L 复合介质 H	管状 G 筒形 T 立式矩形 L 圆片形 Y 密封 M 小型 X	金属化 J 交流 J 耐热 R 卧式 W 塑料壳 S	用数字表示

六、欧姆定律

1. 部分电路欧姆定律

部分电路欧姆定律是指在不包含电源的电路中（见图2-17），流过导体的电流，与这段导体两端的电压成正比，与导体的电阻成反比，表示为

$$I = \frac{U}{R}$$

式中　I——导体中的电流，A；
　　　U——导体两端的电压，V；
　　　R——导体的电阻，Ω。

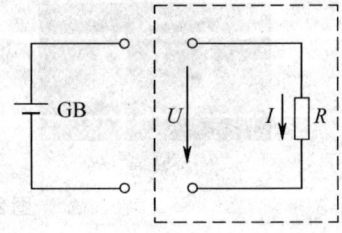

图2-17　部分电路

欧姆定律揭示了电路中电流、电压、电阻三者之间的关系，是电路分析的基本定律之一，实际应用非常广泛。

【例2-3】

已知某100 W的白炽灯在电压220 V时正常发光，此时通过的电流是0.455 A，试求该灯泡工作时的电阻。

解：$R = \dfrac{U}{I} = \dfrac{220}{0.455} = 484$（Ω）

【例2-4】

有一个量程为300 V（即测量范围是0～300 V）的电压表，它的内阻R_0为40 kΩ。用它测量电压时，允许流过的最大电流是多少？

解：根据题意，可画出电路的分析简图，如图2-18所示。由于电压表的内阻是一个定值，测量的电压越高，流过电压表的电流就越大，因此，当被测电压为300 V时，该电压表中允许流过的最大电流为

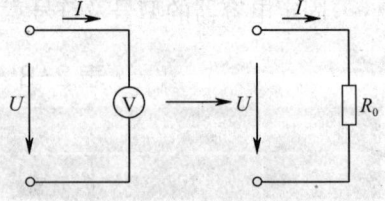

图2-18　例2-4的分析简图

$$I = \frac{U}{R} = \frac{300}{40 \times 10^3} = 0.0075 \text{ A} = 7.5 \text{（mA）}$$

2. 全电路欧姆定律

全电路是指由内电路和外电路组成的闭合电路的整体，如图 2-19 所示。图中的虚线框内代表一个电源，称为内电路。电源内部一般都是有内阻的，这个电阻称为内电阻，用字母 r 或者 R_0 表示。内电阻可以单独画出，也可以不单独画出，而在电源符号旁边注明内电阻的数值。从电源的一端 A 经过负载 R 再回到电源另一端 B 的电路，称为外电路。

全电路欧姆定律是指在全电路中电流与电源的电动势成正比，与整个电路的内、外电阻之和成反比。其数学表达式为

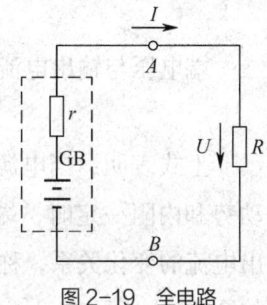

图 2-19 全电路

$$I = \frac{E}{R+r}$$

式中　I——电路中电流，A；

　　　E——电源的电动势，V；

　　　R——外电路（负载）电阻，Ω；

　　　r——内电路电阻，Ω。

由此可得到

$$E = I(R+r) = IR + Ir = U_{out} + U_{in}$$

其中 U_{in} 是电源内阻的电压降，U_{out} 是电源向外电路的输出电压，也称电源的端电压。因此，全电路欧姆定律又可描述为电源电动势在数值上等于闭合电路中各部分的电压之和，反映了电路中的电压平衡关系。

【例 2-5】

如图 2-19 所示电路中，$R=15\ \Omega$、$r=5\ \Omega$、$E=20\ V$，求电路中的电流 I、U_{out} 各为多少？

解：电路中的电流为

$$I = \frac{E}{R+r} = \frac{20}{15+5} = 1\ (A)$$

外电路电压 U_{out} 为

$$U_{out} = IR = I \times 15 = 15\ (V)$$

答：电路中电流为 1 A，外电路电压为 15 V。

3. 全电路欧姆定律下电路状态分析

根据全电路欧姆定律，可以具体地分析电路在 3 种不同的状态下，电源端电压与

输出电流之间的关系。

（1）通路

如图 2-20 所示，开关 SA 接通"1"号位置，电路处于通路状态。电路中的电流为

$$I=E/(R+r)$$

端电压与输出电流的关系为

$$U_{out}=E-U_{in}=E-Ir$$

上式表明，当电源具有一定值的内阻时，端电压总是小于电源电动势，当电源电动势和内阻一定时，端电压随输出（负载）电流的增大而下降。这种电源端电压随输出电流的变化关系，称为电源的外特性，将此变化关系绘成曲线，则称为外特性曲线，如图 2-21 所示。

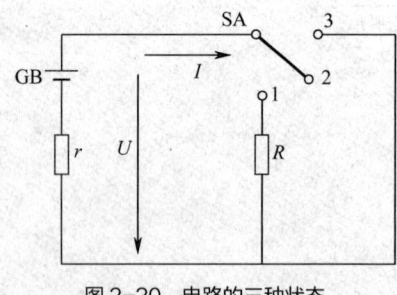

图 2-20　电路的三种状态

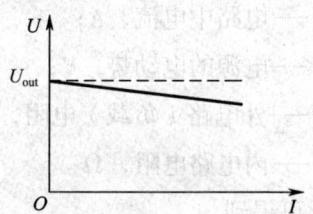

图 2-21　电源的外特性曲线

通常人们把能通过大电流的负载称为大负载（导线粗、电阻小），而把只允许通过小电流的负载称为小负载（导线细、电阻大）。由外特性曲线可知：在电源的内阻一定时，电路接大负载时，端电压下降较多；而电路接小负载时，端电压下降较少。

（2）断路

如图 2-20 所示，开关 SA 接通"2"号位置，电路处于断路状态。在断路状态下，负载电阻 $R\to\infty$，则电路中的电流 $I=0$，内阻压降 $U_{in}=Ir=0$，端电压 $U_{out}=E-Ir=E$，即电源的端电压等于电源电动势，因此电路断路也叫电源空载。

（3）短路

如图 2-20 所示，开关 SA 接通"3"号位置，电源被短接。电路中流过短路电流 $I=E/r$，由于电源内阻一般都很小，所以 I 极大。此时，电源对外输出电压 $U_{out}=E-Ir=0$。

在实际工作中，若电源输电线的绝缘破损使两根电源线相碰会发生短路，会使导线和电源过热烧毁，引起火灾。短路是严重的故障，为避免短路带来的危害，可以在电路中串接保护元件，如熔断器等。一旦电路发生短路故障，熔断器会自动切断电路，起到安全保护作用。

【例2-6】

如图2-22所示，不计电压表和电流表内阻对电路的影响，求开关在不同位置时，电压表和电流表的读数各为多少？

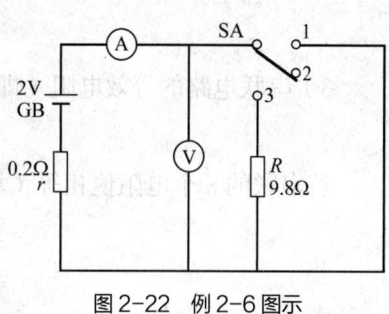

图2-22 例2-6图示

解：（1）开关接"1"号位置

电路处于短路状态，所以电压表的读数为零；电流表中流过短路电流为

$$I_1=E/r=2/0.2=10（A）$$

（2）开关接"2"号位置

电路处于断路状态，所以电压表的读数为电源电动势的数值，即2 V；电流表无电流流过，即 $I_2=0$（A）。

（3）开关接"3"号位置

电路处于通路状态，电流表的读数为

$$I_3=E/(R+r)=2/(9.8+0.2)=0.2（A）$$

电压表的读数为

$$U=I_3R=0.2\times9.8=1.96（V）$$

或

$$U=E-I_3r=2-0.2\times0.2=1.96（V）$$

七、电阻的串联、并联和混联

1. 电阻的串联电路

把两个或两个以上电阻依次连接，组成一条无分支电路，这样的连接方式叫作电阻的串联，如图2-23所示。

（1）性质

经分析、实验、推导可知，电阻串联具有以下性质。

1）串联电路中流过每个电阻的电流都相等，即：

$$I=I_1=I_2=\cdots=I_n$$

式中脚标1、2、…、n分别代表第1、第2、…、第n个电阻（以下出现的含义相同）。

2）串联电路两端的总电压等于各电阻两端的分电压之和，即：

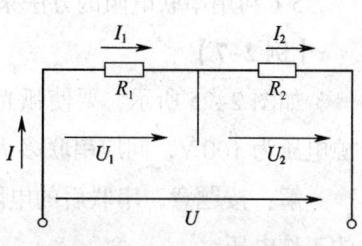

图2-23 两个电阻串联电路

$$U=U_1+U_2+\cdots+U_n$$

3)串联电路的等效电阻（即总电阻）等于各串联电阻值之和，即：

$$R=R_1+R_2+\cdots+R_n$$

若串联的 n 个电阻值相等（均为 R_0），则电压和电阻的表达式分别为

$$U_1 = U_2 = \cdots = U_n = \frac{U}{n}$$

$$R=nR_0$$

根据欧姆定律 $U=IR$、$U_1=I_1R_1$、$U_n=I_nR_n$ 及串联性质，可得：

$$\frac{U_1}{R_1} = \frac{U_n}{R_n} \text{ 或 } \frac{U_1}{U_n} = \frac{R_1}{R_n}$$

上式表明，在串联电路中，电压的分配与电阻成正比，即阻值越大的电阻分配到的电压越大；反之电压越小。

在 R_1、R_2 串联电路中，若已知串联电路的总电压 U 及电阻 R_1、R_2，则：

$$U_1 = \frac{R_1 U}{R_1 + R_2}$$
$$U_2 = \frac{R_2 U}{R_1 + R_2}$$
（2-2）

式（2-2）称为分压公式，是串联电路性质的重要推论，运用串联电路的分压公式，对计算串联电路中各电阻的分压带来许多方便。

（2）应用

在实际工作中，电阻串联有如下应用。

1）利用几个电阻串联以获得较大的电阻。

2）利用几个电阻串联构成分压器，使同一电源能供给几种不同数值的电压，如图 2-24 所示。

3）当负载的额定电压低于电源电压时，可用串电阻的方法降低负载的分压，满足负载接入电源的要求。

4）利用串联电阻的办法来限制和调节电路中电流的大小。

5）利用串联电阻的方法来扩大电压表量程。

【例 2-7】

如图 2-25 所示，要使弧光灯燃点稳定，需供给 40 V 的电压和 10 A 的电流。现电源电压为 100 V，问应串联多大阻值的电阻？（不计电阻的功率）

解：按题意，串联后的电阻应承受 100-40=60（V）的电压，才能保证弧光灯所需的工作电压。

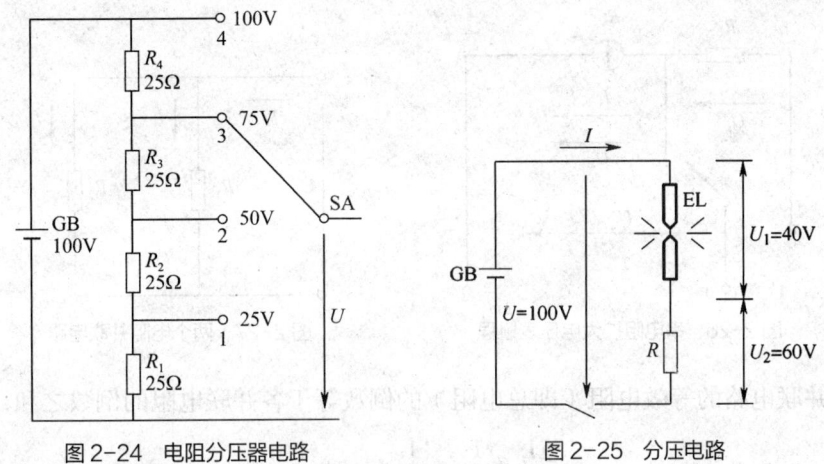

图 2-24 电阻分压器电路　　　图 2-25 分压电路

根据欧姆定律 $U=IR$，计算需串联的电阻为

$$R=\frac{U_2}{I}=\frac{60}{10}=6\ （\Omega）$$

【例 2-8】

如图 2-26 所示为一个万用表表头，它的等效内阻 $R_a=10\ k\Omega$，满刻度电流（允许通过的最大电流）$I_a=50\ \mu A$。若改装成量程为 10 V 的电压表，则应串联多大的电阻？

解： 电压表量程扩大的方法是与表头串联一个大电阻。按题意，当表头满刻度时，表头两端电压 U_a 为

$$U_a=I_aR_a=50\times10^{-6}\times10\times10^3=0.5\ （V）$$

显然，用这个表头测量大于 0.5 V 的电压必使表头烧坏，需要串联分压电阻，以扩大测量范围。设量程扩大到 10 V 需要串入的电阻为 R_x 为

$$R_x=\frac{U_x}{I_a}=\frac{U-U_a}{I_a}=\frac{10-0.5}{50\times10^{-6}}=190\ （k\Omega）$$

2. 电阻的并联电路

两个或两个以上电阻接在电路中相同的两点之间，承受同一电压，这样的连接方式叫作电阻的并联，如图 2-27 所示为两个电阻的并联电路。

（1）性质

经分析、实验、推导可知，电阻并联具有以下性质。

1）并联电路中各电阻两端的电压相等，且等于电路两端的电压，即：

$$U=U_1=U_2=\cdots=U_n$$

2）并联电路中的总电流等于各电阻中的电流之和，即：

$$I=I_1+I_2+\cdots+I_n$$

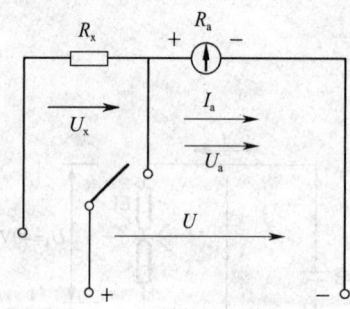 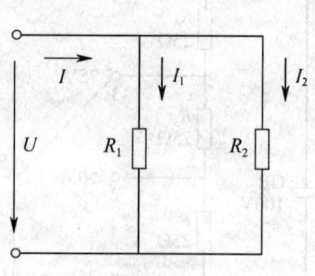

图 2-26　串电阻扩大电压表量程　　　图 2-27　两个电阻并联电路

3) 并联电路的等效电阻（即总电阻）的倒数等于各并联电阻的倒数之和，即：

$$\frac{1}{R} = \frac{1}{R_1} + \frac{1}{R_2} + \cdots + \frac{1}{R_n}$$

若并联的 n 个电阻值都是 R_0，则电流和电阻的表达式分别为

$$I_1 = I_2 = \cdots = I_n = \frac{I}{n}$$

$$R = \frac{R_0}{n}$$

另外，根据并联电路电压相等的性质可得：

$$\frac{I_1}{I_n} = \frac{R_n}{R_1}$$

上式表明，在并联电路中电流的分配与电阻成反比，即阻值越大的电阻所分配到的电流越小；反之电流越大。这是并联电路性质的重要推论，应用较广。

如果已知两个电阻 R_1、R_2 并联，则总电阻为

$$R = \frac{R_1 R_2}{R_1 + R_2}$$

如并联电路的总电流为 I，则两个电阻中的分流 I_1、I_2 分别为

$$I_1 = \frac{R_2}{R_1 + R_2} I \text{ 或 } I_2 = \frac{R_1}{R_1 + R_2} I$$

上式通常被称为两电阻并联时的分流公式。

（2）应用

在实际工作中，电阻并联应用如下。

1) 额定工作电压相同的负载都采用并联的工作方式，这样各个负载都是一个可独立控制的回路，任一负载的正常启动或关断都不影响其他负载。

2) 用并联电阻以获得较小的电阻。

3) 用并联电阻的方法来扩大电流表的量程。

【例 2-9】

如图 2-28 所示的并联电路中，求等效电阻 R_{AB}、总电流 I、各负载电阻的端电压、各负载电阻中的电流。

解：（1）等效电阻

$$R_{AB} = \frac{R_1 R_2}{R_1 + R_2} = \frac{6 \times 3}{6 + 3} = 2 \ (\Omega)$$

（2）总电流

$$I = \frac{U}{R_{AB}} = \frac{12}{2} = 6 \ (A)$$

（3）各负载端电压

$$U_1 = U_2 = U = 12 \ (V)$$

（4）各负载中电流

$$I_1 = \frac{R_2 I}{R_1 + R_2} = \frac{3 \times 6}{6 + 3} = 2 \ (A)$$
$$I_2 = I - I_1 = 6 - 2 = 4 \ (A)$$

【例 2-10】

已知某微安表的内阻 $R_a = 3\,750\ \Omega$，允许流过的最大电流 $I_a = 40\ \mu A$。现要用此微安表制作一个量程为 500 mA 的电流表，问需并联多大的分流电阻 R？

解：电流表扩大量程的方法是与表头并联一个小电阻。因为此微安表允许流过的最大电流为 40 μA，用它测量大于 40 μA 的电流必使该电流表烧坏，可采用并联电阻的方法将表的量程扩大到 500 mA，让流过微安表的最大电流等于 40 μA，其余电流从并联电阻中分流，如图 2-29 所示。

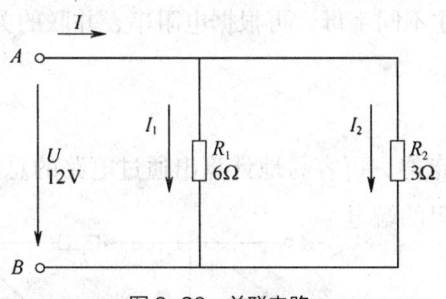

图 2-28 并联电路

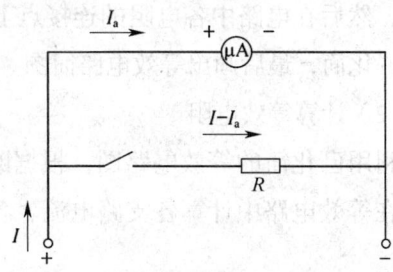

图 2-29 并联电阻扩大电流表量程

$$U_a = I_a R_a = (I - I_a) R$$

$$R = \frac{I_a R_a}{I - I_a} = \frac{40 \times 10^{-6} \times 3\,750}{500 \times 10^{-3} - 40 \times 10^{-6}} = 0.3 \ (\Omega)$$

在实际应用中，大多数直流电流表采用闭路式分流器来扩大量程。图 2-30a 所示为一挡量程，图 2-30b 所示为两挡量程，且 $I_1>I_2$。

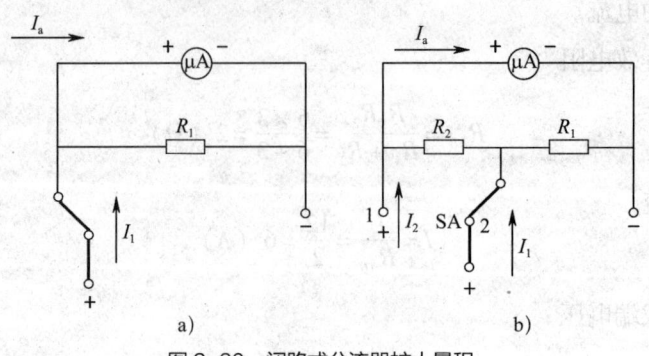

图 2-30 闭路式分流器扩大量程
a）一挡量程　b）两挡量程

在图 2-30b 中，开关 SA 打在"1"位置时，两个分流电阻 R_1 与 R_2 串联后再与微安表并联，量程较小。开关 SA 打在"2"位置时，电阻 R_2 与微安表串联后再与分流电阻 R_1 并联，量程较大，此时的电路图就与图 2-30a 等效。

3. 电阻的混联电路

既有电阻串联又有电阻并联的电路叫电阻的混联电路，如图 2-31 所示。混联电路的串联部分具有串联电路的性质，并联部分具有并联电路的性质。

电阻混联电路的分析、计算方法和步骤如下

（1）画等效电路简图

分析混联电路，首先要识图，把电阻的混联电路分解为若干个串联和并联关系的电路，然后在电路中各电阻的连接点上标注不同字母，再根据电阻串、并联的关系逐步一一化简，最后画出等效电路简图。

（2）计算等效电阻

利用已化简的等效电路图，根据欧姆定律，可容易地计算出通过电路的总电流，进而在等效电路中计算各支路电流、各电阻的端电压等。

【例 2-11】

如图 2-31 所示，已知 $R_1=R_2=R_3=R_4=R_5=1\ \Omega$，求 AB 之间的等效电阻 R_{AB} 等于多少？

解：通过识图，可画出图 2-31 所示的一系列等效电路图，如图 2-32 所示，然后计算。

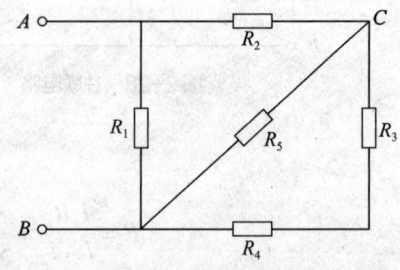

图 2-31 电阻混联电路

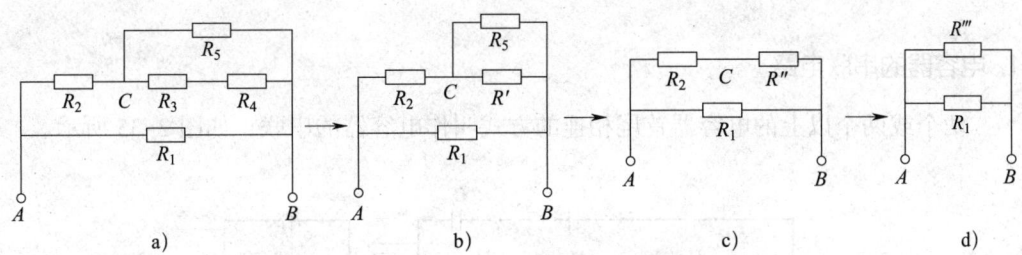

图 2-32　图 2-31 电路图的等效简图
a) 简图 1　b) 简图 2　c) 简图 3　d) 简图 4

如图 2-32a 所示，因为 R_3 和 R_4 依次相连，中间无分支，则它们是串联，其等效电阻为

$$R'=R_3+R_4=1+1=2（\Omega）$$

如图 2-32b 所示，R_5 和 R' 都接在相同的两点 BC 之间，则它们是并联，其等效电阻为

$$R''=R_5 // R'=R_5R' /（R_5+R'）=1\times 2/（1+2）=2/3（\Omega）$$

从图 2-32c 中看出，R_2 和 R'' 串联，其等效电阻为

$$R'''=R_2+R''=1+2/3=5/3（\Omega）$$

从图 2-32d 中看出，R_1 和 R''' 并联，其等效电阻为

$$R_{AB}=R_1//R'''=（1\times 5/3）/（1+5/3）=5/8（\Omega）$$

【例 2-12】

如图 2-33 所示，已知 $R_1=R_2=R_3=R$，求 AD 之间的总电阻 R_{AD}。

解：从电阻的连接关系中可看出，三个电阻为相互并联，如图 2-34 所示，则有：

$$R_{AD}=R_1//R_2//R_3= R/3$$

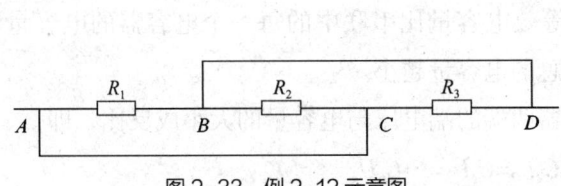

图 2-33　例 2-12 示意图

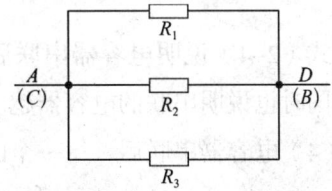

图 2-34　图 2-33 电路图的等效电路图

八、电容器的串联、并联和混联

电容器在实际应用中往往会遇到电容量和耐压不能满足电路要求的情况，这时可以将若干只电容器串、并联，使其符合电路要求。

1. 电容器的串联电路

两个或两个以上的电容器首尾相连的方式叫作电容器的串联，如图 2-35 所示。

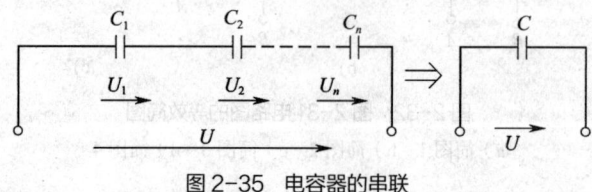

图 2-35 电容器的串联

经实验、推导、分析，电容器的串联有以下性质。

（1）串联中的每一个电容器所带电荷量相等，并与电容器串联后的等效电容器所带的电荷量相等，即：

$$Q=Q_1=Q_2=Q_3=\cdots=Q_n$$

（2）串联中的每一个电容器上电压之和等于总电压，即：

$$U=U_1+U_2+U_3+\cdots+U_n$$

（3）电容器串联后的等效电容量为

$$\frac{U}{Q}=\frac{U_1}{Q_1}+\frac{U_2}{Q_2}+\frac{U_3}{Q_3}+\cdots+\frac{U_n}{Q_n}$$

$$\frac{1}{C}=\frac{1}{C_1}+\frac{1}{C_2}+\frac{1}{C_2}+\cdots+\frac{1}{C_2} \tag{2-3}$$

式（2-3）说明电容器串联后的等效电容量的倒数等于各个电容器电容量的倒数之和。通常两个电容器串联后其等效电容量的计算公式为

$$C=\frac{C_1 C_2}{C_1+C_2} \tag{2-4}$$

式（2-4）说明电容器串联后的等效电容量比串联中的每一个电容器的电容量要小，同时也说明串联的电容器越多，总的电容量越小。

（4）电容器串联后，每一个电容器两端的端电压与电容量的大小成反比，即：

$$C_1 U_1=C_2 U_2=C_3 U_3=\cdots C_n U_n$$

上式说明电容器串联后，电容量越小的电容器承受的端电压越高。串联电容器的分压公式为

$$U_1=\frac{C_2}{C_1+C_2}U$$

$$U_2=\frac{C_1}{C_1+C_2}U$$

2. 电容器的并联电路

两个或两个以上的电容器接在相同的两点之间,这种连接方法叫作电容器的并联,如图 2-36 所示。

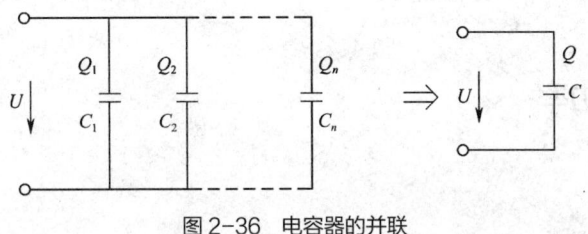

图 2-36 电容器的并联

经实验、推导、分析电容器的并联有以下性质。

(1)并联后的电容器其电容量等于各个电容器的电容量之和,即:

$$C=C_1+C_2+C_3+\cdots+C_n$$

(2)并联后的电容器其每个电容器上的端电压相等,即:

$$U_1=U_2=U_3=\cdots=U_n$$

3. 电容器的混联电路

既有电容器串联又有电容器并联的电路叫作电容器的混联电路。在计算混联的电容器等效电容量时,应根据电路的实际情况,利用串联和并联的等效方法逐步化简,逐一求解,最终求得等效电容量。

【例 2-13】

两个电容器 C_1、C_2,C_1 标注为 $2\,\mu\text{F}/500\,\text{V}$,$C_2$ 标注为 $3\,\mu\text{F}/900\,\text{V}$,求:

(1)将 C_1、C_2 电容器串联后的等效电容量。

(2)将 C_1、C_2 电容器并联后的等效电容量。

(3)将 C_1、C_2 电容器串联后两端加 1 000 V 电压,是否会击穿?

解:(1)串联后的等效电容量为

$$C=\frac{C_1 C_2}{C_1+C_2}=\frac{2\times 3}{2+3}=1.2\;(\mu\text{F})$$

(2)并联后的等效电容量为

$$C=C_1+C_2=5\;(\mu\text{F})$$

(3)C_1、C_2 串联后每个电容器两端电压分别为

$$U_{C_1}=\frac{C_2}{C_1+C_2}U=\frac{3}{2+3}\times 1\,000=600\;(\text{V})$$

$$U_{C_2} = \frac{C_1}{C_1+C_2}U = \frac{2}{2+3} \times 1\,000 = 400 \text{ (V)}$$

由于 C_1 电容器的耐压为 500 V，而实际承受电压为 600 V，因而电容器 C_1 首先被击穿。C_1 被击穿后，1 000 V 电压全部加到电容器 C_2 上，而 C_2 的耐压为 900 V，也不能承受，因而电容器 C_2 也将被击穿。

九、电功和电功率

1. 电功

电流流过电气设备时，电气设备将电能转换成其他形式的能量（如磁能、热能、光能、机械能等），这一过程称为电流做功，简称电功。电功用字母 W 表示。根据公式 $I=Q/t$、$U=W/Q$ 及 $I=U/R$，可得到电功的数学表达式为

$$W = UQ = IUt = I^2Rt = \frac{U^2}{R}t$$

式中　W——电功，J；
　　　U——电压，V；
　　　I——电流，A；
　　　R——电阻，Ω；
　　　t——时间，s。

实质上，电能转化为其他形式的能是通过电功来实现的，电流做了多少功，就有多少电能转化为其他形式的能。

2. 电功率

电流在单位时间（1 s）内所做的功称为电功率，简称功率。电功率用字母 P 表示，其数学表达式为

$$P=W/t$$

式中　P——电功率，W；
　　　W——电功，J；
　　　t——时间，s。

在实际工作中，电功率的常用单位还有千瓦（kW）、毫瓦（mW）等。它们之间的关系为

$$1 \text{ kW} = 1 \times 10^3 \text{ W}$$

$$1\text{ W}=1\times 10^3\text{ mW}$$

根据电功计算公式可得到电功率的常用计算公式为

$$P=IU=I^2R=U^2/R \quad\quad (2-5)$$

实质上，电功率表示电能转化为其他能的快慢程度。从式（2-5）可见：

（1）当用电设备的电阻一定时，由 $P=I^2R=U^2/R$ 可知，电功率与电流的平方或电压的平方成正比。若流过用电设备的电流是原电流的 2 倍，则电功率就是原功率的 4 倍；若加在用电设备两端的电压是原电压的 2 倍，则电功率也是原功率的 4 倍。

（2）当流过用电设备的电流一定时，由 $P=I^2R$ 可知，电功率与电阻值成正比。由于串联电路流过同一电流，则串联电阻的功率与各电阻的阻值成正比。

（3）当加在用电设备两端的电压一定时，由 $P=U^2/R$ 可知，电功率与电阻值成反比。由于并联电路中各电阻两端的电压相等，则并联电阻的功率与各电阻的阻值成反比。例如，额定电压均为 220 V 的白炽灯，25 W 灯泡的灯丝电阻（工作时的电阻约为 1 936 Ω）比 40 W 灯泡的灯丝电阻（约 1 210 Ω）大。如果把它们并联接到 220 V 电源上，由 $P=U^2/R$ 可知，40 W 灯泡比 25 W 灯泡亮；但是如果把它们串联后接到 220 V 电源上，由 $P=I^2R$ 可知，25 W 灯泡反比 40 W 灯泡要亮。

在实际工作中，电气设备用电量的常用单位是千瓦·小时（kW·h）。一个千瓦·小时就是人们常说的一度电，它表示功率为 1 千瓦的用电设备在 1 小时内所消耗的电能，可用电能表（俗称电度表、小火表）测量。千瓦·小时与焦耳的换算关系为

$$1\text{ kW·h}=3.6\times 10^6\text{ J}$$

【例 2-14】

一只 25 W／220 V 的白炽灯，工作 40 h 后消耗多少电能？

解：$W=Pt=25\times 10^{-3}\times 40=1$（kW·h）

3. 负载获得最大功率的条件

如图 2-37a 所示是一个接有负载的含源闭合回路，电源在向负载提供电流的同时，又不断地向负载传输功率。由于电源内阻的存在，电源提供的总功率由内阻上消耗的功率与外接负载获得的功率两部分所组成，如果内阻上消耗的功率较大，那么负载得到的功率就较小。

欲使负载获得较大的功率，通过前面所学内容可知：

$$P=I^2R=\left(\frac{E}{R+R_0}\right)^2 R=\frac{E^2R}{R^2+R_0^2+2RR_0}$$

$$= \frac{E^2 R}{(R^2 - R_0^2) + 4RR_0} = \frac{E^2}{\frac{(R^2-R_0)^2}{R} + 4R_0} \quad (2\text{-}6)$$

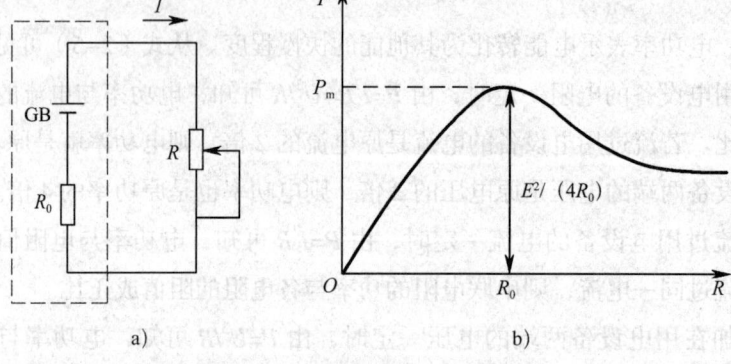

图 2-37 负载获得最大功率的条件
a) 含源闭合回路 b) 负载功率（或电源输出功率）随负载电阻 R 变化的关系

在式（2-6）中，E 和 R_0 一般认为是常量，只有当分母最小时，负载才获得最大功率，即 $R=R_0$ 时，P 达到最大，如图 2-37b 所示。最大负载功率为

$$P_m = \frac{E^2}{4R_0}$$

因此，负载获得最大功率的条件是：负载电阻等于电源内阻，即 $R=R_0$。

由于负载获得最大功率就是电源输出最大功率，因而负载获得最大功率的条件也是电源输出最大功率的条件。

4. 焦耳-楞次定律

电流通过导体使导体发热的现象称作电流的热效应。焦耳和楞次两位物理学家做了大量的实验，发现了电能转变成热能的规律，电路中产生的热量与电流的平方成正比，与电路中的电阻以及通电时间成正比，即焦耳-楞次定律，其数学表达式为

$$Q = I^2 R t$$

式中　Q——热量，J；
　　　I——电流，A；
　　　R——电阻，Ω；
　　　t——时间，s。

热效应有利有弊。利用它可制成许多电气设备，如电炉、电烙铁、电熨斗等。但热效应会使导线发热、电气设备温度升高等，若温度超过规定值，会加速绝缘材料老化变质，从而引起导线漏电或短路，甚至烧毁设备，引发火灾。

【例 2-15】

某工厂有一电烤箱,电阻为 5 Ω,工作电压为 220 V,问通电 15 min 能放出多少热量?消耗的电能为多少度?

解:(1)热量为

$$Q = \frac{U^2 t}{R} = \frac{220^2 \times 15 \times 60}{5} = 8\,712\,000 = 8.712 \times 10^6 \text{ (J)}$$

(2)电能为

$$W = Q = \frac{8.712 \times 10^6}{3.6 \times 10^6} = 2.42 \text{ (kW·h)}$$

十、电位及电位的计算

1. 电位

在分析电路时,有时需要引入电位的概念。电位是衡量电荷在电路中某点所具有能量的物理量。在数值上,电路中某点的电位等于正电荷在该点所具有的能量与所带电荷量的比,单位为伏特(V)。通常把参考点的电位规定为零,又称零电位,电路中任一点的电位就是该点与零电位点之间的电位差。比零电位点高的电位为正,比零电位点低的电位为负,电位降低的方向就是电场力对正电荷做功的方向。电位的文字符号用带单下标的字母 V(或 φ)表示,如 V_A 表示 A 点的电位。

一般选大地为参考点,即视大地电位为零电位。在电子仪器和设备中又常把金属外壳或电路的公共接点的电位规定为零电位。零电位的符号为"⊥",表示接大地(或接机壳)。

2. 电位差

电路中任意两点(如 A 和 B 两点)之间的电位差(电压)与该两点电位的关系式为

$$U_{AB} = U_A - U_B$$

由上式可知,$U_{AB} = -U_{BA}$;如果 $U_{AB} > 0$,则 $U_A > U_B$,说明 A 点电位高于 B 点电位;反之,当 $U_{AB} < 0$ 时,A 点电位低于 B 点电位。

如图 2-38 所示,电位具有相对性,即电路中某点的电位值随参考点位置改变而改变;而电位差具有绝对性,即任意两点之间的电位差值与电路中参考点的位置选取无关。当接地参考点 O

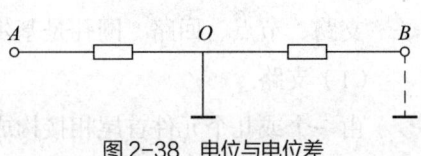

图 2-38 电位与电位差

的位置变化时 A、B 两点的电位数值会发生改变，但两点之间电位差 U_{AB} 始终等于 V_A-V_B，电位差大小不变。

【例 2-16】

已知 $V_A=10\,\text{V}$，$V_B=-10\,\text{V}$，$V_C=5\,\text{V}$，求 U_{AB} 和 U_{BC} 各为多少？

解：根据电位差与电位的关系可知：

$$U_{AB}=V_A-V_B=10-(-10)=20\,(\text{V})$$

$$U_{BC}=V_B-V_C=(-10)-5=-15\,(\text{V})$$

十一、基尔霍夫定律

欧姆定律解决的是简单电路，用基尔霍夫定律可分析复杂电路。

能够运用电阻串、并联进行化简的直流电路称为简单直流电路，可以用欧姆定律进行计算。但是在实际工作中，经常会遇到无法化简的电路，如图 2-39a 所示，虽然电阻元件只有 3 个，可是两个电源接在不同的支路上，3 个电阻之间不存在串、并联关系；如图 2-39b 所示，5 个电阻也不存在串、并联关系。这种不能用电阻串、并联化简的直流电路称为复杂直流电路，依据电路的两条基本定律——欧姆定律和基尔霍夫定律可以进行计算。

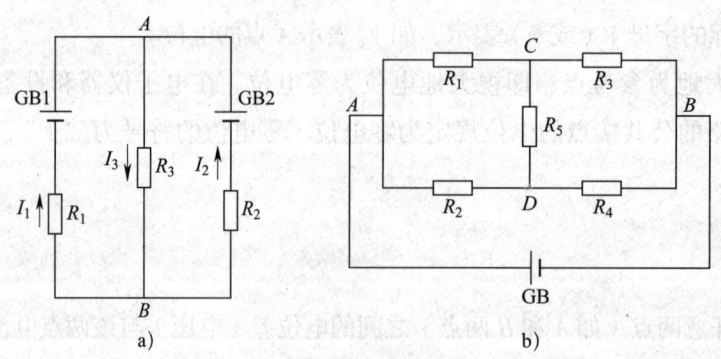

图 2-39 复杂直流电路

a）两个电源　b）单个电源

1. 基本概念

支路、节点、回路、网孔是基尔霍夫定律的基本术语。

（1）支路

由一个或几个元件首尾相接构成的一段无分支电路称为支路。

（2）节点

3 条或 3 条以上支路的连接点称为节点。

（3）回路

电路中任意一个闭合路径称为回路。

（4）网孔

在回路内部不含有支路的回路称为网孔。

如图 2-40 所示，支路有 3 条，acb、ab、adb；节点有 2 个，a 点和 b 点；回路有 3 个，$abca$、$abda$、$adbca$；网孔有 2 个，$abca$、$abda$。

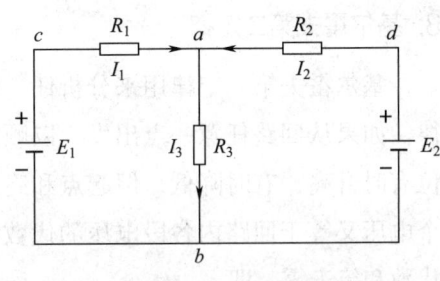

图 2-40 基尔霍夫定律分析示意图

2. 基尔霍夫第一定律

基尔霍夫第一定律用来分析电路中某一节点上各支路之间电流关系，故又称为节点电流定律。在任一瞬间，流进某一节点的电流之和恒等于流出该节点的电流之和，即：

$$\sum I_i = \sum I_o$$

在图 2-39a 中，对于节点 A，则有：

$$I_1 + I_2 = I_3$$

可将上式改写为

$$I_1 + I_2 - I_3 = 0$$

$$\sum I = 0$$

因此，对任一节点来说，流经该节点电流的代数和恒等于零。

在分析未知电流时，可先任意假设支路电流的参考方向，列出节点电流方程。通常可将流进节点的电流取为正值，流出节点的电流取为负值，再根据计算值的正、负结果来确定未知电流的实际方向，若得到的支路电流是负值，则实际电流方向与所假设的方向相反。

【例 2-17】

如图 2-41 所示，$I_1=2\,A$，$I_2=-3\,A$，$I_3=-2\,A$，试求 I_4。

解：由基尔霍夫第一定律可知

$$I_1 - I_2 + I_3 - I_4 = 0$$

代入已知数后得

$$2-(-3)+(-2)-I_4=0$$

$$I_4=3\,(A)$$

式中括号外正、负号是由基尔霍夫第一定律根

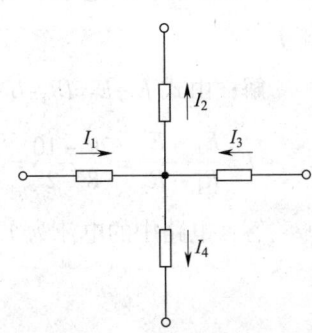

图 2-41 例 2-17 题图例

据电流的参考方向确定的，括号内数字前的正、负号则是表示电流本身数值的正、负值。

3. 基尔霍夫第二定律

基尔霍夫第二定律用来分析任一回路内各段电压之间关系，故又称为回路电压定律。如果从回路任意一点出发，以顺时针方向或逆时针方向沿回路循环一周，尽管电位有时升高，有时降低，但起点和终点是同一点，它们的电位差（电压）为零，而这个电压又等于回路内各段电压的代数和。所以在电路的任意闭合回路中，各段电压的代数和等于零，即：

$$\sum U = 0$$

如图 2-42 所示，按箭头方向循环一周，根据电压与电流的参考方向可列出

$$U_{ca}+U_{ad}+U_{db}+U_{bc}=0$$

即

$$E_1-E_2=I_1R_1-I_2R_2$$

或

$$E_1-E_2=I_1R_1-I_2R_2$$

由此，可得到基尔霍夫第二定律的另一种表示形式为

$$\sum E = \sum IR$$

该等式表明，在任一回路循环方向上，回路中电动势的代数和恒等于电阻上电压降的代数和。其中凡电动势的方向与所选回路循环方向一致者，取正值，反之则取负值；凡电流的参考方向与回路循环方向一致者，则该电流在电阻上所产生的电压降取正值，反之则取负值。

【例 2-18】

如图 2-42 所示，图中 E_1=20 V，E_2=10 V，R_1=8 Ω，R_2=2 Ω，求电路中的电流 I。

解： 由式 $E_1-E_2=IR_1-IR_2$ 得

$$I = \frac{E_1-E_2}{R_1-R_2} = \frac{20-10}{8-2} = 1.67 \text{ (A)}$$

答： 电路中的电流为 1.67 A。

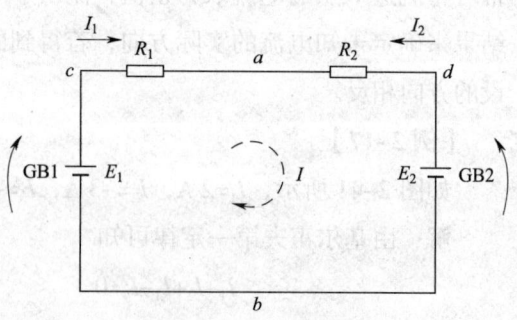

图 2-42 例 2-18 电路图

培训项目二　电磁基本知识

电与磁是电工学中两个基本现象。19世纪20年代人们就已经发现电与磁彼此间有密切的联系，很多电气设备如电表、接触器、变压器和电机等，它们的工作原理与电磁现象密切相关。电工要全面分析电气设备，必须要掌握磁与电之间的关系。

一、磁的基本知识

我国劳动人民在公元前300多年就已经知道磁铁能吸引铁等物质，还发明了指南针并应用于航海事业。

1. 磁铁及其性质

人们把能够吸引铁、镍、钴等金属及其合金的性质叫作磁性，具有磁性的物体就叫磁体（磁铁），分天然磁体（磁铁矿）和人造磁体两大类。工业上用的永久磁铁通常是人造的，一般做成条形、蹄形、圆环形和针形等，如图2-43所示。

不论磁体的形状如何，磁体两端的磁性总是最强，人们把磁性最强的区域叫磁极。若将实验用的小磁针人为地转动，待静止时会发现它停止在地球的南北方向上，如图2-44所示。

磁针指北的一端叫北极，用N表示，指针指南的一端叫南极，用S表示。任何磁体都具有两个磁极，而且无论怎样分割，磁体总保持有两个异极性磁极，也就是说，N极和S极总是成对出现的，如图2-45所示。

与电荷间的相互作用力相似，磁极间也存在相互作用力，即同极性相排斥，异极性相吸引。

2. 磁场与磁感线

（1）磁场

两块不接触的磁体之间存在着相互的作用力，这说明磁体周围的空间存在着一种特殊的物质——磁场。磁场具有力和能的特性，作用力就是通过磁场这一特殊物

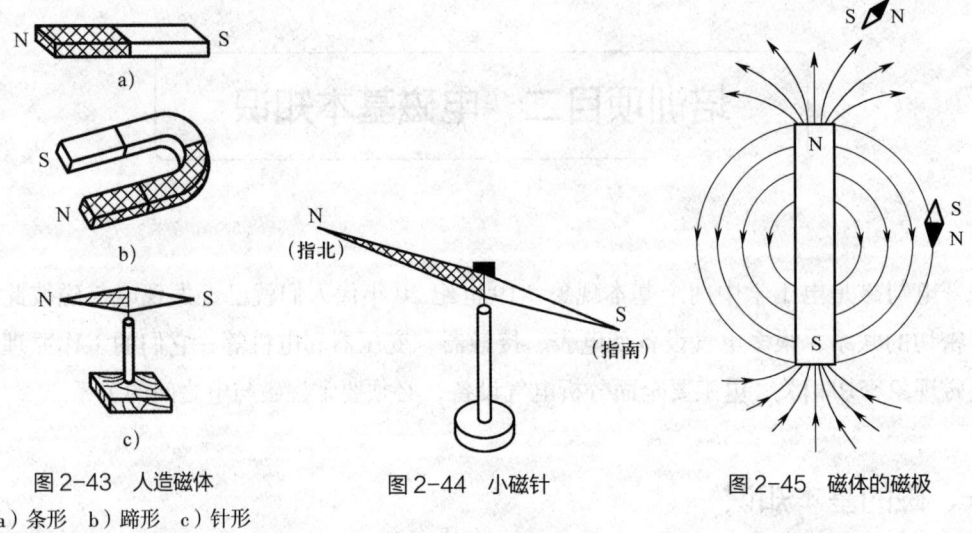

图 2-43 人造磁体　　　图 2-44 小磁针　　　图 2-45 磁体的磁极
a）条形　b）蹄形　c）针形

质进行传递的。空间有无磁场存在，一般可用一个比较轻巧的小磁针来检验。若在某一空间内小磁针转动，并最后固定在某一确定方向，就认为这一空间中具有磁场存在。

（2）磁感线

人们发现有的磁铁吸引铁屑的能力强、力量大，那是因为它产生的磁场强。为了能形象地表示磁场的存在，并描绘出磁场的强弱和方向，通常用一根根假想的线条来表示，即磁感线，如图 2-46 所示。磁感线具有以下几个特点：

1）磁感线是互不交叉的闭合曲线，在磁体外部由 N 极指向 S 极，在磁体内部由 S 极指向 N 极。

2）磁感线上任意一点的切线方向就是该点的磁场方向（小磁针 N 极的指向）。

3）磁感线越密，磁场越强；磁感线越疏，磁场越弱。磁感线均匀分布而又相互平行的区域，称为均匀磁场；反之，则称为非均匀磁场。

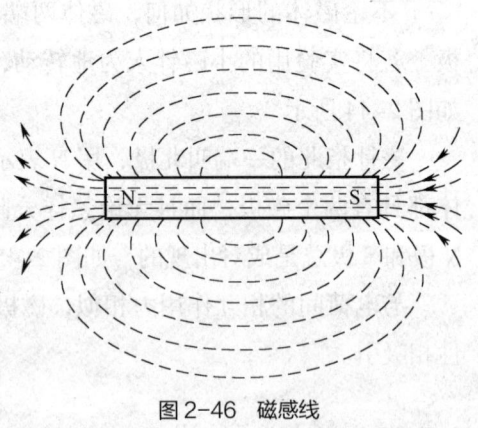

图 2-46 磁感线

二、电流的磁场

电流周围存在着磁场，这种现象叫作电流的磁效应。近代科学进一步证明，电流是产生磁场的根本原因，而且电流越大，它所产生的磁场就越强。

1. 直线电流产生的磁场

如图2-47所示，在一个可以自由旋转的磁针上面放一根直导线，当导线通入电流时，下面的小磁针就会发生偏转，并保持在一个新的位置。如果将导线通入电流的方向改变，则小磁针偏转的方向也会改变。人们已知道小磁针只有在磁场中才会偏转，磁场的方向改变，小磁针偏转的方向也会改变，这个现象说明了小磁针的偏转与通电导线有关，小磁针在通电导线附近会受到磁力的作用，即通电导线周围与永久磁铁一样存在着磁场。

如果用磁感线来描述通电导线周围的磁场，那么通电导线周围的磁感线是以导线为圆心的一组同心圆，如图2-48a所示，离通电导线越近，磁感线就越密。磁感线的方向与导线中电流的方向可用右手螺旋定则来判断，右手拇指的指向表示电流方向，弯曲四指的指向即为磁场方向，如图2-48b所示。

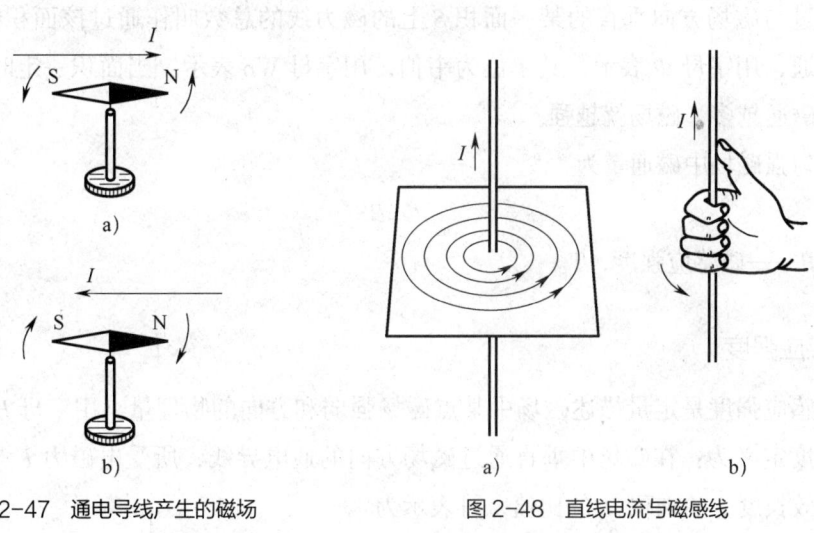

图2-47 通电导线产生的磁场
a）电流向右 b）电流向左

图2-48 直线电流与磁感线
a）磁感线 b）右手螺旋定则

2. 环形电流产生的磁场

直流电流通入线圈后也会产生磁场，即环形电流产生的磁场，如图2-49a所示，通电线圈中电流的方向和产生磁场的方向之间的关系同样可以用右手螺旋定则来判断，如右手弯曲的四指表示电流方向，那么拇指所指的方向即为磁场方向，如图2-49b所示。

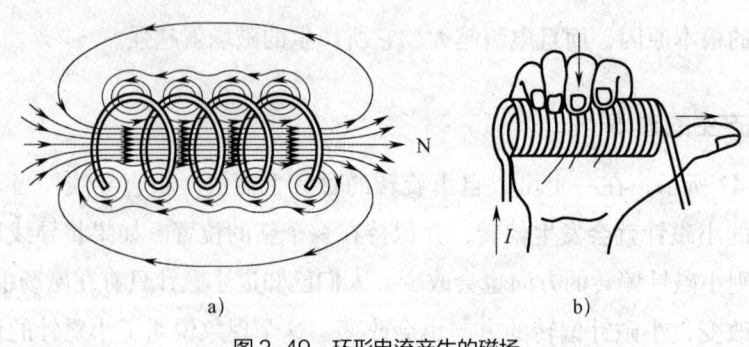

图 2-49 环形电流产生的磁场
a)磁感线 b)右手螺旋定则

三、磁场及基本物理量

1. 磁通

通过与磁场方向垂直的某一面积 S 上的磁力线的总数叫作通过该面积的磁通量，简称磁通，用字母 Φ 表示，其单位为韦伯，用字母 Wb 表示。当面积一定时，通过此面积的磁通越多，磁场就越强。

在匀强磁场中磁通量为

$$\Phi = BS$$

式中　B——磁感应强度，T。

2. 磁感应强度

磁感应强度是定量描述磁场中某点磁场强弱和方向的物理量，用字母 B 表示。磁感应强度定义为：在磁场中垂直通过磁场方向的通电导线，所受电磁力 F 与电流 I 和导线有效长度 L 的乘积 IL 的比值，可表示为

$$B = \frac{F}{IL}$$

磁感应强度的单位为特斯拉，简称特（T），工程上常用较小的单位为高斯（Gs），简称高，它们之间的换算关系为

$$1\,特（T）= 1 \times 10^4\,高斯（Gs）$$

一般永久磁铁的磁感应强度是 0.4~0.7 T，在电机和变压器的铁芯中，磁感应强度可达 0.8~1.4 T。

磁感应强度是个矢量，磁场中某点磁感应强度的方向是放在该点试验小磁针 N 极

的指向。

若磁场中各点的磁感应强度的大小相等、方向相同，则该磁场为均匀磁场。以下将在均匀磁场范围内讨论问题，并且用符号"⊗"和"⊙"分别表示磁感线垂直穿进和穿出纸面的方向。

3. 磁导率

磁导率可用来表征介质磁化的性质，它反映了磁介质的导磁性。不同的介质其磁导率是不同的，如用一个插入了铁棒的通电线圈去吸引铁屑，然后把通电线圈中的铁棒换成铜棒再去吸引铁屑，便会发现插入铁棒和插入铜棒其吸力大小明显不同，前者比后者大得多。这表明磁感应强度的大小不仅与电流的大小、导体的形状有关，还与磁场内媒体介质的性质有关。

磁导率用符号 μ 表示，单位为亨/米（H/m）。由实验测得真空中的磁导率 $\mu_0 = 4\pi \times 10^{-7}$ H/m，且为常数。

世界上大多数物质对磁场的影响甚微，只有少数物质对磁场有着明显的影响。为了比较物质的导磁性能，人们把任一物质的磁导率与真空中磁导率的比值称作相对磁导率，用 μ_r 表示，则有：

$$\mu_r = \frac{\mu}{\mu_0}$$

式中　μ_r——相对磁导率；

　　　μ——任一物质的磁导率，H/m；

　　　μ_0——真空磁导率，H/m。

相对磁导率只是一个比值，无单位，它表示在其他条件相同的情况下，媒介质中的磁感应强度是真空中的多少倍。

4. 磁场强度

磁场强度是为了磁场计算而引入的一个物理量，用来确定磁场和电流的关系，用字母 H 表示。环形线圈如图 2-50 所示，它的磁场强度计算公式为

$$H = \frac{IN}{L} \tag{2-7}$$

式中　H——磁场强度，A/m；

　　　I——线圈中流过的电流，A；

　　　N——线圈的匝数；

　　　L——线圈的长度，m。

式（2-7）中的 IN 称为磁通势，用字母 F 表示，因此磁场强度的计算公式又可以写为

$$H=\frac{F}{L}$$

从磁场强度公式可以明显看出，磁场强度与流过线圈中电流大小、线圈结构有关，而与线圈内磁介质无关，由此而产生的磁感应强度却是与磁介质有关的，因此磁感应强度与磁场强度的关系为

$$B=\mu H$$

显然，磁场强度相同，磁介质不同，所产生的磁感应强度也不同。

四、磁场对电流的作用

1. 磁场对通电直导线的作用

通电的直导体周围存在磁场，它就成了一个磁体，把这个磁体放到另一个磁场中，就必然会受到磁力的作用，这就是通常所说的"电磁生力"。

如图 2-51 所示，在蹄形磁铁的两极中悬挂一根直导体，并使导体与磁力线垂直。当有电流通过导体时，导体就会在磁场内受力而运动，这种通电导体在磁场中受到的作用力叫作电磁力。磁场越强，导体中的电流越大，导体在磁场内的有效部分越长，电磁力就越大。

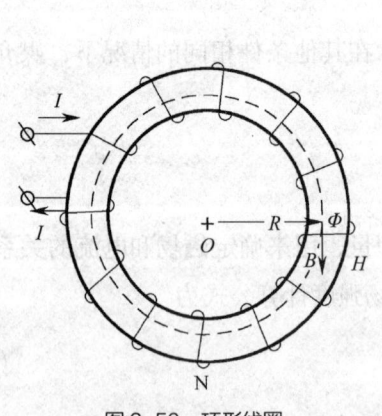

图 2-50 环形线圈

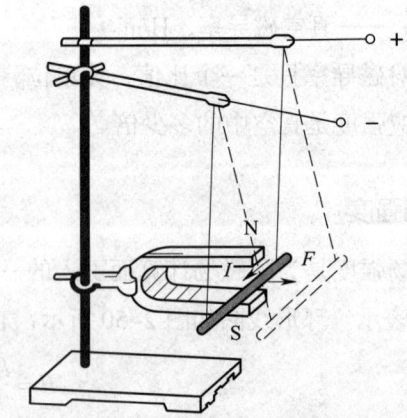

图 2-51 通电导体在磁场中受到电磁力作用

电磁力的表达式为

$$F=BIL\sin\alpha$$

式中　F——电磁力，N；

B——磁感应强度，T；
I——导体中的电流，A；
L——导体在磁场中的长度，m；
α——导体与磁力线的夹角。

当通电导体与磁力线垂直，即 $\alpha=90°$ 时，则 $\sin 90°=1$，此时导体受到的电磁力最大。当通电导体与磁力线平行，即 $\alpha=0°$ 时，则 $\sin 0°=0$，导体受到的电磁力最小，为零。

通电导体在磁场内的受力方向可用左手定则来判断。如图 2-52 所示，平伸左手，使拇指垂直其余四指，手心正对磁场的 N 极，四指指向表示电流的方向，则拇指的指向就是通电导体的受力方向。

通电直导体在磁场中受到电磁力的作用，那么，运动的电荷在磁场中也将受到电磁力的作用。这一现象在生产与科学实验中得到广泛的应用，如回旋加速器、质谱仪、电视机中的显像管等，显像管的工作原理可参照模块五中示波器工作原理。

如图 2-53 所示是相距较近且相互平行的通电直导线，由于每根通电导线的周围都产生磁场，两根导线又互相平行，所以每根导线都处在另一根导线所产生的磁场中，并且和磁力线方向垂直，因此这两根导线都受到电磁力的作用。用右手螺旋定则来判断每根导线产生的磁场方向，再用左手定则来判断另一根导线所受到的电磁力方向，得出结论：通过同方向电流的平行直导线是互相吸引的，如图 2-53a 所示；通过反方向电流的平行导线是互相排斥的，如图 2-53b 所示。发电厂或变电站的大电流母线排（汇流排）是用 20 cm 左右宽的铜条或铝条做成的，这些铜条或铝条就是互相平行的通电直导体，它们之间经常受到这种电磁力的作用，尤其在发生短路事故时，通过母线的电流会骤然增大几十倍，这时两排平行母线之间的作用力可以达到几千牛顿。为了

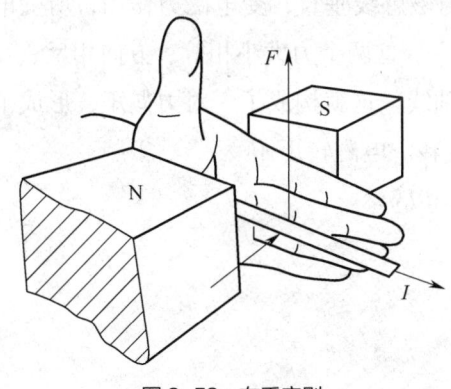

图 2-52 左手定则

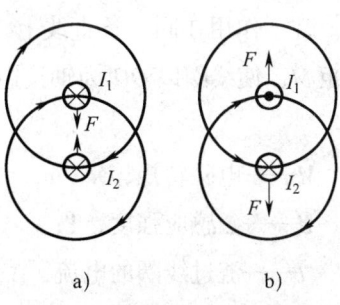

图 2-53 通电平行直导线间的电磁力
a) 同方向电流的平行导线互相吸引
b) 反方向电流的平行导线互相排斥

使母线有足够的力学强度，不致因短路时所产生的巨大电磁力作用而受到破坏，所以每隔一定间距就应安装一个支柱绝缘子。

2. 磁场对通电线圈的作用

由于磁场对通电直导体有作用力，因此磁场对由通电直导体构成的通电线圈也有作用力。如图 2-54 所示，将一刚性（受力后不变形）的矩形载流线圈放入均匀磁场中。线圈 abcd 可看成是由 ab、bc、cd、da 四条载流直导体所组成的，且 $ab=cd=L_1$，$da=bc=L_2$。当线圈在磁场中处于不同位置时，磁场对它的作用力大小也不同。

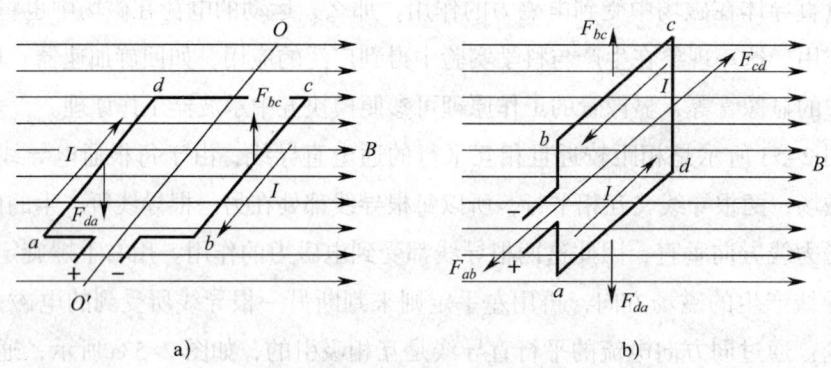

图 2-54 磁场对通电线圈的作用
a）线圈平面与磁感线平行 b）线圈平面与磁感线垂直

（1）线圈平面与磁感线平行

如图 2-54a 所示，依据 $F=BIL\sin\alpha$ 和左手定则分析可知，ab 及 cd 两导线与磁感线平行，不受电磁力作用，而 da 及 bc 两导线与磁感线垂直，受电磁力作用，所受电磁力的大小为 $F_{da}=F_{bc}=BIL_2$，且 F_{da} 向下，F_{bc} 向上。这两个力大小相等、方向相反、互相平行，既不作用在同一条直线上，又不通过轴线，这就构成了一对力偶矩，形成了电磁转矩 M，使线圈以 OO′ 为轴按逆时针方向旋转。电磁转矩 M 为

$$M=BIL_1L_2=BIS$$

式中　M——电磁转矩，N·m；

　　　B——磁感应强度，T；

　　　I——流过线圈的电流，A；

　　　S——线圈的面积，m^2。

综上所述，把通电的线圈平行放到磁场中，磁场将对通电线圈产生电磁力矩作用，使线圈绕轴线转动。常用的电工仪表（如电流表、电压表、万用表等）指针的偏转就

是这一原理。

（2）线圈平面与磁感线垂直

从图2-54b中可看出，ab、bc、cd、da 四条边都与磁感线垂直，其中 $F_{ab}=F_{cd}=BIL_1$，两个力方向相反；$F_{bc}=F_{da}=BIL_2$，两个力方向也相反。由此可知，这两对力分别大小相等、方向相反、作用在同一条直线上，于是这两对力分别平衡，线圈静止不动。

【例2-19】

如图2-55a所示，用左手定则根据导线受力方向判断电流方向；如图2-53b所示，用左手定则根据电流方向判断线圈旋转受力方向。

解：对图2-55a，用左手定则可以判断出导体中的电流方向为垂直纸面向里。对图2-55b，用左手定则可以判断出线圈将逆时针方向旋转。

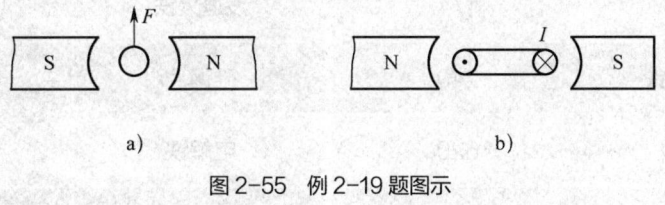

图2-55 例2-19题图示
a）判断导线电流的方向 b）判断导线受力方向

五、磁化与磁性材料

1. 物质的磁化

使原来没有磁性的物质具有磁性的过程称为磁化。凡是铁磁物质都能被磁化，而非铁磁物质都不能被磁化。

铁磁物质之所以能够被磁化，是因为铁磁物质是由许多被称为磁畴的磁性小区域所组成的，每一个磁畴相当于一个小磁铁，在无外磁场作用时，磁畴排列杂乱无章，磁性互相抵消，对外不呈现磁性；在外磁场作用下，磁畴趋向外磁场，形成附加磁场，从而使磁场显著增强。

2. 磁导率与铁磁材料的分类及特点

（1）根据相对磁导率分类

根据物质相对磁导率 μ_r 的大小，可把物质分成三类：

1）$\mu_r \leqslant 1$ 的物质叫逆磁物质，如铜、银等；
2）$\mu_r \geqslant 1$ 的物质叫顺磁物质，如空气、锡、铝等；
3）$\mu_r \gg 1$ 的物质叫铁磁物质，如铁、镍、钴及其合金等。

由于铁磁物质的相对磁导率 μ_r 远大于1，例如，硅钢片的相对磁导率 μ_r 为7 500 左右，而坡莫合金的相对磁导率 μ_r 则高达几万到几十万，其产生的磁场往往比真空中的磁场要强几千倍甚至几万倍，所以，铁磁物质被广泛应用于电工技术方面，计算机甚至火箭等尖端技术也离不开铁磁物质。几种常用铁磁物质的相对磁导率见表 2-9。

表 2-9 常用铁磁物质的相对磁导率

铁磁物质	相对磁导率	铁磁物质	相对磁导率
钴	174	没退火铁	7 000
没经退火铸铁	240	硅钢片	7 500
经退火铸铁	620	电解铁	12 950
镍	1 120	镍铁合金	60 000
软钢	2 180	C 型坡莫合金	115 000

在铁磁材料外面套上一个线圈，通以电流，使其产生强大磁场的设备称为电磁铁。电磁铁应用很广泛，如接触器的主要部件就是一个电磁铁，操作时，只要按下启、停按钮，使电磁铁内的电流接通或断开，就能使各触头闭合或断开，从而控制电动机的启动或制动。

（2）根据磁化的难易程度分类

1）软磁材料。其特点是容易磁化，也容易退磁。常用来制作电动机、变压器、继电器、电磁铁等电气设备的铁芯。

2）硬磁材料。其特点是不易磁化，也不易退磁。常用来制作各种永久磁铁、扬声器的磁钢等。

3. 铁磁物质的磁化曲线

如图 2-56 所示是测量磁感应强度与磁场强度关系的一个实验电路。实验过程是闭合开关 S，调节电位器 R 可改变流入线圈电流的大小，从而可改变磁场强度 H，在线圈铁芯缝口处用高斯计测量磁感应强度 B。每改变一次电流的大小就可以得到一个磁场强度 H，每一个磁场强度 H 都对应一个磁感应强度 B。这样就可以得到一组 B-H 的数据，用平滑的曲线连接这些数据就可以得到一条 B-H 曲线，这条曲线称为磁化曲线。磁化曲线一般由磁性材料生产厂家提供，反映了铁磁物质的磁性能。

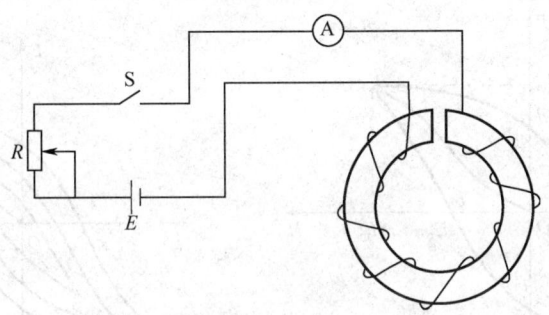

图 2-56　测量 B-H 曲线实验电路

（1）起始磁化曲线

在开关 S 闭合前，铁芯处于无磁状态，也称起始状态。闭合开关 S 给定一个电流，即可得到一对 B-H 的数据，如图 2-57 中的 a 点所示；反复测出 b、c 点，再用线条连接 O、a、b、c 点，使其成为平滑曲线，大致可得到如图 2-57 所示的曲线。

从这条曲线可以看出，铁磁物质的 B-H 呈非线性关系。Oa 段表示随其磁场强度 H 的增加，铁芯中磁感应强度 B 增长较慢，进入 ab 段磁感应强度 B 增长变快，进入 bc 段磁感应强度 B 增长又变慢，逐渐趋于饱和，因此 c 点称为饱和点。

（2）铁磁物质的磁滞特性

如果继续上述实验，将磁场强度 H 由零增加到 H_m，则磁感应强度 B 也由零增加到 B_m，然后将磁场强度 H 慢慢减小，这时可以看到磁感应强度 B 将沿着比起始磁化曲线稍高的曲线下降，磁场强度 H 为 0 时，磁感应强度为 B_r；当反向磁场强度达到 $-H_m$ 时，磁感应强度达到 $-B_m$。然后磁场强度 H 回到零，反向磁感应强度回到 $-B_r$；磁场强度再调到 H_m，磁感应强度也相应提升到 B_m。经多次重复便可获得一幅对称于原点的闭合曲线，即铁磁物质的磁滞回线，如图 2-58 所示。磁滞回线体现了铁磁物质所特有的磁滞特性。

在磁滞回线（见图 2-58）中可以看到，当 $H=0$ 时，$B=B_r$，则 B_r 称为剩余磁场强度，简称剩磁；当 $B=0$ 时，$H=-H_c$，则反向磁场强度 $-H$ 称为矫顽磁力。

（3）基本磁化曲线

在实验时，如果改变 H_m 数值，并重复上述实验过程

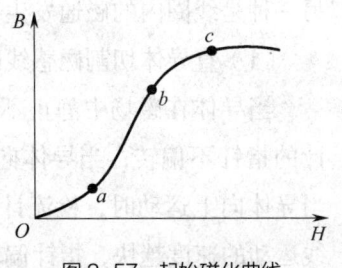

图 2-57　起始磁化曲线

就可得到不同的磁滞回线。如图 2-59 所示是同一铁磁物质的三个不同 H_m 数值的磁滞回线图，如果将三幅磁滞回线图的顶点与坐标的原点连起来，那么这条曲线称为铁磁物质的基本磁化曲线。每一种铁磁物质都有一根唯一的基本磁化曲线，而且与该物质的起始磁化曲线相差很小。

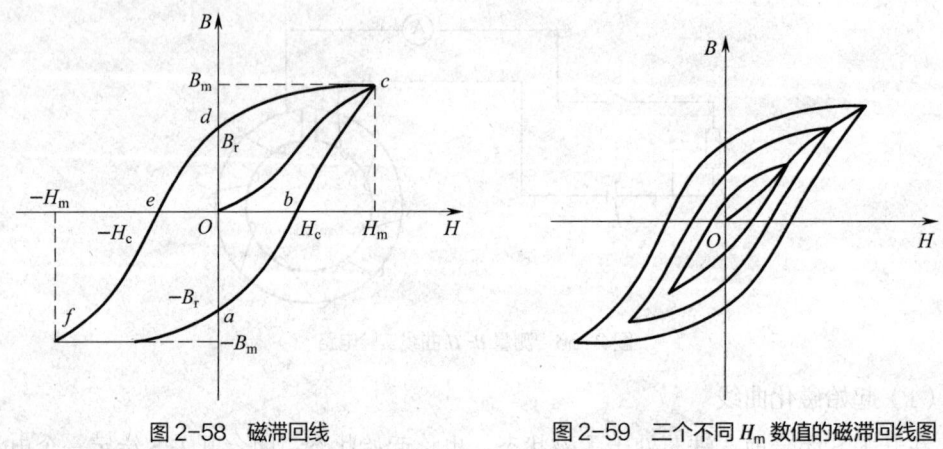

图 2-58　磁滞回线　　　　　　图 2-59　三个不同 H_m 数值的磁滞回线图

六、电磁感应定律

1. 电磁感应现象及其产生条件

电流能够产生磁场，那么磁场能否产生电流呢？事实上，电和磁是电磁过程中的两个方面。它们相互依存，共处于"电磁统一体"中，在一定条件下又相互转化，这"一定条件"就是"动"，电动能生磁，磁动能生电。

人们把变动磁场在导体中引起电动势的现象称为电磁感应，也称"动磁生电"。由电磁感应引起的电动势叫作感应电动势，由感应电动势引起的电流叫作感应电流。

这里所说的磁动或动磁有两种情况，一种是磁场与导体之间发生相对切割运动，另一种是线圈内的磁通发生变化。

（1）直导体切割磁感线时的感应电动势

当导体在磁场中静止不动或沿磁感线方向运动时，即导体未切割磁感线时，检流计的指针不偏转；当导体向下运动时，检流计指针向右偏转一下，如图 2-60a 所示；当导体向上运动时，检流计指针向左偏转一下，如图 2-60b 所示。且导体做切割磁感线运动的速度越快，指针偏转的角度越大。

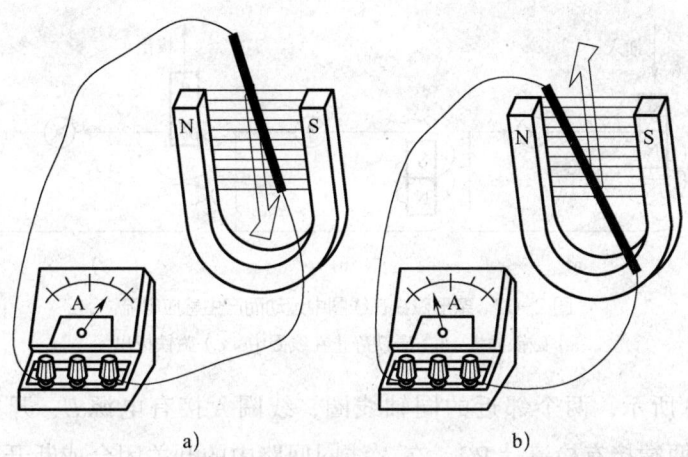

图 2-60　通电直导体切割磁感线时产生感应电动势和感应电流
a）导体向下运动　b）导体向上运动

上述现象表明，感应电动势不但与导体在磁场中的运动方向有关，还与导体的运动速度有关。直导体中产生感应电动势的大小为

$$e=Blv\sin\alpha$$

式中　e——感应电动势，V；

　　　B——磁感应强度，T；

　　　v——导体运动速度，m/s；

　　　α——运动方向与 B 的夹角；

　　　l——导体的有效长度，m。

当导体垂直磁力线方向运动时，$\alpha=90°$，$\sin90°=1$，感应电动势最大。

直导体中产生感应电动势的方向，可用右手定则判断。如图 2-61 所示，平伸右手，拇指与其余四指垂直，让掌心正对磁场 N 极，以拇指指向表示导体运动方向，则其余四指的指向就是感应电动势的方向。

（2）线圈中磁通变化时的感应电动势

当把一条形磁铁的 N 极插入或拔出线圈时，检流计指针都会偏转，但偏转方向不同，分别如图 2-62a、c 所示；当磁铁在线圈中静止时，检流计的指针不偏转，如图 2-62b 所示。若改用磁铁的 S 极来重复上述实验，观察到的现象基本上相同，只是指针偏转方向有了改变。检流计指针偏转说明磁铁的插入或拔出导致线圈中的磁通发生了变化，进而使线圈中产生了电流，指针偏转方向不同说明电流方向不同。

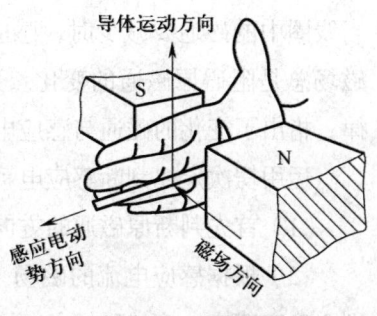

图 2-61　右手定则

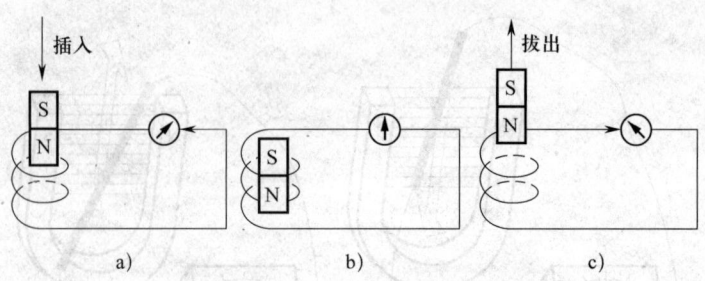

图2-62　条形磁铁在线圈中运动而产生感应电流
a）磁铁插入　b）磁铁静止在线圈中　c）磁铁拔出

如图2-63所示，两个邻近的同轴线圈，线圈A接有电源E、开关S及可变电阻R，线圈B两端接有检流计PG。在A线圈回路中的开关闭合或断开时，或者开关S闭合时改变R的阻值使A线圈电流增大或减小时，线圈B的检流计指针都会发生偏转。

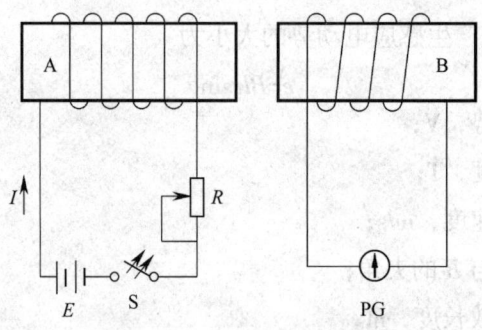

图2-63　同轴线圈电磁感应

以上两实验都说明当穿过线圈中的磁通量发生变化时，在线圈回路中就会产生相应的感应电动势和感应电流。

2. 楞次定律

大量实验表明，当线圈中的磁通要增加时，感应电流所产生的磁场将阻碍其增加；当线圈中的磁通要减少时，感应电流所产生的磁场将阻碍其减少，即感应电流产生的磁场总是阻碍原磁通的变化。这个规律由楞次于1834年首次发现，所以称为楞次定律，指出了变化的磁通与感应电动势在方向上的关系。

运用楞次定律判断感应电动势和感应电流方向的具体步骤如下。

（1）首先判断原磁通的方向及其变化趋势（增加还是减少）。

（2）根据感应电流的磁场（俗称感生磁场）方向永远与原磁通变化趋势相反的原则，确定感应电流的磁场方向。

（3）根据感生磁场的方向，用右手螺旋定则判断出感应电动势或感应电流的方向。

使用楞次定律时应当注意，必须把线圈或导体看成一个电源。在线圈或直导体内部，感应电流从电源的"−"端流到"+"端；在线圈或直导体外部，感应电流由电源的"+"端经负载流回"−"端。因此，在线圈或直导体内部感应电流的方向永远和感应电动势的方向相同。

在图 2-64a 中，当把磁铁插入线圈时，线圈中的磁通将增加。根据楞次定律，感应电流的磁场应阻碍磁通的增加，则线圈的感应电流产生的磁场方向为上 N 下 S；再根据右手螺旋定则可判断出感应电流的方向是由左端流进检流计。如图 2-64b 所示，当磁铁拔出线圈时，用同样的方法可判断出感应电流由右端流进检流计。

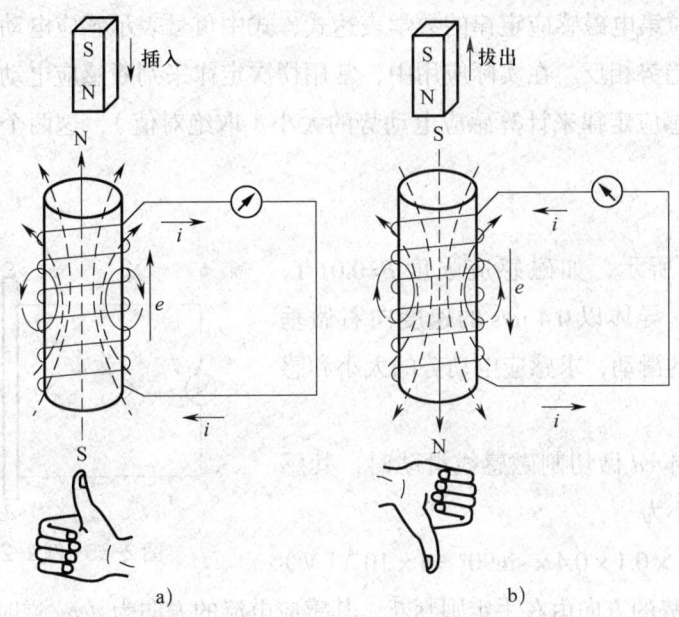

图 2-64 磁铁插入和拔出线圈时感应电流方向
a) 判断磁铁插入时感应电流方向 b) 判断磁铁拔出时感应电流方向

3. 法拉第电磁感应定律

楞次定律说明了感应电动势的方向，而没有回答感应电动势的大小。为此，重复如图 2-64 所示的实验，可发现检流计指针偏转角度的大小与磁铁插入或拔出线圈的速度有关，当速度越快时，指针偏转角度越大。磁铁插入或拔出的速度，反映了线圈中磁通变化的快慢，由此可知，线圈中感应电动势的大小与线圈中磁通的变化速度（变化率）成正比。这个规律叫作法拉第电磁感应定律。

用 $\Delta\Phi$ 表示在时间间隔 Δt 内一个单匝线圈中磁通链的变化量，则一个单匝线圈产生的感应电动势为

$$e = -\frac{\Delta\Phi}{\Delta t}$$

对于 N 匝线圈，其感应电动势为

$$e = -\frac{N\Delta\Phi}{\Delta t} = -\frac{\Delta\psi}{\Delta t}$$

式中　e——在 Δt 时间内感应电动势的平均值，V；

　　　N——线圈的匝数；

　　　$\Delta\psi$——N 匝线圈的磁通变化量，Wb；

　　　Δt——磁通变化 $\Delta\psi$ 所需要的时间，s。

上式是法拉第电磁感应定律的数学表达式，式中负号表示感应电动势的方向永远与磁通变化的趋势相反。在实际应用中，常用楞次定律来判断感应电动势的方向，而用法拉第电磁感应定律来计算感应电动势的大小（取绝对值），这两个定律是电磁感应的基本定律。

【例 2-20】

如图 2-65 所示，如磁感应强度 $B=0.01$ T，导体 $cd=0.1$ m，导体以 0.4 m/s 的速度向右做垂直切割磁感线的滑动，求感应电动势的大小和感应电流的方向。

解：当导体 cd 做切割磁感线滑动时，其感应电动势的大小为

$E=Blv\sin\alpha=0.01\times0.1\times0.4\times\sin90°=4\times10^{-4}$（V）

图 2-65　例 2-20 题图例

感应电动势的方向由右手定则判断，其感应电流的方向为 $dcba$ 逆时针流动。

4. 自感

（1）自感现象

如图 2-66a 所示的电路中，在开关 SA 闭合瞬间，灯泡 HL1 立即正常发光，此后灯的亮度不发生变化，但灯泡 HL2 的亮度却是由暗逐渐变亮，然后正常发光。如图 2-66b 所示的电路中，在开关 SA 闭合瞬间，SA 的刀口处会产生电火花。

上述现象是由于线圈电路在闭合和断开瞬间，电流发生着从无到有和从有到无的变化，线圈自身变化的电流产生了变化的磁通，变化的磁通又必然在线圈中引起感应电动势和感应电流。根据楞次定律，感应电动势要阻止线圈中电流的变化，图 2-66a

中电路开关闭合时，感应电流阻碍了HL2灯正常发光，因此灯亮得迟缓些；图2-66b中开关闭合时，感应电流使电路在此瞬间因线圈中能量的释放而产生电火花。

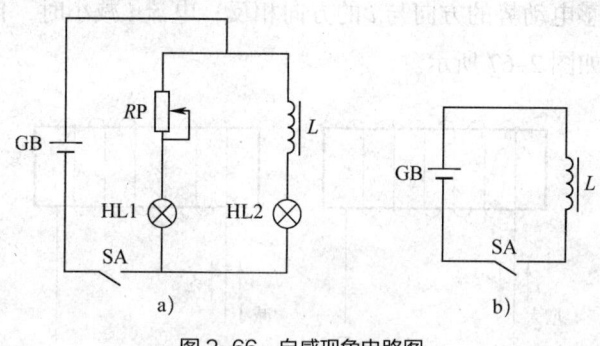

图2-66 自感现象电路图
a）自感现象1 b）自感现象2

以上这种由于流过线圈本身的电流发生变化，而引起的电磁感应叫自感现象，简称自感。由自感产生的感应电动势称为自感电动势，用e_L表示，由自感产生的感应电流称为自感电流，用i_L表示。

（2）自感系数

为找出e_L与外电流i之间的关系，人们把线圈中每通过单位电流所产生的自感磁通数称为自感系数，也称电感量，简称电感，用L表示。其数学式为

$$L = \frac{\Phi}{i}$$

式中 L——电感，H；

Φ——流过N匝线圈的电流i所产生的自感磁通数，Wb；

i——流过线圈的电流，A。

电感是衡量线圈产生自感磁通本领大小的物理量。如果一个线圈中通过1安培（A）电流，能产生1韦伯（Wb）的自感磁通，则该线圈的电感为1亨利，简称亨，用字母H表示。在实际工作中，特别在电子技术中有时用亨做单位太大，常采用较小的单位毫亨（mH）和微亨（μH），它们与亨的换算关系为

$$1 亨（H）=1 \times 10^3 毫亨（mH）$$

$$1 毫亨（mH）=1 \times 10^3 微亨（μH）$$

一般情况下，线圈匝数越多，电感L越大，但L的大小不但与线圈的匝数以及几何形状有关，而且与线圈中媒介质的磁导率有关。对有铁芯的线圈，L不是常数，对空心线圈，当其结构一定时，L为常数。把L为常数的线圈称为线性电感，把线圈称为电感线圈，也称电感器或电感。

（3）自感电动势

由于自感也是电磁感应，因此自感电动势方向也可用楞次定律判断，当线圈中的电流 i 增大时，自感电动势的方向与 i 的方向相反；电流 i 减小时，自感电动势的方向与 i 的方向相同，如图 2-67 所示。

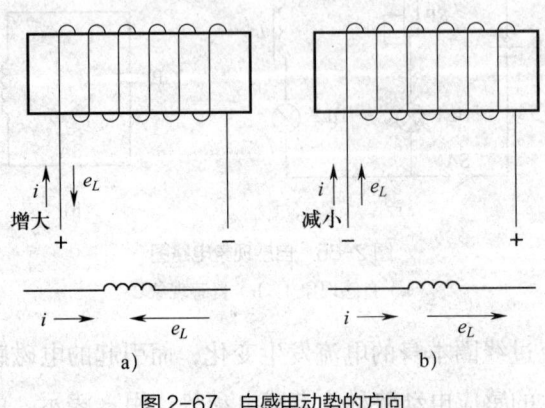

图 2-67 自感电动势的方向
a) 电流 i 增大 b) 电流 i 减小

自感电动势大小的计算也遵从法拉第电磁感应定律，将 $\Phi=Li$ 代入 $e_L = -\dfrac{\Delta \Phi}{\Delta t}$ 中可得线性电感中的自感电动势

$$e_L = -\frac{\Delta \Phi}{\Delta t} = -L\frac{\Delta i}{\Delta t}$$

式中 $\dfrac{\Delta i}{\Delta t}$ 为电流的变化率（单位是 A/s），负号表示自感电动势的方向永远与电流的变化趋势相反。

（4）自感的应用

对人们来说，自感既有利又有弊。例如，日光灯利用镇流器中的自感电动势来点燃灯管，同时也利用它来限制灯管的电流；在含有大电感元件的电路被切断的瞬间，因电感两端的自感电动势很高，在开关刀口的断开处会产生电弧，容易烧坏刀口，或者损坏设备的元器件。对于自感的"弊"应尽量避免，比如含有大电感的电路中设有灭弧装置，在开关或电感两端并接一个适当的电阻器或电容器，或先将电阻器和电容器串接然后接到电感两端，让自感电流有一通路。

5. 互感

（1）互感现象和互感电动势

如图 2-68 所示是一个互感实验电路。当线圈 1 中的电流强度不改变时，线圈 2 电路中不会产生感应电动势和感应电流。当可变电阻的阻值发生变化，电路中的电流也发生变化时，线圈1即产生变化的磁通，该磁通的变化影响到线圈2，从而引起线圈2产生感应电动势和感应电流。

这种由于一个线圈中的电流发生变化而在另一线圈中产生电磁感应的现象叫互感现象，简称互感。由互感产生的感应电动势称为互感电动势，用 e_M 表示。

互感电动势的大小正比于穿过本线圈磁通的变化率，也正比于另一线圈中电流的变化率。在一般情况下，当两个线圈互相平行，且第一个线圈的磁通全部穿过第二个线圈时，互感电动势最大；当两个线圈互相垂直时，互感电动势最小。互感电动势的方向不但与原磁通及其变化的方向有关，还与线圈的绕向有关，虽然仍可用楞次定律来判断，但比较复杂，尤其是对于已经制造好的互感器，从外观上无法观察到线圈的绕向，判断互感电动势的方向就更加困难了。为了方便地判断互感电动势的方向，一般在绕制多线圈的互感器时，要注明同名端。

（2）同名端

由于绕向一致而产生感应电动势的极性始终保持一致的端子，被称为线圈的同名端，用小实心点"·"表示。利用同名端、电流方向和电流变化趋势可以很容易地判断互感电动势的方向。

如图2-69所示，1、4、5为同名端，当开关SA合上瞬间分析各线圈感应电动势极性。

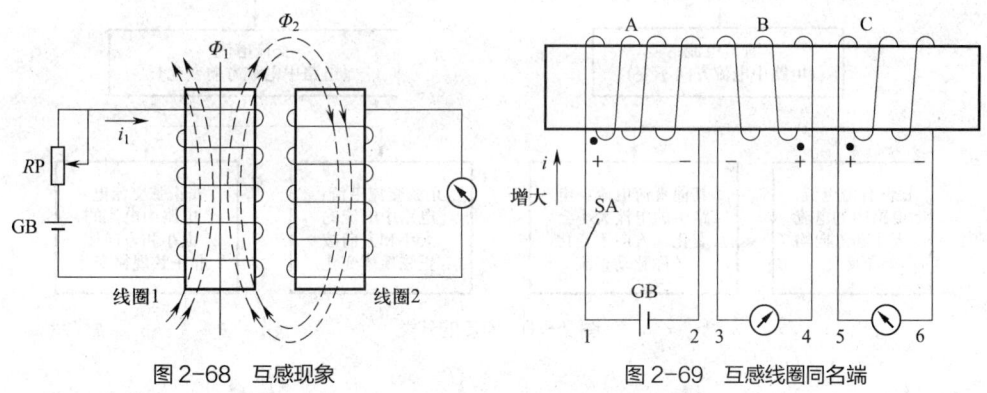

图2-68 互感现象　　　　　图2-69 互感线圈同名端

SA合上瞬间，A线圈有一电流从1号端子流进线圈，并且电流在增大，根据楞次定律在A线圈两端产生自感电动势 e_L，方向为左"+"右"−"。在B、C线圈产生互感电动势 e_{MB}、e_{MC}，利用同名端可确定 e_{MB} 方向为左"−"右"+"，e_{MC} 方向为左"+"右"−"。

（3）互感的应用

和自感一样，互感既有利也有弊。例如，在工农业生产中具有广泛用途的各种变压器，电动机都是利用互感原理工作的；在电子电路中，若线圈的位置安放不当，各线圈产生的磁场就会互相干扰，严重时会使整个电路无法工作。为避免互感的"弊"，人们常把互不相干的线圈的间距拉大或把两个线圈垂直放置，在某些情况下也用铁磁材料把线圈或其他元器件封闭起来进行磁屏蔽。

培训项目三　交流电路基本知识

一、交流电概述

直流电和交流电的根本区别是：直流电的方向不随时间变化而变化，交流电的方向则随着时间的变化而变化。电流的分类如图 2-70 所示，电流的波形如图 2-71 所示。

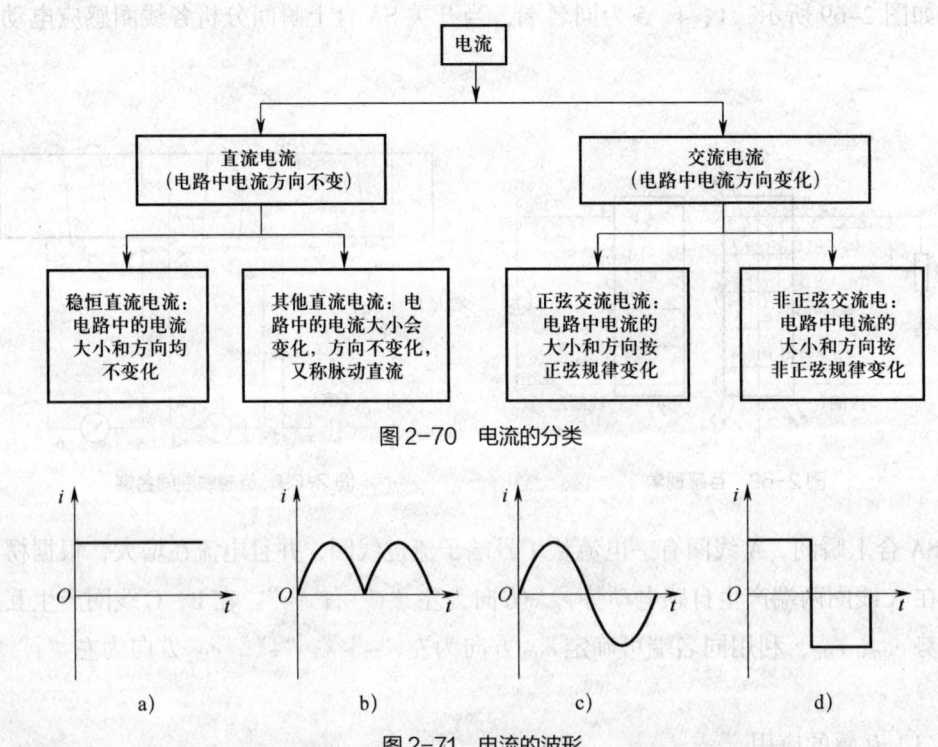

图 2-70　电流的分类

图 2-71　电流的波形
a）直流电　b）脉动直流电　c）正弦交流电　d）非正弦交流电

交流电在日常的生产和生活中应用极为广泛,即使是在某些需要直流电的场合,也往往是将交流电通过整流设备转换为直流电。大多数的电气设备,如电动机、照明器具、家用电器也都使用交流电。

如果没有特别说明,下文所述的交流电都是指正弦交流电。

1. 正弦交流电的产生

正弦交流电是由交流发电机产生的,如图 2-72a 所示是最简单的交流发电机示意图。发电机由定子和转子组成,定子有 N、S 两极;转子是一个可以转动的由硅钢片叠成的圆柱体,其上绕有线圈,线圈两端分别接到两个相互绝缘的铜制集电环上,通过电刷与电路接通。

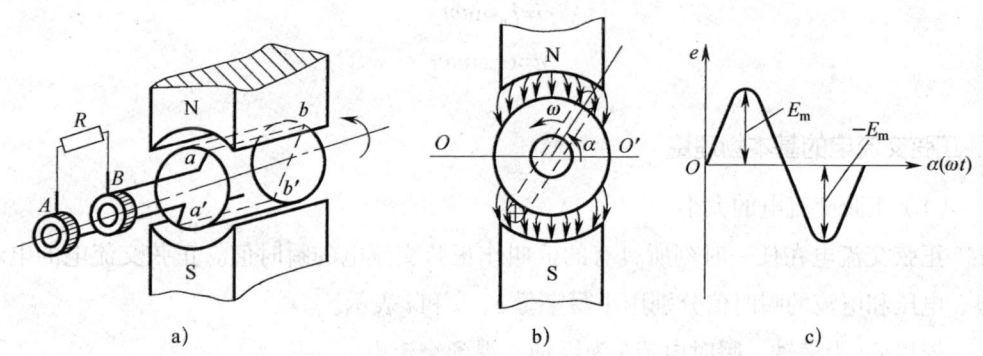

图 2-72 交流发电机

a) 示意图　b) 磁感应强度的分布　c) 感应电动势

当用原动机(如水轮机或汽轮机)驱动发电机内的电枢转动时,由于导体切割磁感线而在线圈中产生感应电动势。为了得到正弦波形的感应电动势,应采用适当的磁极形状,使磁极和转子之间的磁感应强度按正弦规律分布,如图 2-72b 所示。在磁极中心位置,磁感应强度最大,用 B_m 表示;在磁极分界面处,磁感应强度为零。磁感应强度为零的点组成的平面叫中性面,如图 2-72b 中的 OO′水平面。如果线圈所在位置与中性面成 $α$ 角,此处线圈表面的磁感应强度为

$$B=B_m\sin α$$

当线圈在磁场中从中性面开始以匀角速度逆时针转动时,每匝线圈中产生的感应电动势的大小为

$$e=2Blv=2B_m lv\sin α$$

如果线圈有 N 匝,则总的感应电动势为

$$e=2NB_m lv\sin α=E_m\sin α \tag{2-8}$$

式中　E_m——感应电动势最大值，$E_m=2NB_m lv$，V；
　　　N——线圈的匝数；
　　　B_m——最大磁感应强度，T；
　　　l——线圈一边的有效长度，m；
　　　v——导线切割磁力线的速度，m/s。

由式（2-8）可知，线圈中的感应电动势按正弦规律变化，如图2-72c所示。

因为线圈在磁场中以角速度 ω 做匀速转动，所以 $\alpha=\omega t$，于是式（2-8）又可写为

$$e=E_m\sin\omega t$$

因为发电机经电刷与外电路的负载接通，形成闭合回路，所以电路中就产生了正弦电流和正弦电压，用公式表示为

$$i=I_m\sin\omega t$$
$$u=U_m\sin\omega t$$

2. 正弦交流电的基本物理量

（1）正弦交流电的大小

正弦交流电在任一时刻所具有的值叫作正弦交流电的瞬时值。正弦交流电的电动势、电压和电流的瞬时值分别用小写字母 e、u 和 i 表示。

现以 ωt 为横轴，瞬时电流 i 为纵轴，得到交流电的电流波形图，如图2-73所示，同理可得电压波形图、电动势波形图。

正弦交流电中最大的电流瞬时值叫作正弦交流电的电流最大值（又称峰值、振幅），用 I_m 表示，同理，正弦交流电的电压最大值和电动势最大值分别用 U_m 和 E_m 表示。

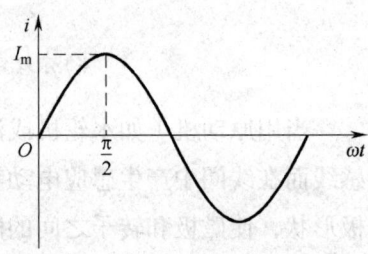

图2-73　交流电的电流波形图

（2）正弦交流电的频率

1）周期。交流电每重复变化一次所需的时间称为周期，用字母 T 表示，单位是秒（s），常用单位还有毫秒（ms）、微秒（μs）、纳秒（ns）。

$$1\text{毫秒（ms）}=1\times10^{-3}\text{秒（s）}$$
$$1\text{微秒（μs）}=1\times10^{-6}\text{秒（s）}$$
$$1\text{纳秒（ns）}=1\times10^{-9}\text{秒（s）}$$

2）频率。交流电1s内重复的次数称为频率，用字母 f 表示，单位是赫兹（Hz），频率的常用单位还有千赫（kHz）和兆赫（MHz）。

$$1\text{ 千赫（kHz）}=1\times10^3\text{ 赫（Hz）}$$
$$1\text{ 兆赫（MHz）}=1\times10^6\text{ 赫（Hz）}$$

根据周期和频率的定义可知，周期和频率互为倒数，即：

$$f=\frac{1}{T}\text{ 或 }T=\frac{1}{f}$$

3）角频率。角度 α 的大小反映着线圈中感应电动势、电压、电流等大小和方向的变化，这种以电磁关系来计量交流电变化的角度叫电角度。电角度并不是在任何情况下都等于线圈实际转过的机械角度，只有在两个磁极的发电机中，电角度才等于机械角度。下文中在正弦交流电的表达式中的角度都是指电角度。

正弦交流电每秒内变化的电角度称为角频率，用 ω 表示。ω 的单位是弧度/秒（rad/s）。根据角频率的定义有：

$$\omega=2\pi f=\frac{2\pi}{T}$$

在我国的供电系统中，交流电的频率是 50 Hz（习惯上称为工频），周期是 0.02 s，角频率是 100π rad/s，即 314 rad/s。

（3）正弦交流电的初相位

在讲述正弦交流电动势的产生过程时，假设线圈开始转动的瞬时线圈平面与中性面重合，此时 $\alpha=0°$，所以线圈中的感应电动势 $e=E_m\sin\alpha=0$，即假设正弦交流电的起点为零，但实际上正弦交流电的起点不一定为零。

如图 2-74 所示，a_1b_1 和 a_2b_2 是两个完全相同的线圈，设开始计时，即 $t=0$ 时，a_1b_1 线圈平面与中性面夹角为 φ_1，a_2b_2 线圈平面与中性面夹角为 φ_2，则任意时刻这两个线圈电动势的瞬间值分别是：

$$e_1=E_m\sin(\omega t+\varphi_1)$$
$$e_2=E_m\sin(\omega t+\varphi_2)$$

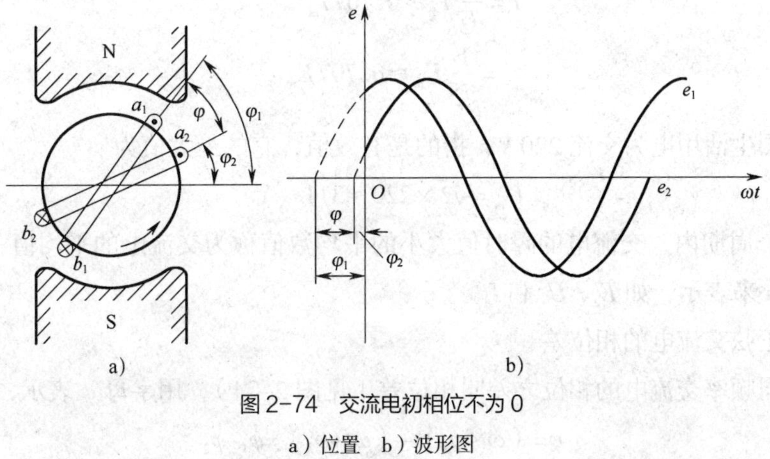

图 2-74 交流电初相位不为 0
a）位置 b）波形图

上式中的电角度（$\omega t+\varphi$）称为该交流电的相位或相角，用来描述正弦交流电在不同瞬间的变化状态（如增大、减小、通过零点或达到最大值等），即反映了交流电变化的进程。显然 e_1 的相位是（$\omega t+\varphi_1$），e_2 的相位是（$\omega t+\varphi_2$），电动势 e_1 和 e_2 的波形如图 2-74b 所示。

$t=0$ 时的相位叫初相位或初相，显然 e_1 的初相是 φ_1，e_2 的初相是 φ_2。交流电的初相可以为正也可以为负，$t=0$ 时，若 $e_1>0$ 则初相为正，若 $e_1<0$ 则初相为负。初相通常用不大于 180°的电角度来表示。

综上所述，交流电的最大值反映了正弦量的变化范围，频率反映了正弦量的变化快慢，初相位反映了正弦量的起始状态。交流电的最大值、频率和初相位确定以后，就可以确定交流电随时间变化的情况，因此，最大值、频率和初相位又叫作交流电的三要素。

（4）正弦交流电的有效值

在电工技术中，经常要利用交流电的热效应和机械效应等。因为交流电的大小是随时间变化的，用最大值和瞬时值无法衡量交流电中这些效应的大小，通常是以热效应或机械效应相等的直流电的大小来表示交流电的大小。例如，用交流电和直流电分别通过两个电阻相同的导体，如果在相同的时间内产生的热量相等，那么这个直流电的大小就叫作交流电的有效值，用大写字母表示，如 E、U 和 I。电工仪表测出的交流电数值以及通常所说的交流电数值都是指有效值。

正弦交流电的有效值和最大值之间的关系式为

$$\text{有效值} = \frac{1}{\sqrt{2}} \times \text{最大值}$$

即：

$$U = \frac{1}{\sqrt{2}} U_\mathrm{m} \approx 0.707 U_\mathrm{m}$$

$$I = \frac{1}{\sqrt{2}} I_\mathrm{m} \approx 0.707 I_\mathrm{m}$$

$$E = \frac{1}{\sqrt{2}} E_\mathrm{m} \approx 0.707 E_\mathrm{m}$$

如我国生活用电为交流 220 V，指的是有效值，它的最大值为

$$U_\mathrm{m} = \sqrt{2} \times 220 \approx 311 \text{（V）}$$

在半个周期内，交流电的瞬时值大小的平均数值称为交流电的平均值，用大写字母加下标 a 来表示，如 E_a、U_a 和 I_a。

（5）正弦交流电的相位差

两个同频率交流电的相位之差叫相位差（见图 2-74），用字母 φ 表示，即：

$$\varphi = (\omega t+\varphi_1) - (\omega t+\varphi_2) = \varphi_1 - \varphi_2$$

可见，两个同频率交流电的相位差就等于它们的初相之差。

若两个交流电同时达到零值或最大值，即两者的初相角相等，则称它们的相位相同，简称同相，如图 2-75a 所示。若一个交流电达到正最大值时，另一个交流电达到负最大值，即它们的初相位相差 180°，则称它们的相位相反，简称反相，如图 2-74b 所示。如果一个交流电比另一个交流电提前达到零值或最大值，则前者叫超前，后者叫滞后，如图 2-75b 所示，e_1 超前 e_2，也可以说成 e_2 滞后 e_1。

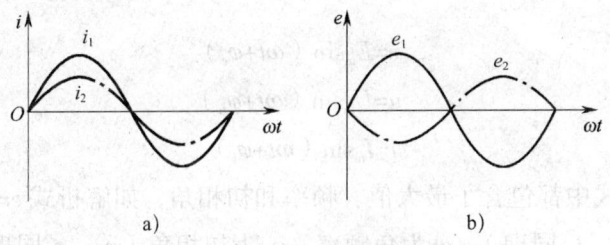

图 2-75 交流电的同相和反相
a) 同相 b) 反相

【例 2-21】

已知两正弦电动势 $e_1=100\sin(100\pi t+60°)$（V），$e_2=65\sin(100\pi t-30°)$（V）求：

（1）各电动势的最大值和有效值。

（2）频率、周期。

（3）相位、初相位、相位差。

（4）画出波形图。

解：（1）最大值为 $E_{m1}=100$（V），$E_{m2}=65$（V）；有效值为 $E_1=71$（V），$E_2=46$（V）。

（2）频率为 $f=\omega/(2\pi)=100\pi/(2\pi)=50$（Hz），周期为 $T=1/f=1/50=0.02$（s）。

（3）相位为 $\alpha_1=100\pi t+60°$，$\alpha_2=100\pi t-30°$；初相位为 $\varphi_1=60°$，$\varphi_2=-30°$；相位差为 $\varphi=\varphi_1-\varphi_2=60°-(-30°)=90°$。

（4）波形如图 2-76 所示。

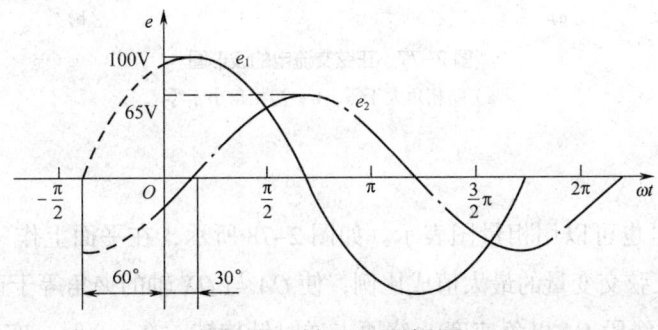

图 2-76 例 2-21 题波形图

二、正弦交流电的三种表示法

为了便于研究，常采用解析式、波形图和相量图三种方法表示交流电，这些方法都能包含交流电的三要素，并都能进行运算。

1. 解析式法

$$e = E_m \sin(\omega t + \varphi_e)$$
$$u = U_m \sin(\omega t + \varphi_u)$$
$$i = I_m \sin(\omega t + \varphi_i)$$

这三个解析式中都包含了最大值、频率和初相角，如解析式 $e = E_m \sin(\omega t + \varphi_e)$ 中 E_m 为最大值（U_m、I_m 同理），ω 为角频率，φ_e 为初相角（φ_u、φ_i 同理）根据解析式就可以计算交流电任意瞬时的数值。

2. 波形图法

用波形图来表示正弦交流电的方法为波形图表示法。如图2-77所示，波形图的横坐标表示时间 t 或电角度 ωt，纵坐标表示瞬时值，从图中还可以看出交流电的最大值、周期和初相角。

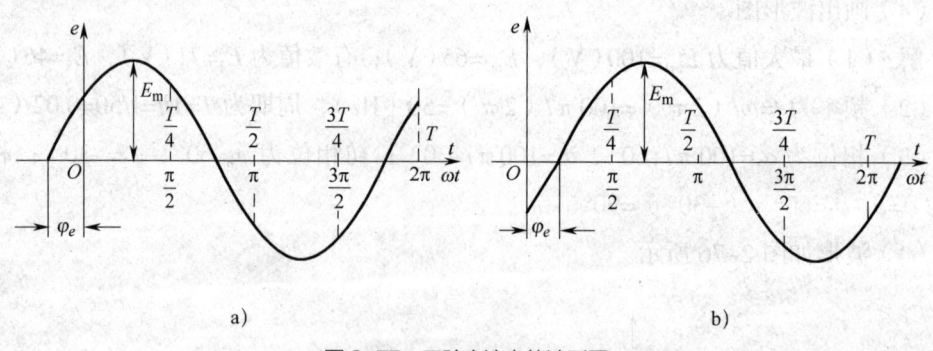

图2-77 正弦交流电的波形图
a）初相角大于零 b）初相角小于零

3. 相量图法

正弦交流电也可以用相量图表示。如图2-78所示，在平面上作一有向线段 OA，并使其长度与正弦交变量的最大值成比例，使 OA 与 OX 轴的夹角等于正弦交变量的初相角 φ，设有向线段 OA 以角速度 ω 绕原点逆时针旋转。在 $t=0$ 时，有向线段 OA 的初始位置在纵坐标上的投影 $O_a=E_m\sin\varphi$；经过 t_1 时间，逆时针旋转到 B 处，在纵坐标上的投影 $O_b=E_m\sin(\omega t_1+\varphi)$。这样旋转的有向线段表达出的峰值、角频率、初相角就是正弦量的三要素。旋转有向线段 OA 任一瞬间在纵轴 OY 的投影（O_a）即为正弦交变量的瞬时值，O_a 的表达式为

$$O_a=e_1=E_m\sin(\omega t+\varphi)$$

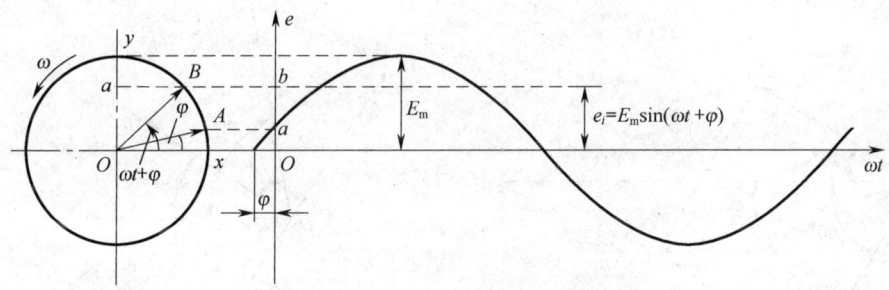

图 2-78　正弦交流电的有效值相量图

把同频率的交流电画在同一相量图上时，由于相量的角频率相同，所以不管其旋转到什么位置，彼此之间的相位关系始终保持不变。因此，在研究相量之间的关系时，一般只要按初相角做出相量，而不必标出角频率。如图 2-79 所示，这样做出的图叫作相量图。

采用相量图表示正弦交流电，在计算几个同频率的交流电的和或差的时候，比解析法和波形图法要简单得多，而且比较直观，故它是研究交流电的重要工具之一。但向量图法只适用于同频率正弦交流电的计算。

在实际工作中，往往采用有效值相量图来计算交流电，如图 2-78 所示，有效值相量图简称相量图。

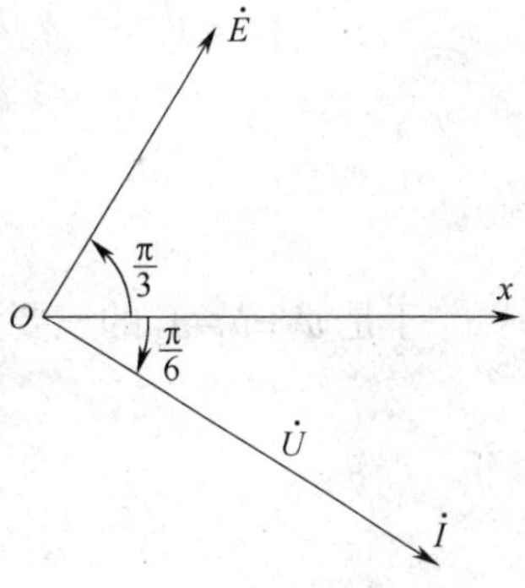

图 2-79　相量图

【例 2-22】

已知 $u_1=3\sin(314t+30°)$（V），$u_2=4\sin(314t-60°)$（V）。求 $u=u_1+u_2$ 和 $u'=u_1-u_2$ 的瞬时值表达式。

解：（1）根据题意作 $u=u_1+u_2$ 的相量图，如图 2-80 所示，则有

$$U_m=\sqrt{U_{1m}^2+U_{2m}^2}=\sqrt{3^2+4^2}=5^2 \text{（V）}$$

u_1 超前 u 的角度为

$$\varphi=\arctan\varphi=\arctan\frac{U_{2m}}{U_{1m}}=\arctan\frac{4}{3}\approx 53°$$

于是可得 $u=u_1+u_2$ 的幅值、频率、初相分别为

$$U_m=5\text{（V）}$$

$$\omega = 314 \text{ (rad/s)}$$
$$\varphi_u = \varphi_1 - \varphi = 30° - 53° = -23°$$

所以
$$u = 5\sin(314t - 23°) \text{ (V)}$$

（2）根据题意作 $u' = u_1 - u_2$ 的相量图，如图 2-81 所示，则有：

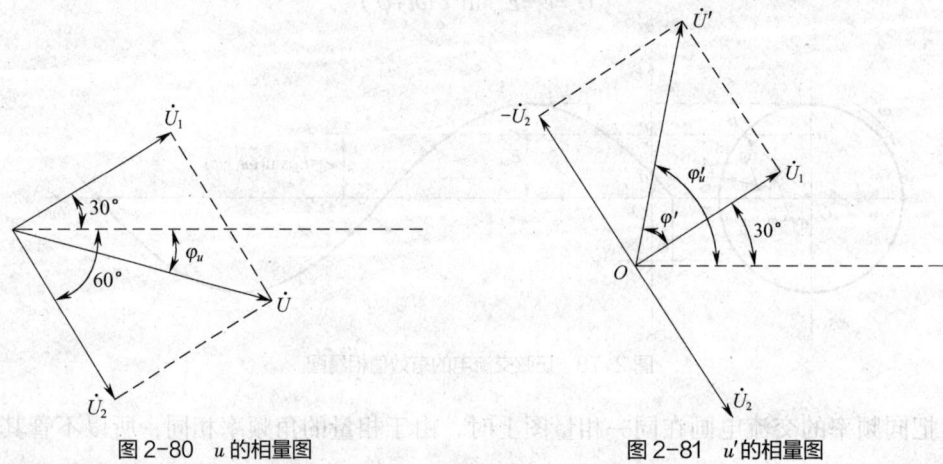

图 2-80　u 的相量图　　　　　　图 2-81　u' 的相量图

$$u' = u_1 - u_2 = u_1 + (-u_2)$$

$$u'_m = \sqrt{U_{1m}^2 + U_{2m}^2} = \sqrt{3^2 + 4^2} = 5 \text{ (V)}$$

$$\varphi' = \arctan\frac{U_{2m}}{U_{1m}} = \arctan\frac{4}{3} \approx 53°$$

于是 $u' = u_1 - u_2$ 的三要素为

$$U'_m = 5 \text{ (V)}$$

$$\omega' = 314 \text{ (rad/s)}$$

$$\varphi'_u = \varphi' + \varphi_1 = 53° + 30° + 83°$$

所以
$$u' = 5\sin(314t + 83°) \text{ (V)}$$

【例 2-23】

已知 $u_1 = 120\sin(100\pi t + 210°)$ (V)，$u_2 = 70\sin(100\pi t + 30°)$ (V)，求 $u = u_1 + u_2$ 和 $u' = u_1 - u_2$ 的瞬时值表达式。

解： 由已知条件作相量图，如图 2-82 所示，可知 u_1 和 u_2 反相，则有：

$$U_m = U_{1m} - U_{2m} = 120 - 70 = 50 \text{ (V)}$$

所以　$u_1 + u_2 = U_m\sin(100\pi t + 210°)$

$$= 50\sin(100\pi t + 210°) \text{ (V)}$$

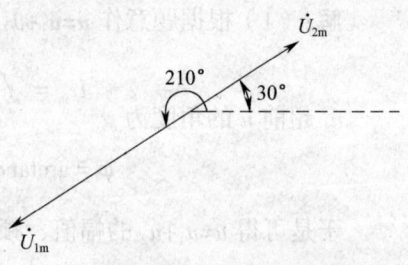

图 2-82　u_1、u_2 的相量图

$$U'_m = U_{1m} - (-U_{2m}) = 120 - (-70) = 190 \text{ (V)}$$

所以
$$u_1 - u_2 = U'_m \sin(100\pi t + 210°)$$
$$= 190 \sin(100\pi t + 210°) \text{ (V)}$$

三、单相交流电路

由交流电源、用电设备和中间环节等组成的电路称交流电路。若电源中只有一个交变电动势，称为单相交流电路。与直流电路不同的是，分析各种交流电路时，不但要确定电路中电压与电流之间的大小关系，而且要确定它们之间的相位关系，同时还要讨论电路中的功率问题。分析复杂的交流电路，首先必须掌握单一参数（电阻器、电感器、电容器）元件电路中电压与电流之间的关系，因为复杂的交流电路均可看成是单一参数元件的组合。

由于交流电路中的电压和电流都是交变的，因而有两个作用方向。为分析电路时方便，常把其中的一个方向规定为正方向，且同一电路中的电压和电流以及电动势的正方向完全一致。

1. 纯电阻电路

纯电阻电路就是除电源外，只有电阻元件的电路，或电路中有电感和电容元件，但它们对电路的影响可忽略。由白炽灯、电烙铁、电阻器组成的交流电路都可近似看成是纯电阻电路，如图2-83a所示，在这些电路中，影响电路中电流大小的主要因素是电阻 R。

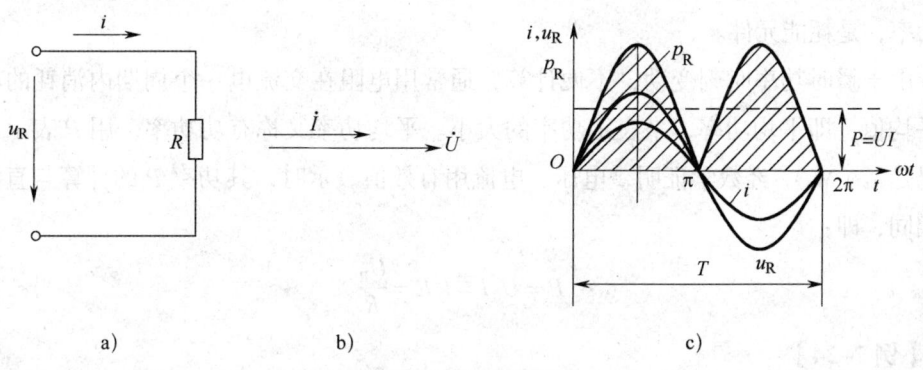

图2-83 纯电阻电路
a）电路图 b）相量图 c）波形图

（1）电流与电压的相位关系

设加在电阻两端的电压为

$$u_R = U_{Rm}\sin\omega t$$

实验证明，在任一瞬间通过电阻的电流 i 仍可用欧姆定律计算，即：

$$i = \frac{u_R}{R} = \frac{U_{Rm}\sin\omega t}{R}$$

由此可知，在正弦电压的作用下，电阻中通过的电流也是一个同频率的正弦电流，且与加在电阻两端的电压同相位，电压、电流的相量图和波形图分别如图 2-83b、c 所示。

（2）电流与电压的数量关系

由电阻两端的电压公式可知，通过电阻的最大电流为

$$I_m = \frac{U_{Rm}}{R}$$

若把上式两边同除以 $\sqrt{2}$，则得：

$$I = \frac{U_R}{R}$$

这说明，在纯电阻电路中，电流与电压的瞬时值、最大值、有效值都符合欧姆定律。

（3）功率

在任一瞬间，电阻中电流瞬时值与同一瞬间的电阻两端电压的瞬时值的乘积称为电阻获取的瞬时功率，用 p_R 表示，即：

$$p_R = u_R i = \frac{U_{Rm}^2}{R}\sin^2\omega t$$

瞬时功率的波形如图 2-83c 中 p_R 线条的曲线所示。由于电流和电压同相，所以 p_R 在任一瞬间的数值都是正值（除电压和电流都是零的瞬时外），这说明电阻总是要消耗功率，是耗能元件。

由于瞬时功率时刻变动，不便计算，通常用电阻在交流电一个周期内消耗的功率的平均值，即平均功率，来表示功率的大小。平均功率又称有功功率，用 P 表示，单位仍是瓦（W）。经数学证明，电压、电流用有效值表示时，其功率 P 的计算与直流电路相同，即：

$$P = U_R I = I^2 R = \frac{U_R^2}{R}$$

【例 2-24】

已知某白炽灯的额定参数为 100 W/220 V，其两端加有电压为 $u=311\sin 314t$（V），试求：

（1）白炽灯的工作电阻。

（2）电流有效值及解析表达式。

解：（1）因为白炽灯额定电压、额定功率分别为 220 V 和 100 W，所以有
$$R = U^2/P = 220^2/100 = 484 \ (\Omega)$$

（2）由 $u = 311\sin 314t$ 可知电压有效值为
$$U = \frac{U_m}{\sqrt{2}} = \frac{311}{\sqrt{2}} = 220 \ (\text{V}) \ (\text{与白炽灯的额定电压相符})$$

电流有效值为
$$I = \frac{U}{R} = \frac{220}{484} = 0.455 \ (\text{A})$$

又因为白炽灯可视为纯电阻，电流与电压同频、同相，所以电流 i 解析表达式为
$$i = 0.455\sqrt{2}\sin 314t$$

2. 纯电感电路

由电阻很小的电感线圈组成的交流电路，可近似地看成是纯电感电路。图 2-84a 所示为由一个线圈构成的纯电感电路。

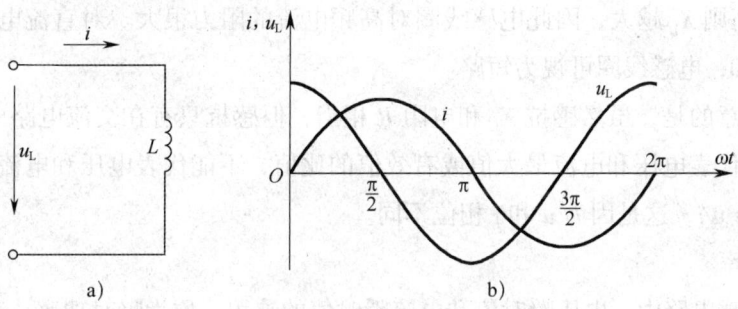

图 2-84 纯电感电路
a）电路图　b）波形图

（1）电流与电压的相位关系

当纯电感电路中有交变电流 i 通过时，根据电磁感应定律，线圈 L 上将产生自感电动势，它的大小和方向为
$$e = -L\frac{\Delta i}{\Delta t}$$

对于内阻很小的电源，其电动势与端电压总是大小相等且方向相反，因而有
$$u_L = -e_L = --L\frac{\Delta i}{\Delta t} = L\frac{\Delta i}{\Delta t}$$

设电感 L 中流过电流 i 为
$$i = I_m\sin\omega t$$

由数学推导可知

$$u_L = \omega L I_m \sin\left(\omega t + \frac{\pi}{2}\right) = U_{Lm}\sin\left(\omega t + \frac{\pi}{2}\right)$$

所以纯电感电路中，电压超前电流 $\frac{\pi}{2}$，即 90°。其波形图和相量图如图 2-84b 和图 2-85 所示。

（2）电压与电流的频率关系

由上述分析可知，电流与电压频率相同。

（3）电流与电压的数量关系

同样由上述分析可知

$$U_{Lm} = i_m \omega L$$
$$U = I\omega L$$

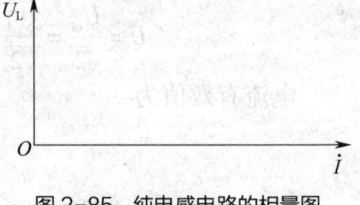

图 2-85 纯电感电路的相量图

对比纯电阻电路欧姆定律可知，ωL 与 R 相当，表示电感对交流电的阻碍作用，称作感抗，用 X_L 表示，单位是欧姆，表达式为

$$X_L = \omega L = 2\pi f L$$

显然，感抗的大小取决于线圈的电感量 L 和流过它的电流的频率 f。对某一个线圈而言，f 越高则 X_L 越大，因此电感线圈对高频电流的阻力很大。对直流电而言，由于 $f=0$，则 $X_L=0$，电感线圈可视为短路。

值得注意的是，虽然感抗 X_L 和电阻 R 相当，但感抗只有在交流电路中才有意义，而且感抗只代表电压和电流最大值或有效值的比值，不能代表电压和电流瞬时值的比值，即 $X_L \neq u/i$，这是因为 u 和 i 相位不同。

（4）功率

在纯电感电路中，电压瞬时值和电流瞬时值的乘积，称为瞬时功率，表达式为

$$p_L = u_L i$$

将 u_L 和 i 代入，得：

$$\begin{aligned}
p_L &= U_{Lm}\sin\left(\omega t + \frac{\pi}{2}\right) \times I_{Lm}\sin\omega t \\
&= \frac{U_{Lm}}{\sqrt{2}}\cos\omega t \times \frac{I_{Lm}}{\sqrt{2}}\sin\omega t \\
&= \frac{U_{Lm}}{\sqrt{2}}\frac{I_{Lm}}{\sqrt{2}}(\cos\omega t \sin\omega t) \\
&= U_L I_L \sin 2\omega t
\end{aligned}$$

由此可画出 p_L 的波形图如图 2-86 所示。在第一和第三个 1/2 周期内，p_L 为正值，即电源将电能传给线圈并以磁场能形式储存于线圈中；在第二和第四个 1/2 周期内，p_L 为负值，即线圈将磁场能转换成电能送还给电源。这样，在整个周期内，纯电感电路

的平均功率为零，即纯电感电路中没有能量损耗，只有电能和磁场能周期性转换，因此电感元件是一种储能元件。

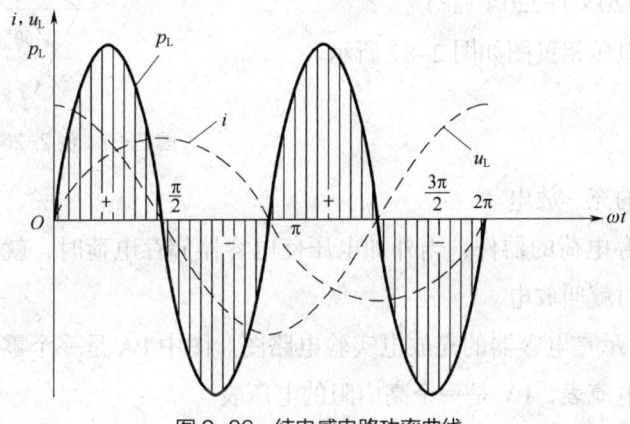

图 2-86　纯电感电路功率曲线

需要注意的是，虽然在纯电感电路中平均功率为零，但事实上电路中时刻进行着能量转换，所以瞬时功率并不为零。把瞬时功率的最大值叫作无功功率，用 Q_L 表示，单位是乏（var），表达式为

$$Q_L = U_L I = I^2 X_L = \frac{U_L^2}{X_L}$$

上式中电压、电流、感抗的单位分别用伏特、安培、欧姆时，无功功率的单位就是乏。

必须指出，"无功"的含义是"交换"而不是"消耗"，它是相对"有功"而言的，决不能理解为"无用"。事实上无功功率在生产实践中占有很重要的地位，具有电感性质的变压器、电动机等设备都是靠电磁转换工作的，若没有无功功率，这些设备就无法工作。

【例 2-25】

某一电感量 $L=0.7$ H 且电阻可以忽略的线圈接在交流电源上，已知交流电压为 $u=220\sqrt{2}\sin(314t+30°)$（V），试求：

（1）感抗。

（2）流过线圈的电流瞬时值表达式。

（3）电路的无功功率。

（4）作出电压和电流的相量图。

解：（1）$X_L=\omega L=314\times 0.7=220$（Ω）

（2）$I=U/X_L=220/220=1$（A）

因为是纯电感电路，电流滞后电压 90°，而电压初相为 30°，那么电流初相为

$$\varphi_i = \varphi_u - 90° = 30° - 90° = -60°$$

所以 $i = \sqrt{2}\sin(314t - 60°)$ (A)

(3) $Q_L = UI = 220 \times 1 = 220$ (var)

(4) 电流和电压相量图如图 2-87 所示。

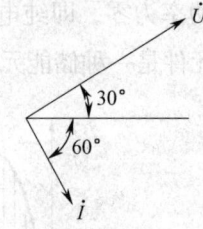

图 2-87 例 2-25 题电流、电压相量图

3. 纯电容电路

(1) 电容器的充、放电

电容器是储存电荷的器件，当外加电压使电容器储存电荷时，就叫充电，而电容器向外释放电荷时就叫放电。

如图 2-88 所示是电容器的充放电实验电路图。图中 PA 是一个零位在中间、指针可以左右偏转的电流表，PV 是一个高内阻的电压表。

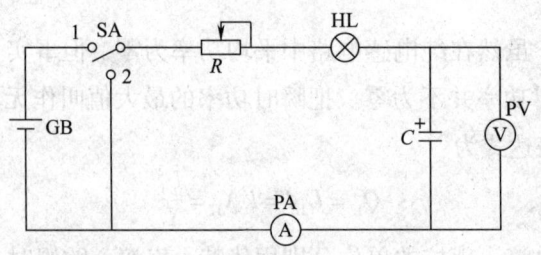

图 2-88 电容器的充放电实验电路图

当把开关拨到"1"位时，可同时观察到：指示灯突然亮了一下就慢慢变暗了；电流表的指针突然向右偏转到某一数值，然后慢慢回到零位；而电压表的读数则随着灯由亮到暗而由零逐渐达到电源电压。

当把开关从"1"位拨到"2"位时，会发现指示灯又突然亮了一下就变暗；电流表的指针却突然向左偏转到某一数值，然后慢慢回到零位；而电压表的读数则随着灯由亮到暗而由电源电压逐渐减小到零。

若把开关迅速地在"1"位和"2"位之间拨动，则指示灯就始终保持发光。

以上实验说明，当开关拨向"1"位时，电源对电容充电，电容器储存电荷，电荷移动情况如图 2-89a 所示。电荷在电路中有规律地移动就形成了电流，所以串联在电路中的指示灯会发光，电流表的指针会偏转；但随着电荷的积累，电容器两端的电压不断升高，并且阻止电荷继续移向电容器，因此电路中的电流就逐渐减小；当电容器两端的电压达到电源电压时，电荷的移动就完全停止，线路中的电流就等于零，指示灯变暗，电流表的指针回到零位。

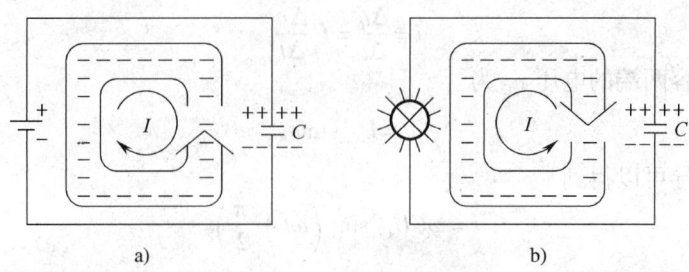

图 2-89 电容器的充放电过程
a) 电源对电容充电　b) 电容器放电

当开关从"1"位拨到"2"位时，电容器放电，电荷移动情况如图 2-89b 所示。由于电荷在电路中有规律地移动，所以电路中有电流流过指示灯和电流表（但方向与原来相反），从而使指示灯发光、电流表指针反向偏转，但随着电荷的释放，电容器中储存的电荷越来越少，最后为零，于是电路中不再有电荷移动，也就不存在电流，指示灯变暗、电流表指针回到零位、电压表的读数也为零。

当开关迅速地在"1"位和"2"位之间拨动时，电容器就不断地在充放电，线路中始终有电流，所以指示灯保持发光。若将图 2-88 中的电源改为有效值相同的交流电源，可发现把开关拨向"1"位后，指示灯也能持续发光。

由此可得结论：

1）电容器在储存和释放电荷（充放电）的过程中，必然在电路中引起电流，但并不是从电容器的一个极板穿过绝缘物到达另一极板，而是电荷在电路中移动。平时人们所说的电容电流就是指这种电荷在电路中移动所引起的电流，即充、放电电流。

2）电容器两端的电压是随着电荷的储存和释放而变的。当电容器中无储存电荷时，其两端的电压为零；当电容器储存电荷时，其两端的电压逐渐升高，最后等于电源电压；当电容器释放电荷时，其两端的电压逐渐下降，最后为零。

3）当电容器充电结束时，电容器两端虽然仍加有直流电压，但电路中的电流却为零，这说明电容器具有阻隔直流电的作用；若电容器不断充放电，电路中就始终有电流通过，这说明电容器具有通过交流电的作用。通常称这种性质为"隔直通交"。

（2）纯电容电路

由于介质损耗很小，绝缘电阻很大的电容器组成的交流电路，可近似看成纯电容电路，如图 2-90a 所示。

1）电流与电压的相位关系。前面已经学习，$C=\dfrac{Q}{U}$，$Q=It$，则 $C\Delta u_C = \Delta q$，又因为 $\Delta q = i\Delta t$，所以在 Δt 时间内电流为

$$i = \frac{\Delta q}{\Delta t} = C\frac{\Delta u}{\Delta t}$$

设加在电容两端的电压 u_C 为

$$u_C = U_{Cm}\sin\omega t$$

由数学推导可以得到

$$i = \omega C U_{Cm}\sin\left(\omega t + \frac{\pi}{2}\right)$$

所以纯电容电路中，电流超前电压 90°，如图 2-90b 和图 2-90c 所示。

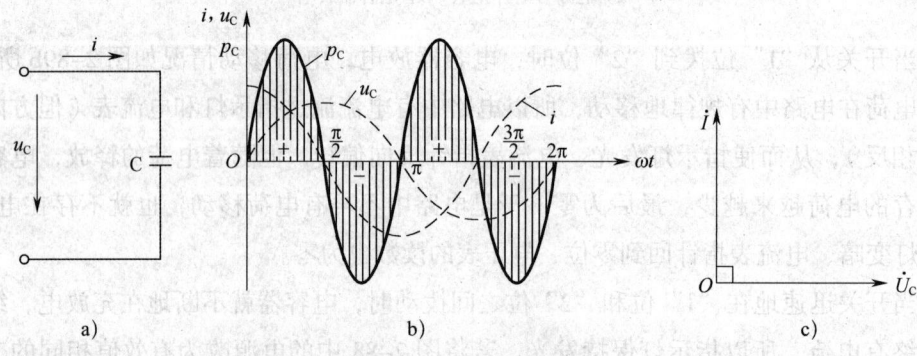

图 2-90 纯电容电路
a）电路图　b）电流、电压和功率波形图　c）相量图

2）电流与电压的频率关系。由上述分析可知，电流与电压频率相同。

3）电流与电压的数量关系。由上述分析可知：

$$I_m = \omega C U_{Cm}$$
$$I = \omega C U_C$$

对比纯电阻电路欧姆定律可知，$\frac{1}{\omega C}$ 与 R 相当，表示电容器对交流电的阻碍作用，称作容抗，用 X_C 表示，单位是欧姆，即：

$$X_C = \frac{1}{\omega C} = \frac{1}{2\pi f C}$$

容抗大小与频率及电容量成反比，当电容量一定时，频率 f 越高则容抗 X_C 越小。在直流电路中，因 $f=0$，故电容器的容抗等于无限大。这表明，电容器接入直流电路时，在稳态下处于断路状态。

与纯电感电路相似，容抗只代表电压和电流最大值或有效值之比，不等于它们的瞬时值之比。

4）功率。采用和纯电感电路相似的方法，可求得纯电容电路瞬时功率的解析式为

$$p_C = u_C i = U_C I \sin 2\omega t$$

根据上式可做出瞬时功率的波形图，如图 2-90b 所示。在第一和第三个 1/2 周期

内，电容吸取电源能量并以电场能的形式储存起来；在第二和第四个 1/2 周期内，电容器又向电源释放能量。在整个周期内，纯电容电路的平均功率为零，但是电容器与电源间进行着能量的交换。和纯电感电路一样，瞬时功率的最大值也被定义为电路的无功功率，用以表示电容器和电源转换能量的规律。纯电容电路的无功功率用 Q_C 表示，单位也为乏，表达式为

$$Q_C = U_C I = I^2 X_C = \frac{U_C^2}{X_C}$$

【例 2-26】

已知某纯电容电路两端的电压为 $u=220\sqrt{2}\sin(314t+30°)$（V），电容量 $C=15.9\ \mu F$。

（1）写出电容电流的瞬时值表达式。

（2）试求电路的无功功率。

（3）作电流和电压的相量图。

解：（1）容抗为

$$X_C = \frac{1}{\omega C} = \frac{1}{314 \times 15.9 \times 10^{-6}} \approx 200\ (\Omega)$$

电压有效值 $U=220$ V，则流过电容的电流有效值为

$$I = U/X_C = 220/200 = 1.1\ (A)$$

又因为电流超前电压 90°，而电压的初相 $\varphi_u=30°$，则电流初相

$$\varphi_i = \varphi_u + 90° = 30° + 90° = 120°$$

所以电流 i 为

$$i = 1.1\sqrt{2}\sin(314t+120°)\ (A)$$

（2）电路的无功功率为

$$Q_C = U_C I = 220 \times 1.1 = 242\ (\text{var})$$

（3）电流和电压相量图如图 2-91 所示。

四、RL 串联电路

在含有线圈的交流电路中，当线圈的电阻不能被忽略时，就构成了由电阻 R 和电感 L 串联后所组成的交流电路，简称 RL 串联电路。工厂里常见的电动机、变压器及日常生活中的日光灯等都可看成是 RL 串联电路。

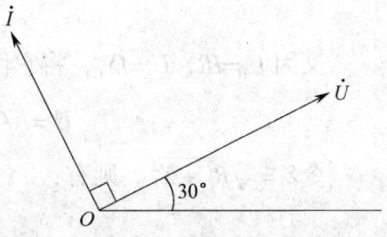

图 2-91 例 2-26 题电流和电压相量图

1. 电流与电压的相位关系

RL 串联电路如图 2-92a 所示。由于是串联电路，故通过各元件的电流相同，以电流为参考相量，因 U_R 与 I 同相，U_L 超前 I 为 90°，所以做出的相量图如图 2-92b 所示。图中 $\dot{U}_R$、$\dot{U}_L$ 分别表示电阻、电感两端交流电压的有效值相量，用平行四边形法则作出的总电压有效值相量 $\dot{U}$。由图 2-92 可知，总电压超前总电流一个角度 φ，且 $0°<\varphi<90°$。通常把总电压超前电流的电路叫感性电路，或者说负载是感性负载，有时也说电路呈感性。

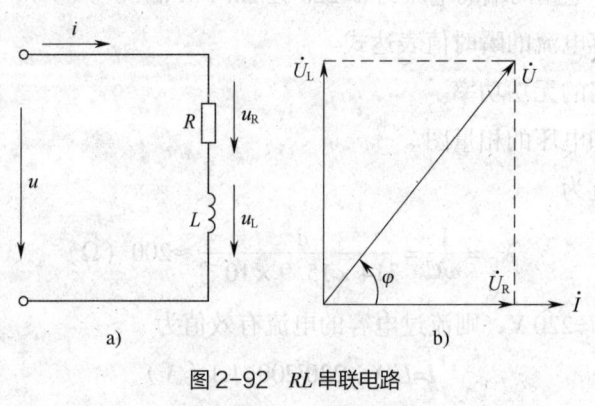

图 2-92 RL 串联电路
a) 电路图 b) 相量图

2. 电流与电压的频率关系

由于纯电阻电路及纯电感电路中的电流和电压频率相同，所以 RL 串联电路中电流与电压的频率也相同。

3. 电流和电压的数量关系

由相量图 2-92b 可以看出，$\dot{U}_R$、$\dot{U}_L$ 和 $\dot{U}$ 构成一个直角三角形，总电压并不等于各分电压的代数和，而应是各个分电压的相量和，即 $\dot{U}=\dot{U}_R+\dot{U}_L$。总电压和各分电压的数量关系为

$$U = \sqrt{U_R^2 + U_L^2}$$

又因 $U_R=IR$，$U_L=IX_L$，将它们代入上式便可求得总电压和电流的数量关系为

$$U = \sqrt{(IR)^2 + (IX_L)^2} = I\sqrt{R^2 + X_L^2}$$

令 $Z = \sqrt{R^2 + X_L^2}$，则有：

$$U=IZ$$

由此可得常见的欧姆定律形式为

$$I = \frac{U}{Z} \qquad (2\text{-}9)$$

式（2-9）称为交流电路的欧姆定律。其中 Z 在电路中起着阻碍电流通过的作用，称为电路的阻抗，单位为欧姆。电压超前电流的角度 φ 可根据电压三角形计算，计算式为

$$\varphi = \arctan\frac{U_L}{U_R}$$

把电压向量图中电压值构成的三角形的各边同时缩小 I 倍（I 是电流的有效值）就得到一个与电压三角形相似的三角形，如图 2-93 所示。它的三条边分别为 R、X_L 和 Z，这三个量都不是相量，这个三角形称为阻抗三角形，它形象地体现了电阻 R、感抗 X_L 和阻抗 Z 之间的关系，即：

$$Z = \sqrt{R^2 + X_L^2}$$

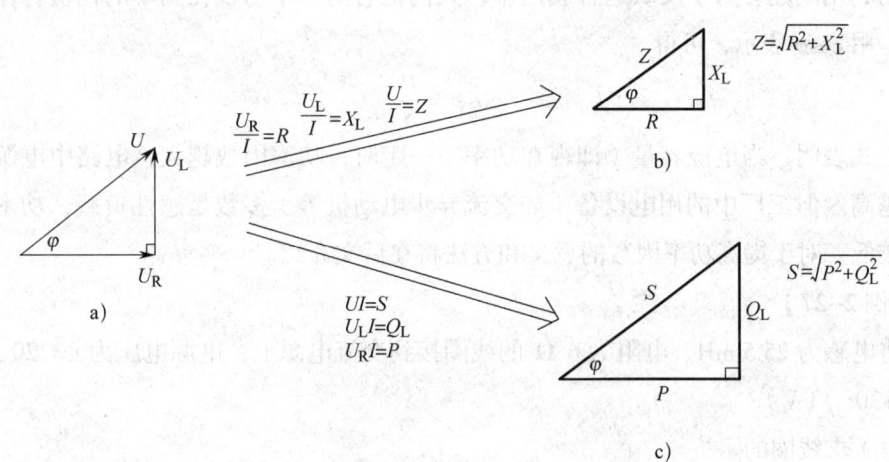

图 2-93　RL 串联电路的三个三角形
a）电压三角形　b）阻抗三角形　c）功率三角形

当电路参数 R、L 及 f、U 一定时，往往可从阻抗三角形出发先求阻抗 Z，如图 2-93b 所示，再求出电流 I 及电流和电压之间的相位关系为

$$\varphi = \arctan\frac{X_L}{R} \text{ 或 } \varphi = \arccos\frac{R}{Z}$$

4. 功率

在 RL 串联电路中，电阻是消耗电能，即有功功率 $P = IU_R = I^2R$；电感与电源进行能量交换，即无功功率 $Q = IU_L = I^2X_L$；电源提供的总功率，即电路两端的电压与电流有效值的乘积，叫视在功率，以 S 表示，其表达式为

$$S=UI$$

视在功率又称表观功率，它表示电源提供的总功率，即交流电源的容量大小，单位为 V·A。

把电压三角形各边同时扩大 I 倍，就又得到一个与电压三角形相似的三角形，如图 2-93c 所示。它的三条边分别为 P、Q 和 S，这三个量也不是相量，这个三角形称为功率三角形，它形象地体现了有功功率 P、无功功率 Q、视在功率 S 三者间的关系，即：

$$S = \sqrt{P^2 + Q^2}$$
$$P = S\cos\varphi$$
$$Q = S\sin\varphi$$

从功率三角形可见，电源提供的功率不能被感性负载完全吸收，这样就存在电源功率的利用问题。为了反映这种利用率，人们把有功功率与视在功率的比值称作功率因数，用 $\cos\varphi$ 表示，可得

$$\cos\varphi = \frac{P}{S}$$

上式表明，当电源容量（即视在功率）一定时，功率因数越大，电路中电源的利用率越高。但工厂中的用电设备（如交流异步电动机等）多数是感性负载，功率因数往往较低，对于提高功率因数的意义和方法将在后文介绍。

【例 2-27】

将电感为 25.5 mH、电阻为 6 Ω 的线圈接到交流电源上，电源电压为 $u=220\sqrt{2}\sin(314t+30°)$ (V)。

(1) 求线圈的阻抗。
(2) 求电路中电流的有效值 I 和瞬时值 i。
(3) 求电路的 P、Q、S。
(4) 求功率因数。
(5) 画出电流和电压的相量图。

解：(1) $X_L = \omega L = 314 \times 25.5 \times 10^{-3} = 8$ (Ω)

$Z = \sqrt{R^2 + X_L^2} = \sqrt{6^2 + 8^2} = 10$ (Ω)

(2) $I = U/Z = 220/10 = 22$ (A)

又 $\varphi = \arctan\dfrac{X_L}{R} = \arctan\dfrac{8}{6} \approx 53°$，因此电压超前电流 53°。

因为 $\varphi = \varphi_u - \varphi_i$，则有：

$$\varphi_i = \varphi_u - \varphi = 30° - 53° = -23°$$

所以 $i = 22\sqrt{2}\sin(314t - 23°)$（A）

（3）$P = I^2R = 22^2 \times 6 = 2\,904$（W）

$$Q = I^2X_L = 22^2 \times 8 = 3\,872 \text{（var）}$$

$$S = UI = 220 \times 22 = 4\,840 \text{（V·A）}$$

（4）$\cos\varphi = \cos 53° = 0.6$ 或 $\cos\varphi = R/Z = 6/10 = 0.6$

（5）相量图如图 2-94 所示。

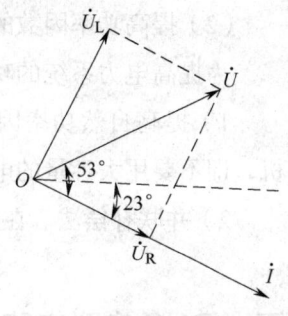

图 2-94 电流和电压的相量图

5. 提高功率因数的意义和一般方法

（1）提高功率因数的意义

我们已经知道 $\cos\varphi = P/S$，即 $P = S\cos\varphi = UI\cos\varphi$，下面用例题说明提高 $\cos\varphi$ 的意义。

【例 2-28】

已知某发电机的额定电压为 220 V，视在功率为 440 kV·A，设线路损耗忽略不计，求：

1）用该发电机向额定工作电压为 220 V、有功功率为 4.4 kW、功率因数为 0.5 的用电设备供电，问能供多少个负载？

2）若把功率因数提高到 1 时，又能供多少个负载？

解： 1）发电机的额定电流为

$$I_e = S/U_e = 440 \times 10^3/220 = 2\,000 \text{（A）}$$

每个用电设备的电流为

$$I = P/U\cos\varphi = 4.4 \times 10^3/(220 \times 0.5) = 40 \text{（A）}$$

供电负载数为

$$I_e/I = 2\,000/40 = 50 \text{（个）}$$

2）若 $\cos\varphi$ 提高到 1，则每个用电设备电流为

$$I' = P/(U\cos\varphi') = 4.4 \times 10^3/(220 \times 1) = 20 \text{（A）}$$

供电负载数为

$$I_e/I' = 2\,000/20 = 100 \text{（个）}$$

此例说明，在发电厂输出的总功率中，有功功率和无功功率各占多少不取决于发电厂，而是取决于负载的需要，即由负载的功率因数而定。当电源提供的视在功率 S 为定值时，负载的功率因数 $\cos\varphi$ 越小，电源输出的有功功率就越小，说明电源提供的能量只有少部分被负载利用了，大部分是在负载与电源之间进行能量交换，即供电设备的利用率低。

（2）提高功率因数的一般方法

为提高电力系统的功率因数，通常采用下面两种方法：

1）提高自然功率因数。在电力系统中提高自然功率因数主要是指合理选用电动机，即不要用大容量的电动机来带动小功率负载，并且应尽量不让电动机空转。

2）并联补偿法。在感性电路两端并联适当电容量的电容器。

五、RLC 串联电路

RLC 串联电路就是电阻 R、电感 L 和电容 C 串联在交流回路中的电路，如图 2-95a 所示。设在此电路中通过的交流电流为

$$i = I_m \sin\omega t$$

电阻、电感、电容上的电压都和电流同频率，分别为

$$u_R = I_m R \sin\omega t$$

$$u_L = I_m X_L \sin\left(\omega t + \frac{\pi}{2}\right)$$

$$u_C = I_m X_C \sin\left(\omega t - \frac{\pi}{2}\right)$$

电路总电压的瞬时值为

$$u = u_R + u_L + u_C$$

总电压 u 也和电流 i 同频率。

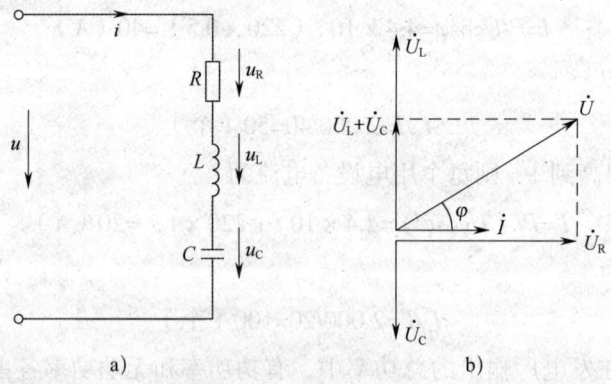

图 2-95 RLC 串联电路
a) 电路图 b) 相量图

如图 2-95b 所示是以电流 $\dot{I}$ 为参考相量的电压相量图。从相量图可以看出，电感上的电压和电容上的电压相位相反，这两个相反的电压之和称作电抗电压，用 U_X 表示，以相量形式表示为

$$\dot{U}_X = \dot{U}_L + \dot{U}_C$$

根据相量图求总电压为

$$\dot{U} = \dot{U}_R + \dot{U}_X$$

如图 2-95b 所示，$\dot{U}_R$、$\dot{U}_X$ 和 $\dot{U}$ 组成电压三角形，可通过此电压三角形求出总电压的有效值的表达式为

$$\begin{aligned} U &= \sqrt{U_R^2 + (U_L - U_C)^2} \\ &= \sqrt{(IR)^2 + (IX_L - IX_C)^2} \\ &= I\sqrt{R^2 + (X_L - X_C)^2} \end{aligned}$$

从图 2-95b 还可以求出端电压超前于电流的相位差，即电路的阻抗角为

$$\varphi = \arctan\frac{U_L - U_C}{U_R}$$

$$= \arctan\frac{X_L - X_C}{R}$$

用相量式来表示 R、L 和 C 串联电路的各电压时，可根据基尔霍夫电压定律得关系式为

$$\dot{U} = \dot{U}_R + \dot{U}_L + \dot{U}_C$$

电路中电压与电流的有效值之比称为阻抗，用字母 Z 表示，单位也是欧姆，对电流起阻碍作用。

$$Z = \frac{U}{I} = \sqrt{R^2 + (X_L - X_C)^2}$$

上式中的 Z、R、$(X_L - X_C)$ 三者之间关系也可以用一个直角阻抗三角形来表示，如图 2-96 所示。

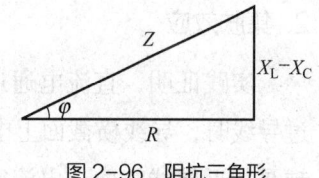

图 2-96 阻抗三角形

六、涡流与集肤效应

1. 涡流

在具有铁芯的线圈中通以交流电时，就有交变的磁通穿过铁芯，由楞次定律可知，在导电的铁芯内部必然感生出感生电流。由于这种电流在铁芯中自成闭合回路，其形状如同水中漩涡，所以称作涡流，如图 2-97a 所示。

涡流流动时，由于整块铁芯的电阻很小，所以涡流往往可以达到很大的数值，使铁芯发热造成不必要的损耗，如变压器通电工作时铁芯发热等。人们把这种由于涡流而造成的无谓损耗称为涡流损耗，涡流损耗和磁滞损耗一起叫作铁损。此外，涡流有去磁作用，会削弱原磁场，这在某些场合下也是有害的。

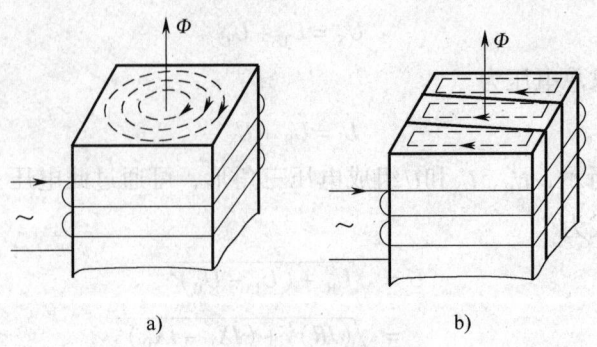

图 2-97 涡流
a) 涡流的形成 b) 硅钢片铁芯减少涡流

为了减小涡流，通常可用增大涡流回路电阻的方法。例如，在低压电器、变压器、电机等电气设备的磁路中，使用相互绝缘的硅钢片叠成铁芯，如图 2-97b 所示。这样可将涡流的区域分割划小，且硅钢片材料的电阻率比较大，同时每片又经绝缘处理，从而大大增加了涡流回路的电阻，达到了减小涡流的目的。

涡流有其有害的一面，但也有有利的一面。例如，生产和生活中使用的电能表利用涡流进行工作；高频感应熔炼炉利用涡流产生高温使金属熔化来进行冶炼，如图 2-98 所示；利用涡流对金属进行热处理；在电磁测量仪表中利用涡流来制动等。

2. 集肤效应

实践证明，直流电通过导线时，导线横截面上各处的电流密度相等。而交流电通过导线时，导线横截面上电流的分布是不均匀的，越是靠近导线中心，电流密度越小；越是靠近导线表面，电流密度越大。这种交变电流在导线内趋于导线表面流动的现象叫作集肤效应（也称表面效应）。如图 2-99 所示为不同频率电流在导线中流动的情况（各图皆取导线的横截面）。

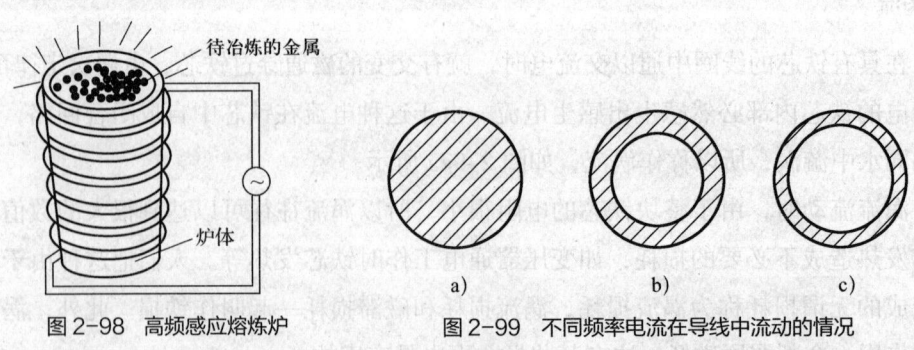

图 2-98 高频感应熔炼炉

图 2-99 不同频率电流在导线中流动的情况
a) 直流和工频 b) $f=10\,\text{kHz}$ c) $f \geq 100\,\text{kHz}$

由于集肤效应的影响，在高频电流通过导线时，其导线中心几乎无电流，这在实际上就减小了导线的有效截面，使电阻增加，不利于传输高频电流，所以在高频电路中采用空心导线以节省有色金属，有时也采用多股相互绝缘的绞合导线或编织线以增大导线的表面来减小电阻，如绕制收音机中波天线用的纱包线就是由七股或十二股相互绝缘的漆包线绞合而成。

集肤效应也有其有用的一面，如高频淬火。所谓高频淬火，就是将工件放在通有高频电流的线圈中，此时工件中将产生高频涡流。由于集肤效应的影响，工件中的涡流只沿表面流动并使工件表面发热，而工件中心几乎不热。当工件表面温度达到预期温度时，突然使工件冷却就能达到使工件表面硬度高、内部韧性足的目的。工件淬火的深度可通过改变电流频率控制，电流频率越高，表面淬火深度就越浅，通常采用的电流频率是 200~600 kHz。

七、三相交流电路

1. 三相交流电

前文所讲的单相交流电路中的电源只有两根输出线，而且电源只有一个交变电动势。如果在交流电路中有几个电动势同时作用，每个电动势的大小相等，频率相同，只有初相角不同，那么就称这种电路为多相制电路。其中每一个电动势构成的电路称为多相制的一相。

目前应用最为广泛的是三相制电路，其电源由三相发电机产生。与单相交流电相比，三相交流电具有以下优点：

（1）三相发电机比尺寸相同的单相发电机输出的功率要大。

（2）三相发电机的结构和制造不比单相发电机复杂多少，且使用、维护都较方便，运转时比单相发电机的振幅要小。

（3）在同样条件下输送同样大的功率时，特别是在远距离输电时，三相输电线比单相输电线可节约 25% 左右的材料。

由于三相交流电有上述优点，所以自从 1888 年世界上首次出现三相交流电以来，它一直在电力系统中占有重要地位。

2. 三相电动势的产生

三相电动势是由三相交流发电机产生的。如图 2-100 所示为三相交流发电机的示意图，它主要由定子和转子组成。转子是电磁铁，其磁极表面的磁场按正弦规律分布；定子铁芯中嵌放三个相同的对称线圈，相同线圈是指三个在尺寸、匝数和绕法上完全相同的线圈绕组，三相绕组始端分别用 U1、V1、W1 表示，末端用 U2、V2、W2 表示，分别称为 U 相、V 相、W 相，颜色一般用黄色、绿色、红色表示；对称是指三个绕组的所有对应导线都在空间相隔 120°。

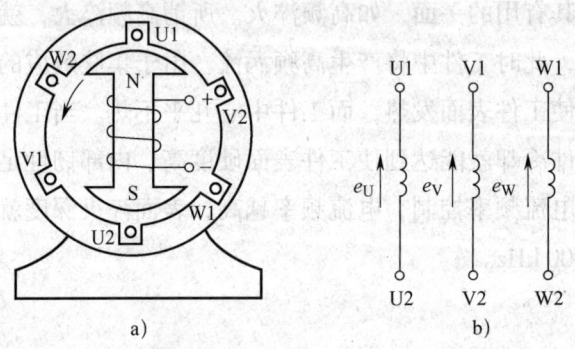

图 2-100　三相交流发电机
a) 结构示意图　b) 绕组

当转子在原动机（汽轮机、水轮机等）带动下以角速度 ω 做逆时针匀速转动时，在定子三相绕组中就能感应出三相正弦交流电动势，其解析式为

$$e_U = E_{um}\sin(\omega t + 0°)$$
$$e_V = E_{vm}\sin(\omega t - 120°)$$
$$e_W = E_{wm}\sin(\omega t - 240°)$$
$$\quad\ = E_{wm}\sin(\omega t + 120°)$$

e_U、e_V、e_W 的波形图和相量图如图 2-101 所示。

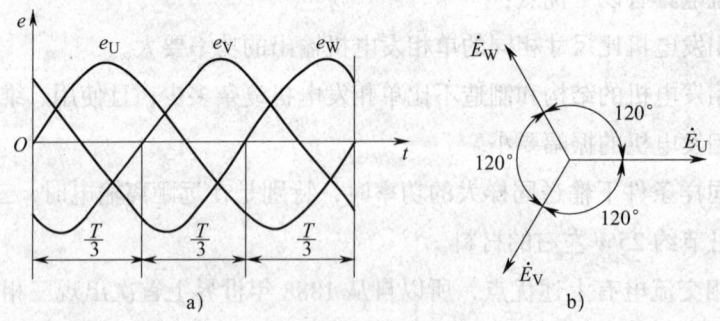

图 2-101　对称三相电动势
a) 波形图　b) 相量图

一般把三个大小相等、频率相同、相位彼此相差 120° 的三个电动势称为对称三相电动势。在没有特别指明的情况下，三相交流电就是指对称三相交流电，而且规

定每相电动势的正方向是从线圈的末端指向始端,即电流从始端流出时为正;反之为负。

3. 三相四线制

上述发电机的每个线圈各接上一个负载,就得到彼此不相关的3个独立的单相电路,构成三相六线制。

如图2-102所示,用三相六线制来输电需要六根导线,很不经济,没有实用价值。目前在低压供电系统中,多数采用三相四线制供电,如图2-103a所示。三相四线制是把发电机3个线圈的末端连接在一起,成为一个公共端点(称中性点),用符号"N"表示,从中性点引出的输电线称为中性线,简称中线。中线通常与大地相接,并把接大地的中性点称为零点,把接地的中性线叫零线,零线或中线用黄绿相间色表示。从3个线圈始端引出的输电线叫作端线或相线,俗称火线。有时为了简便,常不画出发电机的线圈连接方式,只画4根输电线,以表示相序即三相电动势达到最大值的先后次序,如图2-103b所示。习惯上的相序为第一相超前第二相120°,第二相超前第三相120°,第三相超前第一相120°。

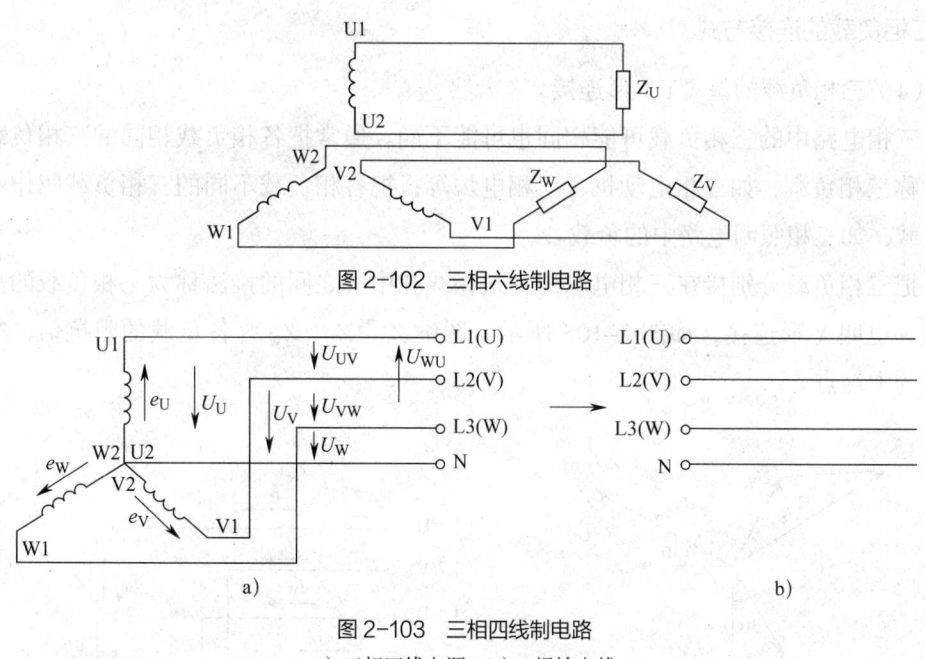

图2-102 三相六线制电路

图2-103 三相四线制电路
a) 三相四线电源 b) 4根输电线

三相四线制可输送两种电压,一种是端线与端线之间的电压,叫作线电压,用U_l表示,$U_l=U_{UV}=U_{VW}=U_{WU}$;另一种是端线与中线间的电压,叫作相电压,用U_p表示,

$U_P=U_U=U_V=U_W$。现讨论这两种电压间的关系。

根据正方向规定，做出 U_U、U_V 和 U_W 的相量图如图 2-104 所示，又因为

$$U_{UV}=U_U-U_V=U_U+(-U_V)$$

在图 2-104 中做出 $-\dot{U}_V$，利用相量合成法则做出 $\dot{U}_U$ 和 $-\dot{U}_V$ 的相量和 $\dot{U}_{UV}$，于是可得：

$$\frac{U_{UV}}{2}=U_U\cos 30°=\frac{\sqrt{3}}{2}U_U$$

$$U_{UV}=\sqrt{3}U_U$$

同理可求得 $U_{WV}=\sqrt{3}U_V$，$U_{WU}=\sqrt{3}U_W$，所以线电压和相电压数量关系为

$$U_l=\sqrt{3}U_p$$

从图 2-104 可以看出，线电压和相电压的相位不同，线电压总是超前与之对应的相电压 30°。

生产实际中的四孔插座就是三相四线制电路的典型应用。其中较粗的一个孔接中线，其余三孔分别接 U、V、W 三相，则细孔和粗孔之间的电压就是相电压，而细孔之间的电压就是线电压。

4. 三相负载的连接方式

（1）三相负载的星（Y）形连接

三相电路中的三相负载可能相同也可能不同。通常把各相负载相同的三相负载叫作对称三相负载，如三相电动机、三相电炉等；把各相负载不同的三相负载叫作不对称负载，如三相照明电路中的负载。

把三相负载分别接在三相电源的一根相线和中线之间的接法称为三相负载的星形连接，也叫 Y 形连接，如图 2-105 所示。图中 Z_U、Z_V、Z_W 为各负载的阻抗值，N' 为负载的中性点。

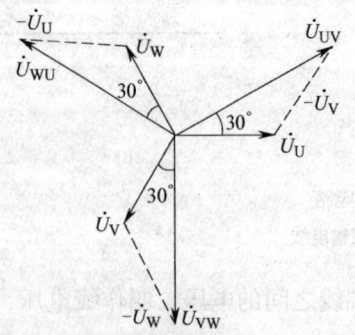

图 2-104 三相四线制线电压与相电压相量图

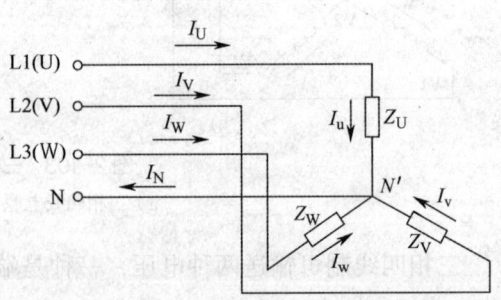

图 2-105 三相负载的星（Y）形连接

通常把负载两端的电压称为负载的相电压。在忽略输电线上的电压降时，负载的相电压就等于电源的相电压。三相负载的线电压就是电源的线电压。负载的相电压 U_p 和负载的线电压 U_l 的关系仍然为

$$U_{Yl} = \sqrt{3} U_{Yp}$$

星形负载接上电源后，就有电流产生。把流过每相负载的电流叫作相电流，用 I_u、I_v、I_w 表示，统称为 I_p；把流过相线的电流叫作线电流，用 I_U、I_V、I_W 表示，统称为 I_l。从图 2-105 可见，线电流的大小等于相电流，即：

$$I_{Yl} = I_{Yp}$$

三相电路中的每一相就是一个单相电路，所以各相电流与相电压的数值关系和相位关系都可以用单相电路的方法来讨论。设相电压为 U_p，该相的阻抗为 Z_p，那么按欧姆定律可得每相相电流 I_p 的数值均为

$$I_p = \frac{U_p}{Z_p}$$

对于感性负载来说，各相电流滞后对应电压的角度，计算式为

$$\varphi = \arctan \frac{X_L}{R}$$

其中 X_L 和 R 为该相的感抗和电阻。

从图 2-105 中可以看出，负载星形连接时，中线电流为各相电流的相量和。在三相对称电路中，由于各负载相同，因此流过各相负载的电流大小应相等，而且每相电流间的相位差仍为 120°，其相量图如图 2-106（以 U 相电流为参考）所示，可知

$$\dot{I}_N = \dot{I}_U + \dot{I}_V + \dot{I}_W = 0 \text{（即中性线电流为 0）}$$

由于三相对称负载星形连接时中线电流为零，因而取消中线也不会影响三相电路的工作，三相四线制就变成了三相三线制。通常在高压输电时，由于三相负载都是对称的，所以都采用三相三线制。

当三相负载不对称时，各相电流的大小不一定相等，相位差也不一定为 120°，通过计算可知此时中线电流不一定为零，中线不能取消。通常在低压供电系统中，由于三相负载经常要变动（如照明电路中的灯具经常要开关），是不对称负载，因此当中线存在时，它能平衡各相电压，使各相负载电压等于电源的相电压，不会因负载变动而变动，保证三相成为三个互不影响的独立回路。但是当中线断开后，各相电压就不再相等了。计算和实际测量都证明，中线断开后，阻抗较小的相电压低，阻抗较大的相电压高，这可能烧坏接在相电压升

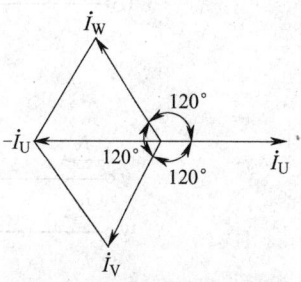

图 2-106 三相对称电路星形连接的电流相量图

高的相中的电气设备。所以在三相负载不对称的低压供电系统中，不允许在中线上安装熔断器或开关，以免中线断开引起事故。同时，要力求三相负载平衡以减小中线电流，如在三相照明电路中，就应将照明负载平均分接在三相上，而不要全部集中接在某一相或两相上。

【例 2-29】

已知加在星形连接的三相异步电动机上的对称线电压为 380 V，每相的电阻为 6 Ω，感抗为 8 Ω，电动机工作在额定状态下，求此时流入电动机每相绕组的电流及各端线的电流。

解： 由于电源电压对称，各相负载对称，则各相电流应相等，各线电流也应相等，则有：

$$U_p = \frac{U_l}{\sqrt{3}} = \frac{380}{\sqrt{3}} = 220 \ (V)$$

$$Z_Y = \sqrt{R^2 + X_L^2} = \sqrt{6^2 + 8^2} = 10 \ (\Omega)$$

$$I_{Yp} = \frac{U_{Yp}}{Z_Y} = \frac{220}{10} = 22 \ (A)$$

$$I_{Yl} = I_{Yp} = 22 \ (A)$$

（2）三相负载的三角形连接

把三相负载分别接在三相电源每两根相线之间的接法称为三角形连接，如图 2-107a 所示。在三角形连接中，由于各相负载是接在两根相线之间，因此负载的相电压就是电源的线电压，即 $U_l = U_p$。

三角形负载接通电源后，就会产生线电流和相电流，图 2-107a 中所标的 $\dot{I}_U$、$\dot{I}_V$、$\dot{I}_W$ 为线电流，$\dot{I}_u$、$\dot{I}_v$、$\dot{I}_w$ 为相电流。以 i_u 的初相为零做出的电流相量图如图 2-107b 所示。

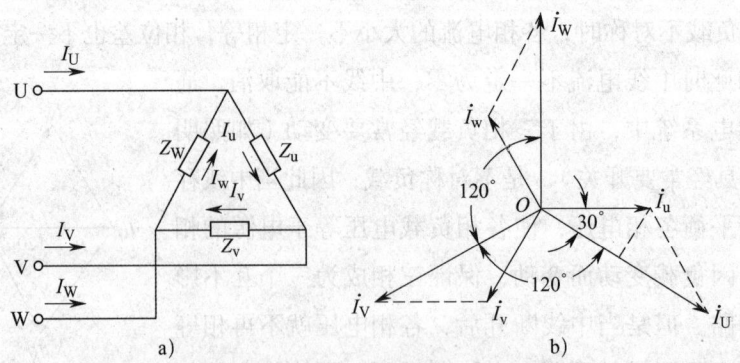

图 2-107 三相负载三角形连接及电流相量图

a）三相负载三角形连接 b）相量图

线电流和相电流的关系，可根据基尔霍夫第一定律求得。因 $i_U=i_u-i_w$，则对应的相量式为

$$\dot{I}_U = \dot{I}_u - \dot{I}_w = \dot{I}_u + (-\dot{I}_w)$$

根据相量合成法，即可得 $I_U=\sqrt{3}\ I_u$。同理可求得 $I_V=\sqrt{3}\ I_v$、$I_W=\sqrt{3}\ I_w$。所以对于作三角形连接的对称负载来说，线电流和相电流的数量关系为

$$I_l = \sqrt{3}I_p$$

从图 2-107b 可以看出，线电流总是滞后与之对应的相电流 30°。

由以上讨论可知，三相对称负载作三角形连接时的相电压比作星形连接时的相电压高 $\sqrt{3}$ 倍。因此，三相负载接到电源中，应作三角形还是星形连接，要根据负载的额定电压而定。

（3）三相负载的功率

在三相交流电路中，三相负载消耗的总功率为各相负载消耗功率之和，表达式为

$$P=P_u+P_v+P_w$$
$$=U_uI_u\cos\varphi_u+U_vI_v\cos\varphi_v+U_wI_w\cos\varphi_w$$

式中　U_u、U_v、U_w——各相电压；

　　　I_u、I_v、I_w——各相电流；

$\cos\varphi_u$、$\cos\varphi_v$、$\cos\varphi_w$——各相功率因数。

在对称三相电路中，各相电压、相电流的有效值相等，功率因数也相等，因而上式变为

$$P=3U_pI_p\cos\varphi_p=3P_p$$

在实际工作中，测量线电流比测量相电流要方便些，因此三相功率的计算式通常用线电流、线电压来表示。

当对称负载作星形连接时，有功功率为

$$P_Y = 3U_pI_p\cos\varphi = \sqrt{3}U_lI_l\cos\varphi$$

当对称负载作三角形连接时，有功功率为

$$P = 3U_pI_p\cos\varphi = \sqrt{3}U_lI_l\cos\varphi$$

因此，对称负载无论是星形连接还是三角形连接，其总有功功率均为

$$P = \sqrt{3}U_lI_l\cos\varphi$$

需注意，式中的 φ 仍是相电压与相电流之间的相位差，而不是线电流和线电压间的相位差，负载作三角形连接时的线电流并不等于作星形连接时的线电流。

同理，可得到对称三相负载的无功功率和视在功率的数学式，它们分别为

$$Q = \sqrt{3}U_l I_l \sin\varphi = 3U_p I_p \sin\varphi$$

$$S = \sqrt{3}U_l I_l = 3U_p I_p$$

【例 2-30】

已知某三相对称负载接在线电压为 380 V 的三相电源中，其中 $R_p=6\ \Omega$，$X_p=8\ \Omega$，试分别计算：

（1）负载作星形连接时的相电流、线电流以及有功功率。

（2）负载作三角形连接时的相电流、线电流以及有功功率。

（3）对两种负载连接作一比较。

解：（1）负载作星形连接时

$$Z_p = \sqrt{R_p^2 + X_p^2} = \sqrt{6^2 + 8^2} = 10\ (\Omega)$$

$$U_{Yp} = \frac{U_{Yl}}{\sqrt{3}} = \frac{380}{\sqrt{3}} = 220\ (V)$$

$$I_{Yp} = \frac{U_{Yp}}{Z_p} = \frac{220}{10} = 22\text{A} = I_{Yl}$$

又

$$\cos\varphi = \frac{R_p}{Z_p} = \frac{6}{10} = 0.6$$

所以　　　$P_Y = 3U_p I_p \cos\varphi = 3 \times 220 \times 22 \times 0.6 = 8.7\ (\text{kW})$

或　　　　$P_Y = \sqrt{3}U_l I_l \cos\varphi = \sqrt{3} \times 380 \times 22 \times 0.6 = 8.7\ (\text{kW})$

（2）负载作三角形连接时

$$U_p = U_l = 380\ (V)$$

$$I_p = U_p / Z_p = 380/10 = 38\ (A)$$

$$I_l = \sqrt{3}I_p = \sqrt{3} \times 38 = 66\ (A)$$

$$P = 3U_p I_p \cos\varphi = 3 \times 380 \times 38 \times 0.6 = 26\ (\text{kW})$$

或　　　　$P = \sqrt{3}U_l I_l \cos\varphi = \sqrt{3} \times 380 \times 66 \times 0.6 = 26\ (\text{kW})$

（3）两种连接的比较如下：

$$\frac{I_p}{I_{Yp}} = \frac{38}{22} = \sqrt{3}$$

$$\frac{I_l}{I_{Yl}} = \frac{66}{22} = 3$$

$$\frac{P}{P_Y} = \frac{26}{8.7} \approx 3$$

培训项目四 变压器

一、变压器的种类

变压器是静止的电磁设备，它利用电磁感应原理，将一种交流电转变为另一种或几种频率相同、电压大小不同的交流电。

一般常用变压器的分类可归纳如下。

1. 按相数分类

（1）单相变压器

用于单相负荷和三相变压器组。

（2）三相变压器

用于三相系统的升、降电压。

2. 按冷却方式分类

（1）干式变压器

依靠空气对流进行冷却，一般用于局部照明、电子线路等小容量变压器。

（2）油浸式变压器

依靠油做冷却介质，如油浸自冷、油浸风冷、油浸水冷、强迫油循环等。

3. 按用途分类

（1）电力变压器

用于输配电系统的升、降电压。

（2）仪用变压器

用于电压互感器、电流互感器、测量仪表和继电保护装置。

（3）试验变压器

能产生高压，对电气设备进行高压试验。

（4）特种变压器

如电炉变压器、整流变压器、调整变压器等。

4. 按绕组形式分类

（1）双绕组变压器

用于连接电力系统中的两个电压等级。

（2）三绕组变压器

一般用于电力系统区域变电站中，连接三个电压等级。

（3）自耦变电器

用于连接不同电压的电力系统，也可用于普通的升压或降压变压器。

5. 按铁芯形式分类

（1）芯式变压器

铁芯被绕组包围，用于高压的电力变压器。

（2）非晶合金变压器

用新型导磁材料，空载电流下降约80%，是目前节能效果较理想的配电变压器，特别适用于农村电网和发展中地区等负载率较低的地方。

（3）壳式变压器

用于大电流的特殊变压器，如电炉变压器、电焊变压器，或用于电子仪器及电视、收音机等的电源变压器。

二、变压器的结构和基本原理

1. 结构

（1）铁芯

变压器使用的铁芯材料是加入硅钢片的，又称硅钢片，能降低钢片的导电性，增加电阻率，从而减少涡流，使其损耗减少。变压器的质量与所用的硅钢片的质量有很大的关系，硅钢片的质量通常用磁感应强度 B 来表示，一般黑铁片的 B 值为 6 000～8 000 Gs、低硅片为 9 000～11 000 Gs，高硅片为 12 000～16 000 Gs。

（2）线圈

线圈导线常用漆包线、纱包线、丝包线、纸包线，最常用的是漆包线。对于导线的要求，是导电性能好，绝缘漆层有足够耐热性能，并且要有一定的耐腐蚀能力。

（3）绝缘材料

在绕制变压器中，线圈框架层间的隔离、绕阻间的隔离，均要使用绝缘材料，一般的变压器框架材料可用酚醛纸板、环氧板或纸板制作，层间可用聚酯薄膜、电话纸、6520复合纸等作隔离，绕阻间可用黄蜡布或亚胺膜作隔离。

（4）浸渍材料

变压器绕制好后，还要经过最后一道工序，就是浸渍绝缘漆，它能增强变压器的力学强度，提高绝缘性能，延长使用寿命。一般情况下，可采用甲酚清漆或1032绝缘漆、树脂漆作为浸渍材料。

2. 工作原理

如图2-108所示，变压器的主要部件是一个铁芯和套在铁芯上的两个绕组。

与电源相连的线圈，接收交流电能，称为一次线圈（绕组）；与负载相连的线圈，送出交流电能，称为二次线圈（绕组）。

当一个正弦交流电压 U_1 加在一次线圈两端时，导线中就有交变电流 I_1 并产生交变磁通 Φ_1。Φ_1 沿着铁芯穿过一次线圈和二次线圈形成闭合的磁路，在二次线圈中感应出互感电动势 E_2，同时 Φ_1 也会在一次线圈上感应出一个自感电动势 E_1，E_1 的方向与所加电压 U_1 方向相反

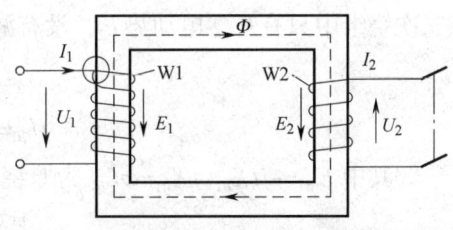

图2-108 变压器工作原理

而幅度相近，从而限制了 I_1 的大小。为了保持磁通 Φ_1 的存在，就需要有一定的电能消耗，并且变压器本身也有一定的损耗，尽管此时二次侧没接负载，一次线圈中仍有一定的电流，这个电流称为"空载电流"。

如果二次侧接上负载，二次线圈就产生电流 I_2，并因此而产生磁通 Φ_2，Φ_2 的方向与 Φ_1 相反，起了互相抵消的作用，使铁芯中总的磁通量有所减少，从而使初级自感电动势 E_1 减少，其结果使 I_1 增大。可见一次侧电流与二次侧负载有密切关系，当二次侧负载电流加大时 I_1 增加，Φ_1 也增加，并且 Φ_1 增加部分正好补充了被 Φ_2 所抵消的那部分磁通，以保持铁芯里总磁通量不变。如果不考虑变压器的损耗，可以认为一个理想的变压器二次侧负载消耗的功率也就是初级从电源取得的电功率。变压器能根据需要通过改变二次线圈的圈数而改变二次侧电压，但是不能改变允许负载消耗的功率。

（1）变压器空载运行

由于铁磁材料有饱和现象，所以主磁路的磁阻不是常数，主磁通（Φ_m）与产生它

的电流之间呈非线性关系；而漏磁通的磁路大部分由非铁磁材料组成，所以漏磁路的磁阻基本上是常数，漏磁通与产生它的电流呈线性关系。

主磁通在一、二次绕组中均感应电动势，当二次绕组接上负载时便有电功率向负载输出，起传递能量的作用。而漏磁通仅在原绕组中感应电动势，不能传递能量，仅起压降作用。因此在分析变压器和交流电动机时常将主磁通和漏磁通分开处理。

空载状态变压器如图 2-109 所示。

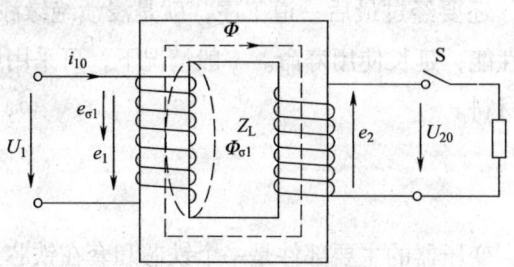

图 2-109 变压器空载运行

由于其输出电流 $i_2=0$。故其一次绕组中的电阻关系与交流铁芯线圈完全一样，且二次绕组中只有互感电动势 e_2，没有漏磁感应电动势，其一次、二次电路方程为

$$\dot{U}_2=-\dot{E}_1-\dot{E}_{\sigma1}+\dot{I}_{10}R_1$$
$$\dot{U}_{20}=\dot{E}_2$$

其中 $\dot{E}_{\sigma1}=-j\dot{I}X_{\sigma1}$，$X_{\sigma1}=\omega L_{\sigma1}$ 为原绕组漏感抗，且：

$$\dot{E}_1=-j4.44fN_1\dot{\Phi}_m$$
$$\dot{E}_2=-j4.44fN_2\dot{\Phi}_m$$

忽略空载运行时变压器的铜损（$I_{10}\leqslant 10\%I_{1N}$）与磁漏感应电动势 $E_{\sigma1}$，则：

$$\frac{U_1}{U_{20}}\approx\frac{E_1}{E_2}=\frac{N_1}{N_2}=k$$

上式称为变压器的变压比，又称基本变化，它表明变压器的电压与绕组匝数成正比。

（2）变压器负载运行

变压器二次侧接上负载的状态叫变压器的负载运行，如图 2-110 所示。

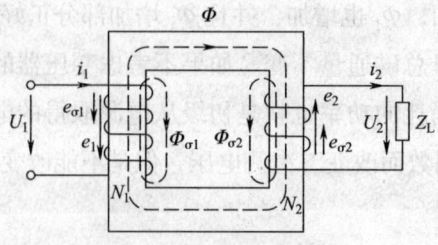

图 2-110 变压器负载运行

接上负载后二次绕组中就有电流 i_2 流过,故其不仅要在二次绕组中产生压降 i_2R_2,而且还将在二次绕组周围产生漏磁通 $\Phi_{\sigma2}$,进而产生漏磁感应电动势 $e_{\sigma2}$。则其电路方程为

一次侧 $\quad\quad\quad\quad\quad\quad\quad \dot{U}_1=-\dot{E}_1-\dot{E}_{\sigma1}+\dot{I}_1R_1$

二次侧 $\quad\quad\quad\quad\quad\quad\quad \dot{U}_2=-\dot{E}_2-\dot{E}_{\sigma2}+\dot{I}_2R_2$

负载 $\quad\quad\quad\quad\quad\quad\quad\quad \dot{U}_2=\dot{I}_2Z_L$

其中 $\dot{E}_{\sigma2}=-j\dot{I}_2X_{\sigma2}$、$X_{\sigma2}=\omega L_{\sigma2}$ 为二次绕组的漏感抗。

此时,铁芯的主磁通实际是由 i_1N_1 和 i_2N_2 共同产生的(满足楞次定律),与空载时比较,当输入电压不变时都有:

$$U_1 \approx 4.44fN_1\Phi_m$$

故铁芯中主磁通的大小基本不变,则产生该磁通的磁动势也应保持恒定,即:

$$\dot{I}_1N_1+\dot{I}_2N_2=\dot{I}_{10}N_1$$

此式称为磁动势平衡方程,可理解为 $\dot{I}_1N_1$ 的一部分 $\dot{I}_{10}N_1$ 用于建立主磁通,另一部分用于补偿 $\dot{I}_2N_2$。将 $\dot{E}_{\sigma1}=-j\dot{I}X_{\sigma1}$ 与 $\dot{E}_{\sigma2}=-j\dot{I}_2X_{\sigma2}$ 代入,则有:

$$\dot{U}_1=-\dot{E}_1+\dot{I}_1(R_1+jX_{\sigma1})$$

$$\dot{U}_2=-\dot{E}_2+\dot{I}_2(R_2+jX_{\sigma2})$$

为方便分析,可将负载运行的变压器等效为如图 2-111 所示的电磁路形式,忽略漏磁与铜损失可看成一个理想变压器。

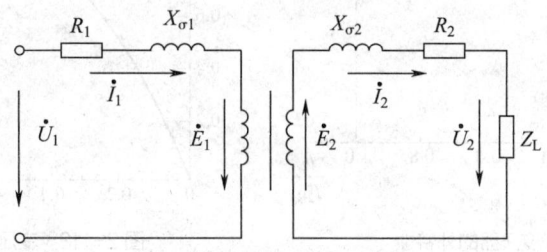

图 2-111 变压器等效电路图

(3)变压器的外特性和效率特性

1)变压器的外特性和电压调整率。变压器的外特性用来描述输出电压 U_2 随输出电流 I_2 变化的情况。如图 2-112 所示,曲线 1 表示负载为电阻性,当负载的功率因数 $\cos\varphi=1$ 时,U_2 随 I_2 的增加而略降低;曲线 2 表示负载为电感性,当负载的功率因数 $\cos\varphi=0.8$ 时,U_2 的下降较电阻性加剧,且 $\cos\Phi_2$ 越低,下降越快;曲线 3 表示负载为电容性,当负载的功率因数 $\cos\varphi=0.8$ 时,U_2 随 I_2 的增加而上升,且 $\cos\Phi_2$ 越低,上升越快。

变压器从空载到满载,二次电压的变化量与空载时二次电压之比的百分值叫电压

调整率，表达式为

$$\Delta U\% = \frac{\Delta U}{U_{2N}} \times 100\% = \frac{U_{2N} - U_{21N}}{U_{2N}} \times 100\%$$

显然当负载为电容性时 $\Delta U\% < 0$。

2）变压器的损耗和效率。变压器的损耗包括铜损耗 P_{Cu} 和铁损耗 P_{Fe}。铜损耗 $P_{Cu} = \beta^2 P_k$，$\beta = \frac{I_2}{I_{2N}}$ 为变压器的负载系数，是可变损耗。铁损耗 $P_{Fe} = P_0$，是不变损耗。

变压器的效率为

$$\eta = \frac{P_2}{P_1} \times 100\% = \frac{P_1 - \Delta P_{Cu} - \Delta P_{Fe}}{P_1} \times 100\%$$

如图 2-113 所示为变压器的效率曲线。小型变压器额定负载时的效率为 70%~85%。

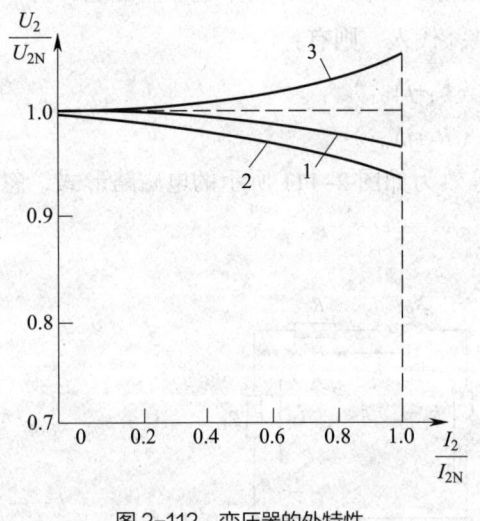

图 2-112 变压器的外特性

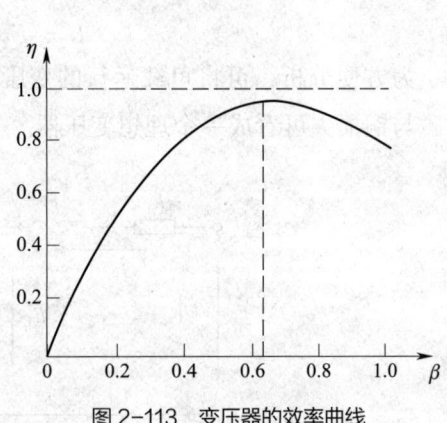

图 2-113 变压器的效率曲线

三、变压器的主要参数

1. 变压器的型号

变压器的型号通常由表示相数、冷却方式、调压方式、绕组线芯材料的符号，以及变压器容量、额定电压、绕组连接方式组成。

电力变压器型号及代号含义如图 2-214 所示。

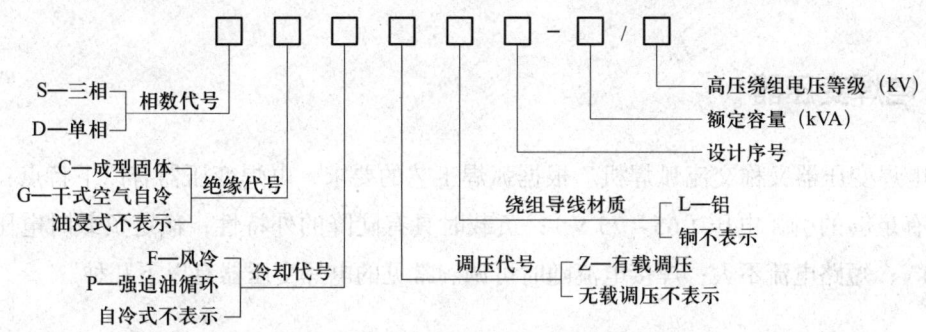

图 2-114 电力变压器型号及代号含义

2. 额定电压

一次电压 U_{N1} 是根据绝缘强度和允许发热条件而规定的正常工作电压值，二次电压 U_{N2} 是当一次电压为 U_{N1} 时二次侧的空载电压值。对于三相变压器，额定电压是指线电压。

3. 额定电流

额定电流是根据变压器的允许发热条件而规定的满载电流值。对于三相变压器，额定电流是指线电流。

4. 额定容量

额定容量是变压器在额定条件下运行时允许传递的最大功率，以 S_N 表示。对于单相变压器，$S_N=U_{N2}I_{N2}$；对于三相变压器，$S_N = \sqrt{3}U_{N2}I_{N2}$。

5. 阻抗电压

阻抗电压是短路电压 U_K 占一次侧额定电压 U_{N1} 的百分数，又称短路电压标幺值，用 U_K' 表示，表达式为

$$U_K' = \frac{U_K}{U_{N1}} \times 100\%$$

式中短路电压 U_K 是当变压器二次侧短路时，使变压器一次、二次侧刚好达到额定电流时，在一次侧施加的电压值。

6. 温升

温升是变压器在额定运行时允许超过周围环境温度的数值，它取决于变压器的绝缘等级。设计时一般规定环境温度为 40 ℃。

四、电焊变压器

电焊变压器又称交流弧焊机。根据弧焊工艺的要求,电焊变压器有以下特点:空载时有足够的引弧电压(65~75 V);负载时具有陡降的外特性;额定负载时电压约为30 V;短路电流不大;焊接电流随时可调。常见的电焊变压器有以下几种。

1. 磁分路动铁式电焊变压器

这种变压器有三个铁芯柱,一个主铁芯柱上绕有一次、二次绕组,另一主铁芯柱上绕有电抗绕组,中间为可动铁芯柱,用来改变漏抗。改变二次绕组和电抗绕组的匝数,可以改变空载电压,这是粗调,空载电压升高则焊接电流增大;改变动铁芯位置,这是细调,动铁芯移入,漏抗增大,外特性变陡,焊接电流减小。

2. 动圈式电焊变压器

这种变压器的一次绕组分为两部分,固定在铁芯柱的底部;二次绕组也分为两部分,可沿铁芯柱上下移动。改变一次、二次绕组的连接方式,可以改变空载电压,这是粗调。改变二次绕组的位置,这是细调,一次、二次绕组间距离增大,则漏抗增大,焊接电流减小。

培训项目五 异步电动机

一、异步电动机的分类

异步电动机又称感应电动机,是将转子置于旋转磁场中,在旋转磁场的作用下,获得一个转动力矩,从而使转子转动的装置。为了适应各种机械设备的配套要求,异步电动机的系列、品种、规格繁多,按不同特征可做以下分类。

1. 按电动机转子的结构形式分类

可分为笼型(俗称鼠笼型)和绕线型两类。笼型异步电动机的转子绕组本身自成闭合回路，整个转子形成一个坚实的整体，结构简单，应用最为广泛，小型异步电动机绝大部分属于这一类。绕线型转子异步电动机的转子回路中通过集电环和电刷接入外接电阻，可以改变启动特性，还可在需要时供调速之用。这两类异步电动机的定子结构是完全一样的。

2. 按电动机外壳的防护形式分类

可分为开启式、防护式、封闭式及全封闭式。

3. 按通风冷却方式分类

可分为自冷式、自扇冷式、他扇冷式和管道通风式。

4. 按安装结构形式分类

可分为卧式、立式。

5. 按绝缘等级分类

可分为E级、B级、F级和H级四个等级。

6. 按电动机尺寸大小分类

可分为小型（外壳 $\phi 120 \sim \phi 500$）、中型（外壳 $\phi 500 \sim \phi 990$）和大型（外壳 $\phi 1\,000$ 以上）三种。

7. 按电源相数分类

可分为三相异步电动机和单相异步电动机两类，其中三相异步电动机最为普遍。后述异步电动机的结构和工作原理均以三相异步电动机为例。

二、异步电动机结构

三相异步电动机的种类很多，但各类三相异步电动机的基本结构是相同的，它们都由定子和转子这两大基本部分组成，在定子和转子之间具有一定的气隙，还有端盖、轴承、接线盒、吊环等其他附件，如图2-115所示。

图 2-115 封闭式三相笼型异步电动机结构

1. 定子

定子绕组是电动机的电路部分,用来产生旋转磁场,由三相对称绕组组成,有六个出线端 U_1-U_2、V_1-V_2、W_1-W_2,定子绕组按要求接成星形或三角形。

三相电动机的定子一般由外壳、定子铁芯、定子绕组等部分组成。

(1) 外壳

三相电动机外壳包括机座、端盖、轴承盖、接线盒及吊环等部件。

1) 机座。它由铸铁或铸钢浇铸成型,作用是保护和固定三相电动机的定子绕组。机座是三相电动机机械结构的重要组成部分,中、小型三相电动机的机座还有两个端盖支撑着转子。通常机座的外表要求散热性能好,所以一般都铸有散热片。

2) 端盖。它由铸铁或铸钢浇铸成型,作用是把转子固定在定子内腔中心,使转子能够在定子中均匀地旋转。

3) 轴承盖。它由铸铁或铸钢浇铸成型,作用是固定转子,使转子不能轴向移动,还起存放润滑油和保护轴承的作用。

4) 接线盒。它一般由铸铁浇铸,作用是保护和固定绕组的引出线端子。

5) 吊环。它一般由铸钢制造,安装在机座的上端,用来起吊、搬抬三相电动机。

(2) 定子铁芯

定子铁芯是电动机磁路的一部分,由 0.35~0.5 mm 厚、表面涂有绝缘漆的薄硅钢片定子冲片叠压而成,如图 2-116 所示。由于硅钢片较薄而且片与片之间是绝缘的,所以减少了由于交变磁通通过而引起的铁芯涡流损耗。铁芯内圆有均匀分布的槽口,用来嵌放定子绕组。

(3) 定子绕组

定子绕组是三相电动机的电路部分。三相电动机有三个绕组,通入三相对称电流

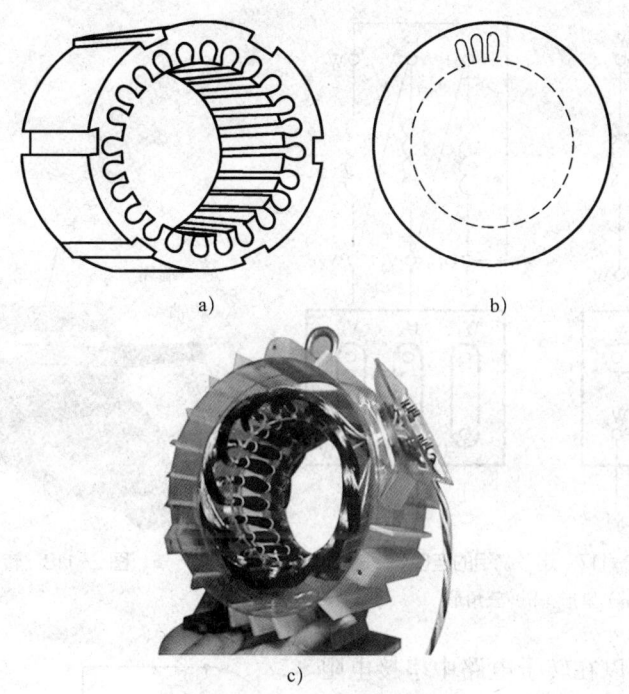

图2-116 定子铁芯及冲片
a)定子铁芯 b)定子冲片 c)实物图

时,就会产生旋转磁场。三个绕组彼此独立,且每个绕组又由若干线圈连接而成。每个绕组即为一相,绕组之间在空间相差120°电角度。绕组由绝缘铜导线或绝缘铝导线绕制。中、小型三相电动机多采用圆漆包线,大、中型三相电动机的定子绕组则采用较大截面的绝缘扁铜线或扁铝线绕制后,再按一定规律嵌入定子铁芯槽内。定子三相绕组的六个出线端都引至接线盒上,首端分别标为 U_1、V_1、W_1,末端分别标为 U_2、V_2、W_2。这六个出线端在接线盒里的排列如图 2-117 所示,可以接成星形或三角形。

2. 转子

(1) 转子铁芯

转子铁芯用 0.5 mm 厚的硅钢片叠压而成,套在转轴上,作用和定子铁芯相同,一方面作为电动机磁路的一部分,另一方面用来安放转子绕组,如图 2-118 所示。

(2) 转子绕组

异步电动机的转子绕组分为绕线型与笼型两种,由此分为绕线型转子异步电动机与笼型异步电动机。

1)绕线型绕组。与定子绕组相同,绕线型绕组也是一个三相绕组,一般接成星形,三相引出线分别接到转轴上的三个与转轴绝缘的集电环上,通过电刷装置与外电

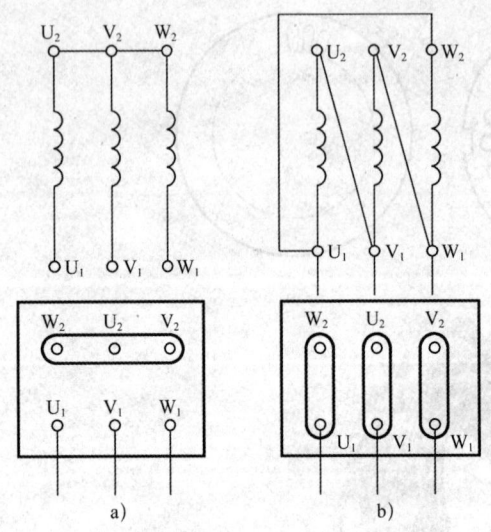
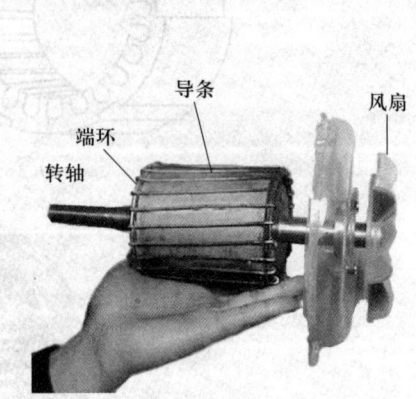

图 2-117 定子绕组的连接
a）星形 b）三角形

图 2-118 转子铁芯

路相连。这样可以在转子电路中串接电阻或电动势，以改善电动机的运行性能，如图 2-119 所示。

2）笼型绕组。在转子铁芯的每一个槽中插入一根铜条，在铜条两端各用一个铜环（称为端环）把导条连接起来，称为铜排转子，如图 2-120a 所示。也可用铸铝的方法，把转子导条和端环风扇叶片用铝液一次浇铸而成，称为铸铝转子，如图 2-120b 所示。100 kW 以下的异步电动机一般采用铸铝转子。

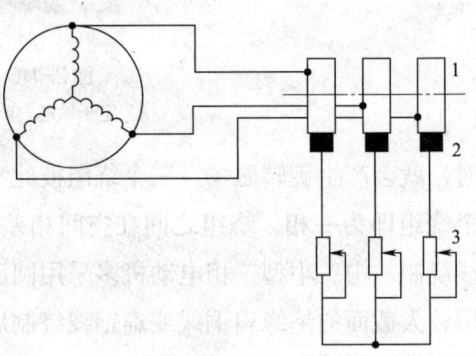

图 2-119 绕线型转子与外加变阻器的连接
1—集电环 2—电刷 3—变阻器

转子其他部分包括端盖、风扇等。端盖除起防护作用外，其上还装有轴承，用以支撑转子轴；风扇用来通风冷却电动机。

三相异步电动机的定子与转子之间的空气隙，一般仅为 0.2~1.5 mm。空气隙太大，电动机运行时的功率因数降低；空气隙太小，装配困难，运行不可靠，同时高次谐波磁场增强，使附加损耗增加，还会使启动性能变差。

三、异步电动机工作原理

当三相异步电动机接通电源时，定子绕组就会产生旋转磁场，其旋转方向为 n_1；

转子相当于磁场中的闭合线圈,随着磁场的旋转,转子就会旋转起来,其旋转方向为 n_2,如图 2-121 所示。

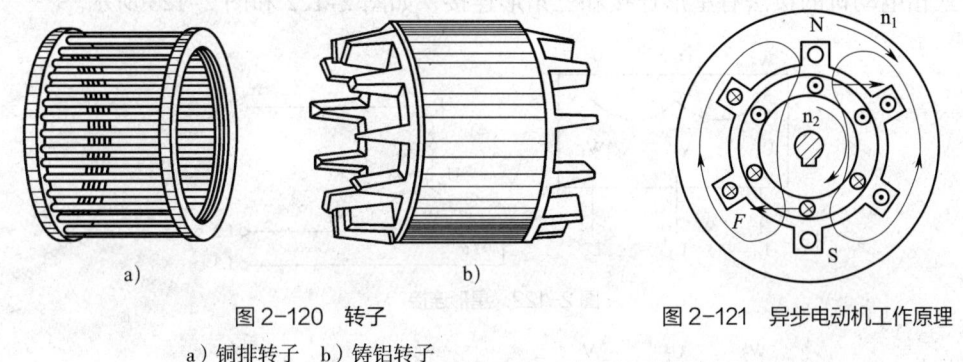

图 2-120 转子
a)铜排转子 b)铸铝转子

图 2-121 异步电动机工作原理

四、异步电动机的主要参数

1. 型号

国产中小型三相电动机型号为 Y 系列,是按国际电工委员会(IEC)标准设计生产,以电机中心高度为依据编制型号的,如 Y-200L2-6 型电动机的电机中心高度为 200 mm。

2. 额定功率

额定功率是指在满载运行时三相电动机轴上所输出的额定机械功率,用 P_N 表示,以千瓦(kW)或瓦(W)为单位。

3. 额定电压

额定电压是指接到电动机绕组上的线电压,用 U_N 表示。三相电动机要求所接的电源电压值的变动一般不应超过额定电压的 ±5%。电压过高,电动机容易烧毁;电压过低,电动机难以启动,即使启动成功电动机也可能带不动负载,容易烧坏。

4. 额定电流

额定电流是指三相电动机在额定电源电压下,输出额定功率时,流入定子绕组的线电流,用 I_N 表示,以安(A)为单位。若超过额定电流过载运行,三相电动机就会过热乃至烧毁。

5. 接法

三相电动机的接法有星形连接和三角形连接，如图 2-122 和图 2-123 所示。

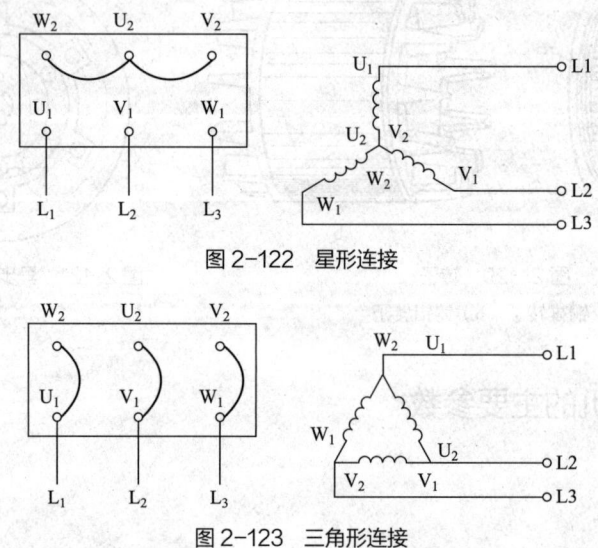

图 2-122　星形连接

图 2-123　三角形连接

6. 额定转速

额定转速表示三相电动机在额定工作情况下运行时每分钟的转速，用 n_N 表示，一般略小于对应的同步转速 n_1，如 n_1=1 500 r/min，则 n_N=1 440 r/min。

7. 防护等级

防护等级指三相电动机外壳的防护等级，其中 IP 是防护等级标志符号，其后面的两位数字分别表示电动机防固体和防水能力。数字越大，防护能力越强，如 IP44 中第一位数字"4"表示电动机能防止直径或厚度大于 1 mm 的固体进入电动机内壳，第二位数字"4"表示能承受任何方向的溅水。

8. 绝缘等级

绝缘等级是指三相电动机所采用的绝缘材料的耐热能力，它表明三相电动机允许的最高工作温度。

五、异步电动机的选用

为生产机械选择合适的电动机，包括确定电动机的额定电压、额定转速、结构型式和额定容量等,主要考虑以下 4 个方面的问题。

1. 根据电源电压条件,要求所选用电动机的额定电压与电源电压相符合。
2. 在机械特性方面,所选用的电动机应满足被驱动的生产机械提出的要求。
3. 电动机的结构形式应适应周围环境条件的要求。
4. 电动机的容量必须与生产机械的负载大小相匹配,同时要考虑生产机械的工作性质,与其持续、间断的规律相适应。容量选小了,不能保证生产机械的正常工作,对电动机来说,将使它的各部分过载、过热,温度上升超过允许的限度而过早损坏;容量选大了,则增加设备的投资费用,电动机容量不能充分利用,使效率和功率因数降低。

培训项目六 低压电器

一、低压电器的定义

对电能的生产、输送、分配和使用起控制、调节、检测、转换及保护作用的电工器械称电器(电气设备或电气元件)。其中工作在交流电压 1 200 V,或直流电压 1 500 V 及以下的电路中起通断、保护、控制或调节作用的电器叫作低压电器。

二、低压电器的分类

1. 按用途分类

低压电器按照用途分类见表 2-10。

表 2-10 低压电器按照用途分类

类别	用　途
控制电器	用于各种控制电路和控制系统的电器,如接触器、继电器等
主令电器	用于自动控制系统中发送控制指令的电器,如按钮、行程开关等

续表

类别	用途
保护电器	用于保护电路及用电设备的电器,如熔断器、热继电器等
配电电器	用于电能输送和分配的电器,如低压断路器、隔离器等
执行电器	用于完成某种动作或传动功能的电器,如电磁铁、电磁离合器等

2. 按工作原理分类

低压电器按照工作原理分类见表 2-11。

表 2-11 低压电器按照工作原理分类

类别	工作原理
电磁式电器	依据电磁感应原理来工作的电器,如交流接触器、直流接触器、各种电磁式继电器等
控制电器	靠外力或某非电物理量的变化而动作的电器,如刀开关、行程开关、按钮、速度继电器、压力继电器、温度继电器等

3. 按类别分类

低压电器按照类别分类如图 2-124 所示。

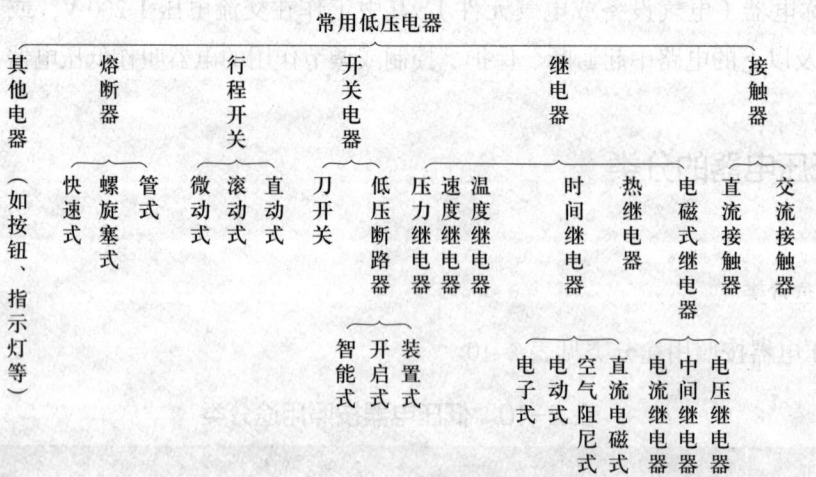

图 2-124 电压电器按照类别分类

三、常见低压电器

1. 主令电器

主令电器是用来发布命令、改变控制系统工作状态的电器，主要有控制按钮、行程开关、组合开关等。

（1）控制按钮

常用于接通和断开控制电路，实物如图 2-125 所示，图形符号和文字符号如图 2-126 所示。

在选择按钮时，应根据使用场合、控制电路所需触点数目及按钮颜色等要求综合考虑。一般而言，红色表示停止和急停，绿色表示启动，黑色表示点动，蓝色表示复位，另外还有黄、白等颜色，供不同场合使用。

图 2-125 控制按钮实物图

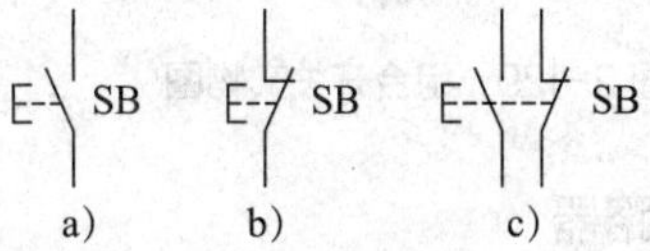

图 2-126 控制按钮图形符号和文字符号
a）动合（常开）触头　b）动断（常闭）触头　c）复合触头

（2）行程开关

用来控制某些机械部件的运动行程和位置或限位保护，由操动机构、触点系统和外壳等部分组成。行程开关实物如图 2-127 所示，图形符号和文字符号如图 2-128 所示。

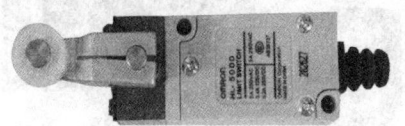

图 2-127 行程开关实物图

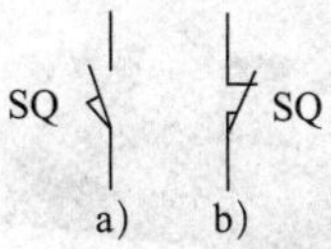

图 2-128 行程开关图形符号和文字符号
a）常开（动合）触点　b）常闭（动断）触点

在选择行程开关时，应根据被控制电路的特点、要求、生产现场条件和触点数量等因素综合考虑，常用的行程开关有 LX19、LX31、LX32、JLXK1 等系列产品。

（3）组合开关

组合开关常用在机床的控制电路中，作为电源的引入开关或自我控制小容量电动机的直接启动、反转、调速和停止的控制开关等。

组合开关有单极、双极和多极之分，由动触片、静触片、转轴、手柄、凸轮、绝缘杆等部件组成。当转动手柄时，每层的动触片随转轴一起转动，使动触片分别和静触片保持闭合和分断。为了使组合开关在分断电流时迅速熄弧，在开关的转轴上装有弹簧，能使开关快速闭合和分断。

组合开关的主要参数有额定电压、额定电流和极数，实物如图 2-129 所示，图形符号和文字符号如图 2-130 所示。

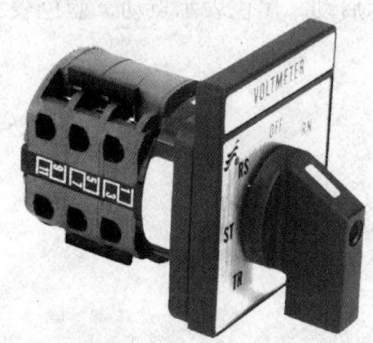

图 2-129 组合开关实物图

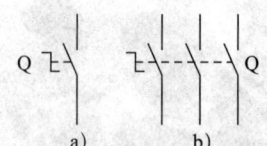

图 2-130 组合开关图形符号和文字符号

a）单极 b）三极

2. 低压断路器

低压断路器又称自动空气开关或自动空气断路器，简称自动开关，实物如图 2-131 所示，图形符号和文字符号如图 2-132 所示。

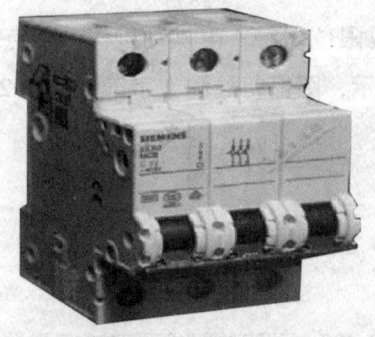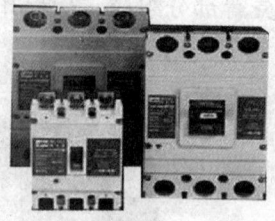

图 2-131 低压断路器实物图

（1）低压断路器的作用

低压断路器主要用于电动机和其他用电设备的电路中，在正常情况下，它可以分断和接通工作电流。当电路发生过载、短路、失压等故障时，它能自动切断故障电路，有效地保护串接于它后面的电气设备，还可用于不频繁地接通、分断负荷的电路，控制电动机的运行和停止。

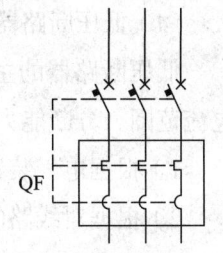

图 2-132 低压断路器图形符号和文字符号

（2）低压断路器的分类

低压断路器的种类较多，按用途划分有保护配电线路用、保护电动机用、保护照明线路用及漏电保护用断路器；按结构形式分有框架式和塑壳式断路器；按极数分有单极、双极、三极和四极等断路器；按操作方式分有直接手柄操作、杠杆操作、电磁铁操作和电动机操作等断路器。

（3）低压断路器的结构和工作原理

1）主触点和灭弧装置。主触点是断路器的执行部件，用于接通和分断主电路，为提高其分断能力，在主触点处装有灭弧室，常用的有狭缝式灭弧室和去离子栅灭弧室。

2）脱扣器。脱扣器是断路器的感受元件，当电路出现故障时，脱扣器感测到故障信号，经自由脱扣机构使断路器主触点分断。脱扣器有4种类型，可以接收不同类型的故障信号。

①分励脱扣器。它用于远距离分断断路器的脱扣器。

②欠压、失压保护脱扣器。当主电路电压降到一定数值以下或为零时，欠压、失压保护脱扣器的电磁铁失去吸力，带动自由脱扣机构使断路器分断，从而达到欠压或失压保护的目的。

③过电流脱扣器。过电流脱扣器实质上是一个电磁机构，当电路出现瞬时过电流或短路电流时，电磁机构的衔铁吸合并带动自由脱扣机构使断路器分断，从而达到过电流或短路保护的目的。

④过载脱扣器。它利用双金属片的特性，当电路过载时双金属片弯曲，带动自由脱扣机构使断路器分断，从而达到过载保护的目的。

断路器不一定都具有上述4种脱扣器，而是根据断路器使用场合选择断路器及其适用的脱扣器装置。

3）自由脱扣机构和操动机构。自由脱扣机构是用来联系操动机构与触点系统的机构，当操动机构处于闭合位置时，也可由自由脱扣机构进行脱扣，将触点断开；操动机构是实现断路器闭合、断开的机构，包括手动操动机构、电磁铁操动机构、电动机操动机构等。

（4）低压断路器的选用

低压断路器的主要技术参数包括额定电压、额定电流、极数、脱扣器类型、整定电流范围、分断能力、动作时间等。低压断路器的选用原则如下。

1）根据电气装置的要求确定断路器的类型。

2）根据对线路的保护要求确定断路器的保护形式。

3）低压断路器的额定电压和额定电流应大于或等于线路、设备的正常工作电压和工作电流。

4）低压断路器的极限通断能力应大于或等于电路最大短路电流。

5）欠电压脱扣器的额定电压应等于线路的额定电压。

6）过电流脱扣器的额定电流应大于或等于线路的最大负载电流。

3. 接触器

接触器实物如图2-133所示，图形符号和文字符号如图2-134所示。

（1）接触器的作用

接触器是一种用于远距离频繁地接通和断开交直流主电路及大容量控制电路的自动切换电器，具有低压释放、欠压、失压保护功能。接触器主要控制对象是电动机，也可用于控制其他电力负载，如电热器、照明灯、电焊机、电容器组等。

根据我国电压标准，接触器主触点的额定工作电压为交流380 V、660 V、1 140 V；直流220 V、440 V、660 V。辅助触点的额定工作电压为交流380 V，直流110 V、220 V。接触器的额定工作电流为6 000～8 000 A。

图2-133 接触器实物图

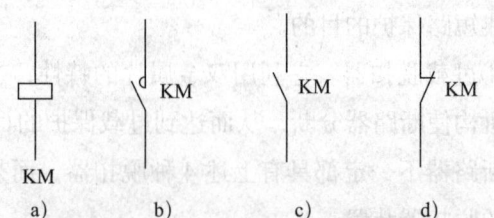

图2-134 接触器图形符号和文字符号
a）线圈 b）主触点 c）常开（动合）触头 d）常闭（动断）触头

（2）接触器的分类

接触器按主触点接通和分断电流性质可分为交流接触器和直流接触器两种；按接

触器电磁线圈励磁方式可分为直流励磁方式与交流励磁方式；按接触器主触点的极数来分，直流接触器有单极与双极两种，交流接触器有三极、四极和五极三种。

（3）接触器的结构和工作原理

电磁式接触器是接触器的一种，由电磁机构、触点系统、弹簧、灭弧装置和支架底座等部分组成。

1）电磁机构。电磁机构由铁芯、衔铁和电磁线圈组成。线圈套在铁芯上，线圈和铁芯是不动的（称为静铁芯），只有衔铁是可动的（称为动铁芯）。当线圈通入电流后，产生磁场，磁通经铁芯、衔铁和工作气隙形成闭合回路，产生电磁吸力，在电磁吸力作用下将衔铁吸向铁芯。与此同时，衔铁还受到反作用弹簧的拉力，只有当电磁力大于弹簧拉力时，衔铁才能可靠地吸合。

2）主触点和灭弧装置。主触点按其容量大小分为桥式触点和指形触点两种形式。对于直流接触器和 20 A 以上的交流接触器，主触点上均装有灭弧室，灭弧室具有栅片灭弧或磁吹灭弧的功能。

3）辅助触点。辅助触点是用在控制电路中，起控制作用的触点。辅助触点容量较小，皆为桥式双断点结构，且不用装设灭弧罩。辅助触点分为动合触点与动断触点。

4）反力装置。反力装置由释放弹簧和触点弹簧组成。

5）支架与底座。支架和底座用于接触器的固定和安装。

电磁线圈通电后，在铁芯中产生磁通，进而在衔铁气隙处产生电磁吸力，使衔铁吸合，经传动机构带动主触点与辅助触点动作，主触点接通主电路，并使动合辅助触点闭合、动断辅助触点断开；而当电磁线圈断电或电压显著降低时，电磁吸力消失或减弱，衔铁在释放弹簧作用下释放，使主触点与辅助触点均恢复到原来状态。

4. 继电器

继电器是一种利用电流、电压、时间、温度等信号的变化来接通或断开所控制的电路，以实现自动控制或完成保护任务的自动电器。继电器与接触器的结构和工作原理大致相同，主要区别是：接触器的主触点可以通过大电流，继电器的体积和触点容量小，触点数目多，且只能通过小电流。所以，继电器一般用于控制电路中。

继电器的用途广泛，种类很多，按不同反应信号，可分为时间继电器、热继电器、电流继电器、电压继电器等。

（1）时间继电器

感受部分在感受外界信号后，经过一段时间延时才能使执行部分动作的继电器，叫作时间继电器。时间继电器主要有空气式、电动式、晶体管式及直流电磁式几类,延时方式有通电延时型和断电延时型两类。

时间继电器实物如图2-135所示,图形符号和文字符号如图2-136所示。

(2)热继电器

热继电器是一种利用电流的热效应来切断电路的保护电器,专门用来对连续运转的电动机进行过载及断相保护,以防电动机过热而烧毁。热继电器实物如图2-137所示,图形符号和文字符号如图2-138所示。

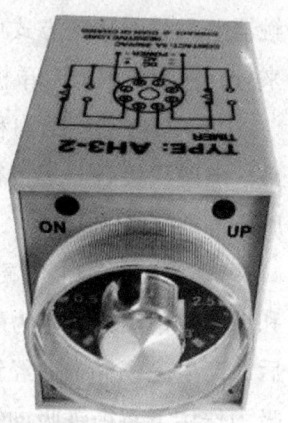

图2-135 时间继电器实物图

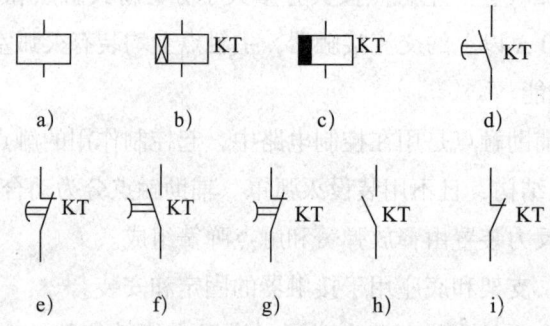

图2-136 时间继电器图形符号和文字符号

a)一般线圈图形符号 b)通电延时线圈 c)断电延时线圈 d)延时闭合的动合触点
e)延时断开的动断触点 f)延时断开的动合触点 g)延时闭合的动断触点
h)瞬时动合触点 i)瞬时动断触点

图2-137 热继电器实物图

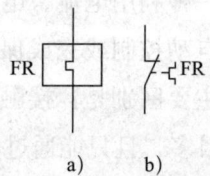

图2-138 热继电器图形符号和文字符号
a)热元件 b)动断触点

热继电器主要参数有热继电器额定电流（指可以安装的热元件的最大整定电流）、相数、整定电流（指长期通过热元件而不引起热继电器动作的最大电流，按电动机额定电流整定）、调节范围（指手动调节整定电流的范围）。

热继电器的种类很多，常用的型号有 JR0、JR16、JR16B、JRS 和 T 系列。

选择热继电器时，首先应根据实际要求确定热继电器的结构类型，并根据电动机的额定电流来确定热继电器的型号、热元件的电流等级和整定电流。

（3）电流继电器

电流继电器是根据输入电流大小而接通或断开电路的继电器。使用时，电流继电器的线圈和被保护的设备串联，其线圈匝数少而线径粗、阻抗小、分压小，不影响电路正常工作。

电流继电器按用途分为过电流继电器和欠电流继电器。过电流继电器在电路电流超过设定值时发出控制信号；欠电流继电器在电路电流低于设定值时发出控制信号。

电流继电器实物如图 2-139 所示，图形符号和文字符号如图 2-140 所示。

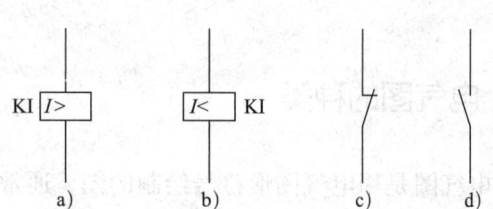

图 2-139　电流继电器实物图　　图 2-140　电流继电器图形符号和文字符号

a）过电流继电器线圈　b）欠电流继电器线圈
c）动断触点　d）动合触点

（4）电压继电器

电压继电器是根据输入电压大小而接通或断开电路的继电器。使用时，电压继电器的线圈与负载并联，其线圈匝数多而线径细，不影响电路正常工作。电压继电器按用途分为过电压继电器、欠电压继电器和零电压继电器，过电压继电器起过电压保护作用；欠电压继电器起欠电压保护作用；零电压继电器起零电压保护作用。

电压继电器实物如图 2-141 所示，图形符号和文字符号如图 2-142 所示。

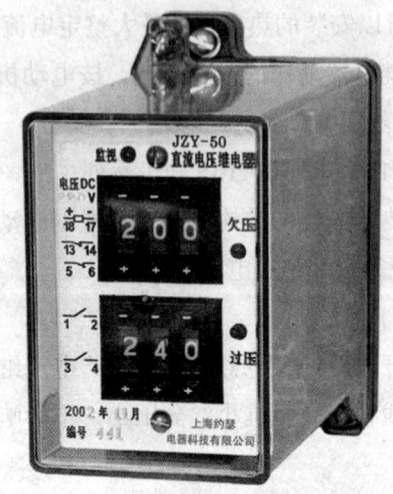

图 2-141 电压继电器实物图

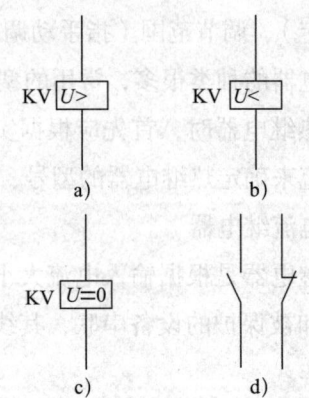

图 2-142 电压继电器图形符号和文字符号
a) 过电压继电器线圈　b) 欠电压继电器线圈
c) 零电压继电器线圈　d) 动合触点、动断触点

培训项目七　电工识图基本知识

一、电气图的种类

电气图是用电气图形符号绘制的图，通常又称简图或略图。电气图是电工领域中最主要的提供信息方式，其信息内容包括功能、位置、设备制造及接线等。

按国家标准 GB/T 6988.1—2008《电气技术用文件的编制》规定，电气图主要有系统图与框图、电路图与等效电路图、接线图与接线表、功能图与功能表图、逻辑图等。各种图的命名主要由其所表达信息类型和表达方式确定，如功能图是表示理论与理想的电路而不涉及方法的一种简图。逻辑图是用二进制逻辑单元图形符号绘制的一种简图。位置简图与位置图是表示成套装置、设备或装置中各个项目的位置的一种简图。

1. 系统图与框图

系统图与框图是用符号或注解的框，概略表示系统或分系统的基本组成、相互关系及主要特征的一种简图，如图2-143所示。

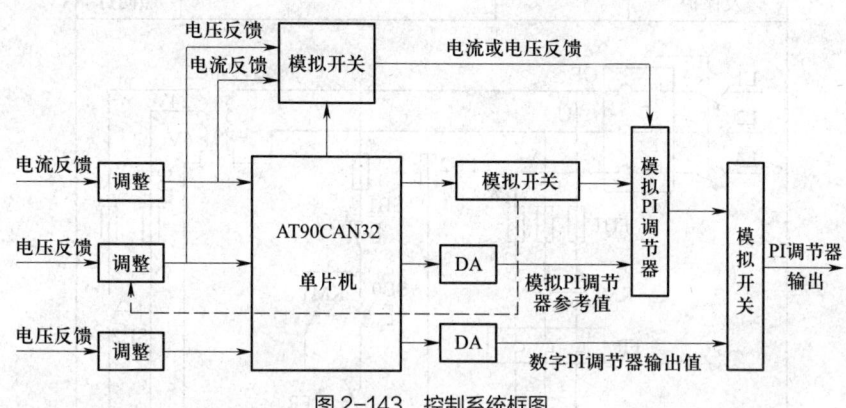

图2-143 控制系统框图

2. 电路图

电路图又称电气原理图，是采用图形符号和项目代号并按工作顺序排列，详细表明电路、设备或成套装置的组成和连接关系及电气工作原理，而不考虑其实际位置的一种简图。

一般生产机械设备的电气原理图可分成主电路、控制电路及辅助电路，主电路画在一张图样的左侧；控制电路按功能布置，并按工作顺序从左到右或从上到下排列；辅助电路（如信号电路）与主电路、控制电路分开。在电气原理图上连接线、设备或元器件图形符号的轮廓线、可见轮廓线、表格用线都用实线绘制，一般一张图样上选用两种线宽。虚线是辅助用图线，可用来绘制屏蔽线、机械联动线、不可见轮廓线及连线、计划扩展内容的连线。点划线用于各种围框线。双点划线用作各种辅助围框线。图2-144所示为普通设备电气原理图。

3. 接线图

电气接线图是用来表示电气控制系统中各电气元件的实际安装位置和接线情况，用以进行接线和检查的一种简图，一般包括元器件的相对位置、元器件的代号、端子号、导线号、导线类型、导线截面积、屏蔽及导线绞合等内容。

在电气接线图中的元器件应采用简化外形（如正方形、矩形、圆形等）表示，必要时也可用图形符号表示。元器件符号旁应标注项目代号，并与电气原理图中的标注一致。

在电气接线图中的端子，一般用图形符号和端子代号表示，当用简化外形表示端子所在的项目时，可不画出端子符号，而用端子代号格式及标注方法表示。

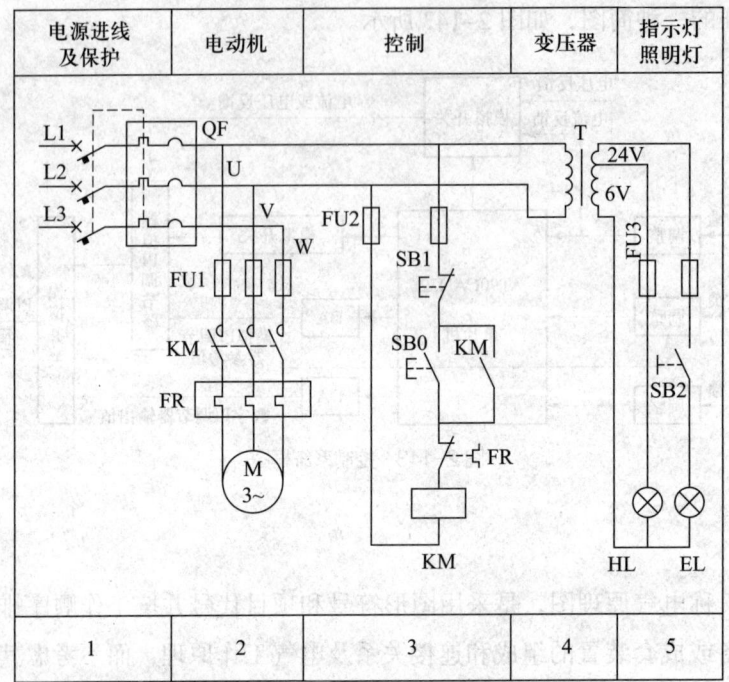

图 2-144 普通设备电气原理图

在电气接线图中的导线可用连续线和中断线来表示,导线、电缆等可用加粗的线条表示。

电气接线图可分为元件位置图和电气互连图两部分。

(1) 元件位置图

元件位置图详细绘制出电气设备零件的安装位置。如图 2-145 所示为普通设备的元件位置图,图中各元件代号应与有关电路图和元件清单上所有元件代号相同。在图中往往留有 10% 以上的备用面积及导线管(槽)的位置,以供改进设计时用。图中不需标注尺寸。

(2) 电气互连图

电气互连图用来表明电气设备各单元之间的接线关系。如图 2-146 所示为普通设备电气互连图,它清楚地表明了电气设备外部元件的相对位置及它们之间的电气连接,是实际安装接线的依据,在具体施工和检修中能够起到电气原理图所起不到的作用,在生产现场得到广泛应用。

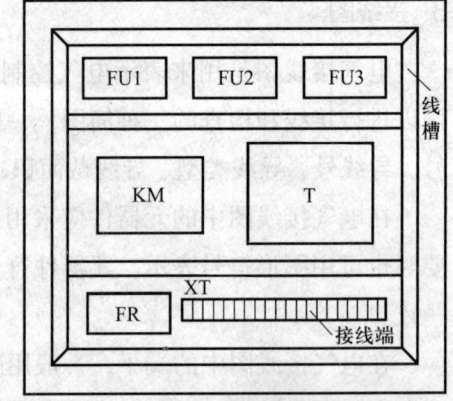

图 2-145 普通设备的元件位置图

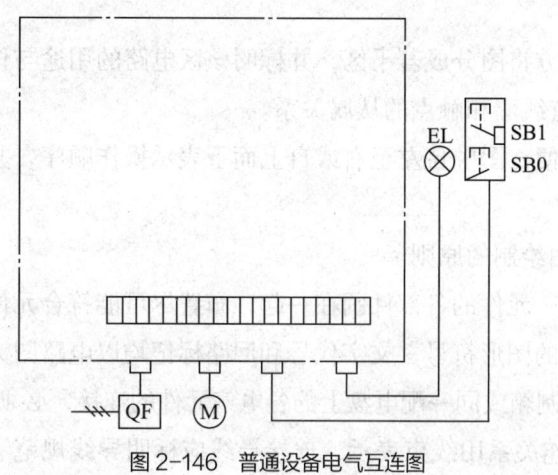

图 2-146　普通设备电气互连图

二、电气制图的原则与图形符号

国家标准 GB/T 6988.1—2008《电气技术用文件的编制》规定了电气图的编制方法及电气制图的一般原则，具体内容如下。

1. 电气制图的一般原则

（1）电路图绘制的原则

由于电路图结构简单、层次分明，适用于研究和分析电路工作原理，在设计部门和生产现场得到广泛应用。电路图绘制的原则如下。

1）电气元件的工作状态应是未通电的状态，机械操作开关应是非工作的状态和位置。例如，终端开关应在没有达到极限行程前的位置，断路器和隔离开关应在断开位置，带零位的手动控制开关应在零位位置等，而完全不考虑电路的实际工作状态。

2）电路图上的动力线路、控制电路和信号电路应分开绘出。

3）电路图上应标出各个电源电路的电压值、极性、频率及相数，还应标出某些元件的特性（如电阻器、电容器的数值），不常用元件（如传感器、手动触点等）的操作方式和功能等内容。

4）电路图上各电路的安排应便于分析、维修和寻找故障，电路图应按功能分开画出。

5）动力线路的电源电路绘成水平线，受电的动力装置（如电动机）及保护元件支路，应垂直电源电路画出。

6）控制电路和信号电路应垂直地绘在两条或几条水平电源线上，耗能元件（如线圈、电磁铁、信号灯等）应直接连在接地的水平电源线上，而控制触点应连在另一电源线上。

7)在电路图上方将图分成若干区,并标明该区电路的用途与作用。继电器、接触器线圈的下方应列有线圈和触点的从属关系。

8)为了阅读方便,图中自左至右或自上而下表示操作顺序,并尽可能减少线条数量,避免线条交叉。

(2)电气接线图绘制的原则

1)外部单元同一元件的各部件画在一起,布置尽可能符合元件的实际情况。

2)各电气元件的图形符号、文字代号和回路标记均以电路图为准,并保持一致。

3)不在同一控制箱或同一配电盘上的各电气元件的连接,必须经接线端子板进行。互连图中的电气互连关系用线束表示,连接导线应标明导线规范(数量、截面积等)。导线一般不表示实际走线途径,施工时由操作者根据实际情况选择最佳走线方式。

4)对于控制装置的外部连接线,应在图上或用接线表示清楚,并标明电源的引入点。

(3)电气位置图绘制的原则

1)体积大和较重的电器元件应安装在电器安装板的下方,而发热元件应安装在电器安装板的上方。

2)强电、弱电应分开,弱电应屏蔽,防止外界干扰。

3)需要经常维护、检修、调整的电器元件安装,其位置不宜过高或过低。

4)电器元件的布置应整齐、美观、对称。外形尺寸与结构类似的电器绘制在一起,以利安装和配线。

5)电器元件布置不宜过密,应留有一定间距。如用走线槽,应加大各排电器间距,以利布线和维修。

2. 常用电气设备的图形符号

电力驱动控制系统由电动机和各种控制元件组成。为了表达电气控制系统的设计意图,便于分析电气控制系统的工作原理以及安装、调试和检修,必须采用统一的文字代号和图形符号来表示。国家标准局参照国际电工委员会(IEC)颁布的有关文件,制定了我国电气设备的有关国家标准。

电气图示符号有图形符号、文字符号及回路标号等。

(1)图形符号

图形符号通常用于图样或其他文件,用以表示一个设备或概念的图形、标记或字符。如图2-147所示为断路器的图形符号。

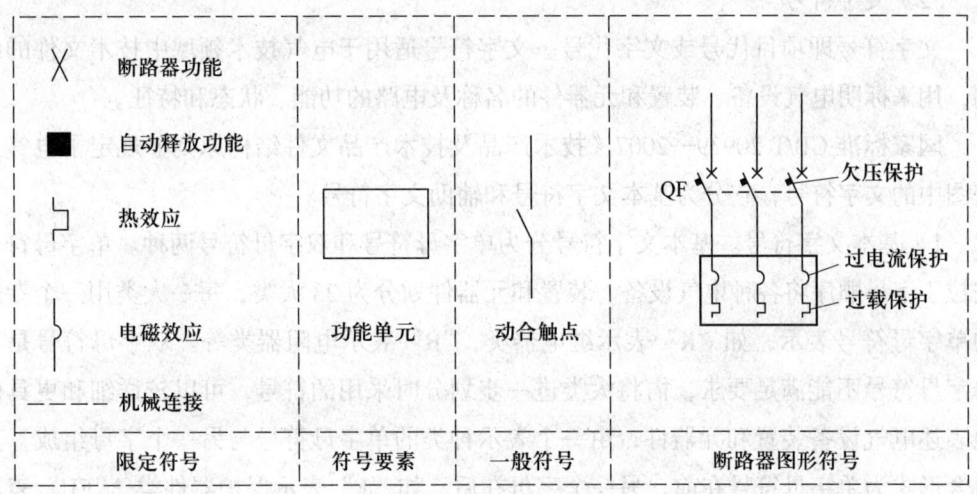

图 2-147 断路器的图形符号

国家标准 GB/T 4728—2018《电气简图用图形符号》规定了电气图常用图形符号的画法，规定的图形符号基本与国际电气技术委员会（IEC）发布的有关标准相同。图形符号含有符号要素、一般符号和限定符号。

1）符号要素。它是一种具有确定意义的简单图形，必须同其他图形组合才能构成一个设备或概念的完整符号，如接触器动合主触点的符号就由接触器触点功能符号和动合触点符号组合而成。

2）一般符号。一种用以表示一类产品和此类产品特征的简单的符号，如电动机可用一个圆圈表示。

3）限定符号。一种用于提供附加信息的加在其他符号上的符号。

应用图形符号绘制电气系统图时应注意：

1）符号尺寸大小、线条粗细可依国家标准放大或缩小，但在同一张图中，同一符号的尺寸应保持一致，各符号间及符号本身比例应基本保持不变。

2）在不改变符号含义的前提下，标准中示出的符号方位，可根据图面布置的需要旋转或成镜像位置，但文字和指示方向不得倒置。

3）大多数符号都可以附加补充说明标记。

4）有些具体元器件的符号可由设计者根据国家标准的符号要素、一般符号和限定符号组合而成。

5）国家标准未规定的图形符号，可根据实际需要，按特征突出、结构简单、便于识别的原则进行设计，但需报国家标准局备案。当采用其他来源的符号和代号时，必须在图解和文件上说明含义。

（2）文字符号

文字符号即项目代号或文字代号。文字符号适用于电气技术领域中技术文件的编制，用来标明电气设备、装置和元器件的名称及电路的功能、状态和特征。

国家标准GB/T 20939—2007《技术产品及技术产品文件结构原则》规定了电气工程图中的文字符号，它分为基本文字符号和辅助文字符号。

1）基本文字符号。基本文字符号分为单字母符号和双字母符号两种。单字母符号按拉丁字母顺序将各种电气设备、装置和元器件划分为23大类，每一大类用一个专用的单字母符号表示，如"K"表示继电器类，"R"表示电阻器类等。双字母符号是在单字母符号不能满足要求，需将大类进一步划分时采用的符号，可以较详细和更具体地表述电气设备装置和元器件，由一个表示种类的单字母符号与另一个字母组成，其组合形式为单字母符号在前，另一个字母在后，如"F"表示保护器件类，"FU"表示熔断器。

2）辅助文字符号。辅助文字符号用来表示电气设备、装置、元器件以及电路的功能、状态和特征，如"RD"表示红色，"L"表示限制等。辅助文字符号也可以放在表示种类的单字母符号之后组成双字母符号，如"SP"表示压力传感器，"YB"表示电磁制动器等。为了简化文字符号，若辅助文字符号由两个以上字母组成时，允许只采用第一位字母进行组合，如"MS"表示同步电动机。辅助文字符号还可以单独使用，如"ON"表示接通，"M"表示中间线等。

（3）回路标号

回路标号也称回路线号，电路图中用来表示各回路种类、特征的文字和数字标号统称为回路标号，其目的是便于接线和查找。

回路标号的使用规则如下：

1）三相交流电源引入线采用L1、L2、L3标记。

2）电源开关之后的三相交流电源主电路分别按U、V、W顺序标记。

3）分级三相交流电源主电路采用三相文字代号U、V、W后加阿拉伯数字1、2、3等来标记，如U1、V1、W1，U2、V2、W2等。

4）各电动机分支电路各接点标记采用三相文字代号后加数字来表示，数字中的个位数表示电动机代号，十位数字表示该支路各接点的代号，从上到下按数值大小顺序标记。如U11表示M1电动机的第一相的第一个接点代号，U21表示第一相的第二个接点代号，以此类推。

5）电动机绕组首端分别用U、V、W标记，尾端分别用U′、V′、W′标记。双绕组的中点则用U″、V″、W″标记。

6）控制电路采用阿拉伯数字编号，一般由三位或三位以下的数字标记。标注方法以"等电位"为原则，在垂直绘制的电路中，标号顺序一般由上至下，凡是被线圈、绕组、触点或电阻、电容等元件所间隔的线段，都应标以不同的电路标号。

规定的基本文字符号和辅助文字符号如不敷使用，可按国家标准中文字符号组成规律和下述原则予以补充。

1）在不违背国家标准文字符号编制原则的条件下，可采用国家标准中规定的电气技术文字符号。

2）在优先采用基本文字符号和辅助文字符号的前提下，可补充国家标准中未列出的双字母文字符号和辅助文字符号。

3）使用文字符号时，应按电气名词术语国家标准或专业技术标准中规定的英文术语缩写而成。

4）基本文字符号不得超过两位字母，辅助文字符号一般不得超过三位字母。文字符号采用拉丁字母大写正体字，且拉丁字母中"I"和"O"不允许单独作为文字符号使用。

三、电路图的阅读与分析

1. 电路图组成

一般设备电路图上的电路由主电路（又称主回路）、控制电路、辅助电路、保护环节、联锁环节以及特殊控制电路等部分组成。

（1）主电路

主电路是指某一个设备中元件的动力装置及保护电路，在电力驱动电路中，主电路实际上就是设备的电源、电动机及其他用电设备等，如图 2-148 所示虚线部分。在主电路中通过的是电动机的工作电流，电流较大。主电路通常用实线绘制在电路图的左侧。

（2）控制电路

控制电路是控制主电路工作状态的电路。在该部分电路中通过的电流都较小。控制电路通常用实线表示在电路图的右侧，应绘制出控制主电路工作的动作顺序，以及用作其他控制要求的动作顺序，如图 2-149 所示虚线部分。

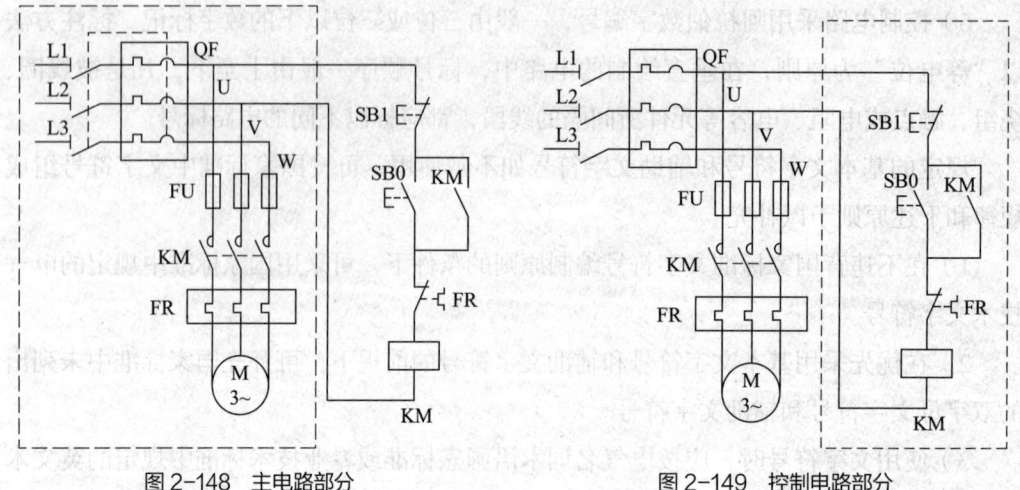

图 2-148 主电路部分　　　　图 2-149 控制电路部分

（3）辅助电路

辅助电路是设备中的信号电路和照明电路等部分。信号电路是指显示主电路工作状态的电路。照明电路是指实际机床设备局部照明的电路。辅助电路通常用实线表示在电路图的最右侧。注意控制电路、辅助电路要分开画出。

2. 阅读电路图的方法和步骤

熟悉电路图的制图规则及电气元件的图形符号后，在阅读电路图时，首先应了解被控对象对电力驱动的要求，了解被控对象有哪些运动部件，这些运动部件是如何运动的，各种运动之间是否有相互制约的关系。在此基础上采取先看主电路，后分析控制电路及辅助电路的步骤来看图。通过分析控制电路，掌握主电路中元件的动作规律，根据主电路的动作要求，进一步加深对控制电路的理解。最后通过分析辅助电路，全面了解电路图的工作原理。

（1）阅读主电路

1）首先看本设备所用的电源。一般生产机械所用电源均是三相、380 V、50 Hz 的交流电源，需采用直流电源的设备，往往都是采用直流发电机供电或采用整流装置。电子技术的发展，特别是大功率整流管及晶闸管的出现，使得当前一般情况下都采用整流装置来获得直流电。

2）分析主电路中有几台电动机，分清各台电动机的用途。目前，一般生产机械中所用的电动机以笼型异步电动机为主，但绕线型转子异步电动机、直流电动机、同步电动机也在相应的场合下应用。所以，在分析有几台电动机的同时，还要注意电动机的类别。

3)分清各台电动机的动作要求,如启动方式、是否有正反转、调速及制动等要求,还应注意各台电动机之间是否相互有制约的关系(可通过控制电路来分析)。

4)了解主电路中所用的控制元件及保护元件。前者是指除常规接触器以外的控制元件,如电源开关(转换开关及空气断路器)、万能转换开关;后者是指短路保护元件及过载保护元件,如空气断路器中的电磁脱扣器及热过载脱扣器的规格,熔断器、热继电器及过电流继电器等元件的用途及规格。

一般来说,对主电路作如上内容分析以后,即可分析控制电路和辅助电路。

(2)阅读控制电路和辅助电路

由于生产机械设备的类型各不相同,它们对电力驱动的控制要求也各不相同,所以在电路图上会表现出各不相同的控制电路和辅助电路。因此要说明如何分析控制电路和辅助电路,就只能介绍方法和步骤。

1)分析控制电路时,首先应分析控制电路的电源电压。通常的生产机械设备,如仅有一台或较少台电动机驱动的设备,控制电路较简单,为减少电源种类,控制电路电压常采用交流 380 V,可直接由主电路引入;对于采用多台电动机驱动且控制要求较复杂的设备,当线圈总数(包括电磁铁、电磁离合器线圈)大于或等于 5 个时,控制电路电压应采用交流 110 V 或交流 220 V(其中优选电压为交流 110 V),此控制电压应由隔离变压器获得,变压器的一端需接地,各线圈的一端也应接在一起并接地;当控制电路采用直流控制电压时,常由整流装置来供电。

2)了解控制电路中所采用的各种继电器、接触器的用途,如采用了一些特殊结构的继电器,还应了解它们的动作原理。

3)结合主电路的要求,分析控制电路的动作过程。控制电路总是按动作顺序画在两条水平线或两条垂直线之间,因此可从左到右或从上到下来进行分析。对复杂的控制电路,可将其分成几个功能部分来分析,如启动部分、制动部分、循环部分等。

4)结合主电路的动作要求。只有全面了解主电路对控制电路的要求以后,才能真正掌握控制电路的动作原理,不可孤立地看待各部分的动作原理,而应注意各个动作之间是否有互相制约的关系,如电动机正、反转之间应设有联锁等。

5)辅助电路一般比较简单,常包含有照明和信号部分。信号是指示生产机械动作状态的,工作过程中可使操作者随时观察,掌握各运动部件的状况,判别工作是否正常。通常以绿灯或白灯指明工作正常,以红灯指明出现故障。

上面所介绍的读图方法和步骤,只是一般的通用方法,需通过分析具体电路逐步掌握,不断总结,才能提高看图能力。

培训项目八　三相异步电动机基本电气控制电路

任何复杂的电动机电气控制线路都是按照一定的控制原则，由基本的控制线路组成的，掌握基本电气控制线路是学习电气控制的基础。

一、三相异步电动机的启动电路

三相异步电动机的启动可分为全压启动和降压启动两种。

1. 全压启动电路

加在定子绕组的启动电压是电动机的额定电压，这样的启动电路叫全压启动电路，如图 2-150 所示。

10 kW 以上异步电动机全压启动的瞬间，启动冲击电流，一般为额定电流的 4～7 倍。过大的启动电流会在线路上造成较大的电压降，影响供电线路上其他设备的正常工作。此外，当启动频繁时，过大的启动电流会使电动机过热，影响其使用寿命。

2. 降压启动电路

在启动时降低加在电动机定子绕组上的电压，待启动结束时恢复到额定值运行，这样的启动叫降压启动，可以明显避免全压启动的不足。笼型电动机的降压启动常用串电阻降压启动、星形－三角形换接启动和自耦降压启动等方法。

（1）串电阻降压启动

串电阻降压启动就是电动机启动时，将电阻串联在定子绕组与电源之间，启动正常运转后再将电阻短接的方法，如图 2-151 所示。

（2）星形－三角形换接启动

星形－三角形换接启动就是电动机启动时，将定子绕组联结星形，等到转速接近额定值时再换接成三角形的启动方法。如图 2-152 所示是一种星形－三角形启动器的连接简图，启动时，将组合开关的手柄扳向右，定子绕组连成星形降压启动；等电动机接近额定转速时，再将手柄扳向左，定子绕组换接成三角形，电动机正常运行。

（3）自耦降压启动

自耦降压启动是在电动机启动时，利用三相自耦变压器将电动机的端电压降低的启动方法，如图2-153所示。

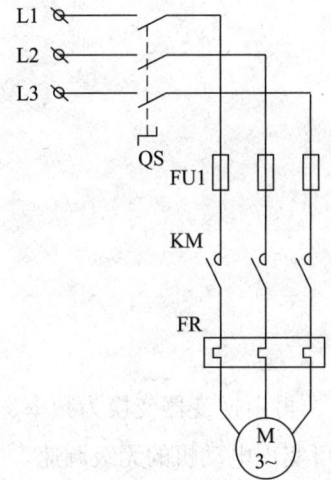

图2-150 全压启动电路

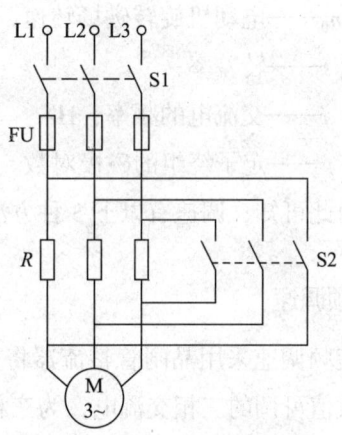

图2-151 串电阻降压启动电路

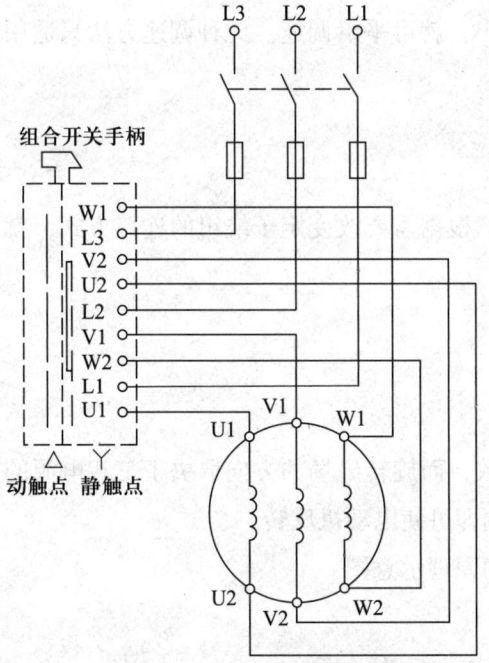

图2-152 星形-三角形换接启动电路

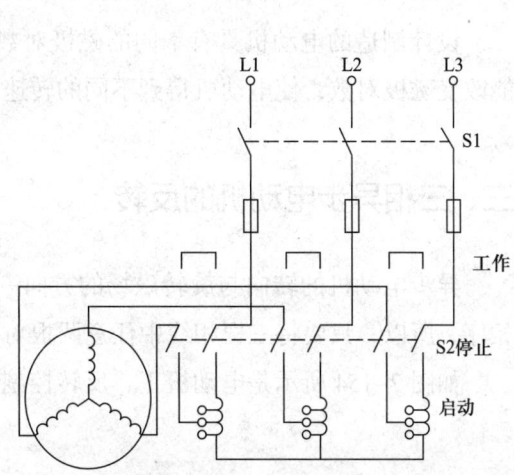

图2-153 自耦降压启动电路

二、三相异步电动机的调速

在负载不变的条件下,改变异步电动机的转速 n 叫调速。转速公式为

$$n=(1-s)n_0=(1-s)\frac{60f}{p}$$

式中　n——转子实际转速,r/min;

　　　n_0——电动机旋转磁场转速,r/min;

　　　s——转差率;

　　　f——交流电的频率,Hz;

　　　p——定子绕组的磁极对数。

由此可知,调速有以下3种方法。

1. 变频调速

变频调速采用晶闸管整流器将交流电转换为直流电,再由逆变器变换为频率、电压有效值可调的三相交流电,为三相异步电动机供电,可实现电动机的无级调速。

2. 变转差率调速

通过改变接在转子电路中调速电阻的大小,就可平滑调速。此种调速方法只适用于绕线式电动机。

3. 变级调速

设计制造的电动机具有不同的磁极对数,根据需要改变定子绕组的连接方式,就能改变磁极对数,使电动机得到不同的转速。

三、三相异步电动机的反转

异步电动机的转向与旋转磁场的方向一致,而旋转磁场的方向取决于三相电源的相序,所以,只要将三根相线中任意两根对调即可使电动机反转。

如图 2-154 所示是电动机正、反转控制的原理示意图。

四、三相异步电动机的制动

为克服惯性，保证电动机在断电时迅速停止，需要对电动机进行制动。异步电动机的制动常采用反接制动和能耗制动两种方法。

1. 反接制动

在电动机需要停车时，将三根电线中的任意两根对调，产生反转矩，可起到制动作用，但需注意当转速接近零时应立即切断电源，否则电动机会反转。反接制动制动迅速，但冲击强烈，易损坏传动零件，不宜经常使用。

2. 能耗制动

在断电的同时，接通直流电源，如图 2-155 所示，直流电源产生的磁场是固定的，而转子由于惯性转动产生的感应电流与直流电磁场相互作用所产生的转矩方向恰好与电动机的转向相反，可起到制动的作用。能耗制动能量损耗小，可方便地调节制动转矩，但低速时制动效果差。

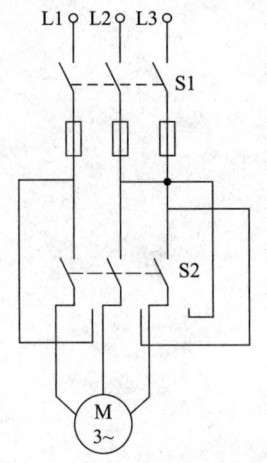

图 2-154 电动机正、反转控制的原理

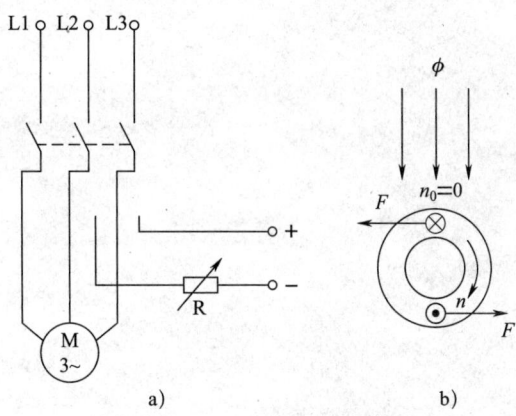

图 2-155 电动机的能耗制动
a）电路图　b）制动原理图

职业模块 三

电子技术基础

- 培训项目一 半导体基本知识
- 培训项目二 PN 结和二极管
- 培训项目三 三极管基本知识
- 培训项目四 直流稳压电路

培训项目一　半导体基本知识

一、物质的导电性能

常用的半导体器件包括二极管和三极管，它们的工作原理、特性和参数是学习电子技术和分析电子电路的基础。为了对二极管和三极管的工作原理及特性有一个较深刻的了解，需先简要介绍半导体的导电性能。自然界的各种物质就其导电性能来说，可以分为导体、绝缘体和半导体三大类。

1. 导体

导体具有良好的导电特性，常温下，其内部存在着大量的自由电子，它们在外电场的作用下做定向运动形成较大的电流，因而导体的电阻率很小，只有 1×10^{-6}～1×10^{-4} $\Omega\cdot m$，如金属材料铜、铝、银等。

2. 绝缘体

绝缘体几乎不导电，其内部几乎没有自由电子，即使受外电场作用也不会形成电流，所以绝缘体的电阻率很大，在 1×10^{10} $\Omega\cdot m$ 以上，如陶瓷、橡胶、塑料等。

3. 半导体

半导体的导电能力介于导体和绝缘体之间，也称半绝缘体。半导体的电阻率通常为 1×10^{-2}～1×10^{9} $\Omega\cdot m$，如硅、锗、硒以及部分化合物等。半导体之所以得到广泛应用，是因为其导电能力受掺杂、温度和光照的影响十分显著。

有些半导体对温度变化反应特别灵敏，随温度升高，其导电能力显著增强，即具有热敏性，利用这种特性可制成各种热敏电阻。有些半导体对光照变化反应特别灵敏，受到光照时，其导电能力显著增强，即具有光敏性，利用这种特性可制成各种光敏电阻。有些半导体受杂质影响较大，在纯净半导体中如果加入微量的特定杂质元素时，其导电能力将会显著增强。例如，在纯硅中加入百万分之一的硼后，其电阻率就会从

2×10^3 Ω·m 减小到 4×10^{-3} Ω·m 左右，利用这种特性可制成不同类型的半导体器件，如二极管、三极管等。半导体具有以上性能的根本原因在于半导体原子结构的特殊性。

二、P、N 型半导体

不含杂质且无晶格缺陷的半导体称为本征半导体。在绝对零度温度下，半导体的价带是满带，受到光电注入或热激发后，价带中的部分电子会越过禁带进入能量较高的空带，空带中存在电子后成为导带，价带中每缺少一个电子就会形成一个带正电的空位，称为空穴，导带中的电子和价带中的空穴合称为电子—空穴对。上述产生的自由电子和空穴均能自由移动，成为自由载流子，它们在外电场作用下定向运动而形成宏观电流，分别称为电子导电和空穴导电。

本征半导体虽有自由电子和空穴两种载流子，但由于数量很少，导电能力很弱，热稳定性也很差，因此不宜直接用其制造半导体器件。如果在半导体中掺入微量的杂质可以极大地提高导电能力，则这种半导体称为杂质半导体。根据掺入的杂质性质的不同，可以把杂质半导体分为 N 型半导体和 P 型半导体两种。

1. N 型半导体

在本征半导体硅（或锗）中掺入微量的五价元素，此处以磷为例，则磷原子就取代了硅晶体中少量的硅原子，并占据晶格上的某些位置，如图 3-1 所示。

从图 3-1 可见，磷原子最外层有 5 个价电子，其中 4 个价电子分别与邻近 4 个硅原子形成共价键结构，多余的 1 个价电子在共价键之外，只受到磷原子对它微弱的束缚，因此在室温下，即可获得挣脱束缚所需要的能量而成为自由电子，游离于晶格之间。失去电子的磷原子则成为不能移动的正离子。磷原子由于可以释放 1 个电子而被称为施主原子，又称施主杂质。

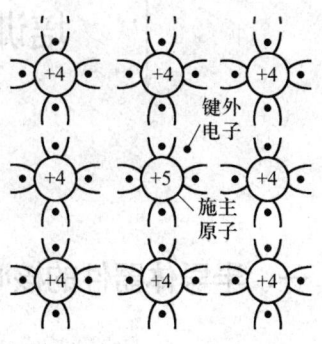

图 3-1 N 型半导体

在本征半导体中每掺入 1 个磷原子就可产生 1 个自由电子，而本征激发产生的空穴数目不变。这样，在掺入磷的半导体中，自由电子的数目就远远超过了空穴数目，自由电子成为多数载流子（简称多子），空穴则为少数载流子（简称少子）。显然，这种半导体参与导电的主要是电子，故称为电子型半导体，简称 N 型半导体。

2. P型半导体

在本征半导体硅（或锗）中掺入微量的三价元素，此处以硼为例，这时硼原子就取代了晶体中的少量硅原子，占据晶格上的某些位置，如图3-2所示。

从图3-2可见，硼原子的3个价电子分别与其邻近的3个硅原子中的3个价电子组成完整的共价键，而与其相邻的另1个硅原子的共价键中则缺少1个电子，出现了1个空穴。这个空穴被附近硅原子中的价电子填充后，三价的硼原子获得了1个电子而变成负离子，同时，邻近共价键上出现1个空穴。硼原子由于起着接收电子的作用，故称为受主原子，又称受主杂质。

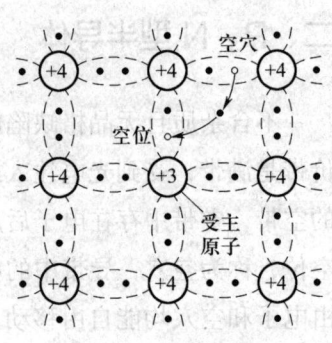

图3-2 P型半导体

在本征半导体中每掺入1个硼原子就可以提供1个空穴，当掺入一定数量的硼原子时，就可以使半导体中空穴的数目远大于本征激发电子的数目，空穴成为多数载流子，而电子则成为少数载流子。显然，这种半导体参与导电的主要是空穴，故称为空穴型半导体，简称P型半导体。

培训项目二　PN结和二极管

一、半导体器件的核心

1. PN结的形成

N型或P型半导体的导电能力虽然大大增加，但并不能直接用其制造半导体器件。在实际应用时，经常在一块半导体晶片上用不同的掺入杂质工艺，使其在一边成为P型半导体，而在另一边成为N型半导体，如图3-3所示。

由于P区多数载流子是空穴，少数载流子是电子，N区多数载流子是电子，少数载流子是空穴，这就使交界面两侧明显地存在着两种载流子的浓度差。因此，N区的电子必然会越过界面向P区扩散，并与P区界面附近的空穴复合而消失，在N区的一侧留下一层不能移动的施主正离子；同样，P区的空穴也越过界面向N区扩散，与N区界面附近的电子复合而消失，在P区的一侧留下一层不能移动的受主负离子。这种扩散使交界面两侧出现了由不能移动的带电离子组成的空间电荷区，因而形成了一个由N区指向P区的电场，称为内电场。随着扩散的进行，空间电荷区加宽，内电场增强。由于内

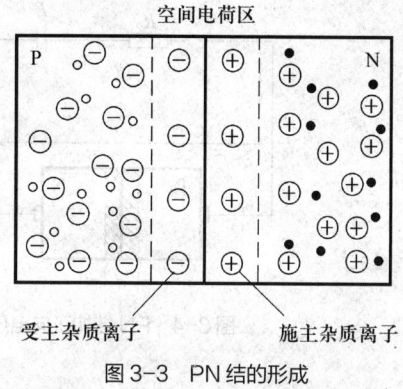

图3-3 PN结的形成

电场的作用是阻碍多数载流子扩散，促使少数载流子漂移，所以，当扩散运动与漂移运动达到动态平衡时，将形成稳定的空间电荷区，称为PN结。由于空间电荷区内缺少载流子，所以又称PN结为耗尽层或高阻区。

PN结是构成二极管、三极管等各种半导体器件的核心。

2. PN结的单向导电性

PN结两端没有外加电压时，扩散运动与漂移运动处于动态平衡，通过PN结的电流为零。当PN结两端加上外加电压时，就会打破原来载流子运动的平衡状态，产生电流。但这一电流的大小与电压的极性有极大的关系。

（1）PN结加正向电压

电源正极接P区，负极接N区，称为给PN结加正向电压或正向偏置，如图3-4所示。

由于PN结是高阻区，而P区和N区的电阻很小，所以正向电压几乎全部加在PN结两端，在PN结上产生一个外电场，其方向与内电场相反。在外电场的推动下，N区的电子要向左边扩散，并与原来空间电荷区的正离子中和，使空间电荷区变窄；同样，P区的空穴也要向右边扩散，并与原来空间电荷区的负离子中和，使空间电荷区变窄。这种扩散使内电场减弱，破坏了PN结原有的动态平衡，于是扩散运动超过了漂移运动，扩散又继续进行。与此同时，电源不断向P区补充正电荷，向N区补充负电荷，结果在电路中形成了较大的正向电流I_f，而且I_f随着正向电压的增大而增大。

（2）PN结加反向电压

电源正极接N区、负极接P区，称为给PN结加反向电压或反向偏置，如图3-5所示。

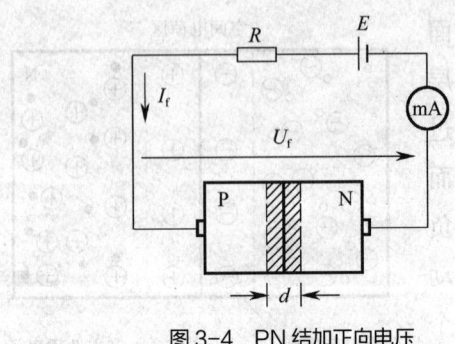
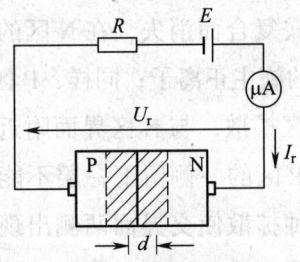

图 3-4　PN 结加正向电压　　　　　图 3-5　PN 结加反向电压

反向电压产生的外电场的方向与内电场的方向相同，使 PN 结内电场加强，它把 P 区的多子（空穴）和 N 区的多子（自由电子）从 PN 结附近拉走，使 PN 结进一步加宽，PN 结的电阻增大，破坏了 PN 结原有的平衡，在电场作用下的漂移运动大于扩散运动。这时通过 PN 结的电流，主要是少子形成的漂移电流，称为反向电流 I_r。由于在常温下，少数载流子的数量不多，故反向电流很小，而且当外加电压在一定范围内变化时，反向电流几乎不随外加电压的变化而变化，因此反向电流又称为反向饱和电流。当反向电流可以忽略时，就可认为 PN 结处于截止状态。值得注意的是，由于本征激发随温度的升高而加剧，导致电子-空穴对增多，因而反向电流将随温度的升高而成倍增长。反向电流是造成电路噪声的主要原因之一，因此在设计电路时，必须考虑温度补偿问题。

综上所述，PN 结正偏时，正向电流较大，相当于 PN 结导通；反偏时，反向电流很小，相当于 PN 结截止，这就是 PN 结的单向导电性。

二、二极管的结构和伏安特性

1. 二极管的结构

二极管也称半导体二极管，是由一个 PN 结构成的最简单的半导体器件，即在 PN 结上加接触电极、引线和管壳封装而成。按其结构分，通常有点接触型和面接触型两类。

二极管的图形符号如图 3-6 所示，文字符号为 VD。图中 P 区引出端叫阳极，N 区引出端叫阴极，符号中箭头所指的方向就是导通的方向。

（1）点接触型二极管

点接触型二极管 PN 结的面积小，只能通过很小的电流，

图 3-6　二极管图形符号

但其高频性能好，主要用于小电流、高频检波等场合，也用作数字电路中的开关元件。点接触型二极管一般为锗二极管，其结构如图 3-7 所示。

（2）面接触型二极管

面接触型二极管的 PN 结的面积大，可以承受较大的电流，常用于整流电路，因为结面积大，结电容就大，工作频率较低，不能用于高频电路中。面接触型二极管一般为硅二极管，其结构如图 3-8 所示。

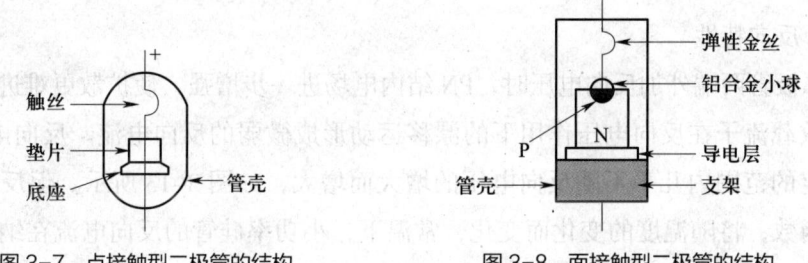

图 3-7 点接触型二极管的结构　　　图 3-8 面接触型二极管的结构

2. 二极管的伏安特性

二极管的伏安特性是指流过二极管的电流 I 与加于二极管两端的电压 U 之间的关系或曲线。用逐点测量的方法测绘出来或用晶体管图示仪显示出来的 U–I 曲线称为二极管的伏安特性曲线，如图 3-9 所示。

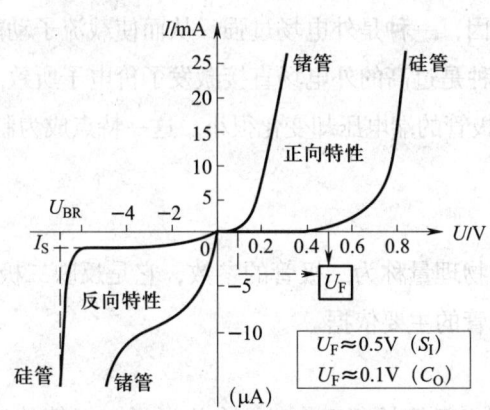

图 3-9 二极管伏安特性曲线示意图

（1）正向特性

当所加的正向电压为零时，电流为零；当正向电压较小时，由于外电场远不足以克服 PN 结内电场对多数载流子扩散运动所造成的阻力，故正向电流很小（几乎为零），二极管呈现出较大的电阻。这段曲线称为死区。

当正向电压升高到一定值以后内电场被显著减弱，正向电流才有明显增加，此值被称为门限电压或阀电压。门限电压视二极管材料和温度的不同而不同，常温下，硅管一般为 0.5 V 左右，锗管为 0.1 V 左右。

当正向电压大于门限电压以后，正向电流随正向电压几乎呈线性增长。正向电流随正向电压线性增长时所对应的正向电压，称为二极管的导通电压，用 U_F 来表示。通常，硅管的导通电压为 0.5~0.8 V（一般取 0.5 V），锗管的导通电压为 0.1~0.3 V（一般取 0.1 V）。

（2）反向特性

当二极管两端外加反向电压时，PN 结内电场进一步增强，使扩散更难进行，这时只有少数载流子在反向电压作用下的漂移运动形成微弱的反向电流。反向电流很小，且在一定的范围内几乎不随反向电压的增大而增大，如图 3-13 所示。但反向电流是温度的函数，将随温度的变化而变化，常温下，小功率硅管的反向电流在纳安数量级（1×10^{-9} A），锗管的反向电流在微安数量级（1×10^{-6} A），一般可以不予考虑。

（3）反向击穿特性

当反向电压增大到一定数值 U_{BR} 时，反向电流急剧地增大，这种现象称为反向击穿。产生反向击穿时，加在二极管两端的反向电压称为反向击穿电压，用 U_{BR}（或 U_B）表示，反向击穿电压 U_{BR} 的大小视不同二极管而定，主要取决于 PN 结的厚度，也就是由掺杂浓度决定，普通二极管一般在几十伏以上，且硅管较锗管高。

反向击穿产生的原因，一种是外电场过强，从而使载流子动能过大，不断碰撞产生了"雪崩"效应；另一种是过高的外电场直接激发了价电子所致。反向击穿的特点：虽然反向电流剧增，但二极管的端电压却变化很小。这一特点成为制作稳压二极管的依据。

3. 二极管的主要参数

描述二极管特性的物理量称为二极管的参数，它是反映二极管电性能的质量指标，是合理选择和使用二极管的主要依据。

（1）最大整流电流

最大整流电流是指二极管长期工作时，允许通过二极管的最大正向平均电流。它与 PN 结的面积、材料及散热条件有关。实际应用时，二极管的工作电流应小于最大整流电流；否则，可能导致二极管结温过高而烧毁 PN 结。

（2）最高反向工作电压

最高反向工作电压是指二极管反向运用时，所允许加的最大反向电压。实际应用时，当二极管反向电压增加到击穿电压时，二极管可能被击穿损坏，因而最高反向工作电压通常取击穿电压的 1/2～2/3。

（3）反向电流

反向电流是指二极管未被反向击穿时的反向电流。考虑二极管表面漏电等因素，实际上反向电流稍大一些。反向电流与温度密切相关，它会随着温度的升高而急剧增大，使用时应注意。

反向电流越小，表明二极管的单向导电性能越好。硅管的反向电流较小，一般在几纳安以下；锗管的反向电流较大，为硅管的几十倍到几百倍，并且受温度的影响大。

4. 二极管的型号与类型

二极管的型号命名由 5 部分组成，见表 3-1。

表 3-1 二极管型号意义

第一部分		第二部分		第三部分		第四部分	第五部分
用数字表示器件的电极数目		用拼音字母表示器件的材料和极性		用汉语拼音字母表示器件的类型			
符号	意义	符号	意义	符号	意义	用数字表示器件的序号	用汉语拼音字母表示规格号
2	二极管	A	N 型锗材料	P	普通管		
		B	P 型锗材料	Z	整流管		
		C	N 型硅材料	W	稳压管		
		D	P 型硅材料	K	开关		
		E	化合物	L	整流堆		
				C	参量管		
				U	光电器件		
				N	阻尼管		
				BT	半导体特殊器件		

二极管的种类很多，按使用的半导体材料分类有锗二极管和硅二极管，锗二极管一般为点接触型二极管，硅二极管一般为面接触型二极管；按用途分类有普通二极管、整流二极管、检波二极管、混频二极管、稳压二极管、开关二极管、光敏二极管、变容二极管、光电二极管等。

三、特殊半导体二极管

1. 稳压管

稳压管是一种采用特殊工艺制造的具有稳压作用的硅二极管。它的外形与普通二极管基本相同，外形及图形符号如图 3-10 所示，文字符号为 VZ。

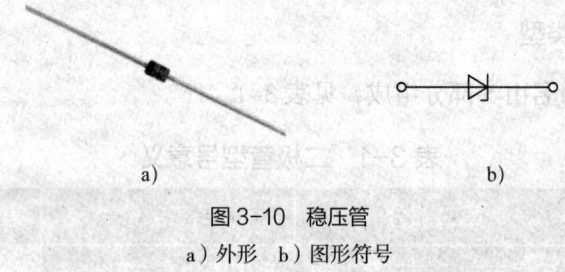

图 3-10 稳压管
a）外形 b）图形符号

（1）伏安特性

稳压管的伏安特性曲线与硅二极管的伏安特性曲线基本相似，但反向特性曲线比普通二极管陡直。稳压管的伏安特性曲线如图 3-11 所示。

当稳压管反向电压在一定范围内变化时，反向电流很小。当反向电压达到某一数值 U_Z 时，管子被反向击穿，反向电流突然剧增，此时电压稍有增加时，电流就会增加很多。在反向击穿区，稳压管的电流在很大范围内变化时，U_Z 却基本不变，稳压管正是利用这一特性来进行稳压的。稳压管与一般二极管不同，只要控制反向击穿电流不超过允许值，稳压管就可在反向击穿区长时间工作，但是如果反向电流超过允许范围，稳压管将会发生热击穿而损坏。由于稳压管工作在反向击穿状态，所以使用时它的阳极必须接电源的负极，它的阴极接电源的正极，为了限制电流，电源和稳压管之间还必须串有限流电阻。

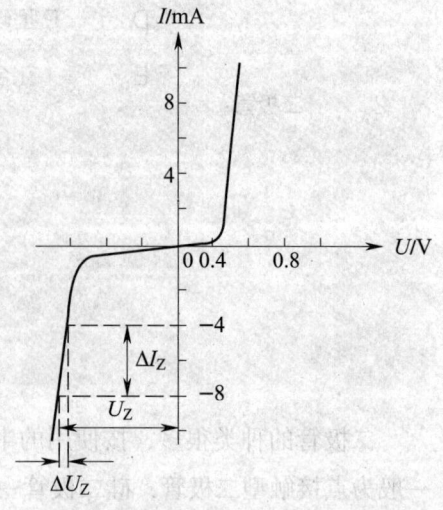

图 3-11 稳压管的伏安特性曲线

（2）主要参数

常用的部分国产稳压管参数见表 3-2。

表 3-2 常用的部分国产稳压管参数

型号	稳定电压 /V	稳定电流 /mA	最大稳定电流 /mA	动态电阻 /Ω	电压温度系数（10⁻⁴/℃）	最大允许耗散功率 /W
2CW53	4.0~5.8	10	41	≤ 50	−6 4.0~−54	
2CW54	5.5~5.6	10	38	≤ 30	−3~5	
2CW55	6.2~7.5	10	33	≤ 15	≤ 6	
2CW56	7.0~8.8	10	27	≤ 15	≤ 7	0.25
2CW57	8.5~9.5	5	26	≤ 20	≤ 8	
2CW58	9.2~10	5	23	≤ 25	≤ 8	
2CW59	10~11.8	5	20	≤ 30	≤ 9	
2CW60	11.5~12.5	5	19	≤ 40	≤ 9	
2CW21	3.2~4.5	50	220	30	−8	
2CW21A	4~5.8	50	165	20	−6~4	
2CW21B	5.5~6.5	30	150	15	−3~5	
2CW21C	6.2~7.5	30	130	7	≤ 6	1
2CW21D	7~8.8	30	110	5	≤ 7	
2CW21E	8.5~9.5	20	100	10	≤ 8	
2CW21G	10~11.8	20	83	15	≤ 9	
2CW21H	11.5~12.5	20	76	20	≤ 9	
2CW21J	16~19	10	52	40	≤ 11	
2DW7A	5.8~6.6	10	30	≤ 25		
2DW7B	5.8~6.6	10	30	≤ 15	0.005	0.2
2DW7C	6.1~6.5	10	30	≤ 10		

1）稳定电压。稳定电压是指稳压管反向击穿后，电流为规定值时其两端电压值。

不同型号的稳压管其稳定电压不同，同种型号的稳压管也常因工艺上的差异而有一定的分散性，所以稳定电压一般给出的是范围值，如 2CW11 的稳定电压在 3.2~4.5 V（测试电流为 10 mA）。二极管（包括稳压管）的正向导通特性也有稳压作用，但稳定电压只有 0.6~0.8 V，且随温度的变化较大，故一般不常用。

2）稳定电流。稳定电流是指稳压管正常工作时的参考电流。

稳定电流通常在最小稳定电流与最大稳定电流之间。最小稳定电流是指稳压管开始起稳压作用时的电流，电流低于此值时，稳压效果差；最大稳定电流是指稳压管稳定工作时的最大允许电流，超过此电流时，一旦超过额定功耗，稳压管将发生永久性击穿。

3）最大允许耗散功率。最大允许耗散功率是指稳压管不致发生热击穿所允许的最大功率损耗。

4）动态电阻。动态电阻是指在稳压管正常工作的范围内，稳压管两端的电压变化量与相应的电流变化量之比。动态电阻越小，说明电流变化时电压变化越小，稳压性能就越好。

5）电压温度系数。电压温度系数是指在温度每升高1℃时，稳定电压变化的百分数，数值越小说明温度稳定性越好。通常，稳定电压低于6V的稳压管的电压温度系数是负的，高于6V的稳压管的电压温度系数是正的，而6V左右的稳压管受温度的影响最小。

2. 发光二极管

发光二极管（LED）是一种直接把电能转变为光能的半导体器件，在电路中的图形符号如图3-12所示，文字符号为VL。

与其他发光器件相比，发光二极管具有体积小、功耗低、发光均匀、稳定、响应速度快、寿命长和可靠性高等优点，被广泛应用于各种电子仪器、音响设备、计算机等作电流指示、音频指示和信息状态显示等。

图3-12 发光二极管图形符号

（1）发光原理

发光二极管的管芯结构与普通二极管相似，由一个PN结构成。当在发光二极管PN结上加正向电压时，空间电荷区变窄，载流子扩散运动大于漂移运动，致使P区的空穴注入N区，N区的电子注入P区。当电子和空穴复合时会释放出能量并以发光的形式表现出来。

（2）种类

发光二极管的种类很多，按发光材料来区分有磷化镓（GaP）发光二极管、磷砷化镓（GaAsP）发光二极管、砷铝镓（GaAlAs）发光二极管等；按发光颜色来分有发红光、黄光、绿光以及眼睛看不见的红外发光二极管等；按功率来分有小功率（HG 400系列）、中功率（HG 50系列）和大功率（HG 52系列）发光二极管。另外，还有多色、变色发光二极管等。

（3）伏安特性

发光二极管的伏安特性与整流二极管相似。为了避免由于电源波动引起正向电流值超过最大允许工作电流而导致二极管烧坏，通常应串联限流电阻来限制流过二极管的电流。由于发光二极管最大允许工作电流随环境温度的升高而降低，因此发光二极管不宜在高温环境中使用。

发光二极管的反向耐压（即反向击穿电压）值比普通二极管的小，一般在 6 V 左右，所以使用时，为了防止击穿造成发光二极管不发光，在电路中要加接二极管来保护。小功率的发光二极管正常工作电流在 10～30 mA 范围内，通常正向压降值在 1.5～3 V 范围内。

3. 光敏二极管

光敏二极管是光电转换半导体器件，与光敏电阻器相比具有灵敏度高、高频性能好、可靠性好、体积小、使用方便等优点。

（1）结构特点与图形符号

光敏二极管和普通二极管相比虽然都属于单向导电的非线性半导体器件，但在结构上有其特殊的地方。光敏二极管外壳有一个能射入光线的玻璃透镜，入射光通过透镜直接照射在芯管上。光敏二极管管芯是一个具有光敏特性的 PN 结。光敏二极管在电路中的图形符号如图 3-13 所示。光敏二极管使用时要反向接入电路中，即正极接电源负极，负极接电源正极。光敏二极管的文字符号与普通二极管一样，仍用 VD。

图 3-13 光敏二极管图形符号

（2）光电转换原理

根据 PN 结反向特性可知，在一定反向电压范围内，反向电流很小且处于饱和状态。此时，如果无光照射 PN 结，则因本征激发产生的电子 - 空穴对数量有限，反向饱和电流保持不变，在光敏二极管中称为暗电流。当有光照射 PN 结时，结内将产生附加的大量电子 - 空穴对（称为光生载流子），使流过 PN 结的电流随着光照强度的增加而剧增，此时的反向电流称为光电流。不同波长的光在光敏二极管的不同区域被吸收形成光电流。被表面 P 型扩散层所吸收的主要是波长较短的蓝光，在这一区域，因光照产生的光生载流子（电子），一旦漂移到耗尽层界面，就会在结电场作用下，被拉向 N 区，形成部分光电流；波长较长的红光，将透过 P 型扩散层在耗尽层激发出电子 - 空穴对，这些新生的电子和空穴载流子也会在结电场作用下，分别到达 N 区和 P 区，形成光电流；波长更长的红外光，将透过 P 型扩散层和耗尽层，直接被 N 区吸收，在 N 区内因光照产生的光生载流子（空穴）一旦漂移到耗尽区界面，就会在结电场作用下被拉向 P 区，形成光电流。因此光照射时，流过 PN 结的光电流应是 3 部分光电流之和。

培训项目三 三极管基本知识

一、三极管的基本结构和型号

三极管又称半导体三极管,是最重要的一种半导体器件。它的基本功能是放大电流。在三极管内,有两种载流子:电子与空穴,它们同时参与导电,故半导体三极管又称为双极型三极管。

1. 三极管的基本结构

三极管按材料可分为硅管和锗管,按频率高低可分为高频管和低频管;按功率大小可分为小功率、中功率和大功率管。常用三极管的外形如图3-14所示。

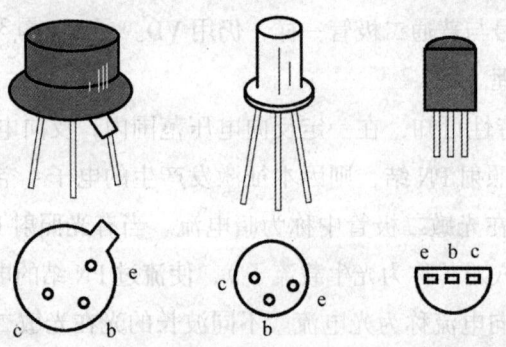

图3-14 三极管的外形

三极管种类繁多,但其基本结构都是相同的,三极管是由两个PN结的三层半导体制成的,按结构可分成NPN型和PNP型两种,其结构和图形符号如图3-15、图3-16所示。

在三层半导体中,中间的一层做得很薄且掺杂浓度很低称为基区,引出的电极称为基极,以字母b或B表示;两边的半导体掺杂浓度是不同的,浓度高的称为发射区,引出的电极称为发射极,以字母e或E表示;浓度低的称为集电区,引出的电极称为集电极,以字母c或C表示。两个PN结则分别称为发射结(E、B之间的PN结)和集电结(C、B之间的PN结)。

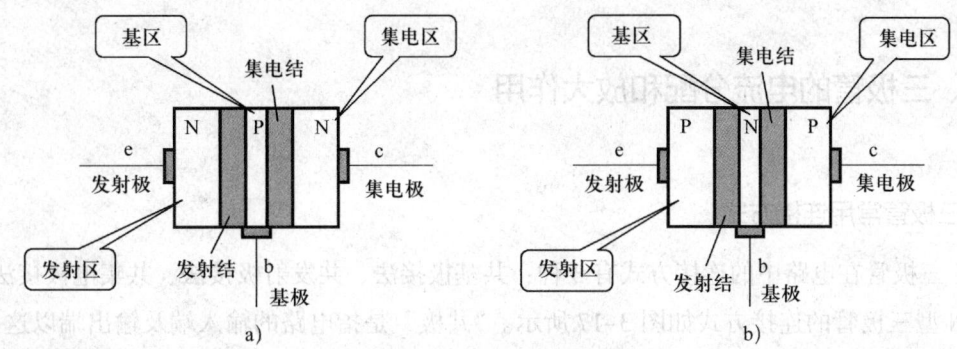

图 3-15 三极管结构图
a）NPN 型 b）PNP 型

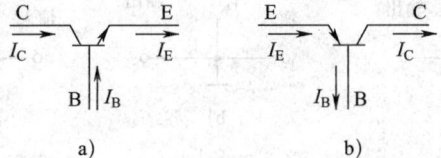

图 3-16 三极管图形符号及电流流向
a）NPN 型 b）PNP 型

2. 三极管的型号

三极管的型号命名方法见表 3-3。

表 3-3 三极管型号命名方法

第一部分		第二部分		第三部分		第四部分	第五部分
用数字表示器件的电极数目		用拼音字母表示器件的材料和极性		用汉语拼音字母表示器件的类型		用数字表示器件的序号	用汉语拼音字母表示规格号
符号	意义	符号	意义	符号	意义		
3	三极管	A	N 型锗材料	X	低频小功率管	反映三极管参数的差别	反映三极管承受反向击穿电压的高低
		B	P 型锗材料	G	高频小功率管		
		C	N 型硅材料	D	低频大功率管		
		D	P 型硅材料	A	高频大功率管		
				U	光电器件		
				K	开关管		
				CS	场效应管		

二、三极管的电流分配和放大作用

1. 三极管常用连接方式

三极管在电路中的连接方式有 3 种：共基极接法、共发射极接法、共集电极接法。NPN 型三极管的连接方式如图 3-17 所示。"共极"是指电路的输入端及输出端以这个极作为公共端。

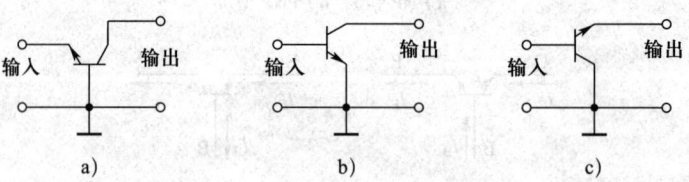

图 3-17 NPN 型三极管的连接方式
a) 共基极 b) 共发射极 c) 共集电极

无论哪种接法，为了使三极管具有正常的电流放大作用，都必须外加大小和极性适当的电压。必须给发射结加正向偏置电压，发射区才能起到向基区注入载流子的作用；必须给集电结加反向偏置电压（一般几伏至几十伏），在集电结形成较强的电场，才能把发射区注入基区，并将扩散到集电结边缘的载流子拉入集电区，使集电区起到收集载流子的作用。

2. 三极管电流分配

三极管发射极电流 I_E 按一定比例分配为集电极电流 I_C 和基极电流 I_B 两个部分，因而三极管实质上是一个电流分配器件，电流分配关系如图 3-18 所示。对于不同的三极管，尽管 I_C 与 I_B 的比例是不同的，但 $I_E = I_C + I_B$ 总是成立的。

从图 3-18 中可以看出，I_{NC} 代表由发射区注入基区进而扩散到集电区的电子流，I_{PE} 代表从发射区注入基区被复合后形成的电流。对于一个特定的三极管，I_{NC} 与 I_{PE} 的比例关系是确定的，通常将这个比值称为共发射极直流电流放大系数，用 β 表示，即 $\beta \approx \dfrac{I_C}{I_B}$。说明 I_B 对 I_C 有控制作用。

3. 三极管的电流放大作用

共发射极接法的三极管电流放大电路如图 3-19 所示。放大的输入信号 u_i 接在基极回路，负载电阻 R_C 接在集电极回路，R_C 两端的电压变化量 u_o 就是输出电压。由于发射结电压增加了 u_i（由 U_{BE} 变成 $U_{BE}+u_i$），引起基极电流增加了 ΔI_B，集电极电流随之增加了 ΔI_C，$\Delta I_C = \beta \Delta I_B$，它在 R_C 形成输出电压 $u_o = \Delta I_C R_C = \beta \Delta I_B R_C$。只要 R_C 取值较大，便有 $u_o > u_i$，从而实现了放大。

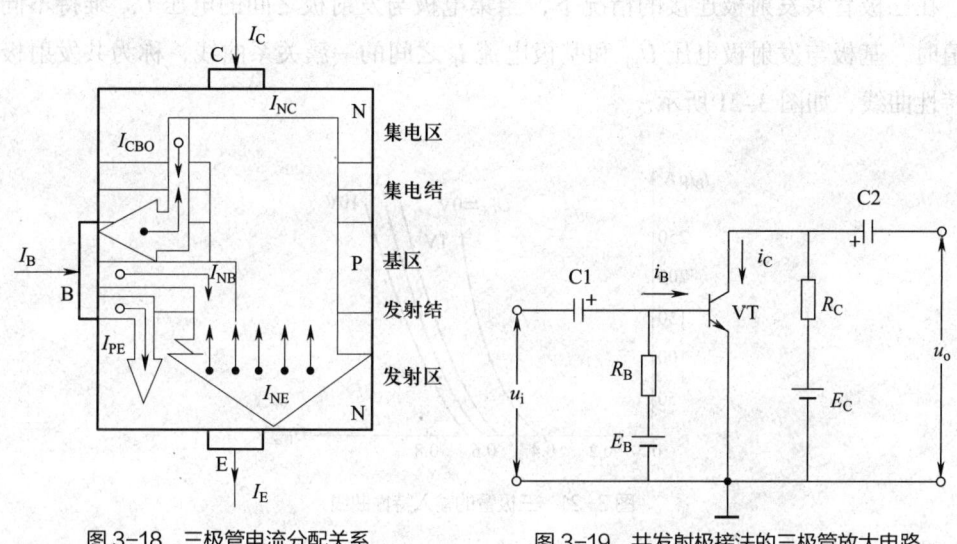

图 3-18 三极管电流分配关系　　　图 3-19 共发射极接法的三极管放大电路

三、三极管的特性曲线

三极管的特性曲线是指三极管外部各极电压和电流的关系曲线，又称伏安特性曲线。特性曲线不仅能反映三极管的质量与特性，还能用来定量地估算三极管的某些参数，是分析和设计三极管电路的重要依据。

三极管的不同连接方式有着不同的特性曲线。应用最广泛的是共发射极电路，三极管共发射极特性曲线测试电路如图 3-20 所示。

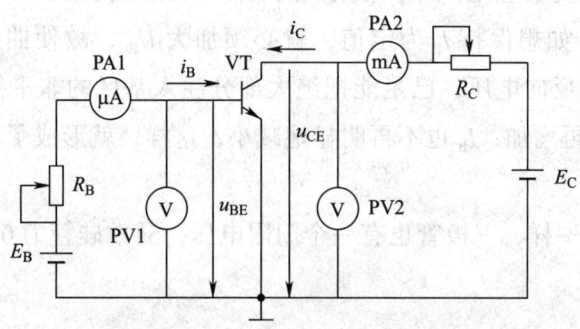

图 3-20 三极管共发射极特性曲线测试电路

共发射极特性曲线可以先测出各电极间的电压和电流值，用描点法在直角坐标系中绘出曲线，也可以由晶体管特性图示仪直接显示出来。

1. 三极管的输入特性曲线

在三极管共发射极连接的情况下，当集电极与发射极之间的电压 U_{CE} 维持不同的定值时，基极与发射极电压 U_{BE} 和基极电流 I_B 之间的一簇关系曲线，称为共发射极输入特性曲线，如图 3-21 所示。

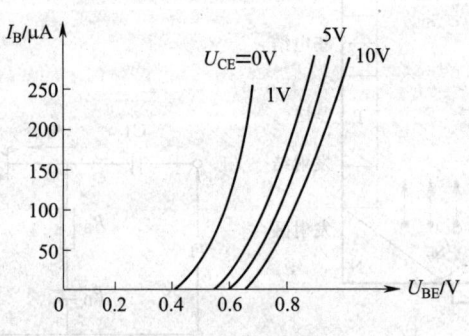

图 3-21 三极管的输入特性曲线

三极管输入特性曲线的数学表达式为

$$I_B = f(U_{BE}) \big| U_{CE}= 常数$$

三极管输入特性曲线的特点如下：

（1）$U_{CE}=0$ 的一条曲线与二极管的正向特性相似。这是因为 $U_{CE}=0$ 时，集电极与发射极短路，相当于两个二极管并联，这样 I_B 与 U_{BE} 的关系就成了两个并联二极管的伏安特性。

（2）U_{CE} 由零开始逐渐增大时输入特性曲线右移，而且当 U_{CE} 的数值增至较大（如 $U_{CE}>1$ V）时，各曲线几乎重合。这是因为 U_{CE} 由零逐渐增大时，集电结宽度逐渐增大，基区宽度相应地减小，使存储于基区的注入载流子的数量减小，复合减小，因而 I_B 减小，如想保持 I_B 为定值，就必须加大 U_{BE}，故使曲线右移。当 U_{CE} 较大时，集电结所加反向电压，已足能把绝大部分注入基区的非平衡载流子都拉向集电极区，以致 U_{CE} 再增加，I_B 也不再明显地减小，这样，就形成了各曲线几乎重合的现象。

（3）和二极管一样，三极管也有一个门限电压，通常硅管为 0.5～0.6 V，锗管为 0.1～0.2 V。

2. 三极管的输出特性曲线

三极管输出特性曲线是指当基极电流 I_B 为某一数值时，集电极电流 I_C 与集电极-发射极电压 U_{CE} 之间的关系曲线，如图 3-22 所示。

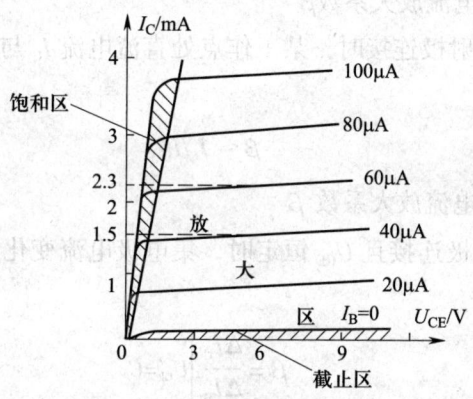

图 3-22 三极管的输出特性曲线

三极管输出特性曲线的数学表达式为

$$I_C = f(U_{CE})\big|_{I_B=\text{常数}}$$

三极管输出特性曲线可分为 3 个区域：

（1）截止区

$I_B \leqslant 0$ 曲线以下的区域，此区域三极管处于截止状态。三极管处于截止状态的条件是晶体管的发射结反偏。

（2）饱和区

三极管处于饱和状态，即 I_C 不随 I_B 的增大或减小而变化，而 U_{CE} 的数值较小。三极管处于饱和状态的条件是三极管的发射结正偏，集电结正偏。

（3）放大区

三极管处于放大状态，即 I_C 随 I_B 的控制而变化，具有放大电流的作用。三极管处于放大状态的条件是三极管的发射结正偏，集电结反偏。

四、三极管的主要参数

三极管的参数反映了三极管各种性能的指标，是分析三极管电路和选用三极管的依据。

1. 共发射极电流放大系数

三极管的共发射极电流放大系数是指三极管接成共发射极电路时的电流放大系数,它有直流电流放大系数 $\bar{\beta}$ 和交流电流放大系数 β 两种。

(1) 共发射极直流电流放大系数 $\bar{\beta}$

它表示三极管在共射极连接时,某工作点处直流电流 I_C 与 I_B 的比值,当忽略 I_{CBO} 时为

$$\bar{\beta} \approx I_C/I_B$$

(2) 共发射极交流电流放大系数 β

它表示三极管共射极连接且 U_{CE} 恒定时,集电极电流变化量 ΔI_C 与基极电流变化量 ΔI_B 之比,表达式为

$$\beta = \frac{\Delta I_C}{\Delta I_B}\bigg|_{U_{CE}=C}$$

三极管的 β 值小时,放大作用差,β 值太大时,工作性能不稳定,因此,一般选用 β 为 30~80。

2. 极间反向电流参数

(1) 集-基反向饱和电流 I_{CBO}

I_{CBO} 是指发射极开路,在集电极与基极之间加上一定的反向电压时,所对应的反向电流。它是少子的漂移电流。I_{CBO} 是衡量三极管热稳定性的重要参数。在一定温度下,I_{CBO} 是一个常量,随着温度的升高 I_{CBO} 将增大。在相同环境温度下,硅管的 I_{CBO} 比锗管的 I_{CBO} 小得多。

(2) 穿透电流 I_{CEO}

I_{CEO} 是指基极开路,集电极与发射极之间加一定反向电压时的集电极电流。I_{CEO} 与 I_{CBO} 的关系为

$$I_{CEO} = I_{CBO} + \bar{\beta} I_{CBO} = (1+\bar{\beta}) I_{CBO}$$

该电流好像从集电极直通发射极一样,故称为穿透电流。I_{CEO} 和 I_{CBO} 一样,也是衡量三极管热稳定性的重要参数。

3. 极限参数

(1) 最大允许集电极电流 I_{CM}

当 I_C 很大时,β 值逐渐下降。一般规定在 β 值下降到额定值的 2/3(或 1/2)时

所对应的集电极电流为 I_{CM},当 $I_C>I_{CM}$ 时,β 值已减小到不实用的程度,且有烧毁三极管的可能。

(2)最大允许集电极耗散功率 P_{CM}

P_{CM} 是指三极管集电结受热而引起晶体管参数的变化不超过所规定的允许值时,集电极耗散的最大功率。当实际功耗 P_C 大于 P_{CM} 时,不仅使三极管的参数发生变化,甚至还会烧坏三极管。P_{CM} 可由下式计算:

$$P_{CM}=I_C \times U_{CE}$$

当已知三极管的 P_{CM} 时,利用上式可以在输出特性曲线上画出 P_{CM} 曲线。

(3)反向击穿电压

$U_{(BR)CEO}$ 是指基极开路时,集电极与发射极间的反向击穿电压。$U_{(BR)CBO}$ 是指发射极开路时,集电极与基极间的反向击穿电压。一般情况下同一三极管,$U_{(BR)CEO}=(0.5~0.8)U_{(BR)CBO}$。三极管的反向工作电压应小于击穿电压的 1/3~1/2,以保证三极管安全可靠地工作。

三极管的 3 个极限参数 P_{CM}、I_{CM}、$U_{(BR)CEO}$ 和前面讲的临界饱和线、截止线所包围的区域,便是三极管安全工作的线性放大区,一般作为放大用的三极管均须工作于此区。

培训项目四　直流稳压电路

电子设备都需要将从电网引来的交流电经变压器变为合适的数值,然后通过直流稳压电路输出直流电来供电。直流稳压电路通常有整流、滤波和稳压等环节,一般包括单相整流电路、滤波电路、稳压管稳压电路和简单串联型晶体管稳压电路等。其中整流电路的作用是将交流电压变换为单向脉动直流电压;滤波电路的作用是减小整流输出电压的脉动程度;稳压电路的作用是在交流电压变化或负载变化时,维持输出的直流电压的稳定,以满足负载的要求。

一、整流电路

将交流电变为直流电的过程称为整流,能实现这一过程的电路称为整流电路。在小功率整流电路中,交流电源通常是单相的,故采用单相整流电路。单相整流电路又分为单相半波整流电路、单相全波整流电路和单相桥式整流电路等。

1. 单相半波整流电路

单相半波整流电路如图 3-23 所示。

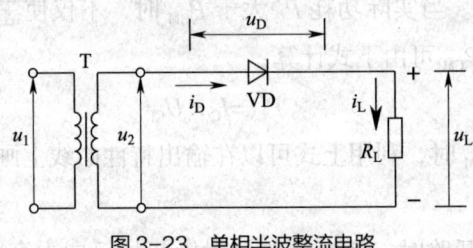

图 3-23 单相半波整流电路

（1）电路组成

单相半波整流电路由电源变压器 T、整流二极管 VD 和负载电阻 R_L 组成。电源变压器 T 的作用是将交流电源电压变换成所需要的交流电压供整流用，整流二极管 VD 是整流器件。一般情况下，由于直流电源要求输出的电压都较低，尤其是在电子电路中通常仅为数伏至数十伏，故对于单相 220 V 的交流电源电压，一般都需要用电源变压器 T 把电压降低后才能使用。变压器的一次绕组接交流电源，二次绕组所感应的交流电压为

$$u_2 = \sqrt{2}\, U_2 \sin\omega t$$

式中 U_2——二次侧电压的有效值。

（2）工作原理

在 u_2 的正半周（$\omega t = 0 \sim \pi$），二极管因加正向偏压而导通，有电流 i_L 流过负载电阻 R_L。由于将二极管看作理想器件，故 R_L 上的电压 u_L 与 u_2 的正半周电压基本相同。在 u_2 的负半周（$\omega t = \pi \sim 2\pi$），二极管 VD 因加反向电压而截止，R_L 上无电流流过，R_L 上的电压 $u_L = 0$。其整流波形如图 3-24 所示。

可见，由于二极管的单向导电作用，使流过负载电阻的电流为脉动电流，电压也为单向脉动电压，其电压平均值为

$$U_L = 0.45 U_2$$

加在二极管两端的最高反向电压为

$$U_{rm} = \sqrt{2}\, U_2$$

选择整流二极管时，应以这两个参数为极限参数。

半波整流输出的脉动直流电的波形是输入的交流电波形的一半，故称为半波整流

电路。其电路简单、元件少，但输出电压直流成分小（只有半个波）、脉动程度大、整流效率低，因此仅适用于输出电流小、允许脉动程度大、要求较低的场合。

2. 单相全波整流电路

单相全波整流电路如图 3-25 所示。

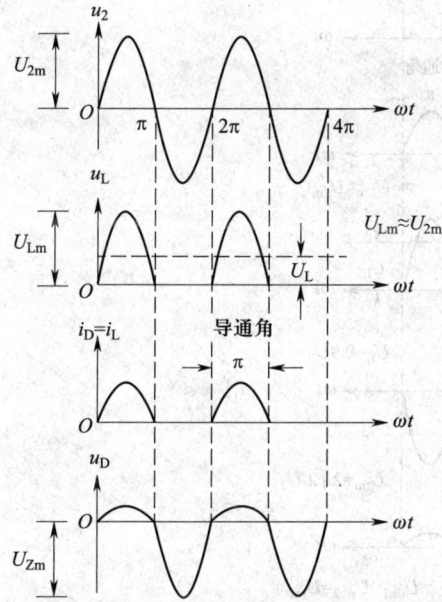

图 3-24 单相半波整流电路电压和电流波形

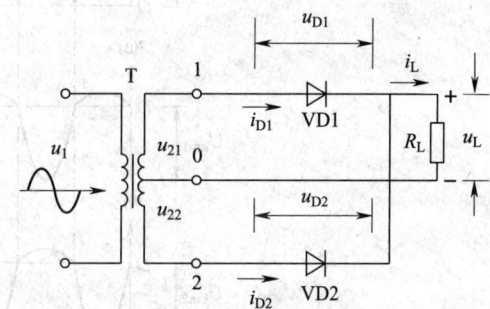

图 3-25 单相全波整流电路

（1）电路组成

如图 3-25 所示，单相全波整流电路由二次绕组具有中心抽头的电源变压器 T、两个整流二极管 VD1、VD2 和负载电阻 R_L 组成。变压器二次侧电压 u_{21} 和 u_{22} 大小相等，相位相反，即：

$$u_{21}=-u_{22}=u_2=\sqrt{2}\,U_2\sin\omega t$$

（2）工作原理

在 u_2 的正半周（$\omega t=0\sim\pi$），VD1 正偏导通，VD2 反偏截止，R_L 上有自上而下的电流流过，R_L 上的电压与 u_{21} 相同。在 u_2 的负半周（$\omega t=\pi\sim 2\pi$），VD1 反偏截止，VD2 正偏导通，R_L 上也有自上而下的电流流过，R_L 上的电压与 u_{22} 相同。

单相全波整流电路电压和电流波形如图 3-26 所示。

可见，负载上得到的也是一单向脉动电流和脉动电压，其电压平均值分别为

$$U_L=0.9U_2$$

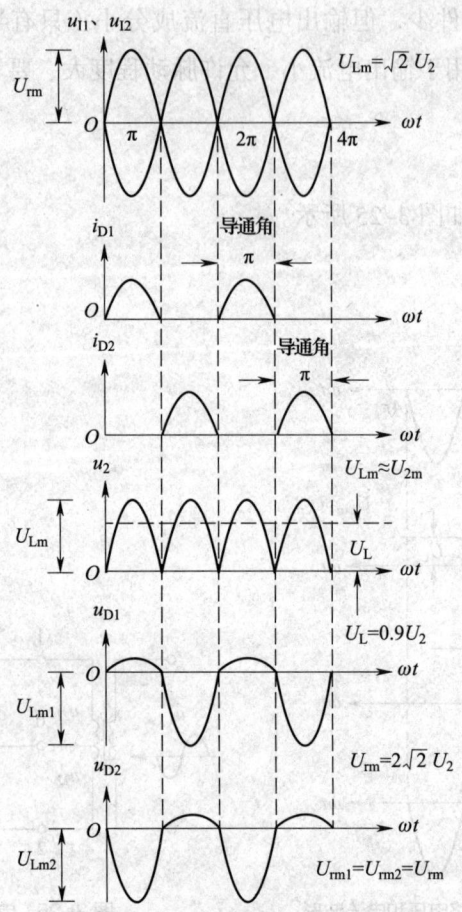

图 3-26 单相全波整流电路电压和电流波形

加在二极管两端的最高反向电压为

$$U_{rm}=2\sqrt{2}U_2$$

全波整流整流前后的波形与半波整流所不同的是,在全波整流中利用了交流的两个半波,这就提高了整流器的效率,并易于使已整电流平滑。因此在整流器中广泛地应用着全波整流。但变压器需要中心抽头、制造麻烦,整流二极管需承受的反向电压高,故一般适用于要求输出电压不太高的场合。

3. 单相桥式整流电路

单相桥式整流电路如图 3-27 所示。

（1）电路组成

单相桥式整流电路由电源变压器、4 只整流二极管 VD1~VD4 和负载电阻 R_L 组成的。4

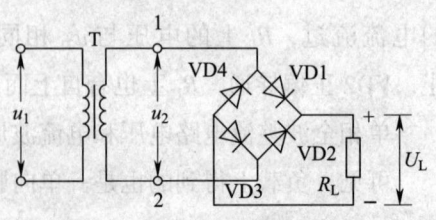

图 3-27 单相桥式整流电路

只整流二极管接成电桥形式，故称桥式整流。

（2）工作原理

在 u_2 的正半周，VD1、VD3 导通，VD2、VD4 截止，电流由 T 二次侧上端经 VD1→R_L→VD3 回到 T 下端，在负载 R_L 上得到一半波整流电压。在 u_2 的负半周，VD1、VD3 截止，VD2、VD4 导通，电流由 T 的下端经 VD2→R_L→VD4 回到 T 上端，在负载 R_L 上得到另一半波整流电压。这样就在负载 R_L 上得到一个与全波整流相同的电压波形，如图 3-28 所示。

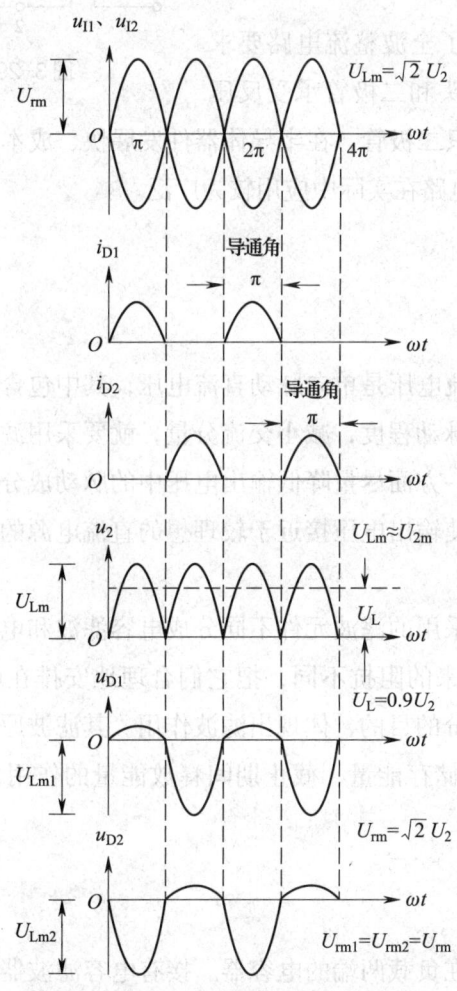

图 3-28 单相桥式整流电路电流和电压波形

单相桥式整流电路的电流计算与全波整流相同，表达式为

$$U_L=0.9U_2$$

流过每个二极管的平均电流为

$$I_D = I_L/2 = 0.45U_2/R_L$$

每个二极管所承受的最高反向电压为

$$U_{rm} = \sqrt{2}\, U_2$$

目前，小功率桥式整流电路的 4 只整流二极管被接成桥路后封装成一个整流器件，称为硅桥或桥堆，使用方便。硅桥整流电路如图 3-29 所示。

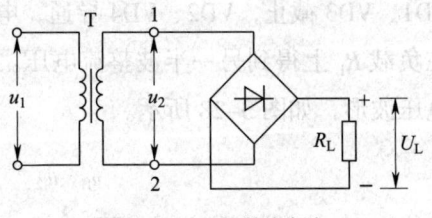

图 3-29　硅桥整流电路

桥式整流电路克服了全波整流电路要求变压器二次侧有中心抽头和二极管承受反压大的缺点，但多用了两只二极管，在半导体器件发展快、成本较低的今天，此缺点并不突出，因而桥式整流电路在实际中应用较为广泛。

二、滤波电路

整流电路输出的直流电压是单向脉动直流电压，其中包含有很大的交流分量。为了减小输出直流电压的脉动程度，减小交流分量，就要采用滤波电路。对整流输出的电压采取一定的措施，一方面尽量降低输出电压中的脉动成分，另一方面尽量保存输出电压中的直流成分，使输出电压接近于较理想的直流电源的输出电压，这一措施就是滤波。

常用的滤波电路按采用的滤波元件不同分成电容滤波和电感滤波等。电容、电感对交、直流成分反映出来的阻抗不同，把它们合理地安排在电路中，即可达到降低交流成分而保留直流成分的目的，体现出滤波作用。其滤波原理：利用这些电抗元件在整流二极管导通期间储存能量、截止期间释放能量的作用，使输出电压变得比较平滑。

1. 电容滤波电路

电容滤波器是并联在负载两端的电容器。接有电容滤波器的单相半波整流电路如图 3-30 所示。

（1）滤波原理

电容器 C 并联于负载 R_L 的两端，$u_L = u_C$。在没有并入电容器 C 之前，整流二极管在 u_2 的正半周导通，负半周截止，输出电压的波形如图 3-31 中滤波前所示。

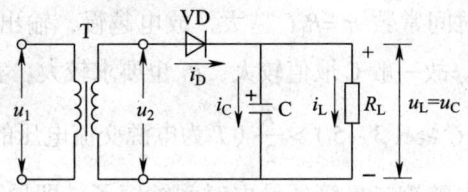

图 3-30 接有电容滤波器的单相半波整流电路

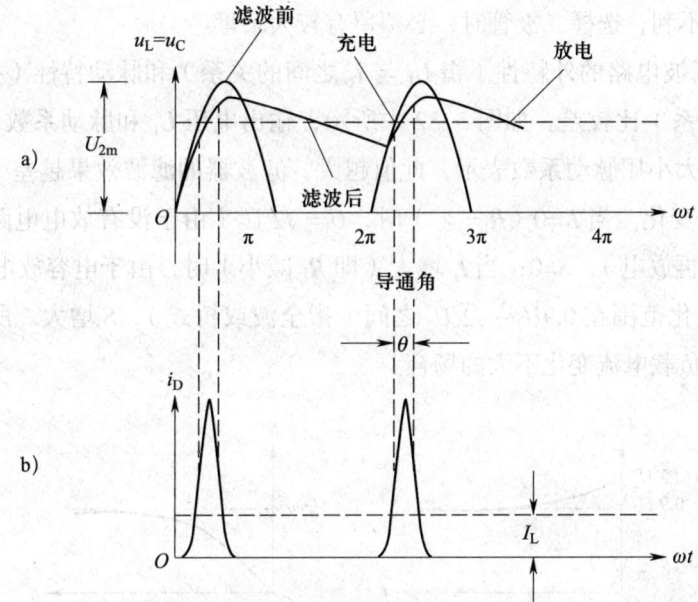

图 3-31 半波整流电容滤波电路电流和电压波形
a）电压波形 b）电流波形

当并入电容之后，设在 $\omega t=0$ 时接通电源，则当 u_2 由零逐渐增大时，二极管 VD 导通，除有电流 i_L 流向负载以外还有电流 i_C 向电容器 C 充电，充电电压 u_C 的极性为上正下负。如忽略二极管的内阻，则 u_C 可充到接近 u_2 的峰值 U_{2m}。u_2 在达到最大值以后开始下降，此时电容器上的电压 u_C 也将由于放电而逐渐下降。当 $u_2<u_C$ 时，VD 因反偏而截止，于是电容器以一定的时间常数通过 R_L 按指数规律放电，u_C 下降；直到下一个正半周，当 $u_2>u_C$ 时，VD 又导通。如此下去，使输出电压的波形如图 3-31 中滤波后所示，显然比未并电容器前平滑多了。

（2）电容滤波特点

电容滤波电路结构简单，使用方便，应用较广，有如下特点。

1）加了电容滤波之后，由于电容的储能作用，输出电压的直流成分提高了，而脉动成分降低了。电容器在二极管导通时充电（储能），截止时放电（将能量释放给负载），不但使输出电压更为平滑，还使其平均值增大。

2)电容器的放电时间常数 $\tau = R_L C$ 越大,放电越慢,输出电压越高,脉动成分也越少,即滤波效果越好。故一般 C 取值较大,R_L 也要求较大。实际中选取 C 值时要求:

$$R_L C \geqslant (3 \sim 5) > \frac{T}{2} \quad (T\text{为电源交流电压的周期})$$

3)电容滤波电路中整流二极管的导电时间缩短了,即导通角小于 180°,而且放电时间常数越大,导通角越小。因此,整流二极管流过的是一个很大的冲击电流,对整流管的寿命不利,选择二极管时,必须留有较大余量。

4)电容滤波电路的外特性(指 U_L 与 I_L 之间的关系)和脉动特性(指脉动系数 S 与 I_L 之间的关系)比较差。如图 3-32 中所示,输出电压 U_L 和脉动系数 S(直流电中的脉动成分的大小用脉动系数表示,此值越大,滤波器的滤波效果越差)随着输出电流 I_L 的变化而变化。当 $I_L=0$($R_L=\infty$)时,$U_L=\sqrt{2}\,U_2$(由于没有放电电路,电容充电到最大值后不再放电),$S=0$;当 I_L 增大(即 R_L 减小)时,由于电容放电加快而使 U_L 下降,U_L 的变化范围在 $0.9U_2 \sim \sqrt{2}\,U_2$ 之间(指全波或桥式),S 增大。所以,电容滤波一般适用于负载电流变化不大的场合。

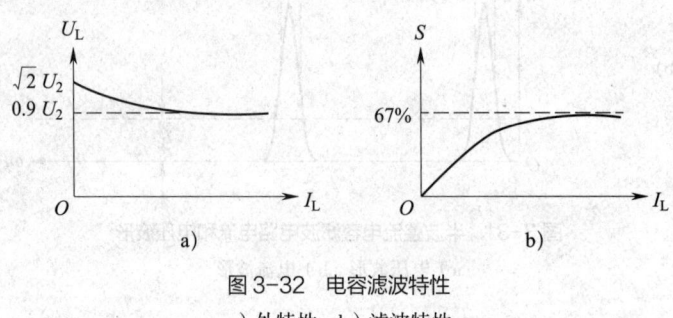

图 3-32 电容滤波特性
a)外特性 b)滤波特性

5)电容滤波电路输出的电压估算为

$$U_L \approx (1.1 \sim 1.2) U_2$$

2. 电感滤波电路

电感滤波电路是在整流电路的输出端串入一个带有铁芯的电感。全波整流电感滤波电路如图 3-33 所示。

(1)滤波原理

电感滤波元件 L 串在整流输出与负载 R_L 之间,其滤波原理:当电感中通过交变电流时,电感两端便产生出一反电势阻碍电流的变化。当电流增大时,反电势会阻碍电流增大,并将一部分能量以磁场能量的形式储存起来;当电流减小时,反电势会阻碍电流减小,电感释放出储存的能量,这就大大减小了输出电流的变化,使其变得平滑,

达到了滤波目的。当忽略 L 的直流电阻时，R_L 上的直流电压 U_L 与不加滤波时负载上的电压相同，计算式为

$$U_L=0.9U_2$$

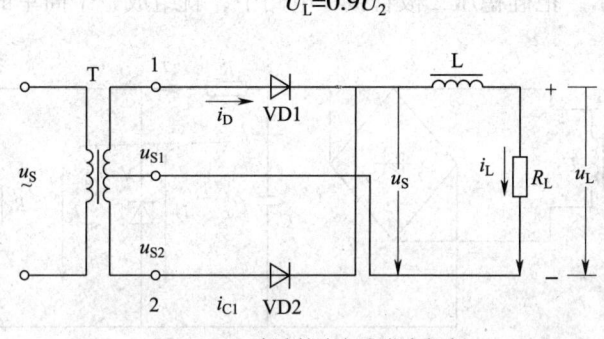

图 3-33　全波整流电感滤波电路

（2）电感滤波特点

1）电感滤波的外特性和脉动特性较好，如图 3-34 所示。

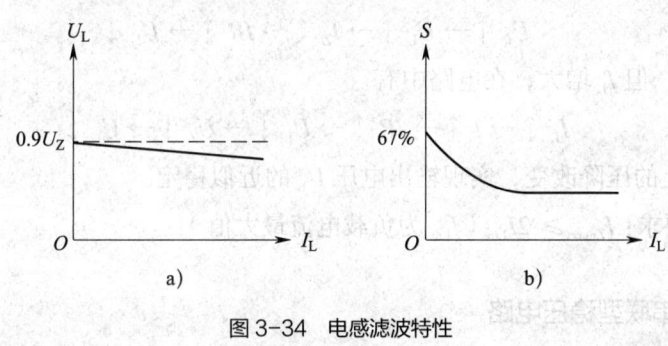

图 3-34　电感滤波特性
a）外特性　b）脉动特性

随 I_L 增大，U_L 下降不多，基本上是平坦的（下降是由 L 的直流电阻引起的）；S 随 I_L 的增大而减小。

2）电感滤波电路整流二极管的导通角 $\theta = \pi$。

3）电感滤波输出电压较电容滤波低，故一般电感滤波适用于输出电压不高、输出电流较大及负载变化较大的场合。

4）电感滤波一般不用于半波整流。

三、稳压电路

经过整流及滤波后的直流电压和稳定的直流电压还是有相当大的差距，为了能够提供更加稳定的直流电压，就要在整流滤波电路之后增加稳压电路。

1. 硅稳压二极管稳压电路

如图 3-35 所示，把硅稳压二极管接在电路中，就组成一个简单的稳压电路。

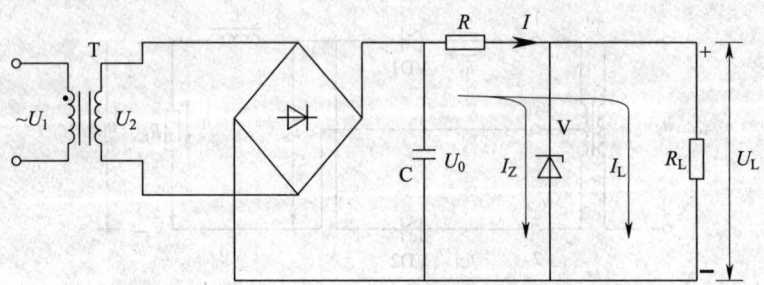

图 3-35　硅稳压二极管稳压电路

稳压过程如下：

若 U_0 上升，在电路中将会有

$$U_0 \uparrow \to U_L \uparrow \to I_Z \uparrow \to IR \uparrow \to U_L \downarrow$$

若 U_0 不变，但 I_L 增大，在电路中有

$$I_L \uparrow \to I \uparrow \to IR \uparrow \to U_L \downarrow \to U_Z \downarrow \to U_L \downarrow$$

即利用电阻 R 上的压降改变，实现输出电压 U_L 的近似稳定。

在使用时要求：$I_{Zmax} \geq 2I_{Lm}$（I_{Lm} 为负载电流最大值）。

2. 简单晶体管串联型稳压电路

如图 3-36 所示为简单晶体管串联型稳压电路。图中 U_Z 为稳压二极管向三极管 V2（调压管）基极提供的一个稳定直流电压，叫作基准电压，并且有 $U_{be}=U_Z-U_L$、$U_L=U_0-U_{ce}$。

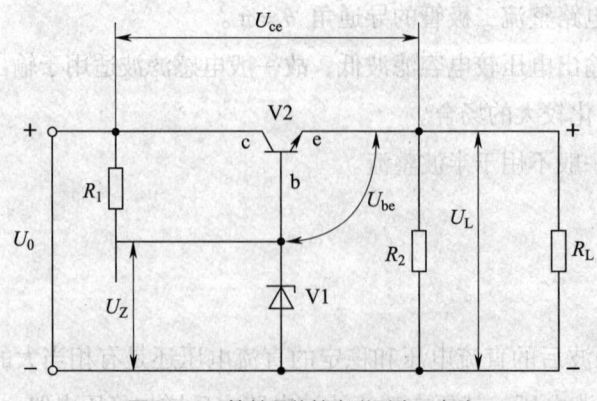

图 3-36　简单晶体管串联型稳压电路

当电网交流电压升高引起整流输出电压 U_0 上升时，稳压电路的稳压过程如下：

$$U_0 \uparrow \to U_L \uparrow \to U_{be} \downarrow \to I_b \downarrow \to I_c \downarrow \to U_{ce} \uparrow \to U_L \downarrow$$

当 U_0 减小时，上述过程正好相反。

当 U_0 不变，因 R_L 减小而引起 I_L 增大，导致稳压电路输出 U_L 减小时，该电路稳压过程如下：

$$R_L \downarrow \to I_L \uparrow \to U_L \downarrow \to U_{be} \uparrow \to I_b \uparrow \to I_c \uparrow \to U_{ce} \downarrow \to U_L \uparrow$$

当 R_L 增大而导致 U_L 增高时，该电路的稳压过程与上述过程正好相反。

职业模块四

电工常用工具、量具

- ✓ 培训项目一　电工常用工具
- ✓ 培训项目二　电工常用量具

培训项目一　电工常用工具

一、螺钉旋具

维修电工常用的螺钉旋具是一种用以拧紧或旋松各种尺寸的槽形机用的螺钉、木螺钉以及自攻螺钉的手工工具,俗称螺丝刀、旋凿、改锥。它的主体是韧性的钢制圆杆(旋杆),一端装配有便于握持的手柄,手柄的材料为直纹木料、塑料或金属;另一端为扁平一字形或十字尖形等各种形状的刀口,以与螺钉的顶槽相啮合,施加扭力于手柄便可使螺钉转动。旋杆的刀口部分经过淬硬处理,耐磨性强。常见的螺钉旋具有 75 mm、100 mm、150 mm、300 mm 等长度规格,旋杆的直径和长度与刀口的厚薄和宽度成正比。

螺钉旋具一般按旋杆顶端的刀口形状分为一字形、十字形、六角形和花形等数种,分别可旋拧带有相应螺钉头的螺纹紧固件,其中以一字形和十字形最为常用,如图 4-1 所示。

当螺钉处于物体的腹部或操作空间狭窄时,可使用弯头式螺钉旋具。弯头式螺钉旋具是两头弯曲成直角的 Z 形横杆,一端的刀口与横杆平行;另一端的刀口则与横杆成直角。利用其中一端旋动螺钉到达极限位置后,掉转为另一端,继续旋动螺钉至旋紧或旋出螺钉为止。还有一种常用的多用途螺钉旋具,它拥有多种刀口形状,可以组合在一起,按组合方式可分为 2 种,如图 4-2 所示。第一种多用途螺钉旋具由一个带有卡口的手柄和几种规格的一字形和十字形旋杆、铰孔旋杆以及钢钻、验电笔等组成,旋松卡口即可调换上述工作配件。第二种多用途螺钉旋具能自动旋转,其手柄部位装有一只棘轮和弹簧,控制套

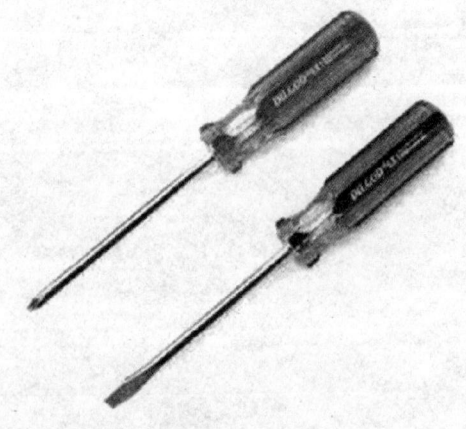

图 4-1　一字形和十字形螺钉旋具

内配有定位钮,可在3处定位,当开关处于同旋位置时,其作用与一般普通的螺钉旋具相同;当开关处于顺旋位置或倒旋位置时,旋杆即可做连续的顺旋或倒旋。使用时,只要用手按压螺钉旋具,旋杆就会很快地带动螺钉旋动。这种螺钉旋具的工作效率很高,适宜于长时间的操作使用,如用于流水作业装配等。

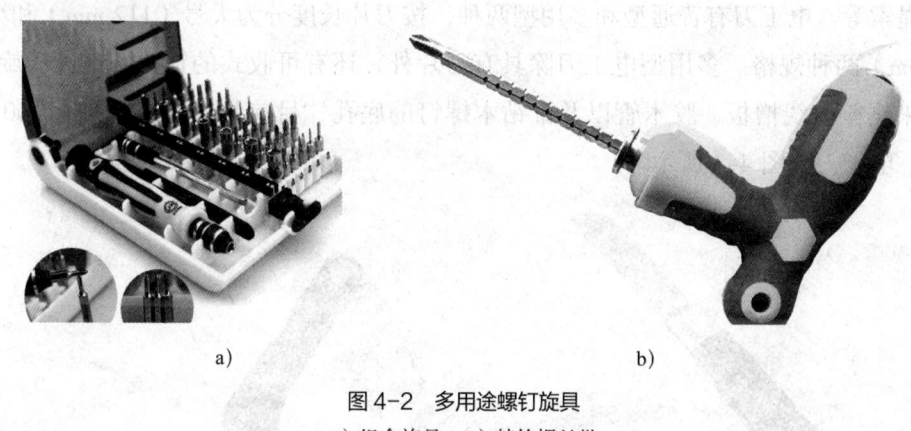

图4-2 多用途螺钉旋具
a)组合旋具 b)棘轮螺丝批

螺钉旋具的使用方法如图4-3所示。

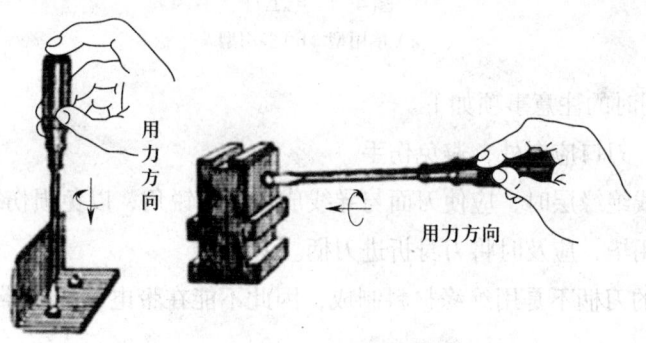

图4-3 螺钉旋具的使用方法

螺钉旋具使用时的注意事项如下。

1. 电工不可使用金属杆直通柄顶的螺钉旋具,以避免发生触电事故。

2. 用螺钉旋具拆卸或紧固带电螺栓时,手不得触及螺钉旋具的金属杆,以免发生触电事故。

3. 为避免螺钉旋具的金属杆触及带电体时手指碰触金属杆,电工用螺钉旋具应在螺钉旋具金属杆上穿套绝缘管。

二、电工刀

电工刀是一种切削工具,主要用来剖削和切割导线的绝缘层、削制木枕、切削木台和绳索等。电工刀有普通型和多用型两种,按刀片长度分为大号(112 mm)和小号(88 mm)两种规格。多用型电工刀除具有刀片外,还有可收式的锯片、锥针和旋具,可用来锯割电线槽板、胶木管以及锥钻木螺钉的底孔,目前常用的规格只有 100 mm 一种。电工刀如图 4-4 所示。

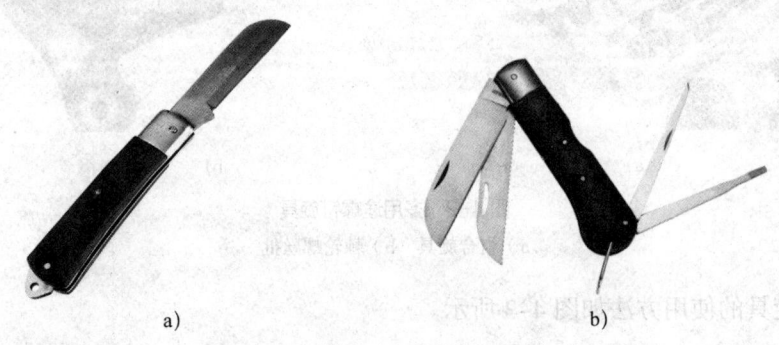

图 4-4 电工刀
a)单用型 b)多用型

电工刀使用时的注意事项如下。
1. 使用时,刀口应向外,避免伤手。
2. 剖削导线绝缘层时,应使刀面与导线成较小的锐角,以免损伤线芯。
3. 电工刀用毕,应及时将刀身折进刀柄。
4. 电工刀的刀柄不是用绝缘材料制成,因此不能在带电导线或器材上剖削,以防触电。

三、扳手

扳手是一种用于拧紧或旋松螺栓、螺母等螺纹紧固件的装卸用手工工具。扳手通常由碳素结构钢或合金结构钢制成,其一头或两头锻压成凹形开口或套圈,开口或套圈的大小随螺栓、螺母对边尺寸的大小而定。扳手头部具有规定的硬度,中间及手柄部分则具有弹性。当扳手超负荷使用时,柄部会在突然断裂之前出现弯曲变形。常用的扳手有活动扳手、呆扳手、梅花扳手、两用扳手、套筒扳手、扭力扳手和内六角扳手等几种。

1. 活动扳手

活动扳手的外形及结构如图 4-5 所示。

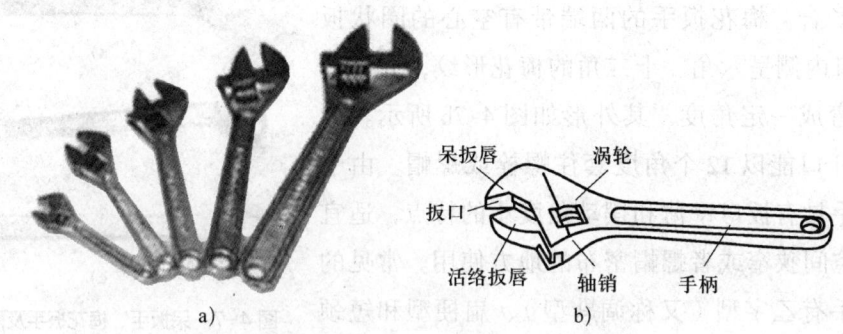

图 4-5 活动扳手
a) 外形　b) 结构

活动扳手由活动扳口、与手柄连成一体的固定扳口和调节涡轮组成，如图 4-5b 所示。涡轮呈圆柱状，其轴向位置是固定的，只绕淬硬的销轴转动，用以调节夹持扳口的大小。活动扳手的使用方法如下：

（1）扳动大螺母时，需用较大力矩，手应握在近柄尾处，如图 4-6a 所示。

（2）扳动较小螺母时，需用力矩不大，若螺母过小易打滑，故手应握在近头部的地方，如图 4-6b 所示，同时可随时调节涡轮，收紧活络扳唇，防止打滑。

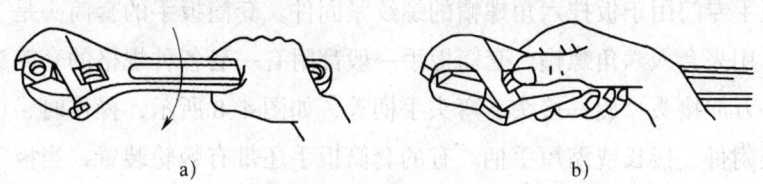

图 4-6 活动扳手的使用方法
a) 扳动大螺母　b) 扳动小螺母

（3）活动扳手不可反用，以免损坏活络扳唇，也不可用钢管接长柄来施加较大的扳拧力矩。

（4）活动扳手不得当作撬棒和锤子使用。

2. 呆扳手

呆扳手一端或两端带有固定尺寸的开口，其外形如图 4-7a 所示。双头呆扳手两端的开口大小一般根据标准螺帽相邻的两个尺寸而定。一把呆扳手最多只能拧动两种相邻规格的六角头或方头螺栓、螺母，故适用范围较活动扳手小。

3. 梅花扳手

梅花扳手适用于工作空间狭小、不能使用普通扳手的场合。梅花扳手的两端带有空心的圈状扳口，扳口内侧呈六角、十二角的梅花形纹，并且两端分别弯成一定角度，其外形如图 4-7b 所示。十二角形开口能以 12 个角度套住螺栓或螺帽。由于梅花扳手具有扳口壁薄和摆动角度小的特点，适宜在工作空间狭窄或者螺帽密布的地方使用。常见的梅花扳手有乙字型（又称调匙型）、扁梗型和短颈型 3 种。

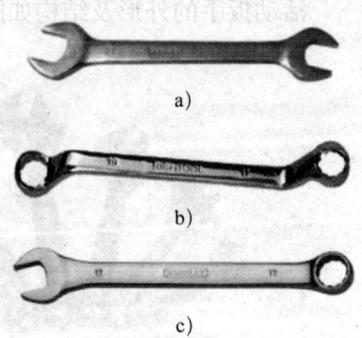

图 4-7 呆扳手、梅花扳手及两用扳手
a) 呆扳手 b) 梅花扳手 c) 两用扳手

4. 两用扳手

两用扳手是呆扳手与梅花扳手的组合，其两端分别为呆扳手和梅花扳手，故而兼有两者的优点，其外形如图 4-7c 所示。一把两用扳手只能拧转一种尺寸的螺栓或螺母。

5. 套筒扳手

套筒扳手专门用于扳拧六角螺帽的螺纹紧固件。套筒扳手的套筒头是一个凹六角形的圆筒，用来套入六角螺帽。套筒扳手一般都附有一套各种规格的套筒头以及摆手柄、接杆、万向接头、旋具接头、弯头手柄等，如图 4-8 所示，操作时，可以根据作业需要更换附件、接长或缩短手柄。有的套筒扳手还带有棘轮装置，当扳手顺时针方向转动时，棘轮上的止动牙带动套筒一起转动；当扳手逆时针方向转动时，在棘轮的作用下止动牙不仅能省力，还能使扳手不受摆动角度的限制。

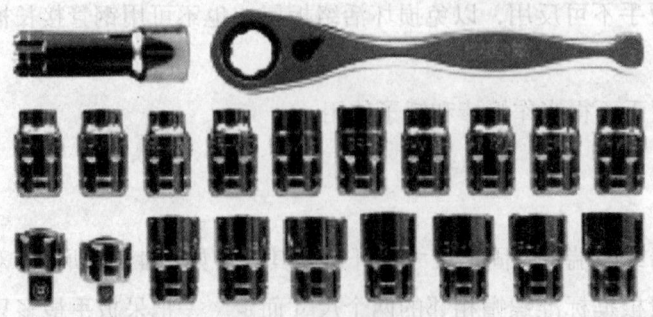

图 4-8 套筒扳手

6. 扭力扳手

扭力扳手是依据梁的弯曲原理、扭杆的弯曲原理和螺旋弹簧的压缩原理而设计的，能测量出作用在螺帽上的力矩大小的扳手，如图 4-9 所示。扭力扳手有平板型和刻度盘型两种。使用前，先将安装在扳手上的指示器调整到所需的力矩，然后扳动扳手，当达到该预定力矩时，指示器上的指针就会向销轴一方转动，最终使指针与销轴碰撞，通过声音信号或传感信号告知操作者。扭力扳手通常用于需要有一定均布预置紧固力的螺母、螺栓等紧固件的最后安装，或者是带有液压、气压装置的设备装配。

7. 内六角扳手

常见的内六角扳手为 L 形粗钢线，粗钢线的切面为正六角形，有各种不同大小，如图 4-10 所示。这类扳手适合于旋动六角形凹槽的螺钉和螺栓。

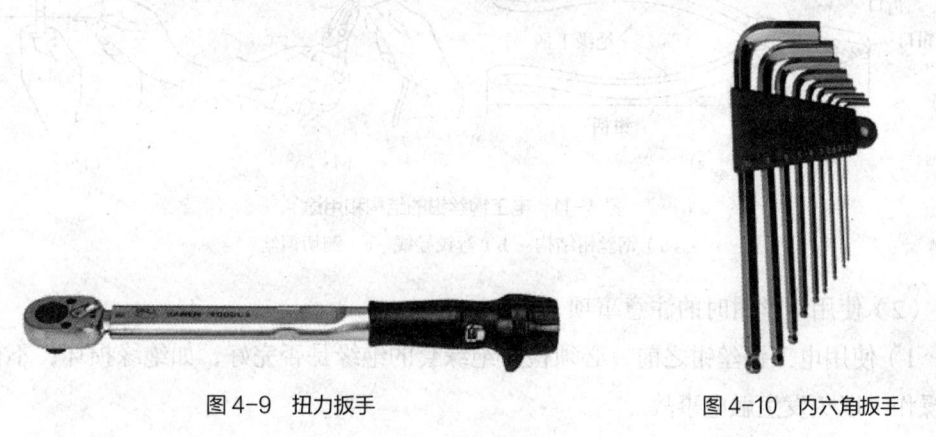

图 4-9　扭力扳手　　　　　　　　图 4-10　内六角扳手

四、钳类

钳是一种用于夹持、固定加工工件或者扭转、弯曲、剪断金属丝线的手工工具。钳的外形呈 V 形，通常包括手柄、钳腮和钳嘴 3 个部分，由两片结构、造型互相对称的钳体在钳腮部分重叠并经铆合固定而成。钳的手柄依握持形式而设计成直柄、弯柄和弓柄 3 种式样。钳依据杠杆原理，以钳腮为支点灵活启合。钳嘴的形式很多，常见的有尖嘴、平嘴、扁嘴、圆嘴、弯嘴等样式，可适应不同形状工件的作业需要。

钳一般用碳素结构钢制造，先锻压轧制成钳坯形状，然后经过磨铣、抛光等金属切削加工，最后进行热处理。按其主要功能和使用性质分类，钳可分为夹持式、剪切式和夹持剪切式 3 种，此外还有一种特殊的钳——台虎钳。

1. 钢丝钳

（1）钢丝钳的结构和用途

钢丝钳是电工应用最频繁的工具，常用的规格有 150 mm、175 mm 和 200 mm 三种。

电工用钢丝钳由钳头和钳柄两部分组成。钳头由钳口、齿口、刀口和铡口 4 部分组成。钳头功能较多，钳口用来弯铰或钳夹导线线头，齿口可代替扳手用来旋紧或起松螺母，刀口用来剪切导线、剖切导线绝缘层或拔铁钉，铡口用来铡切电线线芯和钢丝、铝丝等，如图 4-11 所示。电工所用的钢丝钳时常与电线之类的带电导体接触，故在钳柄上应套有以聚氯乙烯等材料制成的、耐压为 500 V 以上的塑料绝缘套，以确保操作者的安全。

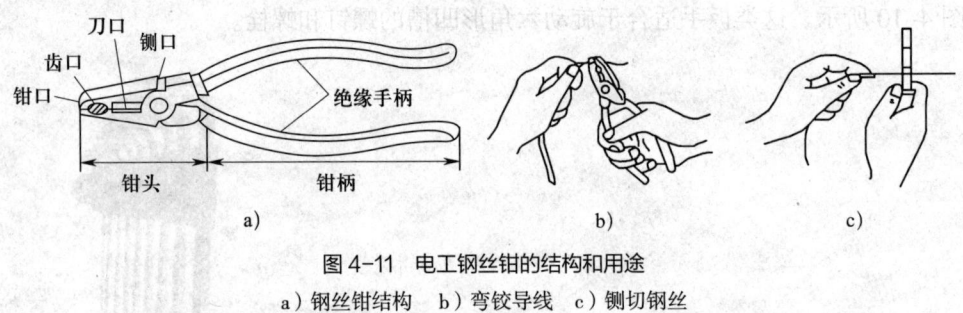

图 4-11 电工钢丝钳的结构和用途
a）钢丝钳结构 b）弯铰导线 c）铡切钢丝

（2）使用钢丝钳时的注意事项

1）使用电工钢丝钳之前，必须检查绝缘套的绝缘是否完好，如绝缘损坏，不得带电操作，以免发生触电事故。

2）使用电工钢丝钳，要使钳口朝内侧，便于控制钳切部位。

3）钢丝钳的钳头不可代替锤子作为敲打工具使用，钳头的轴销上应经常加机油润滑。

4）当用电工钢丝钳剪切带电导线时，不得用刀口同时剪切相线和中性线（零线），或同时剪切两根相线，以免发生短路事故。

2. 尖嘴钳

尖嘴钳与钢丝钳最大的区别是尖嘴钳头部尖细，如图 4-12 所示，适用于在狭小的工作空间操作。尖嘴钳可用于夹持较小零件或导线，可用于将单股导线弯成一定圆弧的接线鼻，还可用带刀口的尖嘴钳剪断细小的金属丝。一般尖嘴钳的绝缘柄耐压为 500 V，其规格以全长表示，有 130 mm、160 mm、180 mm 和 200 mm 四种。

3. 断线钳

断线钳又称斜口钳，钳柄有铁柄、管柄和绝缘柄 3 种，其中电工用的绝缘断线钳的外形如图 4-13 所示，一般绝缘柄耐压为 1 000 V。断线钳专供剪断较粗的金属丝、线材及电线电缆等用。

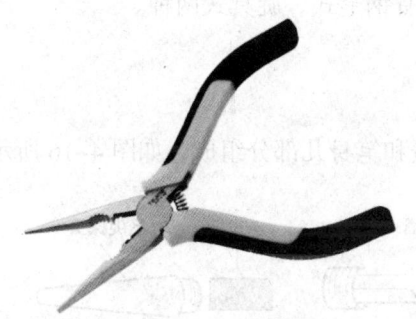

图 4-12　尖嘴钳

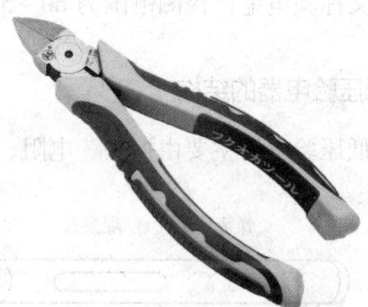

图 4-13　电工用绝缘断线钳

4. 剥线钳

剥线钳是用来剥削电线端部塑料线或橡胶绝缘的专用工具，由钳头和手柄两部分组成，如图 4-14 所示。钳头部分由压线口和切口组成，拥有多种规格切口，以适应不同规格的线芯。使用时，电线必须放在略大于其线芯直径的切口上剥，否则会切伤线芯。

5. 台虎钳

台虎钳又称虎钳，是用来夹持工件的通用夹具，如图 4-15 所示。台虎钳为钳工车间必备工具，其用途为：安装在工作台上，用以夹稳加工工件，转盘式的钳体可旋转，使工件旋转到合适的工作位置。

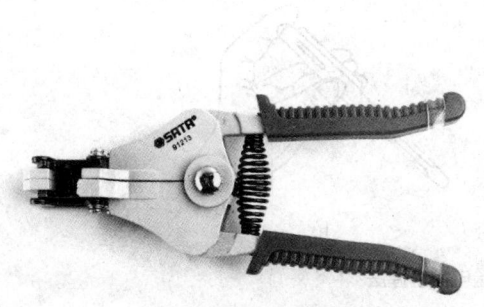

图 4-14　剥线钳

图 4-15　台虎钳

五、低压验电器

验电器是一种电工常用的工具,可以直观地确定设备、线路是否带电,操作简单,使用方便。验电器分低压验电器和高压验电器,下面仅详细介绍低压验电器。低压验电器又称验电笔,检测范围为 60~500 V,主要有钢笔式、旋具式两种。

1. 低压验电器的结构

低压验电器主要由探头、电阻、氖管、弹簧和笔身几部分组成,如图 4-16 所示。

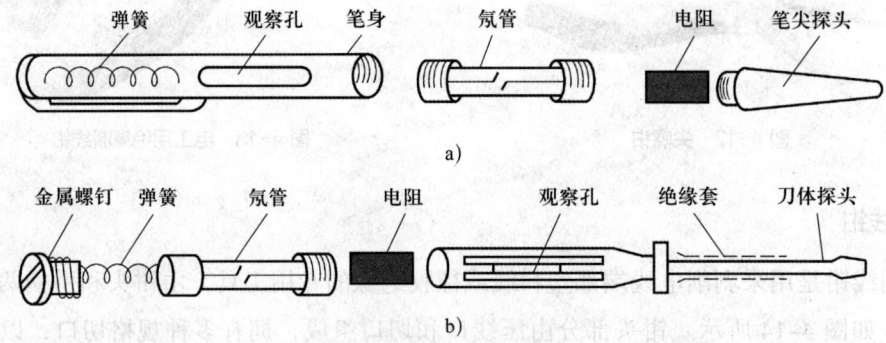

图 4-16 低压验电器
a) 钢笔式低压验电器 b) 旋具式低压验电器

在测试低压验电器时,必须按照图 4-17 所示的方法把笔握好,用笔尖接触低压带电设备,手指必须接触笔尾的金属体(钢笔式)或测电笔顶部的金属螺钉(旋具式)。此时电流经带电体、电笔、人体到大地形成了通电回路,只要带电体与大地之间的电位差超过一定的数值,电笔中的氖泡就能发出红色的光,根据氖灯发光的亮度可判断电压的高低。

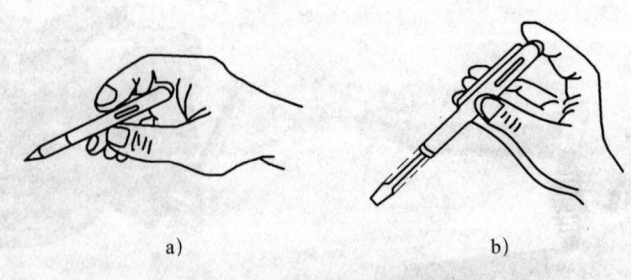

图 4-17 低压验电器的握法
a) 钢笔式握法 b) 旋具式握法

2. 使用低压验电器的注意事项

（1）氖泡小窗应朝向自己，以便于观察。

（2）测试带电体前，一定先要测试已知有电的电源，以检查电笔中的氖泡能否正常发光。

（3）在明亮的光线下测试时，往往不易看清氖泡的光，应当避光检测。

（4）验电笔的金属探头多制成一字形旋具形状，它只能承受很小的扭矩，使用时应特别注意，以防损坏。

（5）低压验电器可用来区分相线和零线，测试时氖泡发亮的是相线，不亮的是零线。

（6）低压验电器可用来区分交流电和直流电，交流电通过氖泡时，两个电极附近都发亮；而直流电通过时，仅一个电极附近发亮。

（7）低压验电器可用来判断电压的高低，如氖泡呈暗红色，轻微亮，则电压低；如氖泡呈黄红色，很亮，则电压高。

（8）低压验电器可用来识别相线接地故障。在三相四线制电路中，发生单相接地后，用验电笔测试中性线，氖泡会发亮；在三相三线制星形联结电路中，用验电笔测试3根相线，如果两相很亮，另一相不亮，则这相很可能存在接地故障。

六、电烙铁

电烙铁是手工焊接的主要工具，选择合适的电烙铁并合理使用，是保证焊接质量的基础。在这里仅介绍电烙铁的结构及种类，使用方法将在后续相关内容中介绍。

1. 电烙铁的结构

电烙铁主要由发热、储热和传热部分及手柄等组成，典型的电烙铁结构如图4-18所示。

（1）发热元件

发热元件是电烙铁中的能量转换部分，又称烙铁芯子，由镍铬发热电阻丝缠绕在云母、陶瓷等耐热的绝缘材料上制成，可分为内热式和外热式两种。

发热元件和电源线的连接处称为接线柱，使用时一定要分清相线、零线和保护线，并正确连接。

（2）烙铁头

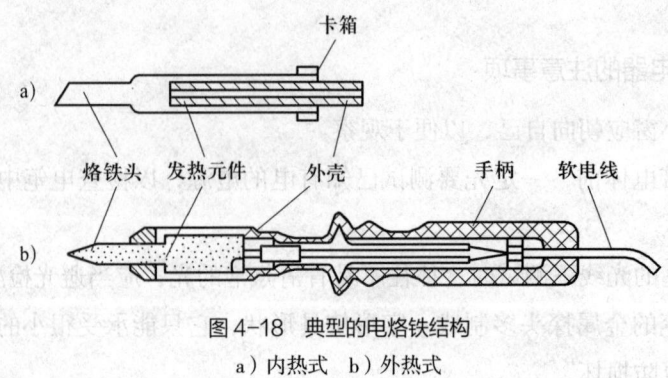

图4-18 典型的电烙铁结构
a) 内热式　b) 外热式

烙铁头是能量存储和传递的物质，一般用紫铜做成。

（3）手柄

手柄为手持部件，用木料或胶木制成。

2. 电烙铁的种类

电烙铁有多种结构，其功率和所能达到的温度也多种多样。一般来说，电烙铁的功率越大，热量越大，则烙铁头的温度越高。电烙铁并不是功率越大越好，若使用的电烙铁功率过大，容易烫坏元器件（一般二极管、三极管的结点温度超过200℃时就会烧坏）和使印制板的印制导线从基板上脱落；使用的电烙铁功率也不能太小，否则焊锡不能充分熔化，焊剂不能挥发出来，造成焊点不光滑、不牢固，易产生虚焊；焊接时间不宜过长，否则也会烧坏元器件，一般每个焊点应在1.5~4 s内完成。综上所述，应该根据用途选择合适的电烙铁使用。例如，焊接集成电路、印制线路板等时，一般选用20 W内热式电烙铁。电烙铁有如下几种常用的类型。

（1）外热式电烙铁

外热式电烙铁一般由烙铁头、烙铁芯、外壳、手柄、插头等部分所组成。烙铁头用热传导性好的铜为基体的铜合金材料制成，安装在烙铁芯内。烙铁头的长短可以调节（烙铁头越短，烙铁头的温度就越高），且有凿形、尖锥形、圆面形、圆形、尖锥形和半圆沟形等不同的形状，以适应不同焊接面的需要。此类烙铁绝缘电阻低、漏电大、热效率差、升温慢，但结构简单、价格便宜，主要用于导线、接地线和接地板的焊接。

（2）内热式电烙铁

内热式电烙铁由连接杆、手柄、弹簧夹、烙铁芯、烙铁头（也称铜头）5个部分组成。烙铁芯采用镍铬电阻丝绕在瓷管上制成，安装在烙铁头的里面。此类电烙铁绝缘电阻高、漏电小、升温快，热效率高达85%以上，但加热器制造复杂，难以维修，主要用于元器件引脚和印制电路板的焊接。

（3）恒温电烙铁

恒温电烙铁的烙铁头内装有磁铁式的温度控制器，用来控制通电时间，实现恒温的目的。在焊接温度不宜过高、焊接时间不宜过长的元器件时，应选用恒温电烙铁，但价格高。

（4）吸锡电烙铁

吸锡电烙铁是将活塞式吸锡器与电烙铁组合于一体的拆焊工具。吸锡电烙铁使用方便、灵活、适用范围宽，不足之处是每次只能对一个焊点进行拆焊，主要用于印制板的拆焊。

（5）气焊烙铁

气焊烙铁是一种用液化气、甲烷等可燃气体燃烧加热烙铁头的烙铁，适用于供电不便或无法供给交流电的场合。

培训项目二　电工常用量具

一、常用量具的种类和使用方法

1. 钢直尺、卡钳

（1）钢直尺

钢直尺是一种简单的长度量具，它的长度规格有 150 mm、300 mm、500 mm 和 1 000 mm 等。如图 4-19 所示是常用的 300 mm 钢直尺。

钢直尺用于测量零件的长度尺寸，使用方法如图 4-20 所示。钢直尺的测量结果不太准确，这是由于钢直尺的刻线间距为 1 mm，而刻线本身的宽度就有 0.1～0.2 mm，所以测量时只能读出毫米数，读数误差比较大，即它的最小读数值为 1 mm，比 1 mm 小的数值只能估计。

如果用钢直尺直接测量零件的直径尺寸（轴径或孔径），则测量精度更差，其原因除钢直尺本身的读数误差比较大外，还由于钢直尺无法正好放在零件直径的准确位置，所以零件直径尺寸的测量，可用钢直尺和内外卡钳配合起来进行。

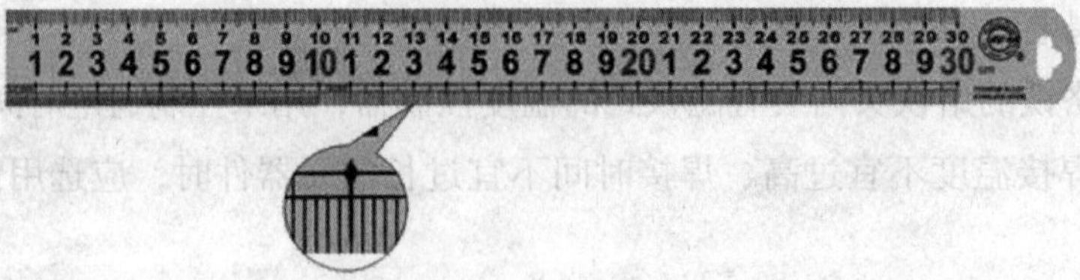

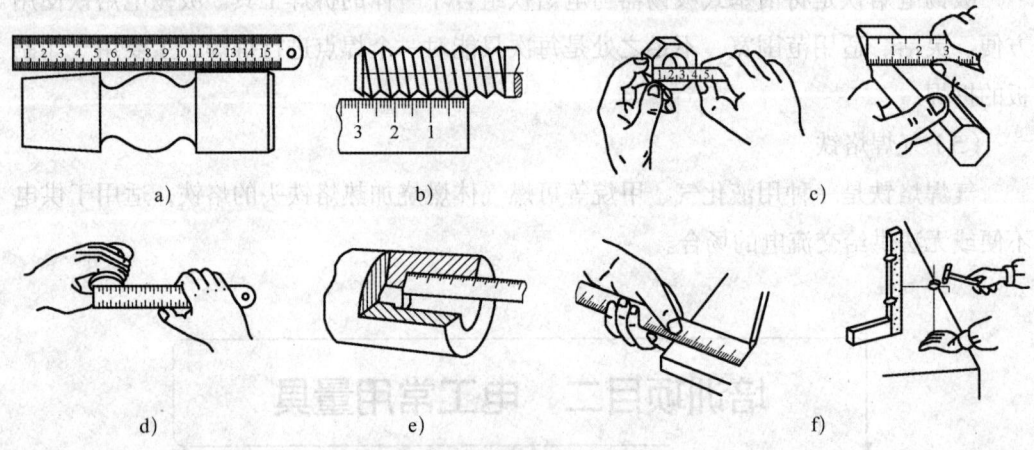

图 4-19　300 mm 钢直尺

图 4-20　钢直尺的使用方法
a）量长度　b）量螺距　c）量宽度
d）量内孔径　e）量深度　f）划线

（2）内、外卡钳

卡钳是一种间接量具，由于它具有结构简单、制造方便、价格低廉、维护和使用方便等特点，广泛应用于精度要求不高的零件尺寸测量和检验中。如图 4-21 所示是常见的内、外卡钳的外形及测量方法。外卡钳用来测量外径和平面，内卡钳用来测量内径和凹槽。它们本身都不能直接读出测量结果，而需把测量得到的长度尺寸在钢直尺上读数，或在钢直尺上先取下所需尺寸，再检验零件的直径是否符合。

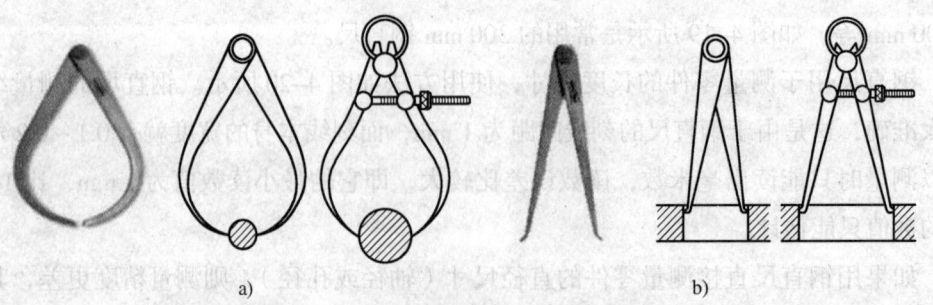

图 4-21　内、外卡钳的外形及测量方法
a）外卡钳　b）内卡钳

1)卡钳开度的调节。钳口形状对测量精确性影响很大,在使用前,首先检查钳口的形状。应注意经常修整钳口,如图4-22所示为卡钳钳口形状好坏对比。

调节卡钳的开度时,先用两手把卡钳调整到和工件尺寸相近的开口,然后轻敲卡钳的外侧来减小卡钳的开口,或敲击卡钳内侧来增大卡钳的开口,如图4-23a所示。但不能直接敲击钳口,如图4-23b所示,避免损伤钳口的测量面引起测量误差。

2)外卡钳的使用。用外卡钳在钢直尺上量取尺寸时,一个钳脚的测量面靠在钢直尺的端面上,另一个钳脚的测量面对准被测尺寸刻线的中间,且两个测量面的连线应与钢直尺平行,如图4-24a所示,人的视线要垂直于钢直尺。

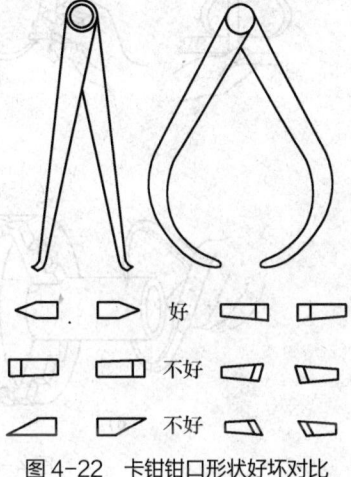

图4-22 卡钳钳口形状好坏对比

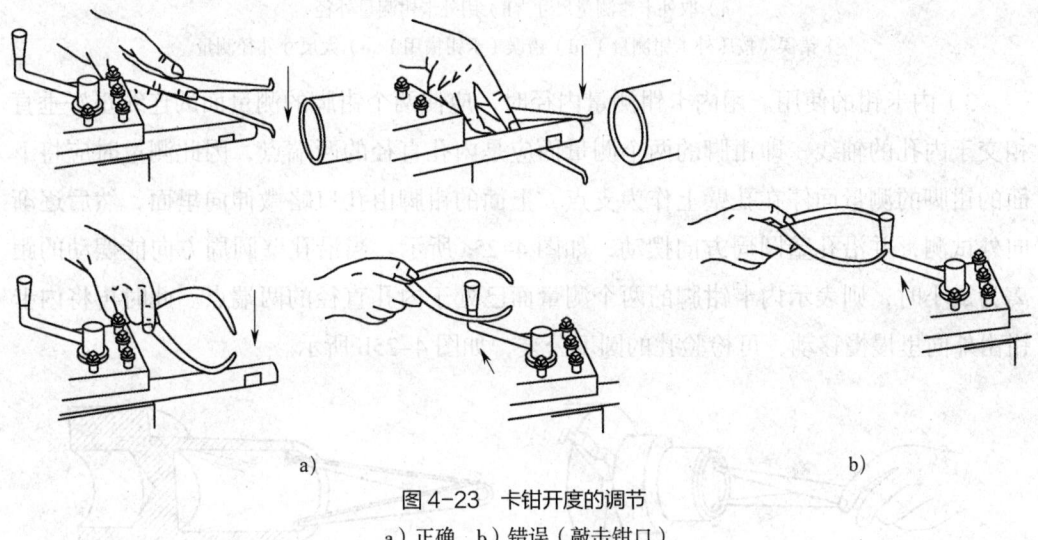

图4-23 卡钳开度的调节
a)正确 b)错误(敲击钳口)

用外卡钳测量外径,实际上是比较外卡钳与零件外圆接触的松紧程度,以靠外卡钳的自重能刚好滑下为合适。用已在钢直尺上取好尺寸的外卡钳测量外径时,要使两个测量面的连线垂直于零件的轴线,靠外卡钳的自重滑过零件外圆,如果感觉到外卡钳与零件外圆正好是点接触,此时外卡钳两个测量面之间的距离,就是被测零件的外径,如图4-24b所示。切不可将外卡钳歪斜地放在工件上测量,这样有误差。由于卡钳有弹性,若用力把外卡钳压过外圆也是错误的,如图4-24c所示,更不能把外卡钳横着卡上去,如图4-24d所示。对于大尺寸的外卡钳,靠其自重滑过零件外圆的测量压力很大,此时应托住卡钳腿进行测量,如图4-24e所示。

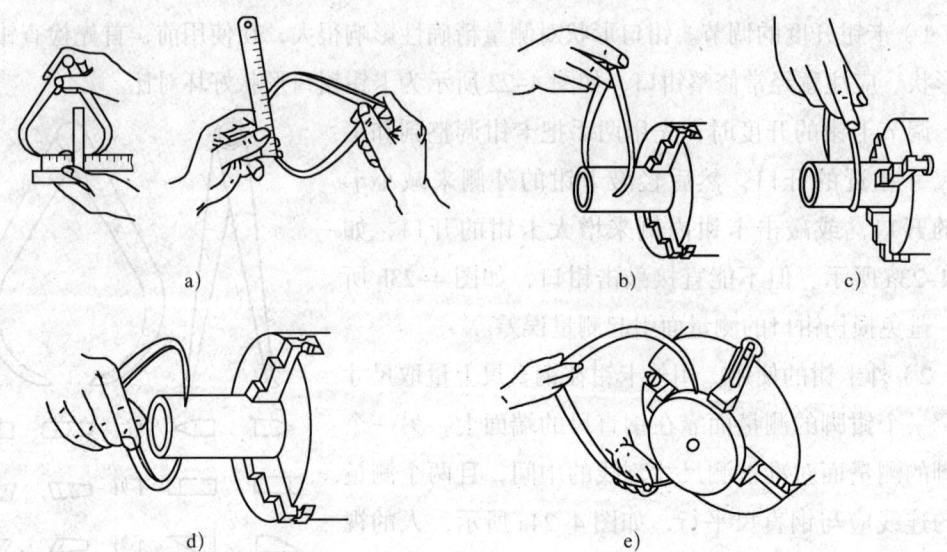

图 4-24 外卡钳在钢直尺上取尺寸和测量方法
a) 取外卡钳测量尺寸　b) 用外卡钳测量外径
c) 错误（按压外卡钳测量）　d) 错误（卡钳横用）　e) 大尺寸外径测量

3）内卡钳的使用。用内卡钳测量内径时，应使两个钳脚的测量面的连线正好垂直相交于内孔的轴线，即钳脚的两个测量面应是内孔直径的两端点，因此测量时应将下面的钳脚的测量面停在孔壁上作为支点，上面的钳脚由孔口略微伸向里面，然后逐渐向外试测，并沿孔壁圆周方向摆动，如图 4-25a 所示。当沿孔壁圆周方向能摆动的距离为最小时，则表示内卡钳脚的两个测量面已处于内孔直径的两端点。此时再将内卡钳由外向里慢慢移动，可检验孔的圆度公差，如图 4-25b 所示。

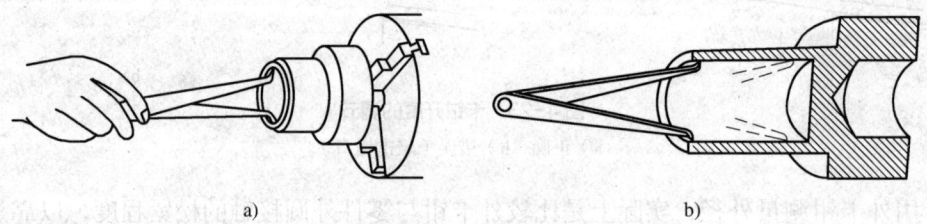

图 4-25 内卡钳测量方法
a) 测内径　b) 检验圆度

用已在钢直尺上或在外卡钳上取好尺寸的内卡钳测量内径，如图 4-26a 所示，实际上是比较内卡钳在零件孔内的松紧程度。如内卡钳放入孔内，按照上述的测量方法能有 1~2 mm 的自由摆动距离，说明孔径与内卡钳尺寸正好相等。测量时不要用手握住卡钳，如图 4-26b 所示，这样手感就没有了，难以比较内卡钳在零件孔内的松紧程度，也易使内卡钳变形而产生测量误差。

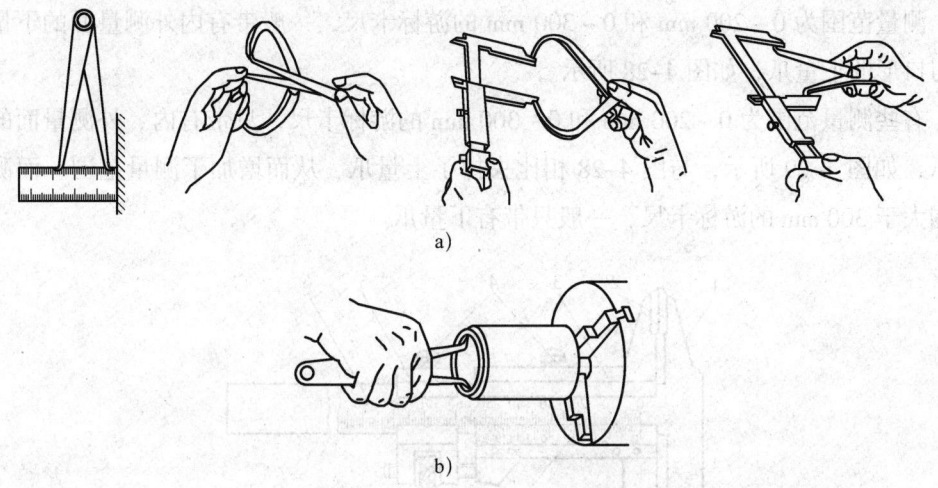

图 4-26 内卡钳取尺寸和测量方法
a) 正确使用内卡钳测量　b) 错误使用内卡钳测量

2. 游标读数类量具

游标读数类量具应用游标读数原理制成，具有结构简单、使用方便、精度中等和测量的尺寸范围大等特点，常用的有游标卡尺，游标高度尺、游标深度尺和齿厚游标卡尺等，用以测量零件的外径、内径、长度、宽度、厚度、高度、深度、角度以及齿轮的齿厚等，应用范围非常广泛。

（1）游标卡尺的结构型式

测量范围为 0～125 mm 的游标卡尺，一般带有刀口形的内测量爪、外测量爪和深度尺，如图 4-27 所示。

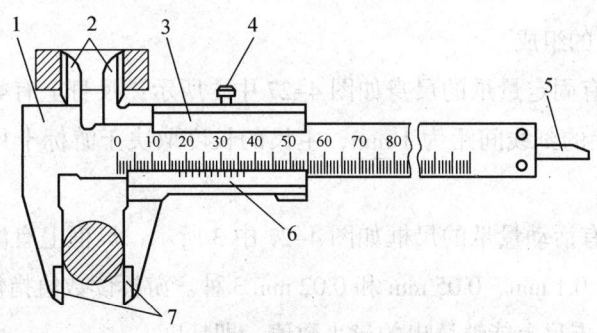

图 4-27　测量范围为 0～125 mm 的游标卡尺
1—尺身　2—内测量爪　3—尺框　4—紧固螺钉
5—深度尺　6—游标　7—外测量爪

测量范围为 0~200 mm 和 0~300 mm 的游标卡尺，一般带有内外测量面的下量爪和刀口形的上量爪，如图 4-28 所示。

有些测量范围为 0~200 mm 和 0~300 mm 的游标卡尺，只带有内、外测量面的下量爪，如图 4-29 所示，与图 4-28 相比去掉了上量爪，从而增加了测量范围。而测量范围大于 300 mm 的游标卡尺，一般只带有下量爪。

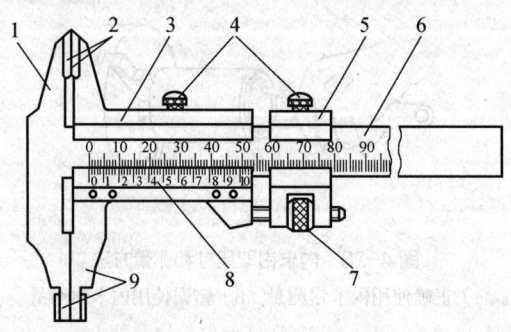

图 4-28 测量范围为 0~200 mm 和 0~300 mm 的游标卡尺
1—尺身 2—上量爪 3—尺框 4—紧固螺钉
5—微动装置 6—主尺 7—微动螺母
8—游标 9—下量爪

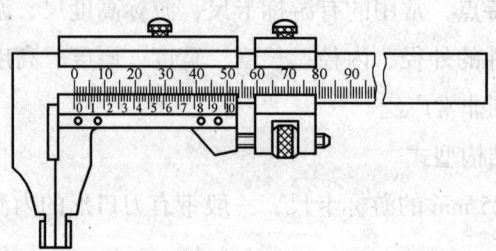

图 4-29 测量范围为 0~200 mm 和 0~300 mm 的游标卡尺（无上量爪）

（2）游标卡尺的组成

1）尺身。具有固定量爪的尺身如图 4-27 中 1 所示，尺身上有类似钢直尺一样的主尺刻度，主尺上的刻线间距为 1 mm，主尺的长度取决于游标卡尺的测量范围，如图 4-28 中 6 所示。

2）尺框。具有活动量爪的尺框如图 4-27 中 3 所示，尺框上有游标。游标卡尺的游标读数值可制成 0.1 mm、0.05 mm 和 0.02 mm 3 种。游标读数值指使用这种游标卡尺测量零件尺寸时，卡尺上能够读出的最小数值，即精度。

3）深度尺。在 0~125 mm 测量范围的游标卡尺上，一般还带有测量深度的深度尺，如图 4-27 中 5 所示。深度尺固定在尺框的背面，能随着尺框在尺身的导向凹槽中移动。测量深度时，应把尺身尾部的端面紧靠在零件的测量基准平面上。

4）微动装置。测量范围等于或大于 200 mm 的游标卡尺，一般都带有随尺框做微动调整的微动装置，如图 4-28 中 5 所示。微动装置的作用是使游标卡尺在测量时用力均匀，便于调整测量压力，减少测量误差。使用时先用紧固螺钉 4 把微动装置 5 固定在尺身上，转动微动螺母 7，活动量爪就能随同尺框 3 微量地前进或后退。

（3）游标卡尺的读数原理和读数方法

游标卡尺的读数机构由主尺和游标两部分组成。当活动量爪与固定量爪贴合时，游标上的"0"刻线（简称游标零线）对准主尺上的"0"刻线，此时量爪间的距离为 0，如图 4-28 所示。测量零件时，尺框向右移动到某一位置，固定量爪与活动量爪之间的距离就是零件的测量尺寸，如图 4-27 所示。此时零件尺寸中比 1 mm 大的整数部分，可在游标零线左边的主尺刻线上读出来，而比 1 mm 小的小数部分，可借助游标读数机构来读出。下面以游标读数值为 0.1 mm 的游标卡尺为例，介绍其读数原理和读数方法。

如图 4-30a 所示，主尺刻线间距（每格）为 1 mm，当游标零线与主尺零线对准（两爪合并）时，游标上的第 10 刻线正好指向主尺上的 9 mm，而游标上的其他刻线都不会与主尺上任何一条刻线对准。因此，游标每格为 0.9 mm，即主尺每刻线间距与游标每刻线间距相差 0.1 mm，0.1 mm 即为此游标卡尺上游标所读出的最小数值。

当游标向右移动 0.1 mm 时，则游标零线后的第 1 根刻线与主尺刻线对准；当游标向右移动 0.2 mm 时，则游标零线后的第 2 根刻线与主尺刻线对准；依次类推，若游标向右移动 0.5 mm，则游标上的第 5 根刻线与主尺刻线对准，如图 4-30b 所示。由此可知，游标向右移动不足 1 mm 的距离时，虽不能直接从主尺读出，但可以通过游标的某一根刻线与主尺刻线对准时，该游标刻线上所代表的数值读出其小数值。

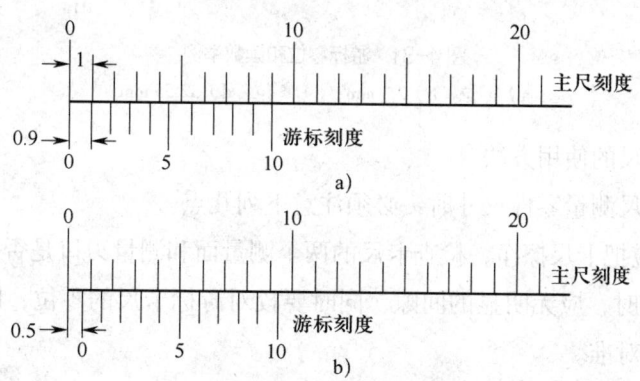

图 4-30 游标读数原理

a）游标零线与主尺零线对准　b）向右移动 0.5 mm

读数值为 0.1 mm 的游标卡尺还有另一种类型，如图 4-31a 所示，是将游标上的第 10 刻线对准主尺的 19 mm，则游标每刻线为 1.9 mm，使主尺第 2 刻线与游标第 1 刻线相差 0.1 mm。这种增大游标间距的方法，其读数原理并未改变，但使游标线条清晰，更容易看准读数。

在游标卡尺上读数时，首先要看游标零线的左侧，读出主尺上尺寸的整数是多少毫米；其次是找出游标上第几根刻线与主尺刻线对准，该游标刻线的次序数乘其游标读数值，读出尺寸的小数，整数和小数相加的总值，就是被测零件尺寸的数值。

如图 4-31b 所示，游标零线在 2～3 mm，其左边的主尺刻线是 2 mm，所以被测尺寸的整数部分是 2 mm，再观察游标刻线，这时游标上的第 3 根刻线与主尺刻线对准，所以被测尺寸的小数部分为 0.3 mm，被测尺寸即为 2+0.3=2.3 mm。

游标读数值为 0.05 mm 及 0.02 mm 的游标卡尺读数原理和方法与游标读数值为 0.1 mm 的游标卡尺类似，只是其最小读数值分别是 0.05 mm 及 0.02 mm。如图 4-31c 所示为游标读数值为 0.05 mm 的游标卡尺，如图 4-31d 所示，游标零线在 32 mm 与 33 mm 之间，游标上的第 11 格刻线与主尺刻线对准，所以被测尺寸的整数部分为 32 mm、小数部分为 0.55 mm，被测尺寸为 32+0.55=32.55 mm。

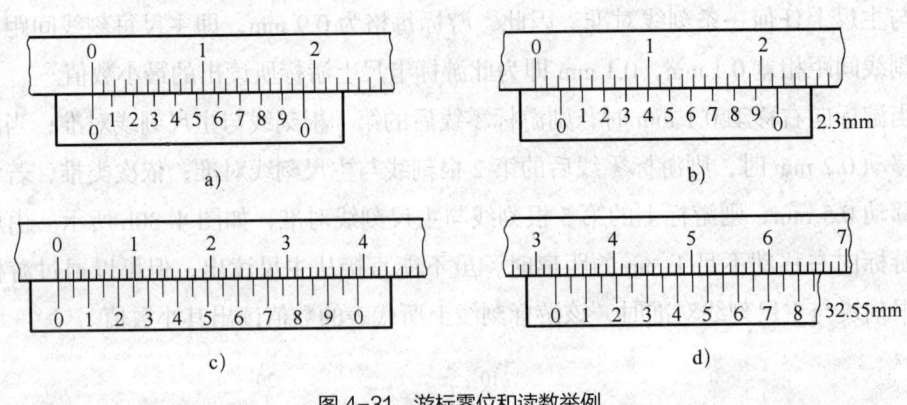

图 4-31 游标零位和读数举例
a) 零位 b) 2.3 mm c) 零位 d) 32.55 mm

（4）游标卡尺的使用方法

使用游标卡尺测量零件尺寸时，必须注意下列几点。

1) 测量前应把卡尺擦净，检查卡尺的两个测量面和测量刃口是否平直无损，把两个量爪紧密贴合时，应无明显的间隙，同时要校对游标卡尺的零位，即游标和主尺的零位刻线要相互对准。

2) 移动尺框时，活动要自如，不应过松或过紧，更不能有晃动现象。用固定螺钉固定尺框时，卡尺的读数不应有所改变。在移动尺框时，不要忘记松开固定螺钉，但不宜过松以免掉失。

3) 测量零件的外尺寸时，卡尺两测量面的连线应垂直于被测量表面，不能歪斜。

测量时,可以轻轻摇动卡尺,放正垂直位置,如图 4-32a 所示,量爪若在如图 4-32b 所示的错误位置上,将使测量结果比实际尺寸大。操作时,先把卡尺的活动量爪张开,使量爪能自由地卡进工件,把零件贴靠在固定量爪上,然后移动尺框,用轻微的压力使活动量爪接触零件。如卡尺带有微动装置,此时可拧紧微动装置上的固定螺钉,再转动调节螺母,使量爪接触零件并读取尺寸。使用时注意决不可把卡尺的两个量爪调到接近甚至小于所测尺寸的位置,再把卡尺强制卡到零件上,这样做会使量爪变形,或使测量面过早磨损,使卡尺失去应有的精度。

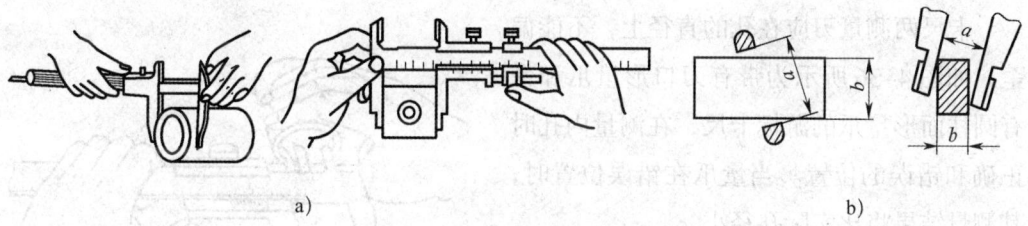

图 4-32 测量外尺寸时正确与错误的位置
a)正确 b)错误

测量沟槽时,应当用量爪的平面测量刃进行测量,尽量避免用端部测量刃和刀口形量爪测量外尺寸。对于圆弧形沟槽尺寸,则应当用刃口形量爪进行测量,不应当用平面形测量刃进行测量,如图 4-33 所示。测量沟槽宽度时,也要放正游标卡尺的位置,应使卡尺两测量刃的连线垂直于沟槽,不能歪斜,量爪若在如图 4-34 所示的错误的位置上,将使测量结果不准确(可能大也可能小)。

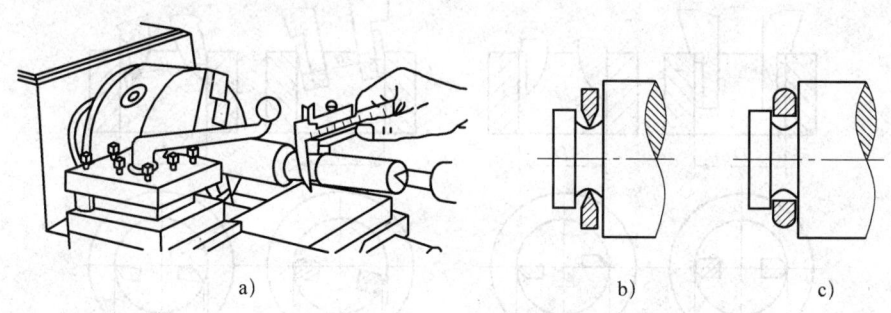

图 4-33 测量圆弧形沟槽
a)测量方法 b)正确 c)错误

4)如图 4-35 所示,当测量零件的内尺寸时,要使量爪分开的距离小于所测的内尺寸,进入零件内孔后,再慢慢张开并轻轻接触零件内表面,用固定螺钉固定尺框后,轻轻取出卡尺来读数。取出量爪时,用力要均匀,并使卡尺沿着孔的中心线方向滑出,不可歪斜,避免量爪扭伤,使零件变形、磨损,或使尺框移动,影响测量精度。

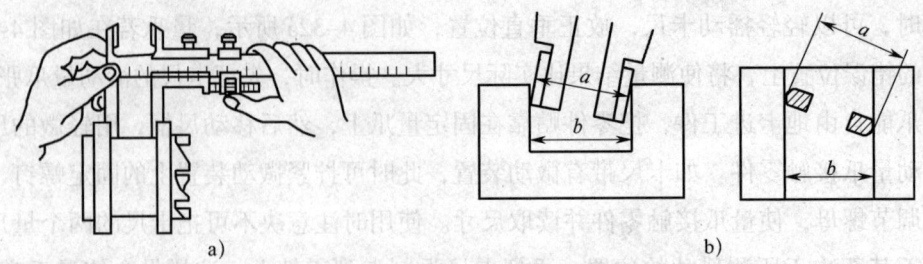

图 4-34 测量沟槽宽度时正确与错误的位置
a）正确　b）错误

卡尺两测量刃应在孔的直径上，不能偏歪。如图 4-36 所示为带有刀口形量爪和带有圆柱面形量爪的游标卡尺，在测量内孔时正确和错误的位置。当量爪在错误位置时，其测量结果将比实际孔径小。

5）如用图 4-28 和图 4-29 所示的两种游标卡尺下量爪的外测量面测量内尺寸，在读取测量结果时，一定要把量爪的厚度加上

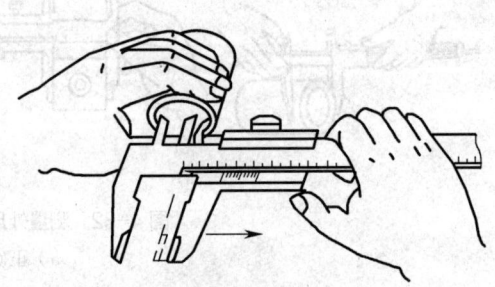

图 4-35 内孔的测量方法

去，即游标卡尺上的读数，加上量爪的厚度，才是被测零件的内尺寸，如图 4-37 所示。测量范围在 500 mm 以下的游标卡尺，量爪厚度一般为 10 mm。但当量爪磨损和修理后，量爪厚度就会小于 10 mm，读数时应考虑修正值。

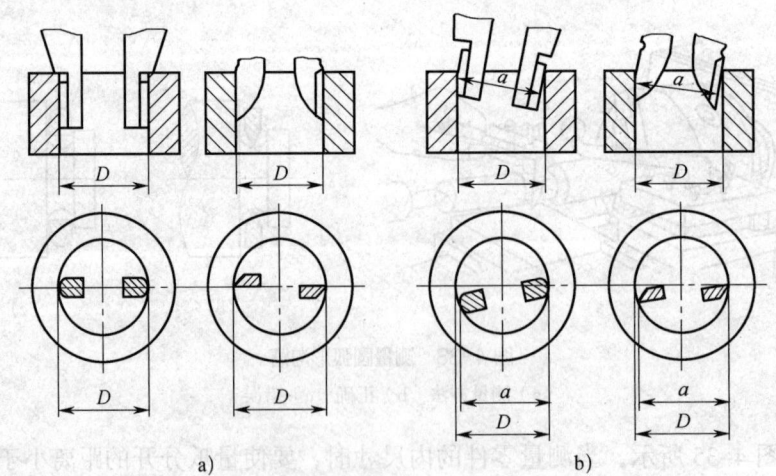

图 4-36 测量内孔时正确与错误的位置
a）正确　b）错误

6）用游标卡尺测量零件时，所施压力以使两个量爪刚好接触零件表面为宜，不允许过分地施加压力。如果压力过大，不但会使量爪弯曲或磨损，还会使量爪在压力作用下产生弹性变形，使测量的尺寸不准确（外尺寸小于实际尺寸，内尺寸大于实际尺寸）。

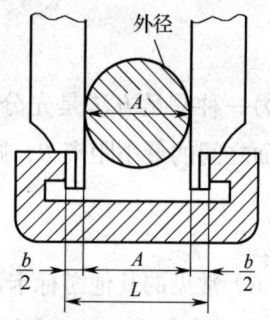

图 4-37　用下量爪的外测量面测量内尺寸

在游标卡尺上读数时，应水平拿着卡尺，朝着亮光的方向，使视线尽可能和卡尺的刻线表面垂直，以免由于视线的歪斜造成读数误差。

7）为了获得正确的测量结果，可以多测量几次，即在零件同一截面上的不同方向进行测量。对于较长的零件，则应当在全长的各个部位进行测量。

（5）游标卡尺应用举例

在电气设备安装维修时，经常需要测量孔的中心位置，用游标卡尺测量孔中心位置的几种方法如下：

1）用游标卡尺测量孔中心线与侧平面之间的距离。用游标卡尺测量孔中心线与侧平面之间的距离 L 时，先要用游标卡尺测量出孔的直径 D，再用刃口形量爪测量孔的壁面与零件侧面之间的最短距离，如图 4-38 所示。

此时，卡尺应垂直于侧平面，且要找到它的最小尺寸，读出卡尺的读数 A，则孔中心线与侧平面之间的距离为

$$L = A + \frac{D}{2}$$

2）用游标卡尺测量两孔的中心距。用游标卡尺测量两孔的中心距有两种方法。一种是先用游标卡尺分别量出两孔的内径 D_1 和 D_2，再量出两孔内表面之间的最大距离 A，如图 4-39 所示，则两孔的中心距为

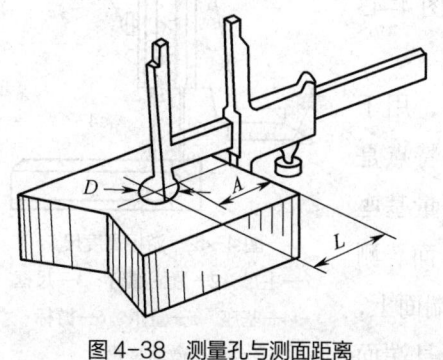

图 4-38　测量孔与测面距离

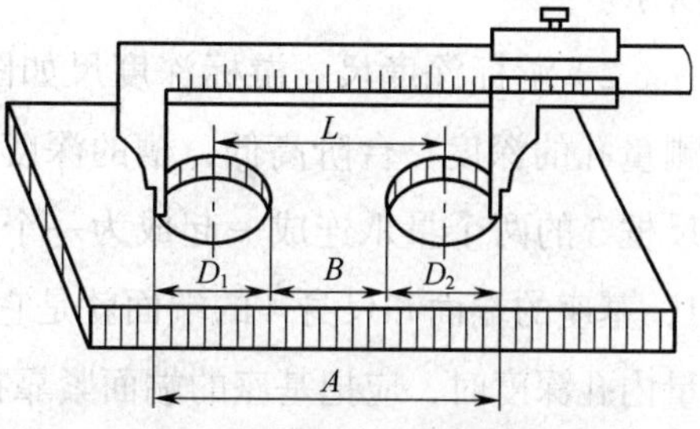

图 4-39　测量两孔的中心距

$$L=A-\frac{D_1+D_2}{2}$$

另一种测量方法是先分别量出两孔的内径 D_1 和 D_2，然后用刀口形量爪量出两孔内表面之间的最小距离 B，则两孔的中心距为

$$L=B+\frac{D_1+D_2}{2}$$

（6）常见的其他游标卡尺

以上介绍的各种游标卡尺都存在一个共同的问题，就是读数不很清晰，容易读错，因此产生了一些采用读数装置的游标卡尺。例如，有的卡尺装有测微表，成为带表卡尺，如图4-40所示，便于准确读数，提高了测量精度。还有一种带有数字显示装置的游标卡尺，如图4-41所示，这种游标卡尺在零件表面上量得的尺寸，直接用数字显示出来，使用极为方便。

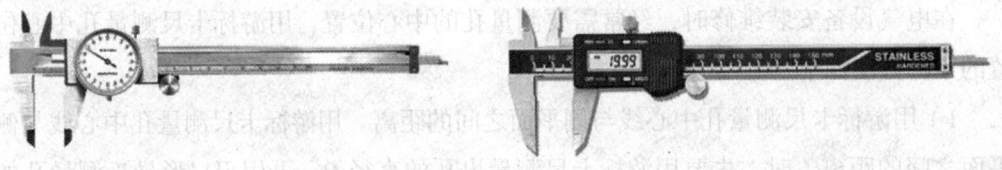

图4-40 带测微表卡尺　　图4-41 数字显示游标卡尺

另外，还有一些为特定测量目的设计的游标卡尺。

1）游标高度尺。游标高度尺外形如图4-42所示，用于测量零件的高度和精密划线。其结构特点是用质量较大的基座4代替固定量爪，可移动的尺框3则通过横臂装上测量高度和划线用的量爪5，量爪的测量面上镶有硬质合金，以提高量爪使用寿命。高度游标卡尺的测量工作应在平台上进行。游标高度尺的使用方法如图4-43所示。

2）游标深度尺。游标深度尺如图4-44所示，用于测量孔的深度、台阶高低、槽的深度。它的结构特点是尺框3的两个量爪连成一起成为一个带游标的测量基座1，基座的端面和尺身4的端面就是它的两个测量面。测量内孔深度时，应把基座的端面紧靠在被测孔的端面上，使尺身与被测孔的中心线平行，伸入尺身，则尺身端面

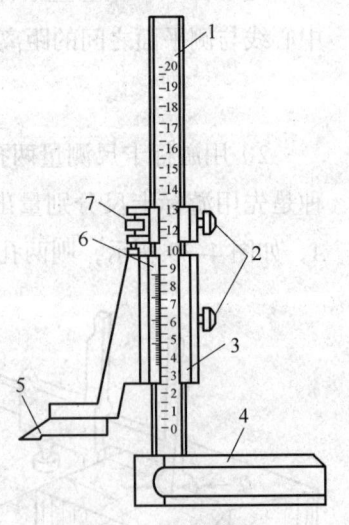

图4-42 游标高度尺
1—主尺　2—紧固螺钉　3—尺框
4—基座　5—量爪　6—游标
7—微动装置

至基座端面之间的距离就是被测零件的深度尺寸，如图 4-45 所示。

3）齿厚游标卡尺。齿厚游标卡尺用来测量齿轮或蜗杆的弦齿厚和弦齿顶，如图 4-46 所示。这种游标卡尺由两个互相垂直的主尺组成，因此它有两个游标，其中 A 的尺寸由垂直主尺上的游标调整，B 的尺寸由水平主尺上的游标调整。刻线原理和读法与一般游标卡尺相同。

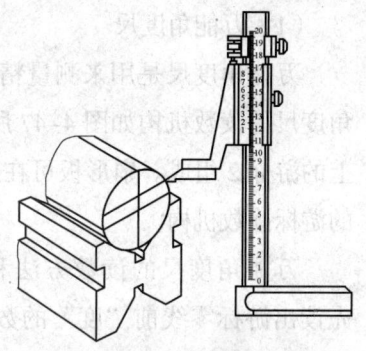

图 4-43 游标高度尺的应用

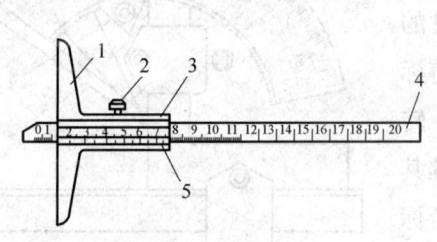

图 4-44 游标深度尺
1—测量基座 2—紧固螺钉 3—尺框
4—尺身 5—游标

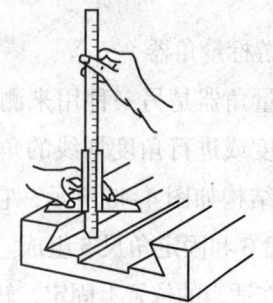

图 4-45 游标深度尺的使用方法

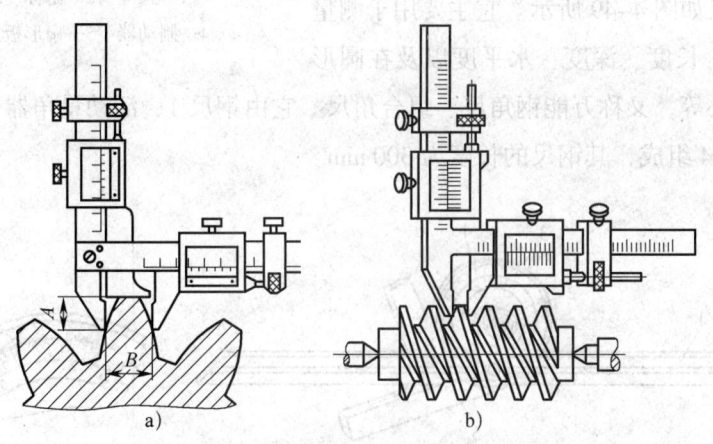

图 4-46 齿厚游标卡尺测量齿轮与蜗杆的齿厚
a）测齿轮 b）测蜗杆

3. 角度量具

在测量零部件内、外角度时需要使用角度量具，根据用途不同，角度量具具有许多形式。

(1) 万能角度尺

万能角度尺是用来测量精密零件的内、外角度或进行角度划线的角度量具。万能角度尺的读数机构如图4-47所示，它由刻有基本角度刻线的尺座1和固定在扇形板5上的游标2组成。扇形板可在尺座上回转移动（有制动器4），形成了和游标卡尺相似的游标读数机构。

万能角度尺的读数方法和游标卡尺相同，先读出游标零线前"度"的数值，再从游标上读出角度"分"的数值，两者相加就是被测角度的数值。

(2) 游标量角器

游标量角器是另一种用来测量精密零件的内、外角度或进行角度划线的角度量具。游标量角器的结构如图4-48所示，它由直尺1、转盘2、定盘3和固定角尺5组成。直尺1可顺其长度方向在适当的位置上固定，转盘2上有游标刻度线5，它的精度为5分。

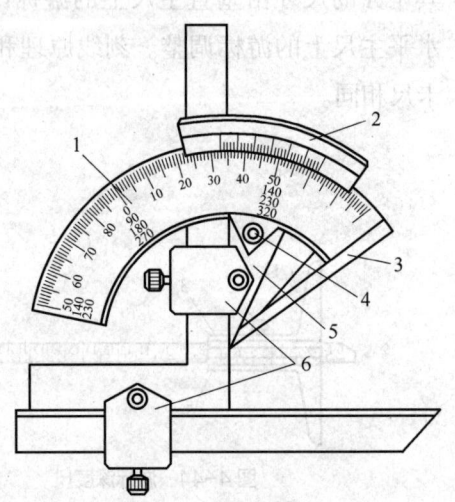

图4-47 万能角度尺
1—尺座 2—游标 3—基尺
4—制动器 5—扇形板 6—卡块

(3) 万能角尺

万能角尺如图4-49所示。它主要用于测量一般的角度、长度、深度、水平度以及在圆形工件上定中心等，又称万能钢角尺、组合角尺。它由钢尺1、活动量角器2、中心角规3、固定角规4组成，其钢尺的长度为300 mm。

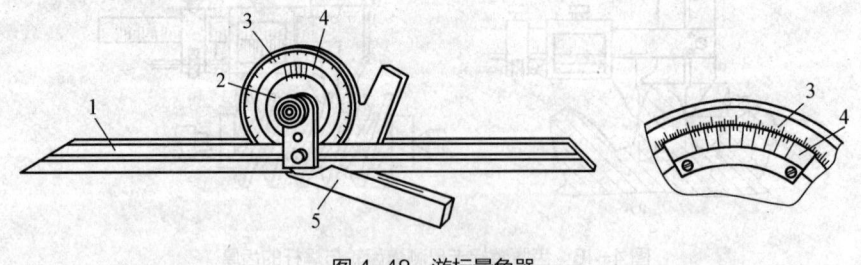

图4-48 游标量角器
1—直尺 2—转盘 3—定盘 4—游标刻度线 5—固定角尺

钢尺是万能角尺的主件，使用时与其他附件配合。活动量角器上有一转盘，盘面刻有0~180°的刻度，当中还有水准器，这个量角器装上钢尺以后，可量出0~180°的任意角度。中心角规用来求出圆形工件的中心。固定角规有一长边，装上钢尺后与钢尺成 90°；另一条斜边与钢尺成 45°，旁边还有水准器。在长边的一端插一根划针可作划线用。

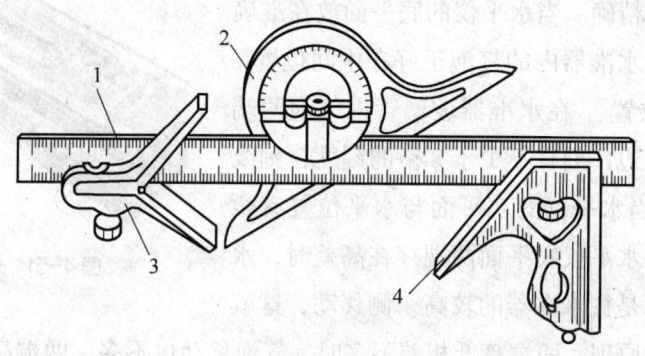

图 4-49　万能角尺
1—钢尺　2—活动量角器　3—中心角规　4—固定角规

（4）其他角度量具

1）中心规。如图 4-50a 所示，主要用于检验螺纹、螺纹车刀角度，以及在安装螺纹车刀时校正正确位置。

2）正弦规。如图 4-50b 所示，主要用于准确检验零件及量规角度和锥度的量具，利用三角函数的正弦关系来度量，故称正弦规或正弦尺、正弦台。

3）车刀量角台。如图 4-50c 所示，它是测量车刀角度的专用仪器。

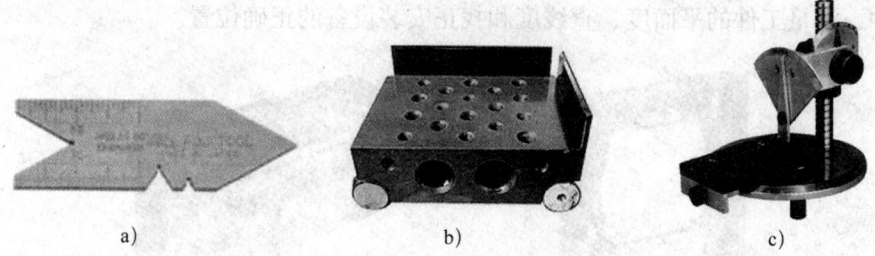

图 4-50　其他角度量具
a）中心规　b）正弦规　c）车刀量角台

4. 水平仪

水平仪是测量角度变化的一种常用量具，主要用于测量机件之间相互位置的水平情况和设备安装时的平面度、直线度和垂直度，也可测量零件的微小倾角。

常用的水平仪有条式水平仪、框式水平仪和数字式光学合像水平仪等。

（1）条式水平仪

如图 4-51 所示是最为常用的条式水平仪。条式水平仪由作为工作平面的 V 形底平面和与工作平面平行的水准器（俗称气泡）两部分组成，工作平面的平直度和水准器与工作平面的平行度都做得很精确。当水平仪的底平面放在准确的水平位置时，水准器内的气泡正好在中间位置，表示处于水平位置。在水准器玻璃管内气泡两端刻线为零线的两边，刻有不少于 8 格的刻度，刻线间距为 2 mm。当水平仪的底平面与水平位置有微小的差别时，即水平仪底平面两端存在高差时，水准器内的气泡总是往水准器的较高一侧移动，这就

图 4-51　条式水平仪

是水平仪的使用原理。两端高低相差不多时，气泡移动也不多，两端高低相差较大时，气泡移动也较大，在水准器的刻度上就可读出两端高差的数值。条式水平仪分度值显示了高、低侧相差的数值，如分度值为 0.03 mm/m，即表示气泡移动一格时，被测量长度为 1 m 的两端上，高、低相差 0.03 mm。

（2）框式水平仪

如图 4-52 所示是常用的框式水平仪。框式水平仪主要由框架和弧形玻璃管主水准器、调整水准组成，可利用水平仪上水准器气泡的移动来测量被测部位角度的变化。

（3）数字式光学合像水平仪

如图 4-53 所示是数字式光学合像水平仪。数字式光学合像水平仪广泛用于精密机械中，测量工件的平面度、直线度和找正安装设备的正确位置。

图 4-52　框式水平仪　　　图 4-53　数字式光学合像水平仪

二、量具的维护和保养

要保持量具的精度和可靠性，除在使用中要按照合理的使用方法操作外，还必须做好量具的维护和保养工作。量具的维护和保养要按照以下要求。

1. 测量零件时，要在零件完全静止时进行，否则不但会使量具的测量面过早磨损

而失去精度,还会造成事故。

2. 测量前,应把量具的测量面和零件的被测量表面都擦干净,以免因脏物而影响测量精度。

3. 量具在使用过程中,不要和工具等硬物堆放在一起,以免碰伤量具,也不要放在有振动的地方,如电动机机座等,以免因振动而使量具掉下来损坏。游标卡尺等量具,使用后应平放在专用盒子里,以免尺身变形。

4. 量具绝对不能作为其他工具的代用品,例如,用游标卡尺划线,用钢直尺撬钉子、清理垃圾等都是错误的用法。量具也不可任意挥动或摇转,否则会使量具失去精度。

5. 温度对测量结果影响很大,零件的精密测量一定要使零件和量具都处在20 ℃的情况下进行。一般的测量可在室温下进行,但必须使工件与量具的温度一致,否则金属材料热胀冷缩的特性会使测量结果不准确。温度对量具精度的影响也很大,量具不应放在阳光下或放在热源(如电炉,热交换器等)附近,以免其受热变形而失去精度。

6. 不要把精密量具放在磁场(如电磁铁等)附近,以防磁化。

7. 发现精密量具有不正常现象时,如量具表面不平、有毛刺、有锈斑以及刻度不准、尺身弯曲变形、活动不灵活等,使用者不应自行拆修,更不允许自行用锤子敲、锉刀锉、砂布打光等粗暴办法修理,以免进一步增大量具误差。发现上述情况时,使用者应当主动将量具送计量站检修,经检定量具精度后再继续使用。

8. 量具使用后,应及时擦干净,除不锈钢量具或有保护镀层的量具外,金属表面应涂上一层防锈油,且放在专用的盒子里保存在干燥的地方,以免生锈。

9. 精密量具应定期进行检定和保养,长期使用的精密量具,要定期送计量站进行保养和检定精度,以免因量具示值误差超差而造成产品质量事故。

职业模块五 电工仪器仪表及测量

- ✓ 培训项目一　电工测量基础
- ✓ 培训项目二　电工常用仪器仪表

培训项目一　电工测量基础

一、电工测量基本知识

1. 测量方法及误差

由于测量对象不同，测量工具和测量方法也多种多样，在测量过程中应按不同的被测对象选用不同的测量工具和测量方法，以减小误差。

（1）测量方法

按测量方式的不同有以下几种分类方法。

1）直读测量法和比较测量法。直读测量法是指被测量值可直接从测量工具上读出的方法，如用电压表测量电压。比较测量法是指在测量过程中，需通过被测量与标准量相比较才能获得测量结果的方法，如用电桥测量电阻阻值，这是利用标准电阻与被测对象的阻值进行比较而获得被测值。

2）直接测量法和间接测量法。直接测量法是指在测量中可以用已知标准定度的仪器仪表对被测量进行直接测量的方法，如用安培表测量电路中的电流。间接测量法是指在测量中不能直接测出被测量值，而是需要通过对一个或几个与被测量具有某种函数关系的物理量进行直接测量，然后通过函数关系计算出被测量值的测量方法，如测量线路的电能需通过测量线路的功率和使用时间，再通过公式计算出线路的电能值。

值得注意的是，这种分类法与上述的直读测量法和比较测量法是有区别的，比如，直接测量法并不意味着就是用直读式仪器进行测量，以电桥测量电阻阻值为例，它属于比较测量法，但因参与测量的对象——标准电阻就是被测量，所以这种测量仍属直接测量法。

3）静态测量法和动态测量法。静态测量法和动态测量法是根据测量过程中被测量是否随时间变化来区分的，也就是说，静态测量期间被测量的值可被认为是恒定的，如固定阻值电阻的测量；而动态测量是指对确定量的瞬时值及（或）其随时间变化所进行的测量，即被测量值是随时间变化的，如放大器增益的测量。

在测量过程中，应考虑被测量本身的特性、所处的环境条件、所需要的精确程度以及所具有的测量设备等因素，经过综合考虑后，正确地选择测量方法、测量设备并制定合理的测量程序，才能获得正确的测量结果。

（2）误差

在测量中不可避免会存在误差，因此，所测得的物理量的数值都是被测对象的真值与其误差的总和。所谓真值是指测量对象某一参数的客观值；误差是指测得的数值与真值的偏差。

1）误差的分类。根据误差性质和产生的原因可将误差分为3类。

①系统误差。它是指测定中按一定规律出现的误差。这种误差的特点是具有方向性和重现性，即在同一条件下，多次重复测试同一量时，误差的数值和正、负号有较明显的规律。这种误差一般是由于所用仪器没有经过校准，或观测环境（如温度、压力和湿度等）变化等原因造成的。所以，系统误差有其对应的规律性，它不能依靠增加测量次数来消除，一般可通过试验分析方法掌握其变化规律，并按照相应规律采取补偿或修正的方法来减小。

②过失误差。它是指由于检测者的疏失，如测错、读错、记错、计算错误等，或测试条件突变，造成的测试结果明显与实际结果不符的误差，又称粗差。例如，对于要求清零的仪器，检测者在测试前忘记清零造成的误差。这种误差的特点是误差没有规律，没有系统误差所表现出的方向性和重现性。含有过失误差的测量数据是不能采用的，但可以采用去除最大值和最小值等方法从测得的数据中去除或减小过失误差数据带来的影响。

③偶然误差（随机误差）。它是指在同一条件下的测量中排除系统误差和过失误差后，对某一量多次重复测量时，各次结果的大小和符号均以不可预定的规律变化的误差。偶然误差是由测量过程中出现的各种不显著而又难以控制的随机因素综合影响所造成的，其特点是，如果进行大量重复测量，其总体呈现的统计规律符合正态分布，可以运用概率理论进行处理。例如，对多次重复的测量值进行算术平均等方法来消除或减小偶然误差所带来的影响。

2）误差的表示方法有以下几种。

①绝对误差。绝对误差是指被测量的测得值与实际值的差值，即：

$$\Delta x = x - x_0$$

式中 Δx——绝对误差；

x——被测量的测得值；

x_0——被测量的实际值。

在实际测量中,由于被测量的真值无法直接得到,因此一般用标准表的读数作为被测量的实际值。

②相对误差。绝对误差虽然重要,但绝对误差没有与被测物质的实际情况联系起来,因此并不能完全说明测定的准确度。在绝对误差数值相等的情况下,试验精度可能存在很大的差别,例如测量温度时同样测定的绝对误差是 5 ℃,如果测定的是钢液的温度,那么这个误差是可以满足要求的,因为对于 1 600 ℃ 的钢液来讲,5 ℃ 仅为其 1/320;如果测定的是水的温度,这个误差就很大了,因为对于温度不超过 100 ℃ 的水来讲,误差达到了 1/20。

为了解决绝对误差的不足,引入了相对误差的概念。相对误差是指被测量的绝对误差与实际值之比,通常用百分数表示,表达式为

$$\gamma = \frac{\Delta x}{x_0} \times 100\% \approx \frac{\Delta x}{x} \times 100\%$$

式中 γ ——相对误差;

Δx ——绝对误差;

x ——被测量的测得值;

x_0 ——被测量的实际值。

相对误差反映了误差在真实值中所占的比例,用来比较在各种情况下测定结果的准确度比较合理。

③算术平均误差。绝对误差和相对误差都是指在一次测定中的误差,对于进行多次的测定而言,为了更好地表示误差的整体情况,引入了算术平均误差的概念。算术平均误差是一种比较常用的误差表示方法,指在测量列 $\{X_i\}$ 中,各次测量误差的绝对值的算术平均值,即:

$$\Delta X = \frac{1}{n} \sum_{i=1}^{n} |X_i - X_0|$$

或 $\Delta X = \frac{1}{n} \sum_{i=1}^{n} \Delta X$

其中 $\Delta X_i = |X_i - X_0|$。

④标准误差。标准误差又称均方根误差,是测量列中各次误差的均方根,即:

$$\sigma_x = \sqrt{\frac{1}{n} \sum_{i=1}^{n} (X_i - X_0)^2}$$

实际上,由于真值无法获得,而测量次数也是有限的,因此,标准误差 σ_x 一般通过偏差 S_x 进行估算。常用的估算方法有最大偏差法、极差法、Bessel 法等,它们的估算结果基本一致。在应用上,一般应用 Bessel 计算 S_x 为

$$S_x = \sqrt{\frac{1}{n-1}\sum_{i=1}^{n}(X_i - \overline{X})^2}$$

$$\text{或}\quad S_x = \sqrt{\frac{1}{n-1}\left[\sum_{i=1}^{n}X_i^2 - \frac{1}{n}\left(\sum_{i=1}^{n}X_i\right)^2\right]}$$

通常所说的标准误差，实际上就是 S_x。

⑤概率误差。概率误差又称为或然误差，通常用符号 γ 表示，是指在一组检测值中，误差落入 $-\gamma$ 与 $+\gamma$ 之间的检测次数为总检测值的一半（50%）。可以证明（证明过程略，可参考相关参考书籍），概率误差与均方根误差之间的关系为

$$\gamma = 0.6745 \times \sigma_x$$

确定概率误差的另一种方法是将各误差取绝对值后，按数值大小顺序排列，其中间的误差就是概率误差。

2. 仪表的准确度及量程选择

（1）仪表的准确度

一般指示仪表的准确度等级用相对引用误差表示，即：

$$r_n = \frac{\Delta x}{x_N} \times 100\%$$

式中　r_n——相对引用误差；

　　　x_N——仪表基准值。

对于单向标度尺的仪表（零位在标度尺的一端），基准值为测量范围的上限；对于双向标度尺的仪表（零位在标度尺内），基准值为测量范围上下限绝对值之和。

相位表及功率表的基准值相当于90°电角度。一般仪表准确度等级有7个，见表5-1。

表5-1　仪表准确度等级及误差关系

准确度等级	0.1	0.2	0.5	1.0	1.5	2.5	5.0
基本误差/%	±0.1	±0.2	±0.5	±1.0	±1.5	±2.5	±5.0

通常情况下，0.1和0.2级仪表用作标准表，0.5~1.5级用于试验，2.5及以上级在工程中使用。

（2）量程的选择

在测量一个被测量时，只关注仪表的准确度是不够的，还要合理选择测量仪表的量程。

例如，在测量 220 V 电压时，如果用 0.1 级量程 1 000 V 的电压表测量，其最大误差为 ±1 V；而如果用 0.2 级量程 300 V 的电压表测量，其基本误差仅为 ±0.6 V。由此例可见，0.2 级电压表的误差反而低于 0.1 级的电压表，所以合理选择量程是非常重要的。一般而言，所选量程为被测量的 1.5 倍左右较为合理。

3. 仪表的量值传递及周期检定

量值传递是指单位量值的大小，通过基准、标准直至工作计量器具逐级传递下来，即依据计量法、检定系统和检定规程，逐级地进行溯源测量。量值传递系统是指通过检定，将国家基准所复现的计量单位量值，通过标准逐级传递到工作用的计量器具，以保证被测对象所测得的量值准确一致的工作系统。在传递系统中，根据量值准确度的高低，规定了从高准确度量值向低准确度量值逐级确定的方法和步骤。

周期检定是指为保证仪表的准确性，仪表必须定期到具相关资质的机构进行检定，超期未检定以及检定不合格的仪表禁止使用。

4. 常用电工仪表的结构和特点

在电工测量中，电工仪表的结构性能及使用方法与最终测量的精确度有着密切的关系，电工只有了解常用电工仪表的基本工作原理及使用方法，才能按要求合理选用电工仪表。

（1）电工仪表按结构和用途分类

1）直读指示仪表。采用直读法进行测量，最常见的是采用指针来指示测量值，如指针式万用表；也有转盘式电能表等其他形式。

2）比较仪表。采用比较法进行测量，即与标准器比较从而读取两者的比值，如直流电桥。

3）图示仪表。显示两个相关量的变化关系，如示波器。

4）数字仪表。把模拟量转换成数字量直接显示，如数字万用表。

除上面所列的几种外，电工仪表还包括扩大量程装置和变换器等，如分流器、附加电阻、电流互感器、电压互感器等。

（2）电工仪表按工作原理分类

1）磁电系仪表。磁电系仪表用途非常广泛，如指针式万用表、灵敏电流计、电子仪器上的指示仪表等。

①工作原理。磁电系仪表的测量结构可分为外磁式、内磁式和内外磁式。常见的外磁式磁电系仪表的测量机构如图 5-1 所示。

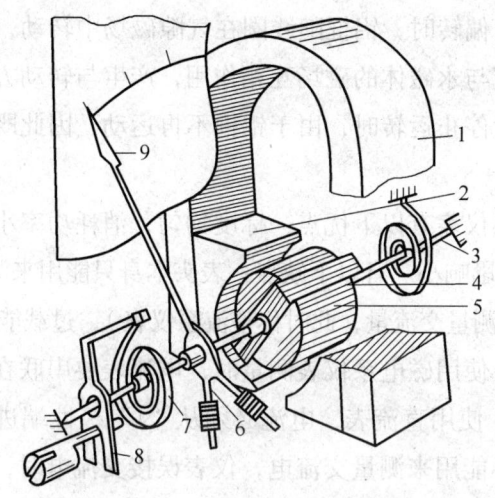

图 5-1 外磁式磁电系仪表的测量机构
1—永久磁铁 2—极靴 3—转轴 4—可动线圈 5—圆柱形铁芯
6—平衡器 7—游丝 8—调零器 9—指针

磁电系仪表的工作原理是，永久磁铁的磁场与通有直流电流的可动线圈相互作用而产生偏转力矩，使可动线圈发生偏转，如图 5-2 所示为产生转动力矩的原理示意图。

当被测电流经过游丝流入线圈时，线圈在磁场中受到电磁力的作用，从而带动指针发生偏转，通过公式推导可知，仪表的偏转角度和流经线圈的电流是成正比的。线圈偏转使游丝扭转产生反作用力矩，当反作用力矩与线圈的转动力矩相等时，指针静止并指示出当前的测量值。

在此类仪表中，为了克服惯性引起的指针振荡，在测量机构中装有阻尼器，促使指针尽快静止在平衡位置。通常，阻尼器是绕制线圈的铝框，如图 5-3 所示。

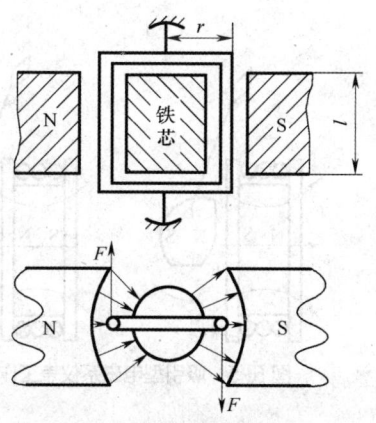

图 5-2 产生转动力矩的原理示意图

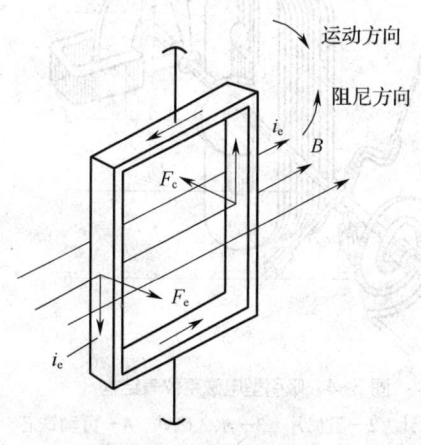

图 5-3 铝框的阻尼作用

当线圈通电流发生偏转时，铝框随线圈在气隙磁场中转动，因切割磁力线而产生感应电流。此感应电流与永磁体的磁场互相作用，产生与转动方向相反的电磁力，起到了阻尼作用。当指针停止运转时，由于铝框不再运动，因此既无感应电流产生，也无阻尼力矩产生。

②优缺点。磁电系仪表有以下优点：标度均匀，消耗功率小，灵敏度和准确度较高，读数受外界磁场的影响小。有以下缺点：表头本身只能用来测量直流量（只有采用整流装置后，才可用来测量交流量，此时称整流系仪表），过载能力差，结构比较复杂。

③使用注意事项。使用磁电系仪表测量时，电流表要串联在被测电路中，电压表要并联在被测电路中；使用直流表，电流必须从"+"极性端进入，否则指针将反向偏转；一般的直流表不能用来测量交流电，仪表误接交流电时，指针虽无指示，但可动线圈内仍有电流通过，若电流过大，仪表将损坏；磁电式仪表过载能力较低，注意不要过载。

2）电磁系仪表。电磁系仪表主要用于交流电测量，如用于电力系统配电柜及电力电子设备上常用的安装式交流电流表、电压表。

①工作原理。电磁系仪表的测量机构由固定部分和活动部分组成，固定部分主要由固定线圈组成，而活动部分主要由可动铁芯组成。根据固定线圈与可动铁芯之间作用关系的不同，电磁系测量机构可分为吸引型、排斥型及排斥－吸引型3种。

吸引型电磁系测量机构的结构如图5-4所示。它的固定部分由固定线圈组成，活动部分由装在转轴上的偏心可动铁芯、指针、阻尼片及游丝等组成。其工作原理示意如图5-5所示。

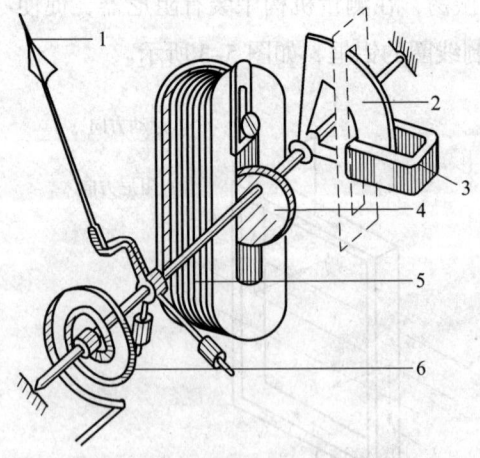

图5-4 吸引型电磁系仪表结构

1—指针 2—阻尼片 3—永久磁铁 4—可动铁芯
5—固定线圈 6—游丝

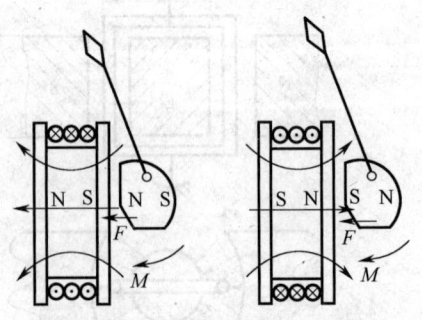

图5-5 吸引型电磁系仪表工作原理

当线圈通过电流时会产生磁场，使可动铁芯磁化，线圈与可动铁芯之间产生吸引力，从而产生转动力矩，引起指针偏转。当转动力矩与游丝产生的反作用力矩相等时，指针便稳定在某一平衡位置上，从而指示出被测量的大小。由此可见，电磁系仪表的游丝不通过电流，这是其与磁电系仪表不同之处。

当线圈中的电流方向改变时，线圈所产生的磁场的极性和被磁化的铁芯的极性同时随之改变，线圈与可动铁芯之间的作用力方向仍保持不变，指针的偏转方向并不会随电流方向改变而改变，因此吸引型电磁系仪表可以用于交流电路测量。由于结构上的原因，吸引型电磁系测量机构不能达到较高的准确度，一般多用于安装式仪表或准确度等级为 0.5 级以下的便携式仪表中。

排斥型电磁系测量机构的结构如图 5-6 所示。它的固定部分由圆形的固定线圈和固定在其内壁的固定铁芯组成；活动部分由固定在转轴上的可动铁芯、游丝、指针及阻尼片等组成。其工作原理如图 5-7 所示。

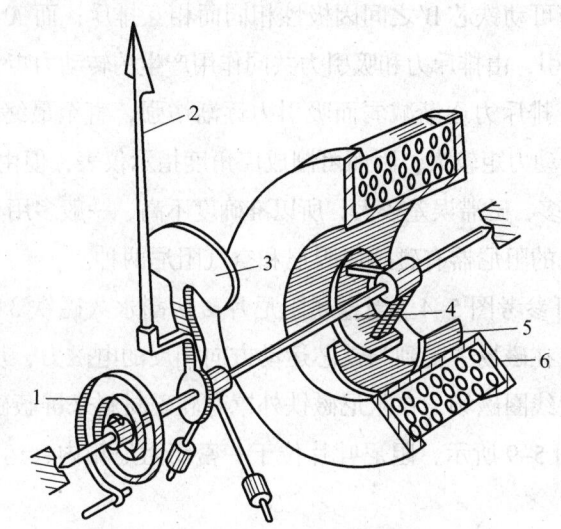

图 5-6 排斥型电磁系仪表结构
1—游丝 2—指针 3—阻尼片 4—可动铁芯 5—固定铁芯 6—固定线圈

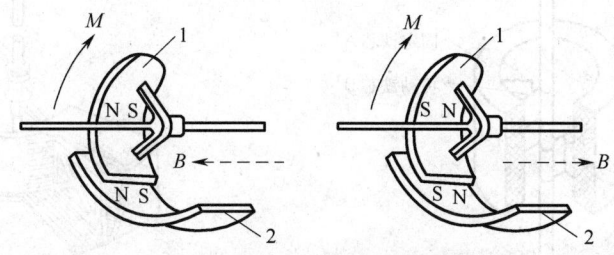

图 5-7 排斥型电磁系仪表工作原理
1—可动铁芯 2—固定铁芯

当线圈通过电流时会产生磁场，使固定铁芯和可动铁芯同时被磁化，并且两个铁芯同一侧的磁化极性相同，从而产生排斥力，使指针偏转。当转动力矩与游丝产生的反作用力矩相等时，指针便稳定在某一平衡位置上，从而指示出被测量的大小。当线圈中的电流方向发生改变时，它所建立的磁场方向随之改变，两个被磁化铁芯的极性也同时随之改变，但两个铁芯仍然相互排斥，转动力矩的方向依然保持不变，指针的偏转方向也不会改变，因此排斥型电磁系仪表同样也可用于交流电路中。

由于排斥型结构中线圈的电感变化相对小，故频率误差容易补偿，因此可以制成0.2级或0.1级的高准确度仪表。另外，排斥型结构的标度尺较为均匀。目前，国内外高准确度的电磁系仪表一般都采用排斥型结构。

排斥–吸引型电磁系测量机构的结构如图5-8所示。它与排斥型结构的主要区别是，固定于固定线圈内壁上的固定铁芯及与转轴相连的可动铁芯均有两个，两组铁芯分别位于轴心两侧。当线圈中有电流通过时，两组铁芯同时被磁化。固定铁芯A与可动铁芯B、固定铁芯A′与可动铁芯B′之间因极性相同而相互排斥；而A与B′、A′与B之间因极性相异而相互吸引，由排斥力和吸引力共同作用产生的转动力矩，使可动部分转动。随着可动部分转动，排斥力逐渐减弱而吸引力逐渐增强，直至最终达到平衡状态。排斥–吸引型结构的转动力矩较大，因而可制成广角度指示仪表，但由于铁芯结构（可动铁芯、固定铁芯）增多，磁滞误差较大，所以准确度不高，一般多用于安装式仪表中。

电磁系仪表常见的阻尼器有磁感应阻尼和空气阻尼两种。

磁感应阻尼器可参考图5-4。当金属阻尼片2切割永久磁铁3的磁场时，阻尼片中将产生感应涡流，在磁场中受到与铁芯运动方向相反的电磁力，从而产生阻尼力矩。为避免永磁磁场干扰线圈磁场，在阻尼磁铁外罩有软磁材料来屏蔽磁场。

空气阻尼器如图5-9所示，阻尼叶片位于一密闭阻尼箱内，运动时依靠空气的阻力起阻尼作用。

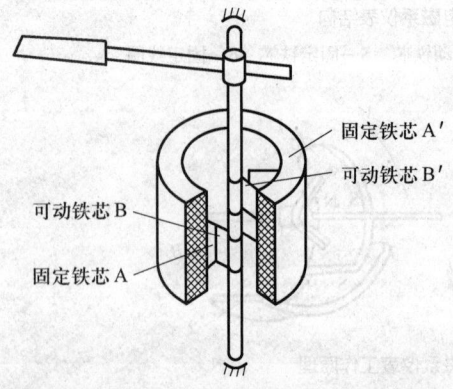

图5-8 排斥–吸引型电磁系测量机构的结构

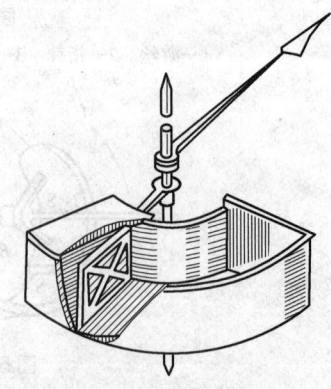

图5-9 空气阻尼器结构

②优缺点。电磁式仪表的优点有:适用于交直流测量;过载能力强;由于电流不通过游丝而是直接经过固定线圈,因此无须辅助设备即可直接测量大电流;可用来测量非正弦量的有效值;结构较简单,成本低。电磁式仪表的缺点有:指针偏转角度与电流的平方成正比,标度不均匀;准确度不高,功耗较大;读数容易受外磁场影响。

3)电动系仪表。电动系仪表常用于制作功率表,也可做成交、直流电流表和电压表。

①工作原理。电动系仪表的结构如图5-10所示,其测量机构由固定部分和可动部分组成。固定部分为固定线圈;可动部分由装在轴上的可动线圈、游丝、指针、平衡锤及空气阻尼片等部件构成。

固定线圈通常分两个部分,在空间上相距一定距离,这样可使由固定线圈产生的磁场比较均匀。两个线圈可以接成串联或并联。可动线圈可以在固定线圈两部分之间的空间里自由转动。一对游丝彼此绝缘,起引导电流及产生反作用力矩的作用。

在电动系仪表中,固定线圈取代了磁电系仪表的永磁体。电动系仪表的工作原理如图5-11所示。当固定线圈通入电流时,产生磁场;当可动线圈通入电流时,载流线圈在磁场中受到磁场力作用而产生转动力矩,从而使指针发生偏转,直至转动力矩与游丝产生的反作用力矩相平衡。如果两个线圈电流方向同时改变,转动力矩方向不会改变,因此可用于交流测量。同其他仪表类似,电动系仪表也设置有阻尼装置。

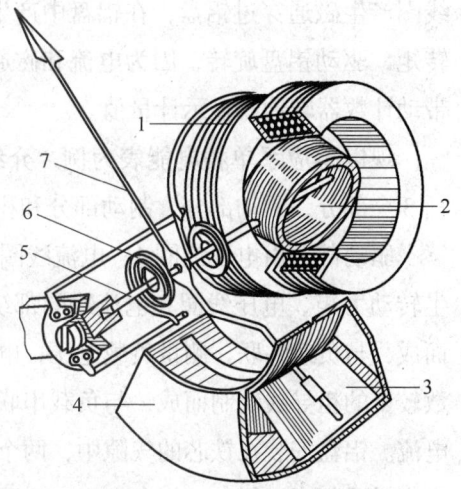

图5-10 电动系仪表的结构
1—固定线圈 2—可动线圈 3—阻尼片
4—阻尼箱 5—转轴 6—游丝 7—指针

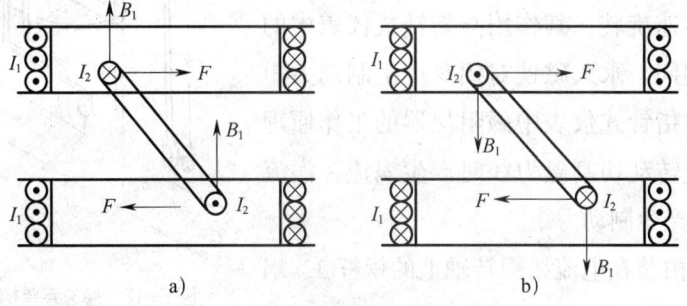

图5-11 电动系仪表的工作原理
a)可动线圈获得电磁力和转动力矩 b)两线圈的电流方向同时改变

②优缺点。电动系仪表具有以下优点：适用于交直流测量；灵敏度和准确度比可用于交流电测量的其他种类的仪表高，可以制成精确度等级为 0.5 以上的仪表；可用来测量非正弦量的有效值；可以测量电流、电压、功率、功率因数、频率、电容及电感等。电动系仪表有以下缺点：标度不均匀；过载能力差；读数受外磁场影响大。

4）感应系仪表。感应系仪表也是一种比较常见的仪表类型，如电能表。

①工作原理。感应系仪表的工作原理是利用两个或两个以上的线圈所产生的变化磁通在导电金属转盘上感应出交变电流，与变化的磁通相互作用产生转动力矩。因此，感应系仪表只能用于交流电路。由于感应系仪表转矩大，成本低，被广泛应用于交流电能的测量中，制成各种交流电能表。

在电能表中，一般设有电压线圈和电流线圈，当电压线圈和电流线圈都通电后，线圈产生磁通穿过铝盘，在铝盘中产生感应电流，该电流在交变磁通作用下产生驱动转矩，驱动铝盘旋转，因为电流和磁通都是交变的，所以驱动力矩的方向不变。铝盘带动计数器转动，显示计量值。

现以感应系单相电能表为例，介绍感应系仪表的结构，如图 5-12 所示，主要包括 3 个部分，驱动部分、制动部分和积算部分。

驱动部分由电压线圈 1、电流线圈 7 和可以旋转的铝盘 5、转轴 2 等组成，用来产生转动力矩。电压线圈和电流线圈都绕在铁芯上，电压线圈由匝数较多的细导线绕制而成，与负载并联，测量负载电压；电流线圈由匝数较少的粗导线绕制而成，与负载串联，测量负载电流。铝盘安装在铁芯的气隙中，两个线圈产生的交变磁通都穿过铝盘，铝盘在交变磁通作用下产生感应涡流，并与磁通相互作用产生转动力矩。

制动部分由永久磁铁 6 和铝盘 5 等组成，用来产生制动力矩。制动力矩用于平衡转动力矩，使得铝盘能匀速旋转，其作用与指针式仪表中的反作用力矩相同。永久磁铁对铝盘产生制动力矩的工作原理与指针式仪表中磁阻尼器的工作原理相同，即铝盘转动切割磁力线时产生涡流，涡流在磁场中受力产生制动力矩。

积算部分由装在电流线圈转轴上的蜗杆 3、蜗轮 4 和计数装置（图中没有画出）等组成，用来计算铝盘的转数，以达到累计电能的目的。铝盘

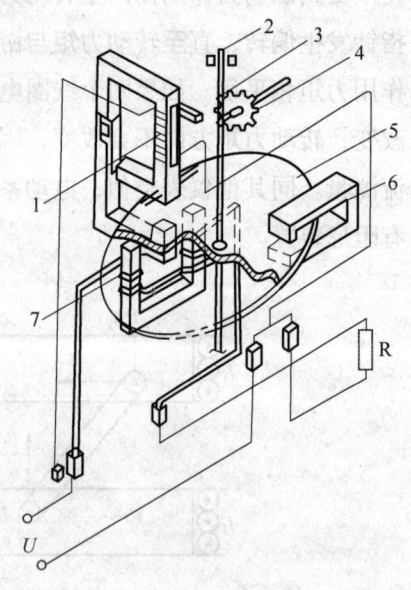

图 5-12 感应系单相电能表的结构
1—电压线圈 2—转轴 3—蜗杆 4—蜗轮
5—铝盘 6—永久磁铁 7—电流线圈

的转动通过蜗杆和蜗轮传到计数装置,以累计铝盘的转动圈数,铝盘每旋转若干转便可使其中的"字轮"转动一个"字",字轮由若干位组成,低位的字轮每转动一周可以使高位的字轮转动一个字,显示出所测电能的 kW·h(度)数。

②优缺点。感应系仪表的优点有:感应系仪表中的线圈都带有铁芯,产生较强的磁场,仪表的电流线圈导线粗,流过电流较大,因而仪表的转动力矩较大,过载能力较强;仪表自身的磁场较强,所以防御外界磁场的能力也较强。感应系仪表的缺点有:由于感应系仪表是靠交变磁通进行工作的,所以只能测量交流电;由于铝盘内感应涡流的大小与交流电的频率有关,以致仪表中转动力矩的大小也和频率有关,因此感应系仪表只能测量某一固定频率的交流电;由于涡流的大小与铝盘的电阻有关,而电阻的大小又受温度的影响,因此感应系仪表的读数容易受温度的影响;仪表的准确度较低,一般家用电能表的准确度仅为 2.0 级。

5. 常用电气测量指示仪表的符号

(1)测量单位及功率因数的文字符号

常用测量单位及功率因数的文字符号见表 5-2。

表 5-2 常用测量单位及功率因数的文字符号

名称	符号	名称	符号
千安	kA	兆欧	MΩ
安培	A	千欧	kΩ
毫安	mA	欧	Ω
微安	μA	毫欧	mΩ
千伏	kV	微欧	μΩ
伏特	V	库[仑]	C
毫伏	mV	毫韦伯	mWb
微伏	μV	毫特斯拉	mT
兆瓦	MW	微法	μF
千瓦	kW	皮法	pF
瓦特	W	亨[利]	H
兆乏	Mvar	毫亨	mH
千乏	kvar	微亨	μH
乏	var	摄氏度	℃
兆赫	MHz	相位角(度)	φ(°)
千赫	kHz	功率因数	cosφ
赫兹	Hz	无功功率因数	sinφ

(2) 仪表工作原理的图形符号

常用仪表工作原理的图形符号见表 5-3。

表 5-3 常用仪表工作原理的图形符号

名称	符号	名称	符号
磁电系仪表		电动系比率表	
磁电系比率表		铁磁电动系仪表	
电磁系仪表	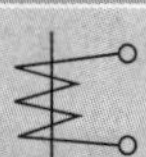	铁磁电动系比率表	
电磁系比率表	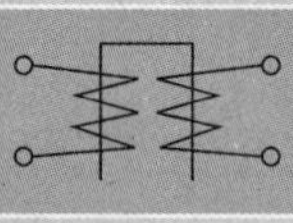	感应系仪表	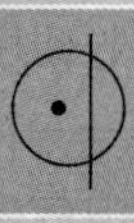
电动系仪表	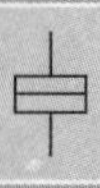	静电系仪表	
整流系仪表（带半导体整流器和磁电系测量机构）		热电系仪表（带接触式热变换器和磁电系测量机构）	

(3) 绝缘强度的标识符号

绝缘强度的标识符号见表 5-4。

表 5-4 绝缘强度的标识符号

名称	符号	名称	符号
不进行绝缘强度试验		绝缘强度试验电压为 2 kV	

(4) 电流种类的图形符号

电流种类的图形符号见表 5-5。

表 5-5 电流种类的图形符号

名称	符号	名称	符号
直流	—	直流和交流	
交流（单相）		具有单元件的三相平衡负载交流	

（5）准确度等级的标识符号

准确度等级的标识符号见表5-6。

表5-6 准确度等级的标识符号

名称	符号	名称	符号
以标度尺量限百分数表示的准确度等级，例如1.5级	1.5	以标度尺长度百分数表示的准确度等级，例如1.5级	▽1.5
以指示值的百分数表示的准确度等级，例如1.5级	 ⓘ1.5		

（6）工作位置的标识符号

工作位置的标识符号见表5-7。

表5-7 工作位置的标识符号

名称	符号	名称	符号
标度尺位置为垂直	⊥	标度尺位置与水平面倾斜成一角度，例如60°	∠60°
标度尺位置为水平	⊓		

（7）端钮、调零器的标识符号

端钮、调零器的标识符号见表5-8。

表5-8 端钮、调零器的标识符号

名称	符号	名称	符号
正端钮	+	负端钮	—
公共端钮（多量限仪表和复用电表）	 ✳	接地用的端钮（螺钉或螺杆）	 ⏚
与屏蔽相连接的端钮	 ○	与外壳相连接的端钮	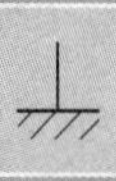 ⏛
调零器	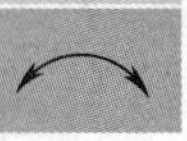 ⌒		

（8）防御外磁场或外电场等级的标识符号

防御外磁场或外电场等级的标识符号见表5-9。

表 5-9　防御外磁场或外电场等级的标识符号

名称	符号	名称	符号
Ⅰ级防外磁场（例如磁电系）	 ⌂	Ⅰ级防外磁场（例如静电系）	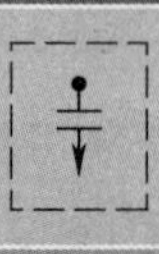 ⊥
Ⅱ级防外磁场及电场	Ⅱ 或 Ⅱ	Ⅲ级防外磁场及电场	Ⅲ 或 Ⅲ
Ⅳ级防外磁场及电场	Ⅳ 或 Ⅳ		

二、常用的测量方式

1. 电流测量

测量电路中电流值的仪表是电流表。电流表按所测电流性质可分为直流电流表、交流电流表和交直流两用电流表，按测量范围又分为微安表、毫安表和安培表等。

（1）直流电流测量

直流电流测量绝大多数采用磁电系直流电流表，但也有少数采用电动系电流表和电磁系电流表。其中磁电系直流电流表只能测量直流电流，而电动系电流表和电磁系电流表可以交、直流两用。

1）测量原理。下面以常见的磁电系直流电流表为例，介绍直流电流的测量原理。

直流电流表一般由磁电系测量机构（表头）和外加分流电阻组成，如图 5-13 所示。一般表头的量程在 10 mA 以下，当测量几毫安及以下的电流时，可以直接使用；当测量较大的电流时，则通过加分流电阻来扩大电流表的量程。分流电阻阻值的计算方法如下：

设表头的内阻为 R_0，流过表头的电流为 I_0，分流电阻的阻值为 R_P，电路的总电流为 I，则有

$$I_0 R_0 = (I - I_0) R_P$$

$$R_P = \frac{I_0 R_0}{I - I_0} = \frac{R_0}{\frac{I}{I_0} - 1}$$

$$R_0 = \frac{(I - I_0) R_P}{I_0}$$

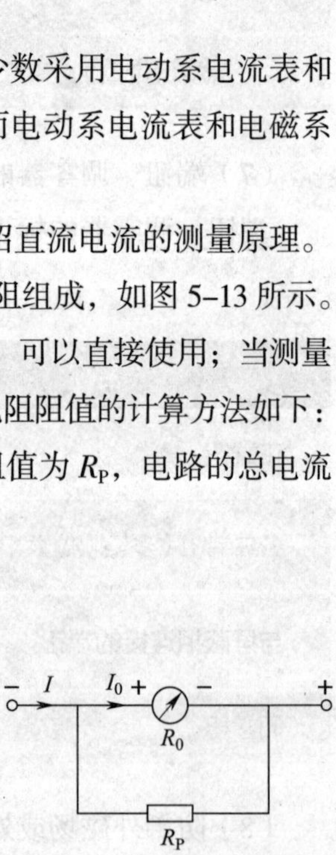

如设电流量程扩大倍数 n 为

图 5-13　直流电流表的组成

$$n = \frac{I}{I_0} \tag{5-1}$$

则式（5-1）可写为

$$R_\mathrm{P} = \frac{R_0}{n-1}$$

例如，把一个量程为 100 μA、内阻为 1 kΩ 的电流表改造为一个量程为 1 A 的电流表，则分流电阻 R_p 为

$$R_\mathrm{P} = \frac{1\,000}{\dfrac{1\,000}{0.1} - 1} \approx 0.1\ \Omega$$

由以上可知，如电流量程扩大倍数 n 很大时，分母中的 $n-1$ 可以近似地用 n 代替。分流电阻的阻值一般较小，电阻稍有变化就会增大误差，所以分流电阻都采用电阻温度系数很小的锰铜来制作。

当电流量程扩大倍数不大时，分流电阻功率较小，因此体积也较小，可与表头一起安装在表内；当电流量程扩大倍数很大时，相应的分流电阻功率也要求很大，因此体积大且发热量大，一般需做成外附分流器。

外附分流器上标注有额定电流和额定电压值，一般不标明电阻值。额定电流是指扩大量程之后的总电流，一般有 5 A、10 A、15 A、20 A、25 A 几种。额定电压有 20 mV、30 mV、50 mV、75 mV、100 mV、120 mV、150 mV 及 300 mV 几种，其中 75 mV 是较为常用的一种规格。同仪表一样，分流器也具有多种准确度等级可供选择，常用的有 0.1、0.2、0.5、1.0、2.0 5 个等级，应按实际需求合理选用。

在使用外附分流器时，应注意和分流器配套的电流表的电压量程及电流量程应与分流器的额定电流值及额定电压值相等，电流表上标注的电压量程等于电流表的电流量程乘以它的内阻。如果由于现场条件所限，使用的分流器和电流表量程不相等，则要按相应比例进行折算。例如，一个量程为 100 A/75 mV 的电流表，使用 500 A/75 mV 的分流器，则应将电流表所指示的数值乘以 5，才是所测的实际电流值。

另外，在选用分流器时还应注意量程是否适宜，例如当所测电流为 25 A 时，应选用 50 A/75 mV 分流器，而不应选用 25 A/75 mV 的，虽然 25 A/75 mV 分流器的精度比 50 A 的高，但是由于所测电流已接近该分流器的额定值上限，分流器容易过热引起漂移，实际上会降低精度。使用分流器还应注意接线方式。常见分流器的外形如图 5-14 所示，有大小两对

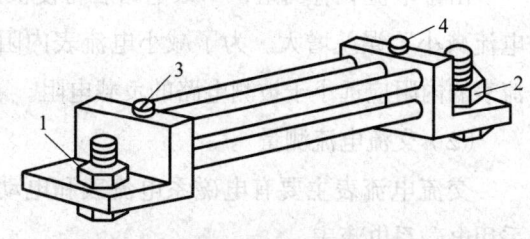

图 5-14 分流器
1、2—电流接头　3、4—电位接头

接线端，处于外侧的一对大的接线端称为电流接头，接线时与被测电流连接；内侧的一对小的接线端称为电位接头，接线时与电流表连接。分流器的接线如图 5-15 所示。这两组接线端不可混接。按规定的方法接线时，电流接头的接触电阻出现在分流器和电流表的并联组合之外，即接触电阻不会影响分流比；而电位接头的接触电阻与电流表串联，电流表本身的内阻比分流器的大得多，接触电阻串联在电表支路上对电表支路的总电阻并无太大影响，也不会影响分流比。

采用不同阻值的分流电阻即可制成多量程的直流电流表。如图 5-16 所示为双量程直流电流表原理。

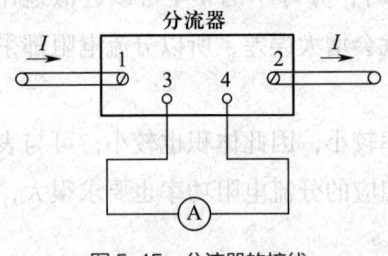

图 5-15 分流器的接线

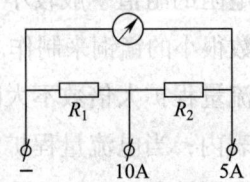

图 5-16 双量程直流电流表原理

2) 使用注意事项。在测量直流电流时，直流电流表应串联在被测电路中，切不可并联在电路的两端，否则，由于电流表内阻很小，将造成电路短路，电流表也将被烧坏，容易造成火灾等恶性事故。

将直流电流表串入电路时，要注意其极性和量程。测量直流电流时，被测电流应从电流表的"+"端流入，"-"端流出，否则指针将反向偏转并损坏电流表。应根据被测电流的大小来选择直流电流表的量程，使选择的量程大于被测电流的数值，如果误将小量程的电流表接入大电流的电路，会使电流表因过载而损坏；为了减小测量误差，选择量程时应使指针工作在满刻度值的 2/3 区域附近为宜。

当被测支路两端的电位相差较大时，建议将电流表接在电位较低的一端，如图 5-17 所示。这样可以降低电流表的线圈与外壳之间的电压，增加安全性。

由于电流表有内阻，串入电路后将使被测支路的电阻增大、电流减小、误差增大。为了减小电流表内阻对测量的影响，电流表的内阻应远小于被测电路的负载电阻。

(2) 交流电流测量

交流电流表主要有电磁系电流表和电动系电流表，但大多采用电磁系电流表。

1) 测量原理。下面以电磁系交流电流表为例，介绍交流电

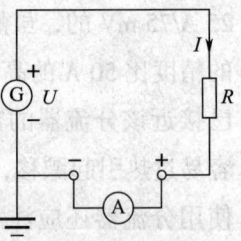

图 5-17 电流表的接法

流的测量原理。

前文介绍过的电磁系仪表由于其结构的特点，过载能力较强，因此，电磁系交流电流表可以在相当大的电流范围内直接测量交流电流。双量程的交流电流表通常把固定线圈分成两段并把接线端引出到仪表的外壳上，通过接线片使线圈串联或并联，使仪表获得两种量程。如图5-18所示为双量程交流电流表的接线方法，串联接法时量程为 5 A，并联接法时量程为 10 A。

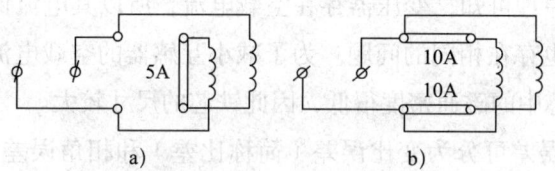

图 5-18 双量程交流电流表接线方法
a) 串联接法 b) 并联接法

当所测电流过大且无法用电流表直接测量时，电磁系电流表可采用电流互感器来扩大量程。此外互感器还可以使测量仪表和被测电路隔离，以保证仪表和工作人员的安全。

互感器实质上是一种特殊类型的变压器。变压器不仅可以改变一次绕组和二次绕组之间的电压比，还可以改变一次绕组和二次绕组之间的电流比。利用变压器的这一原理，可制成电流互感器，将大电流按规定的比例减小，以扩大电流表量程；也可制成电压互感器，将高电压按规定的比例降低，以扩大电压表量程。

电流互感器的接线及图形符号如图5-19所示。图中 N_1 为一次绕组匝数，N_2 为二次绕组匝数，N_2 大于 N_1。一次绕组与被测电路串联，被测电流从中流过，成为电流互感器的一次电流；二次绕组与电流表或其他仪表的电流线圈相连接。

根据变压器的工作原理，可得：

$$\frac{I_1}{I_2} = \frac{N_2}{N_1} = K_i$$

式中 K_i——电流互感器的电流比。

将该式变换可得：

$$I_1 = \frac{N_2}{N_1} I_2 = K_i I_2 \quad (5-2)$$

从式（5-2）可见，通过测出 I_2，再乘以电流互感器的电流比即可得到待测电流 I_1，即电流表的量程扩大 K_i 倍。实际上，与电流互感器配套的交流电

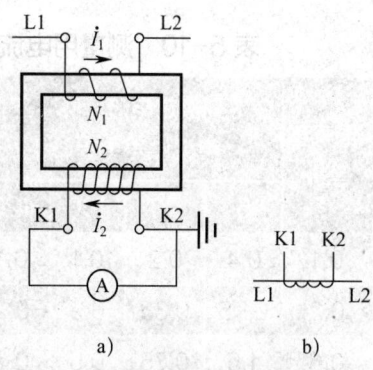

图 5-19 电流互感器的接线及图形符号
a) 接线图 b) 图形符号

流表刻度是按扩大 K_i 倍后的数值标出的，可直接读出交流电流数值。

电流互感器常用的一次绕组额定电流有 20 A、30 A、50 A、75 A、100 A、150 A、200 A、250 A、300 A、350 A、400 A、500 A、600 A、750 A、800 A、1 000 A、1 500 A、2 000 A、3 000 A、5 000 A、10 000 A 等，电流互感器常用的二次绕组额定电流一般有 1 A 和 5 A，最为常用的是 5 A，标注方法如"1 000 A/5 A"样式。与电流互感器配套使用的交流电流表的量程应与电流互感器的二次绕组额定电流相同。

由变压器工作原理可知，变压器存在空载电流，所以其电流比与匝数比之间存在误差，因此互感器也存在相同的问题。为了减小互感器的空载电流，从而减小测量误差，电流互感器铁芯中的磁通密度很低，因此铁芯的尺寸较大。

电流互感器的误差可分为变比误差（简称比差）和相角误差（简称角差）两种。变比误差是指按变流比测量所得的二次绕组电流测量值与一次绕组电流真值相比较的相对误差，即数值大小的误差；相角误差是指一次绕组电流与二次绕组电流在相位上的误差。电流互感器的误差大小还与电流大小有关。

一般测量用的电流互感器的准确度等级分为 0.1、0.2、0.5、1.0、3.0、5.0 共 6 个等级，通常计量计费用的电流互感器的准确度为 0.2～0.5 级；用于监视各进出线回路中负荷电流大小的电流互感器的准确度等级为 1.0～3.0 级。还有一种用于特殊用途测量用的电流互感器，相对于一般测量用电流互感器而言，它要求在更大的电流范围内保持更高的测量精度，一般有 0.2 S 和 0.5 S 两个等级。各等级的误差见表 5-10、表 5-11 及表 5-12。

对于 0.1、0.2、0.5、1、0.2 S、0.5 S 级，在二次负荷为额定负荷的 25%～100% 之间的任一值时，其额定频率下的电流误差和相位差不应超过表中所列限值。对于 3 级和 5 级，在二次负荷为额定负荷的 50%～100% 的任一值时，其额定频率下的电流误差不应超过表中所列限值。

表 5-10 测量用电流互感器（0.1～1 级）电流误差和相位差限值

准确度等级	在下列额定电流（%）下的电流误差（±%）				在下列额定电流（%）下的相位差							
					±(′)				±crad			
	5	20	100	120	5	20	100	120	5	20	100	120
0.1	0.4	0.2	0.1	0.1	15	8	5	5	0.45	0.24	0.15	0.15
0.2	0.75	0.35	0.2	0.2	30	15	10	10	0.9	0.45	0.3	0.3
0.5	1.5	0.75	0.5	0.5	90	45	30	30	2.7	1.35	0.9	0.9
1.0	3.0	1.5	1.0	1.0	180	90	60	60	5.4	2.7	1.8	1.8

表 5-11　特殊用途测量用的电流互感器电流误差和相位差限值

准确度等级	在下列额定电流（%）下的电流误差（±%）				
	1	5	20	100	120
0.2S	0.75	0.35	0.2	0.2	0.2
0.5S	1.5	0.75	0.2	0.5	0.5

准确度等级	在下列额定电流（%）下的相位差									
	±（'）					±crad				
	1	5	20	100	120	1	5	20	100	120
0.2S	30	15	10	10	10	0.9	0.45	0.3	0.3	0.3
0.5S	90	45	30	30	30	2.7	1.35	0.9	0.9	0.9

表 5-12　测量用电流互感器（3级和5级）电流误差限值

准确度等级	在下列额定电流（%）下的电流误差（±%）	
	50	120
3	3	3
5	5	5

注：对3级和5级的相位差限值不予规定。

除测量用电流互感器外，还有一类保护用电流互感器（如用于继电保护的电流互感器），其常用准确度等级有 5 P 和 10 P 两种，在额定频率及额定负荷下，其电流误差、相位差和复合误差不应超过表 5-13 所列的限值。

表 5-13　保护用电流互感器误差限值

准确度等级	额定一次电流下的电流误差（±%）	额定一次电流下的相位差		额定准确限值一次电流下的复合误差（%）
		±（'）	±crad	
5 P	1	60	1.8	5
10 P	3	—	—	10

除前文中所介绍的普通电流互感器外，还有一些其他结构形式的电流互感器。如图 5-20 所示的也是一种常用的电流互感器，称为穿心式电流互感器。穿心式电流互感器本身结构不设一次绕组，载流（负荷电流）导线由 L1 至 L2 穿过由硅钢片擀卷制

成的圆形（或其他形状）铁芯起一次绕组作用。二次绕组直接均匀地缠绕在圆形（或其他形状）铁芯上，且与仪表、继电器、变送器等电流线圈的二次负荷串联形成闭合回路。由于穿心式电流互感器不设一次绕组，其变比根据一次绕组穿过互感器铁芯中的匝数确定，穿心匝数越多，变比越小；穿心匝数越少，变比越大。例如，一穿心式电流互感器在穿心匝数为1时变比为200/5，则穿心匝数为2时变比为100/5。因此，在配用穿心式电流互感器时，不仅要注意其额定变比及额定电流，还要注意其额定匝数。

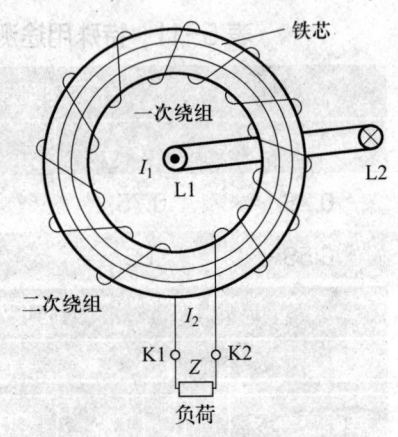

图5-20 穿心式电流互感器结构

有些穿心式电流互感器标的是额定安匝容量。安匝容量是指线圈或绕组（分布或集中式）的匝数与这些匝内流过电流的安培数之积。例如100/5，300安匝容量的电流互感器，应配指示范围为0~100 A的电流表，而穿心匝数则应为3。

多抽头电流互感器也是常见的电流互感器，如图5-21a所示。这种电流互感器与普通电流互感器相比，其二次绕组有多个抽头，以获得多个不同的变比。

具有不同变比的电流互感器还有不同变比电流互感器和一次绕组可调、二次多绕组电流互感器。不同变比电流互感器的二次绕组为两个匝数不同、各自独立的绕组，可以满足同一负荷电流情况下不同变比、不同准确度等级的需要，如图5-21b所示。

一次绕组可调、二次多绕组电流互感器原理如图5-22所示。这种电流互感器多用于高压电流互感器，其一次绕组分为两段，分别穿过互感器的铁芯；二次绕组为两个带抽头的、不同准确度等级的独立绕组。一次绕组与装置在互感器外侧的连接片连接，

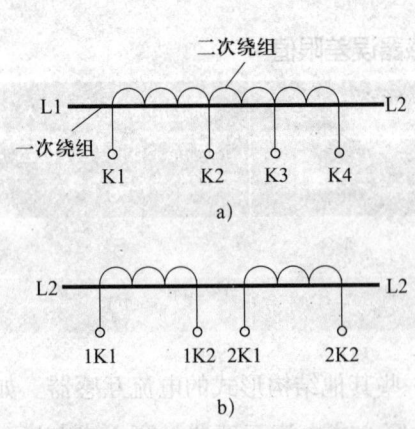

图5-21 多抽头及不同变比的电流互感器原理
a) 多抽头电流互感器 b) 不同变比电流互感器

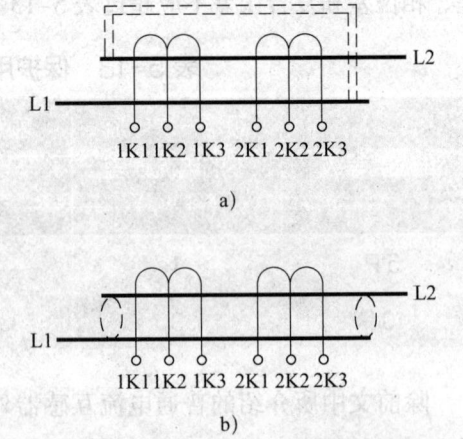

图5-22 一次绕组可调、二次多绕组电流互感器原理
a) 一次串联（两匝） b) 一次并联（一匝）

变更连接片的位置，使一次绕组形成串联或并联接线，从而改变一次绕组的匝数，以获得不同的变比；带抽头的二次绕组的变化随着一次绕组匝数改变而改变，从而实现多量程的变比。

另外，还有一种由电流互感器和电压互感器组合而成的组合式电流-电压互感器，多安装于高压计量箱、柜中，用作计量电能或用电设备继电保护装置的电源。

2）交流电流表及电流互感器使用的注意事项。交流电流表使用的注意事项与直流电流表类似，测量时应将交流电流表串接于被测电路中，只是接线时不需考虑极性；测量交流电流时，决不可将电流表的接线端与被测电路并联，否则不仅会使电流表烧坏，还将引起电路短路事故；交流电流表的量程也应根据被测电流的大小来选择，为减小测量误差，应注意使电流表的指针工作在满刻度值的2/3区域附近。

使用电流互感器时，需要和对应量程的交流电流表配套，同时还要注意选择电流互感器的额定电压，其等级必须与被测线路的电压等级相适应。

特别需要注意的是，当一次绕组接通时，电流互感器二次绕组不允许开路。由于电流互感器与普通变压器的工作状态不同，电流互感器的正常工作状态是短路状态，它的一次绕组与负载串联，而不是直接接在电源上，因此，流经一次绕组的电流大小取决于负载的大小，而不是同普通变压器一样取决于二次绕组电流的大小。当二次绕组开路时，一次侧电流不会随二次侧电流的减小而相应减小，此时电流互感器铁芯中的磁通全由一次绕组的磁通势产生，造成铁芯内磁通很大，从而使铁芯因磁通饱和而过热，而且在二次绕组的开路端口感应出高压，造成绝缘击穿，危及人身安全。所以，电流互感器的二次绕组是严禁开路的，在使用时不允许在电流互感器二次绕组电路中装设熔断器。在电流互感器的一次绕组电路接通的情况下，如需要拆除或更换二次绕组仪表，首先应将电流互感器的二次绕组短路，然后才能拆除或更换，以免在操作过程中造成二次绕组开路。

在安装电流互感器时，需注意电流互感器的铁芯及二次绕组的一端应该同时可靠接地，特别是高压电流互感器。在接线时，须注意一、二次绕组接线端的极性，如果接错不仅会使功率表、电能表倒转，在三相测量电路中还会引起其他严重故障。

2. 电压的测量

测量电路中电压值的仪表是电压表。电压表按所测电压的性质分为直流电压表、交流电压表和交直两用电压表，按测量电压范围又分为毫伏表、伏特表。磁电系、电磁系、电动系是电压表的主要形式，其中磁电系直流电压表只能测量直流电压，而电动系电压表和电磁系电压表可以交、直流两用。

（1）直流电压测量

和直流电流表相似，直流电压表绝大多数采用磁电系直压电流表，但也有少数采用电动系电压表和电磁系电压表。下面以常用的磁电系直流电压表为例，介绍直流电压的测量原理。

1）测量原理。磁电系直流电压表一般由测量机构（表头）和外加串联附加电阻组成，如图 5-23 所示。

通常，直流电压表的表头都采用微安表，这样电压表只需要通过很小的电流即可，对电路的影响也较小，需再串联附加电阻来限制电流，可以扩大表头的量程。

在图 5-23 中，设表头的电流量程为 I_0，内阻为 R_0，附加电阻为 R_S，组成的电压表的电压量程为

$$U = (R_0 + R_S) I_0$$

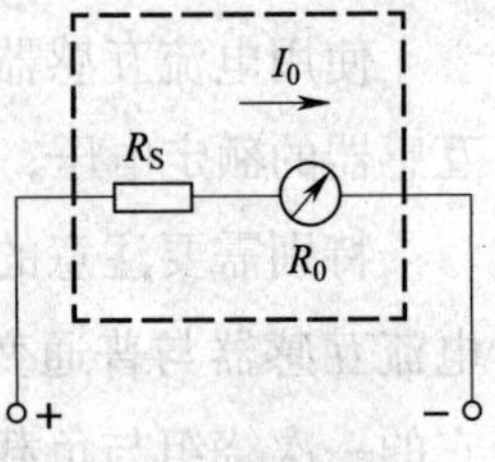

则附加电阻 R_S 为

$$R_S = \frac{U}{I_0} - R_0$$

电压表内阻 R 则为

$$R = R_0 + R_S = \frac{U}{I_0}$$

图 5-23 磁电系直流电压表原理

还可写为

$$\frac{1}{I_0} = \frac{R}{U}$$

其物理意义是电压表每 1 V 电压量程应对应多大的内阻，这就是电压表的每伏欧姆数。电压表的每伏欧姆数又称为电压表的灵敏度，它决定着电压表在测量时从被测电路分得的电流值。电压表的灵敏度越高，即每伏欧姆数越大，则测量时电压表从被测电路分得的电流值就越小。通常，磁电系电压表的灵敏度较高，一般为每伏几千欧到几十千欧；电动系电压表和电磁系电压表的灵敏度较低，一般为每伏几十欧到几百欧。

每伏欧姆数对于计算电压表的内阻或者计算扩大量程所需的附加电阻的阻值来说是非常有用的。例如，要计算一个电流量程为 50 μA、内阻为 1.0 kΩ 的表头，制成一个电压量程为 100 V 的直流电压表，需串联多大的附加电阻时，可先计算出电压表的每伏欧姆数为

$$\frac{1}{I_0} = \frac{1}{50 \times 10^{-6}} = 20 \ (k\Omega/V)$$

电压表的内阻值为

$$R = 20 \ k\Omega/V \times 100 = 2 \times 10^3 \ (k\Omega) = 2 \ (M\Omega)$$

则应串联的附加电阻 R_S 为

$$R_S = 2\,000 - 1.0 = 1\,999\,(\text{k}\Omega) \approx 2\,(\text{M}\Omega)$$

由本例可知，在电压表量程扩大倍数很大的情况下，表头本身的内阻可以忽略不计，计算串联电阻时，只要把每伏欧姆数乘以扩大后的电压量程就可得到。如果连接几个不同电阻值的附加电阻，即可制成多量程的直流电压表，如图 5-24 所示为三量程直流电压表的原理示意图。

2）使用注意事项。在测量直流电压时，电压表必须并联在被测电路上，并注意接电压表的极性，电压表的"+"端应接在被测电压的高电位端，"-"端应接在低电位端，如图 5-25 所示。

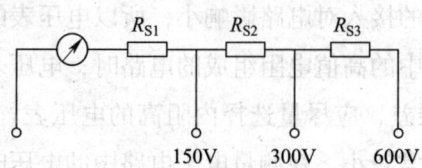

图 5-24　三量程直流电压表的原理

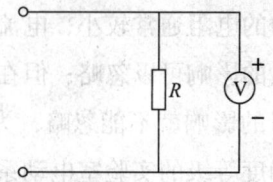

图 5-25　直流电压表接法

直流电压表的量程应根据被测电压的大小来选择，使选择的量程大于被测电压的数值，如将小量程的电压表接入高电压的电路中，则会使电压表因过压而损坏；为了减小测量误差，选择量程时应使指针工作在满刻度值的 2/3 区域附近为宜。

在测量时，还应该注意直流电压表的内阻对测量值的影响。虽然电压表的内阻通常较大，测量时分得被测电路的电流也较小，但是由于电路的电压测量端总是存在一定的输出电阻，测量时电压表所分得的电流在这一电阻上总会产生一些电压降，使得电压表读数偏小。

如图 5-26 所示，设电源电动势 $E=6$ V，电源内阻 $R_0=10\,\Omega$，电阻 $R_1=R_2=50$ kΩ，现用每伏欧姆数为 20 kΩ/V、量程为 10 V 的直流电压表测量电路 B 点的电压，则可计算得电压表的内阻 R_V 为

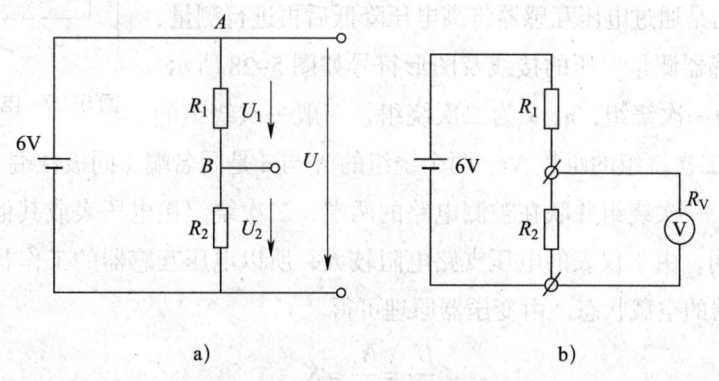

图 5-26　电压表内阻对测量的影响

a）电路原理图　b）测量 R_2 电压

$$R_V = 20 \times 10 = 200 \text{ (k}\Omega\text{)}$$

A 点电压 U_A 为 6 V，计算 B 点电压为

$$R_V \text{ // } R_2 = 50 \text{ // } 200 = 40 \text{ (k}\Omega\text{)}$$

$$U_B = 6 \times \frac{40}{50+40} = 2.67 \text{ (V)}$$

通过理论计算得 U_B 为 3 V，测量值 2.67 V 和实际值 3 V 相对误差为 11%，可见误差很大，已不可忽略了。

由上述计算过程可知，用电压表测量电压时，测量误差不仅与电压表的内阻大小有关，还与电路测量端输出电阻的大小有关。在实际运用中，测量电力电路时，由于电路中的电阻通常较小，电流较大，电压表的接入对电路影响小，所以电压表的内阻对测量的影响可以忽略；但在测量电子电路中的高值电阻组成的电路时，电压表内阻对测量的影响就不能忽略，为了减小测量误差，应尽量选择内阻高的电压表。例如，高准确度等级的实验室电动系电压表内阻通常较小，在测量电子电路中的电压时，其误差反而比低准确度的万用表大。

（2）交流电压测量

交流电压表大多数采用电磁系仪表，也有少数为电动系仪表或磁电系仪表和整流变换装置组成的整流系仪表。

1）测量原理。教材以电磁系交流电压表为例，介绍交流电压的测量原理。

交流电磁系测量机构的内阻小，电流大，因而表头的电压量程很小，所以不能直接测量电压。在测量交流低电压时，采用串联附加电阻的方法扩大量程，如图 5-27 所示。通过串联不同阻值的附加电阻，可以制作多量程的交流电压表。

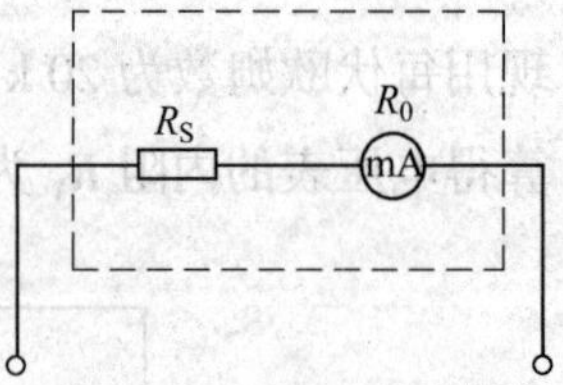

在测量交流高电压时，则不采用串联附加电阻的方法来扩大量程，而是通过电压互感器将高电压降低后再进行测量。

电压互感器测量电压的接线及图形符号如图 5-28 所示。其中 A、X 为一次绕组，a、x 为二次绕组，一般一次绕组的匝数 N_1 多于二次绕组的匝数 N_2。两个绕组的 A 与 a 是同名端（同极性端）。

图 5-27 电磁系交流电压表

接线时，一次绕组并联在被测电路的两端，二次绕组接电压表或其他仪表。与电流互感器不同，由于仪表的电压支路电阻较大，所以电压互感器的工作状态相当于一个降压变压器的空载状态。由变压器原理可得

$$\frac{U_1}{U_2} = \frac{N_1}{N_2} = K_u \tag{5-3}$$

式中　K_u——电压互感器的电压比。

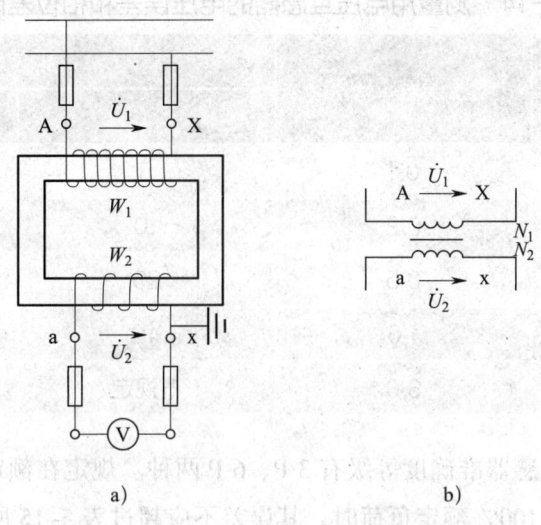

图 5-28 电压互感器测量电压的接线及图形符号
a）接线图 b）图形符号

通过式（5-3）可知，只要测出二次电压 U_2，就可以得出被测电压 U_1，表达式为

$$U_1=K_u U_2$$

通常，电压互感器一次绕组的额定电压按标准设计，如 6 kV、10 kV、20 kV、35 kV 等；二次绕组的额定电压一般为 100 V，与电压互感器配套使用的交流电压表的量程也为 100 V。除了单相电压互感器外，还有三相电压互感器。

由于电压互感器因线圈内阻、铁芯漏磁及铁芯损耗而产生内阻抗上的压降，电压互感器的实际电压比与匝数比是存在误差的。为减少误差，电压互感器选用的线圈导线较粗、铁芯尺寸较大、材料较好，因此其结构尺寸比同容量的一般变压器大得多。此外，电压互感器还可采用略微增加二次线圈的匝数的方法以补偿内阻压降。

同电流互感器一样，电压互感器的误差也可分为变比误差（简称比差）和相角误差（简称角差）两种。所谓比差，是指按电压比测量所得的电压测量值与一次绕组电压真值相比较的相对误差；所谓角差，是指一次绕组电压 U_1 与二次绕组电压 U_2 在相位上的误差。如果 U_1 与 U_2 的正方向如图 5-28 所示，则在理想情况下二者应该是同相的，但是由于内阻抗的影响，U_1 与 U_2 存在着相位差，这就是角差。

测量用的电压互感器的准确度按照比差可分为 0.1、0.2、0.5、1.0、3.0 共 5 个等级。按规定，测量用电压互感器在额定频率、额定功率因数及二次负荷为额定负荷的 25%～100% 之间的任一数值时，其误差不应超过表 5-14 所列限值。

表5-14 测量用电压互感器的电压误差和相位差限值

准确度等级	电压误差（±%）	相位差	
		±（'）	±crad
0.1	0.1	5	0.15
0.2	0.2	10	0.3
0.5	0.5	20	0.6
1.0	1.0	40	1.2
3.0	3.0	不规定	不规定

保护用的电压互感器准确度等级有3P、6P两种。规定在额定频率及5%额定电压下，负荷为25%~100%额定负荷时，其误差不应超过表5-15所列限值。在额定频率及2%额定电压下，负荷为25%~100%额定负荷时，其误差不应超过表5-15所列限值的2倍。

表5-15 保护用的电压互感器的电压误差和相位差限值

准确度等级	电压误差（±%）	相位差	
		±（'）	±crad
3P	3.0	120	3.5
6P	6.0	240	7.0
0.5	0.5	20	0.6

2）使用注意事项。交流电压表在测量某一电路的电压时，电压表应与被测电路并联，接线时不需要考虑极性。

交流电压表的量程应根据被测电压的大小来选择，使选择的量程大于被测电压的数值，如将小量程的电压表接入高电压的电路中，将会使电压表因过压而损坏。为了减小测量误差，选择交流电压表的量程应使指针工作在满刻度值的2/3区域附近为宜。

同直流电压表一样，使用交流电压表时也需要注意内阻对测量值的影响。一般的电磁系表头的电流量程在几十毫安左右，灵敏度较低，内阻较小（每伏欧姆数一般为数十欧姆/伏左右）。在测量交流电力电路中的电压时，由于电路电阻较小，因此电磁系电压表内阻对测量的影响不大；而当测量电子电路的电压时，电磁系电压表的内阻将对测量结果造成很大的影响，此时可用晶体管电压表来测量。晶体管电压表采用磁电系表头，内部有半导体管放大、整流电路，其内阻很大，可用于电子电路电压的测量。

如需使用电压互感器时，应注意电压互感器一次绕组的额定电压应略大于被测电压，二次绕组的额定电压应与交流电压表的量程一致，电压互感器的容量应大于二次回路所有测量仪表的负载功率。

电压互感器的一、二次绕组都不允许短路。电压互感器正常工作时，二次绕组近似为开路状态，如果二次绕组短路则会烧毁电压互感器，因此电压互感器的一、二次绕组都应安装熔断器。同时，电压互感器一、二次绕组接线端的极性不可接反，尤其是在三相测量系统中，接反将会导致严重事故。

安装电压互感器时，电压互感器的铁芯和二次绕组的一端要可靠接地，以防止一、二次绕组之间的绝缘损坏或击穿时，一次绕组的高压窜入二次绕组，危及人身与设备安全。

3. 电阻的测量

电阻测量可以在直流或交流条件下进行，其中以直流条件下测量更为常见。教材主要介绍在直流条件下电阻的测量。

（1）测量方法分类

电阻测量方法可按被测电阻阻值大小来分类，也可按电阻阻值的测量原理来分类。

1）按被测电阻阻值大小分类。一般可分为以下 3 种。

①小阻值电阻的测量。通常是指阻值在 $1\ \Omega$ 以下电阻的测量。常见的被测对象有电动机电枢绕组、分流器电阻、汇流排电阻、导线电阻和电流表内阻等。测量时可选用微欧表、双臂电桥等，对测量结果精度要求不高时，也可用毫伏表配合毫安表测量。

②中阻值电阻的测量。通常是指阻值在 $1 \sim 1 \times 10^6\ \Omega$ 范围内电阻的测量。这个阻值范围的对象最为常见。测量时，可采用欧姆表、万用表欧姆挡、电压表电流表配合法等，对测量精度有要求时可采用电位差法、单臂电桥等。

③大阻值电阻的测量。通常是指阻值在 $1 \times 10^6\ \Omega$ 以上电阻的测量。常见的被测对象有不良导体、半导体、绝缘材料等。测量时，可采用绝缘电阻表直接测量，对测量精度有要求时可采用检流计法。

2）按电阻阻值测量原理分类。一般可分为以下 3 种。

①直接测量法。采用直读式仪表测量电阻，可从仪表上直接读取测量结果，例如用万用表欧姆挡测量。

②比较测量法。采用比较式仪器将被测电阻与标准电阻进行比较，一般比较式仪器中有指零仪（检流计），当指零仪指向零时，被测电阻的阻值就是标准器的阻值，

例如用单臂电桥、双臂电桥等方法测量。

③间接测量法。采用测量与电阻有关的量，再根据电学公式计算出电阻值的测量方法，例如用电流表和电压表一起测量电阻的方法。

测量电阻的常用方法及特性见表 5-16。

表 5-16 测量电阻的常用方法及特性

测量方法	测量范围 /Ω	误差范围 /%
电压表电流表配合法	$1\times10^{-3} \sim 1\times10^6$	$0.2 \sim 1$
欧姆表法	$1\times10^{-2} \sim 1\times10^6$	$0.5 \sim 5$
单电桥法	$1\times10 \sim 1\times10^6$	$0.01 \sim 1$
双电桥法	$1\times10^{-6} \sim 1\times10^2$	$0.01 \sim 2$
检流计法	$1\times10^6 \sim 1\times10^{12}$	$1 \sim 5$

（2）电阻测量方法

1）伏安法（电压表电流表配合法）测量电阻。这是一种间接测量的方法，其基本原理是欧姆定律。这种测量方法的精确度不是很高，但可在与被测对象的工作条件相同的情况下测量，非常适合测量非线性对象。

这种测量方法有两种测量电路，如图 5-29 所示。电压表前接法也称电流表内接法。采用这种测量电路时，电压表的读数包括了被测电阻 R_x 的电压 U_R 和电流表的压降 U_A，此时被测电阻值为

$$R_x = \frac{U_V - U_A}{I_A} = \frac{U_V - I_A R_A}{I_A} = \frac{U_V}{I_A} - R_A$$

式中　R_x——被测电阻阻值，Ω；

U_V——电压表读数，V；

U_A——电流表压降，V；

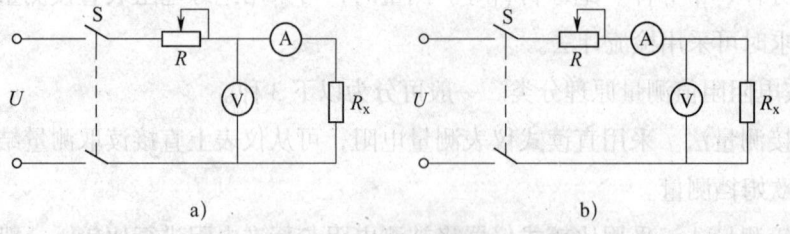

图 5-29　伏安法测量电阻
a）电压表前接法　b）电压表后接法

I_A——电流表读数，A；

R_A——电流表内阻，Ω。

从上式可知，当被测电阻阻值远大于电流表内阻时，可忽略电流表上的压降，可得

$$R_x \approx \frac{U_V}{I_A}$$

因此，这种测量方法适合测量较大的电阻。

电压表后接法也称电流表外接法。采用这种测量电路时，电流表的读数包括了被测电阻内流过的电流 I_R 和电压表的电流 I_V 之和，此时被测电阻阻值为

$$R_x = \frac{U_V}{I_A - I_V} = \frac{U_V}{I_A - \dfrac{U_V}{R_V}} \tag{5-4}$$

式中　R_x——被测电阻阻值，Ω；

U_V——电压表读数，V；

I_V——电压表电流，A；

I_A——电流表读数，A；

R_V——电压表内阻，Ω。

从式（5-4）可知，当被测电阻阻值远小于电压表内阻时，可忽略电压表的电流。因此这种测量方法适合测量较小的电阻。

2）三表法测量电阻。对于纯交流电阻，也可用伏安法进行测量。但交流电阻常和其他电参数（如电感、电容）混合在一起，有时还包括代表铁芯损耗或介质损耗的等值电阻。在这种情况下可采用三表法来测量。

三表法是指用电流表、电压表和功率表一起测量交流电阻。其原理如图 5-30 所示。同伏安法一样，三表法测量电阻也有两种接法，这两种接法的误差分析方法同伏安法类似，这里不再重复。一般近似认为电压表、电流表的内阻与负载相比可忽略不计。

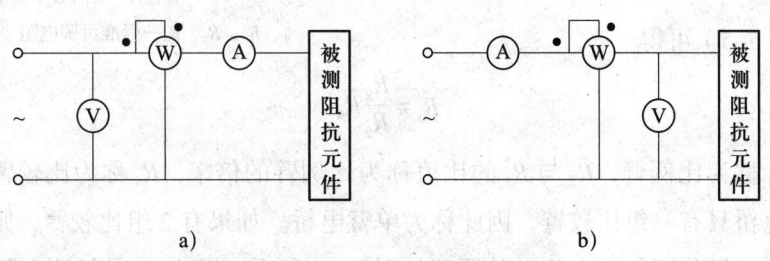

图 5-30　三表法测量交流电阻

a）电压表前接法　b）电压表后接法

根据上图各仪表读数计算,阻抗的模为

$$|Z| = \frac{U}{I}$$

功率因数为

$$\cos\varphi = \frac{P}{UI}$$

则阻值 R 为

$$R = |Z|\cos\varphi = \frac{U}{I} \times \frac{P}{UI} = \frac{P}{I^2}$$

式中　U——电压表读数,V;

　　　I——电流表读数,A;

　　　P——功率表读数,W。

3) 用欧姆表测量电阻。欧姆表可以直接测量电阻的阻值,是一种常用的测量方式。欧姆表法的测量原理和使用方法与万用表欧姆挡一致,在万用表相关内容中做详细介绍。

4) 电桥法测量电阻。电桥法是比较测量法中一种常用的测量方式,灵敏度、准确度高。这里仅简单介绍电桥的工作原理。

电桥有直流和交流两类,直流单臂电桥是其中较简单的一种。直流单臂电桥又称惠斯通电桥,工作原理示意如图 5-31 所示。

图中电桥有 4 个臂,其中 1 个接被测电阻,其余 3 个接标准可调电阻。使用时调节标准可调电阻,使检流计指针指向零位,即电桥达到平衡,此时有

$$\begin{cases} I_x R_x = I_4 R_4 \\ I_2 R_2 = I_3 R_3 \\ I_x = I_2 \\ I_3 = I_4 \end{cases} \quad (5\text{-}5)$$

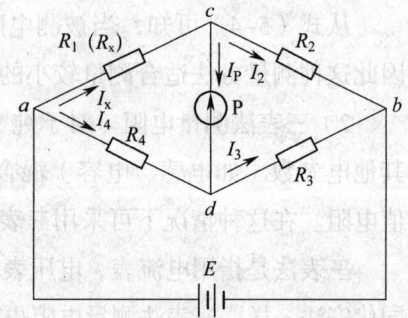

图 5-31　直流单臂电桥原理示意图
P—检流计　$R_1(R_x)$—被测电阻
R_2、R_3、R_4—标准可调电阻　E—直流电源

解式 (5-5) 可得

$$R_x = \frac{R_2}{R_3} R_4$$

R_2、R_3 称为比例臂,R_2 与 R_3 的比值称为比例臂的倍率,R_4 称为比较臂。可以看出,这种电桥只有一组比较臂,因此称为单臂电桥。如果有 2 组比较臂,则组成了直流双臂电桥,又称开尔文电桥。其原理如图 5-32 所示。图中 R_x 是被测电阻,R_n 是比较用的可调电阻。R_1、R_1'、R_2 和 R_2' 是桥臂电阻,其阻值均在 10 Ω 以上。R_x 和 R_n 各

有两对端钮，其中 C1 和 C2、Cn1 和 Cn2 是电流端钮，P1 和 P2、Pn1 和 Pn2 是电位端钮。比较用可调电阻的电流端钮 Cn2 与被测电阻的电流端钮 C2 用电阻为 R 的粗导线连接。

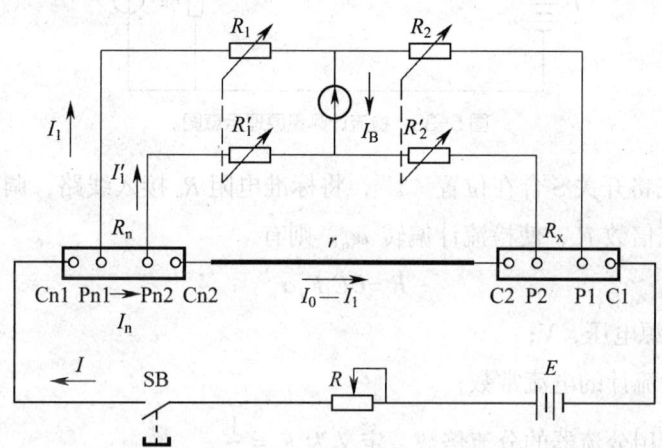

图 5-32　双臂电桥原理示意图

接线时，必须使被测电阻 R_x 只在电位端钮 P1 和 P2 之间，而电流端钮在电位端钮的外侧，这样可以排除接线电阻与接触电阻对测量结果的影响，因此可以达到很高的准确度，可测量小阻值电阻。

桥臂电阻 R_1 和 R_1' 以及 R_2 和 R_2' 为同轴调节电阻，因此在改变 R_1 或 R_2 的同时，R_1' 和 R_2' 也会随之变化，它们的关系为

$$\frac{R_1'}{R_1} = \frac{R_2'}{R_2}$$

使用时，调节各桥臂电阻，使检流计指向零位，即电桥达到平衡。此时通过计算可知被测电阻阻值为

$$R_x = \frac{R_2}{R_1} R_n$$

可见，被测电阻 R_x 仅决定于桥臂电阻 R_2 和 R_1 的比值及比较用可调电阻 R_n，而与粗导线电阻 r 无关，R_2 与 R_1 的比值称为直流双臂电桥的倍率。

交流电桥有许多种类，也有许多用途，可测电容、电感、频率等多种参数，本教材不再展开介绍。

5）检流计法。检流计法也属于比较测量法，一般用于测量大电阻，测量原理如图 5-33 所示。图中标准电阻 R_n 常用 1 MΩ 的电阻，R_x 为被测大电阻，利用万用分流器 R_P 配合检流计 P 可得到多种灵敏度。

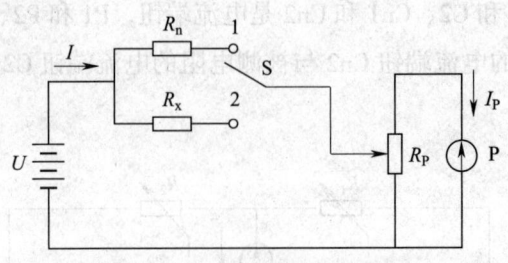

图 5-33 检流计测量原理示意图

测量时，先将开关 S 合在位置"1"，将标准电阻 R_n 接入线路，调节万用分流器，选用合适的分流倍数 F_n，使检流计偏转 α_n，则有

$$R_n = UC_1 F_n \alpha_n \tag{5-6}$$

式中　U——电源电压，V；

C_1——检流计的电流常数；

F_n——万用分流器的分流倍数，定义为 $F_n = \dfrac{1}{I_F}$。

然后将开关 S 合在位置"2"，将被测电阻 R_x 接入线路，调节万用分流器，选用合适的分流倍数 F_x，使检流计偏转 α_x，则有

$$R_x = uC_1 F_x \alpha_x \tag{5-7}$$

将式（5-6）和式（5-7）联立可解得被测电阻为

$$R_x = \dfrac{F_x \alpha_x}{F_n \alpha_n} R_n$$

测量电阻除以上方法外，还可以使用绝缘电阻表、接地电阻测试仪等专用仪器测量，将在《电工（初级）》教材中介绍。

（3）电阻测量的注意事项

1）小阻值电阻测量注意事项。由于小阻值电阻本身阻值很小，因此测量时接线电阻和接触电阻就不可忽视，必须采取措施来消除接触电阻和接线电阻所带来的影响。

例如，在用伏安法测量小电阻时，为消除接触电阻和接线电阻所带来的影响，可采用如图 5-34 所示的接法。由于被测电阻阻值很小，所以电压表采用毫伏表。

采用这种接法的关键是在被测电阻两端各设两个接线端，其中 P1、P2 是电位接头，用于接毫伏表；C1、C2 是电流接头。电流接

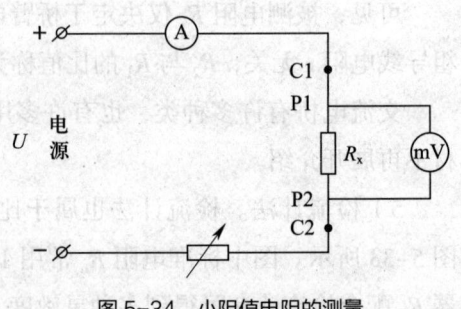

图 5-34 小阻值电阻的测量

头在电位接头的外侧，这样，电流接头处的电压降将不会被毫伏表检测到，而与内阻为几十欧姆的毫伏表串联的电位接头的接触电阻对毫伏表的读数影响不大。这样的接法可最大限度减小测量误差。

2）大阻值电阻测量注意事项

由于大阻值电阻容易受温度和湿度的影响，因此应注意环境对阻值测量的影响。同时，测量所用的电流种类、电压大小、测试设备本身的绝缘等，都会影响阻值的测量。

另外，测量大阻值电阻时，须考虑沿被测电阻表面流过的泄漏电流的影响，并采取一定的措施来避免。现仍以伏安法为例，说明如何避免泄漏电流的影响。

如图 5-35 所示，由于被测电阻阻值很大，因此电路中的电流很小，故采用微安表测量。这时，沿被测电阻表面泄漏的电流 I_L 将被微安表检测到，使被测电阻阻值小于实际值。这时可采用如图 5-35b 所示的保护环电路来解决这个问题。保护环为一金属环，固定于被测电阻表面泄漏途径的终端，同时引出保护导线将泄漏电流绕过微安表，使其不再影响测量结果。

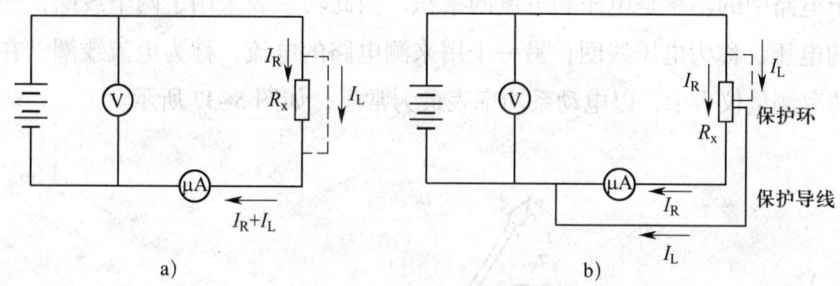

图 5-35 伏安法测量大电阻
a）无保护电路 b）有保护电路

4. 功率的测量

测量功率可采用直接测量的方法，也可采用间接测量的方法，对于三相功率的测量，一般都采用三相功率表直接测量。

（1）功率测量的原理

1）用伏安法测直流功率。用伏安法测直流功率属于间接测量的方法，其计算公式为

$$P=UI$$

测量的方法同电阻测量中伏安法，也有电压表前接和后接两种方式，如图 5-36 所示。

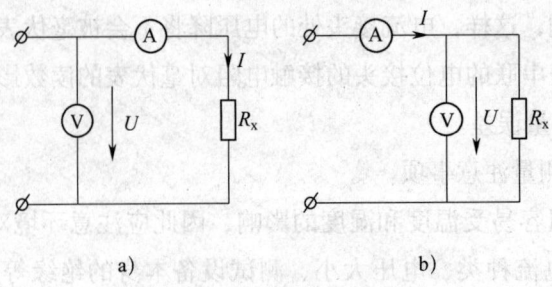

图 5-36 用伏安法测量直流功率
a）电压表前接法　b）电压表后接法

与电阻测量的伏安法同理，在使用电压表前接法测量时，计算所得的功率包含了电流表所消耗的功率，因此适合小电流、高电压的情况，在日常测量中最为常见；在使用电压表后接法测量时，计算所得的功率包含了电压表所消耗的功率，因此适用于低电压、大电流的情况。

2）单相电功率的直接测量。采用功率表直接测量得到功率值，比用电压表、电流表测量的方法更为简便和直观，是常用的测量方式。

由于电路中的功率是电压和电流的乘积，因此功率表采用了两个线圈，一个用来测电路的电压，称为电压线圈；另一个用来测电路的电流，称为电流线圈。在交、直流电路功率测量仪表中，以电动系功率表最为常见，如图 5-37 所示。

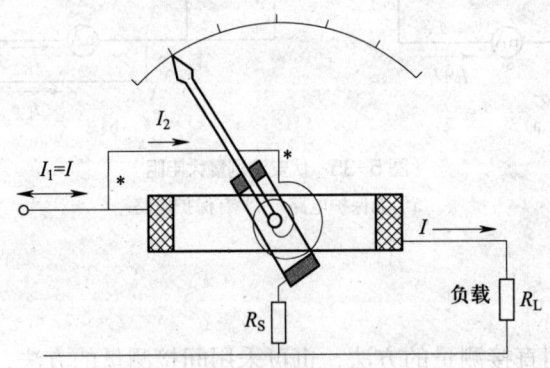

图 5-37　电动系功率表的原理

将电动系测量机构两个线圈中的可动线圈作为电压线圈，固定线圈作为电流线圈，即可构成电动系功率表。电动系测量机构固定线圈的匝数较少，导线较粗，作为电流线圈，使用时与负载串联以反映电流的大小；可动线圈的匝数较多，导线较细，作为电压线圈，使用时在电压线圈中串联一个附加电阻，与负载并联以反映电压的大小。

测量直流电路功率时，电流线圈中的电流 I_1 就是电路中的电流 I，即 $I_1=I$，电压线圈中的电流 I_2 为

$$I_2 = \frac{U}{R_S}$$

式中 R_S——仪表电压线圈支路的电阻，包括线圈电阻和附加电阻。

此时，仪表指针的偏转角 α 为

$$\alpha = KI_1I_2 = KI\frac{U}{R_S} = \frac{K}{R_S}UI = \frac{K}{R_S}P$$

式中 K——比例系数。

当测量交流电路功率时，则有

$$P = UI\cos\varphi$$

此时功率表指针的偏转角为

$$\alpha = KI_1I_2\cos\varphi = KI\frac{U}{R_S}\cos\varphi = \frac{K}{R_S}P \tag{5-8}$$

式（5-8）表明，用电动系功率表测量交流电路功率时，其指针偏转角 α 与电路的有功功率成正比。电动系功率表在交、直流电路中均可使用，且由于指针偏转角 α 与功率成正比，因而功率表的刻度是均匀的。

功率表的电路图如图5-38所示。图5-38a中圆圈和圆中垂直交叉的两条直线表示电动系功率表，其中水平的粗线表示电流线圈，垂直的细线表示电压线圈。电流线圈与电流表一样串联在电路中，使被测电流通过电流线圈；电压线圈与表内的附加电阻串联后作为功率表的电压测量支路，并联在被测电压的两端。也可在表示仪表的圆圈内标上字母"W"来简化表示功率表，并画出四个接线端，左右两个表示电流线圈，上下两个表示电压测量支路，如图5-38b所示。

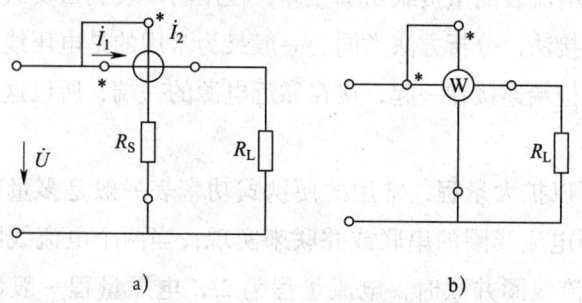

图5-38 功率表的电路图
a) 电路图　b) 简化电路图

由于电动系功率表的转动力矩和两线圈电流的方向有关，因此，功率表的接线端是有极性的，只要其中一个线圈的电流方向接反了，转动力矩就会改变方向，功率表的指针就会反向偏转，使读数为负。

在功率表电流线圈和电压线圈对应电流流进的端钮上，标注着"*"号（或"±"号）标志。在接线时应使电流和电压线圈带"*"标志的端钮接到电源同极性的端子上，保证电流的流向正确，如果接错可能导致指针反向偏转，打坏指针，还可能导致击穿线圈绝缘等严重事故。几种常见的错误接法如图5-39所示，正确接法如图5-40所示。

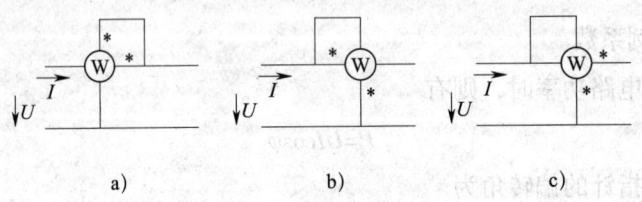

图5-39 功率表的错误接法

a）电流接线端反接　b）电压接线端反接　c）电流及电压接线端都反接

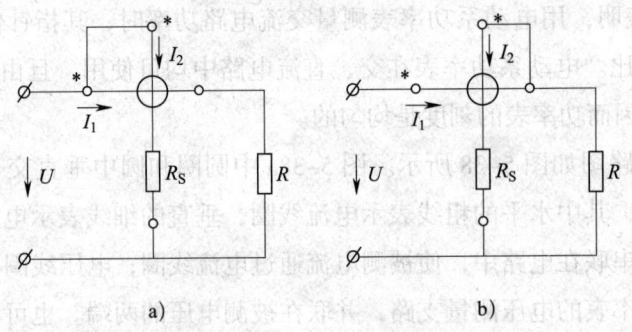

图5-40 功率表的正确接法

a）电压线圈前接法　b）电压线圈后接法

同用电压表、电流表测量负载功率一样，在用功率表测量负载的功率时，也有电压线圈前接法和后接法，分析方法类同。一般最为常用的是电压线圈前接法，此时电流和电压的两个标记端连接在一起，接在靠近电源的一端，所以这一标记端也称为电源端。

功率表同样可以扩大量程，常用的便携式功率表一般是多量程的。通常，电流的量程设两挡，用电流线圈的串联或并联来实现，当两个电流线圈串联时，电流量程为I，当两个电流线圈并联时，电流量程为$2I$；电压量程一般设两挡或三挡，通过串联附加电阻实现多量程的切换。多量程电动系功率表内部接线图如图5-41所示。

多量程功率表的面板刻度上一般只刻一条刻度标尺，刻度标尺上不标瓦特数，只标分格数。测量时，先根据所选用的电压量程、电流量程以及标尺满刻度的格数，求出每分格的瓦特数C（又称功率表常数）为

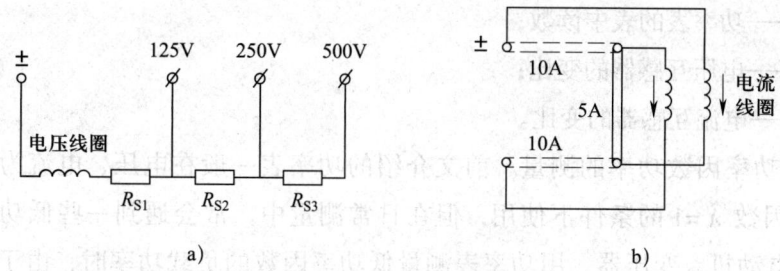

图 5-41 多量程电动系功率表的内部接线图
a）三挡量程 b）接线圈

$$C = \frac{U_g I_g}{a_m}$$

式中 U_g——功率表电压量程；

I_g——功率表电流量程；

a_m——功率表标尺满刻度读数。

然后再乘以功率表上指针偏转的格数 n，就可得到所测量功率 P，表达式为

$$P = Cn$$

对交流高电压和大电流电路进行功率测量时，则采用电压互感器和电流互感器来扩大量程。接有互感器的功率表接线图如图 5-42 所示。

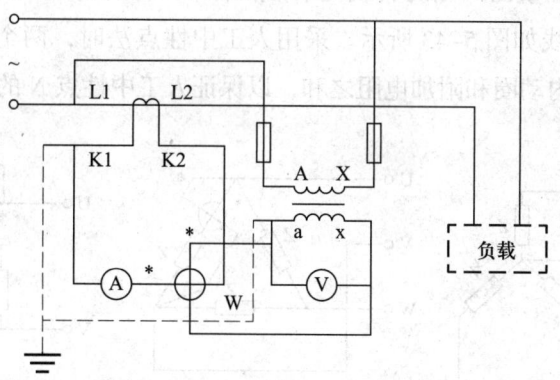

图 5-42 接有互感器的功率表接线图

通过互感器测量功率，接线时除要注意功率表的标记端外，还要注意互感器的同名端，保证二次绕组的电流（电压）与一次绕组同相。如图 5-42 所示，一次绕组电流从互感器 L1 端流入，则二次绕组的 K1 端接功率表的电流标记端；一次绕组的电压从 A 端指向 X 端，则二次绕组的 a 端接功率表的电压标记端。此时被测电路的功率为

$$P = P_0 K_u K_i$$

式中 P_0——功率表的表中读数；

K_u——电压互感器的变比；

K_i——电流互感器的变比。

3）低功率因数功率的测量。前文介绍的功率表一般在电压、电流为额定值和负载功率因数 $\lambda=1$ 的条件下使用，但在日常测量中，常会遇到一些低功率因数的负载，如电动机、变压器。用功率表测量低功率因数的负载功率时，由于电路的电压、电流较大而功率较小，如选用普通的功率表，则在满足电压、电流的量程要求后，功率的读数就会偏小，功率表指针偏转角不大，读数偏小，从而使读数的相对误差增大。综上所述，在测量低功率因数的负载功率时，应选用低功率因数功率表，它与一般功率表的区别在于仪表的功率量程不是电压量程与电流量程的乘积，而是电压量程与电流量程的乘积再乘以系数 0.1 或 0.2（该系数称为仪表的功率因数 $\cos\varphi_H$，但实际上，它并不表示任何一条支路的功率因数），这样就大大减小了功率量程，使得指针的偏转角度增大，功率读数较为准确。低功率因数功率表的功率因数分 0.1 与 0.2 两种，并在仪表的刻度板上注明，使用时应特别注意，它的功率量程是 $UI\cos\varphi_H$。

4）三相有功功率的测量。在三相交流电路功率的测量中，当负载三相对称时，则可以用单相功率表测量出一相的负载功率，然后乘 3 即可得到三相总功率，这种方法称为一表法，其接线如图 5-43 所示。采用人工中性点法时，两个附加电阻 R 的阻值之和应等于功率表内动圈和附加电阻之和，以保证人工中性点 N 的电位为 0。

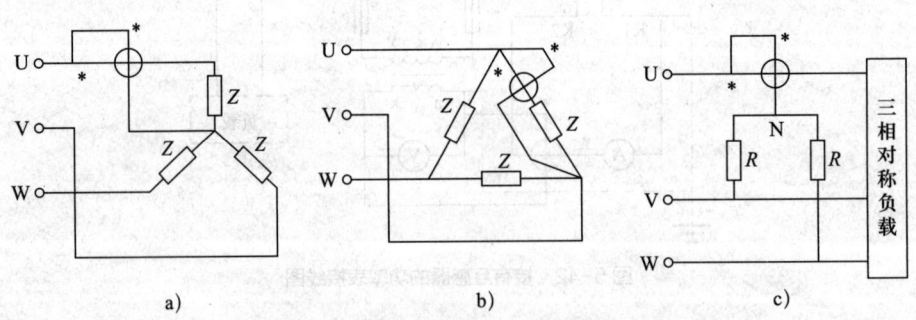

图 5-43　一表法测量三相对称负载功率

a）测量星形对称负载　b）测量三角形对称负载　c）人工中性点法

如果负载不对称，则不能采用一表法测量，通常需用 2 个或 3 个功率表来测量电路的总功率。由两个功率表组成的三相功率表称为二元三相功率表，用 3 只功率表组成的三相功率表称为三元三相功率表。

二元三相功率表把两个单相功率表装在一个转轴上，使这两个测量单元的力矩在转轴上直接相加,这样就可以在功率表上直接读取三相电路的总功率。三元三相功率表的结构与之类似。

二元三相功率表一般用于三相三线制电路中,其工作原理相当于用 2 个单相功率表进行测量,故又称两表法,测量原理如图 5-44 所示。在三相相线中,任意选择两相相线,将功率表的电流线圈串接其中,用于测量线电流;将功率表的两个电压测量回路的"*"端接至电流线圈所接的相线上,另一端分别接至未接功率表电流线圈的第三相的相线上,用于测量线电压。由于在三相三线制电路中三相电流的矢量和等于零,故两个功率表测得的瞬时功率之和等于三相瞬时总功率,即两表所测得的瞬时功率之和在一个周期内的平均值等于三相瞬时功率在一个周期内的平均值,所以三相负载的有功功率就是两个功率表读数之和。

在测量时,如果是纯电阻负载,则两表均有读数,负载功率为两表读数之和;如果是电感性、电容性负载,当 $\cos\varphi$ 为 0.5 时,两个功率表中将有一个读数为零,此时另一个表所测得的功率即为负载功率;当 $\cos\varphi$ 小于 0.5 时,按正常接法,两个功率表中将有一个读数为负值,此时须将该功率表电流线圈的两个端子反接,负载功率值为用另一个表的读数减去此表的读数即为负载功率。

在三相四线制电路中,如果负载是不对称的,那么三相电流瞬时值之和不等于零,因此不能采用二元三相功率表测量,而需采用三元三相功率表,其工作原理相当于用三个单相功率表进行测量,故又称三表法,测量原理如图 5-45 所示。

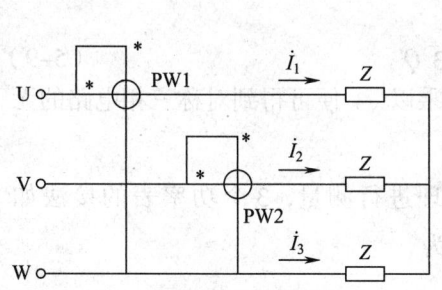

图 5-44　两表法测三相三线功率

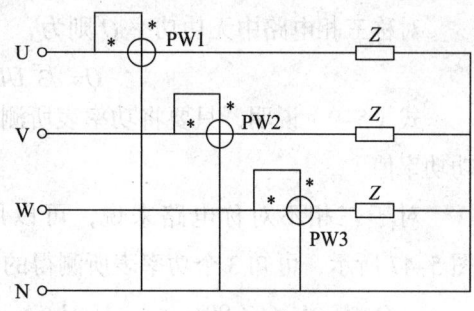

图 5-45　三表法测三相四线不对称负载功率

5)无功功率的测量。在单相交流电路中,无功功率的计算式为

$$Q=UI\cos(90-\varphi)°$$

因此,使单相有功功率表所测的电压和电流之间相位差为 (90-φ)°,便可测得无功功率。如图 5-46 所示,分析对称三相电路的线电压 U_{VW} 与相电压 U_U 有 90° 相位差,如将图 5-46a 中测量有功功率的接线方法改为图 5-46b 中的接法,即测量 U_{VW},此时功率表所测得的功率值 Q' 为

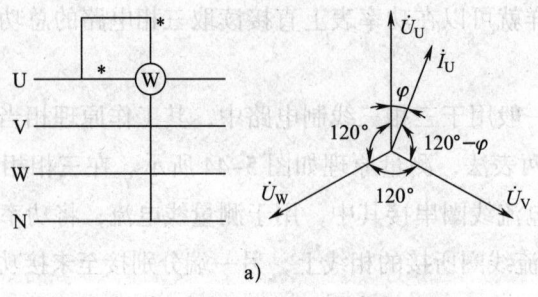

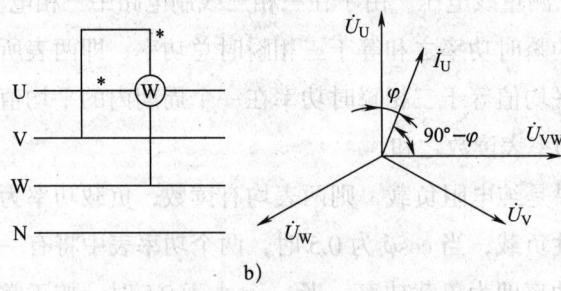

图 5-46 用单相功率表测量三相对称无功功率

a）测量有功功率接线图和相量图　b）测量无功功率接线图和相量图

$$Q' = U_{VW}U_U\cos(90°-\varphi) = U_L I_L \sin\varphi$$

式中　U_L——线电压，V；

I_L——线电流，A；

φ——每相负载功率因数角。

对称三相电路中无功功率 Q 则为

$$Q = \sqrt{3}\, U_L I_L \sin\varphi = \sqrt{3}\, Q' \qquad (5-9)$$

式（5-9）说明，只要将功率表所测得的功率乘以 $\sqrt{3}$ 便可得到对称三相电路的无功功率值。

对于三相不对称电路来说，可以用类似原理进行测量，3 个功率表的接法如图 5-47 所示，可知 3 个功率表所测得的功率分别为

$$Q_1 = U_{VW}I_U\cos(90°-\varphi) = U_{VW}I_U\sin\varphi = \sqrt{3}\,Q_U$$

$$Q_2 = U_{WU}I_V\cos(90°-\varphi) = U_{WU}I_V\sin\varphi = \sqrt{3}\,Q_V$$

$$Q_3 = U_{UV}I_W\cos(90°-\varphi) = U_{UV}I_W\sin\varphi = \sqrt{3}\,Q_W$$

式中　Q_U、Q_V、Q_W——U 相、V 相、W 相的无功功率，W。

此时三相总功率为

$$Q = Q_U + Q_V + Q_W = \frac{1}{\sqrt{3}}(Q_1 + Q_2 + Q_3)$$

由上式可知，将三个功率表所测得的功率值相加

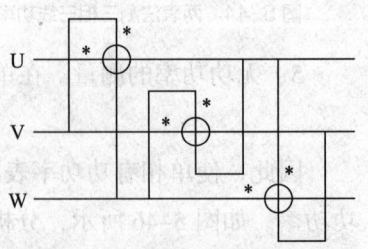

图 5-47　用三只单相有功功率表测量三相不对称无功功率

再除以$\sqrt{3}$，便可得到三相电路总无功功率，这种方法同样适用于三相四线制电路。

除上述方法外，也可用专门的三相无功功率表直接测量。

（2）功率表的使用注意事项

1）功率表量程的选择。功率表量程包括功率、电压、电流3个量程，由于功率量程一般就是电流量程与电压量程的乘积，所以，选择功率表的量程实际上是选择其电压量程和电流量程，使电压量程能承受被测负载电压或线路电压，使电流量程能允许流过被测负载的电流。在交流电路中，需要考虑负载的功率因数，不能只看功率量程，而不顾电流和电压量程。例如，某一用电设备的功率为 1 kW，电压为交流 220 V，功率因数 $\cos\varphi=0.7$，如果不考虑功率因数，则电路的电流为

$$I=\frac{P}{U}=\frac{1\ 000}{220}=4.55\ (\text{A})$$

按此电流值，功率表的电流量程可选择 5 A。但实际上考虑功率因数的影响，电路电流为

$$I=\frac{P}{U\cos\varphi}=\frac{1\ 000}{220\times 0.7}=6.5(\text{A})$$

因此，功率表的电流量程实际应选择 10 A。在实际功率测量中，为保护功率表，应接入电流表和电压表，以监测负载电流和电压，使之不超过功率表的电流和电压量程。

2）功率表的接线方式选择。功率表的接线方式应根据被测电路的情况进行选择，注意电压线圈前接法和后接法对测量结果的影响。

电压线圈前接法适用于高电压、小电流负载。因为此时的电压测量值包含电流线圈的电压降，电压线圈支路所测量的电压是负载和电流线圈的电压之和，因此功率表测得的功率是负载和电流线圈共同消耗的功率。小电流负载时电流线圈的功耗小，可以忽略不计。

电压线圈后接法适用于低电压、大电流负载。因为此时的电流测量值为负载和电压线圈支路的电流之和，功率表测得的功率是负载和电压线圈支路共同消耗的功率，负载电流大时，电压线圈支路的电流相对就可以忽略不计。

在一般情况下，多采用电压线圈前接法（两个标记端接在一起连到电源端），因为功率表中电流线圈的功耗一般小于电压线圈支路的功耗。

5. 电能的测量

最为常见的电能测量仪表是电能表，即通常所说的电度表，俗称电表。家用的一般都为交流单相电能表，在各企事业单位及电力系统中，也广泛使用各种交流单相与三相电能表。通常的交流电能表都是感应系仪表，本教材主要介绍使用电能表测量交

流电能的工作原理，具体使用方法将在《电工》五级/初级工教材中详细介绍。

（1）电能测量的工作原理

因为电能的大小与功率成正比，所以感应系电能表与功率表一样有电压线圈与电流线圈。可动部分用旋转的铝盘替代指针，载流线圈产生交变磁场，使铝盘中产生感应电流，感应电流又和交变磁场相互作用，产生驱动力矩，使铝盘旋转。铝盘旋转速度与功率成正比，通过积算机构，将电能总和累计后再指示出来。

单相交流电能表测量电能的工作原理如图 5-48 所示。电压线圈两端接上交流电压后，在线圈中产生交变磁通，其中一部分穿过铝盘，称为工作磁通，用 Φ_u 表示；另一部分不穿过铝盘而自行闭合，称为非工作磁通，用 Φ_f 表示。同时，电流线圈中流入交流电流后，产生相应的交变磁通，称为电流磁通，用 Φ_i 表示，它两次穿过铝盘，分别标以 Φ_i'。穿过铝盘的 3 个磁通在铝盘中分别感应出 3 个涡流，这 3 个涡流和 3 个交变磁通相互作用产生转动力矩，驱动铝盘转动，其转动力矩 T_1 为

$$T_1 = UI\cos\varphi = K_1 P$$

式中　U——电压线圈上负载电压的有效值，V；

　　　I——电流线圈中负载电流的有效值，A；

　　　φ——负载电压和负载电流之间的相位差，(°)。

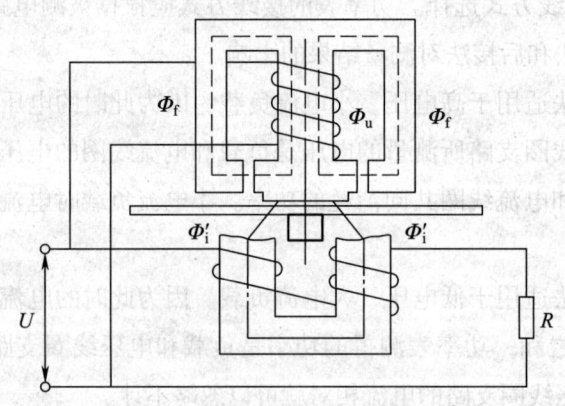

图 5-48　单相交流电度表的工作原理示意图

因此，转动力矩的大小正比于负载的有功功率 P。

非工作磁通 Φ_f 的大小是可以调节的，改变 Φ_f 的大小可以改变电压 U 与工作磁通 Φ_u 的相位差，以调整电度表运行的准确性。

转动力矩 T_1 使铝盘旋转，铝盘旋转时切割永久磁铁的磁力线产生感应电动势，并在铝盘中产生感应电流，感应电流和永久磁铁的磁通相互作用产生一个与铝盘旋转方向相反的制动力矩。由于永久磁铁的磁通恒定不变，因此铝盘转得越快，切割磁力线

就越快,感应电流就越大,制动力矩也就越大,所示制动力矩的大小正比于铝盘转速 n,即制动力矩为

$$T_2=K_2n \tag{5-10}$$

当制动力矩和转动力矩相等,即 $T_1=T_2$ 时,铝盘保持匀速旋转,并带动积算机构进行计数。从式(5-10)可知,此时 $K_1P=K_2n$,可得转速 n 为

$$n=\frac{K_1}{K_2}P=KP$$

可知,铝盘转速与负载功率成正比,则在某一时间 t 内负载消耗的电能 W 为

$$W=Pt=\frac{n}{K}t=\frac{r}{R}$$

式中 r——铝盘在 t 时间内的总转数。

由上述分析可知,负载的功率越大,则转动力矩越大,铝盘转速也越快;而用电时间越久,则铝盘转的圈数越多,积算机构累计的量也就越大,所以从铝盘的转数便可知道所测电能的大小。

在电能表铭牌上一般都注明每千瓦·时(1kW·h)的转数,例如,"2 000 r/(kW·h)"表示 1 kW·h 电能(即 1 度电)对应的铝盘转数为 2 000 转。这一数值称为电能表常数,一般电能表的电能表常数为 75~5 000 r/(kW·h)。

通过电能表也能测算出用电设备实际功率的大小。设电能表常数为 K、负载功率为 P(W)、则运行 t min 后,电能表旋转的圈数 r 为

$$r=K\times\frac{P}{1\,000}\times\frac{t}{60}=\frac{Kpt}{60\,000}$$

设铝盘的转速为 n(r/min),则有:

$$n=\frac{r}{t}=\frac{KP}{60\,000}$$

$$P=\frac{60\,000n}{K}$$

除单相电能表外,还有三相电能表。三相电能表可分成三相二元件电能表和三相三元件电能表;而按其测量的是有功电能还是无功电能,又可分成有功电能表和无功电能表。电能表也可通过电流互感器和电压互感器来扩大量程。以上各类电能表的工作原理以及量程扩大原理类似于功率表,教材不再展开。

(2)电能表使用注意事项

在使用电能表时要选择合适的量程。电能表的额定电压要与被测电压一致,如单相交流电路的电源电压通常为 220 V,则测量此电路的单相电能表的额定电压应选 220 V。电能表的额定电流要大于被测电路的负载电流,但不宜选得过大,否则将使电能表的

误差增大。

电能表的接线要正确。电能表的接线,尤其是采用互感器的电能表和三相电能表的接线比较复杂,容易接错。接线错误可能会造成电能表反转,如电压、电流线圈极性接反,电压、电流互感器极性接反等。需要说明的是,电能表的反转并不一定由接线错误引起,具体原因要针对具体情况进行分析。

6. 相位、频率的测量

(1) 相位测量

相位一般采用相位表直接测量。由于电路的功率因数也是测量电压和电流的相位差,因此从测量原理上来说,相位表与功率因数表实质上是同一种仪表,不同之处仅在于两者标度尺的分度有所差别。下面以相位表或功率因数表中某一种为例进行分析,同样也适用于另一种表。

相位表或功率因数表一般可分为单相和三相两种,从结构上分可分为电动式和整流式等。

1) 电动系相位表。电动系单相相位表采用比率计工作原理,其结构如图 5-49 所示。图中 A 为固定线圈,由两段线圈串接而成;B1、B2 为两个结构相同,匝数、尺寸相等的可动线圈,彼此成 γ 交角固定在转轴上。可动线圈和指针构成可动部分,相位表的可动部分不装游丝,未通电前处于随遇平衡状态(如果物体在外界作用下的平衡状态不随时间和坐标的变化而改变,则称为随遇平衡),可能停在任意位置上。

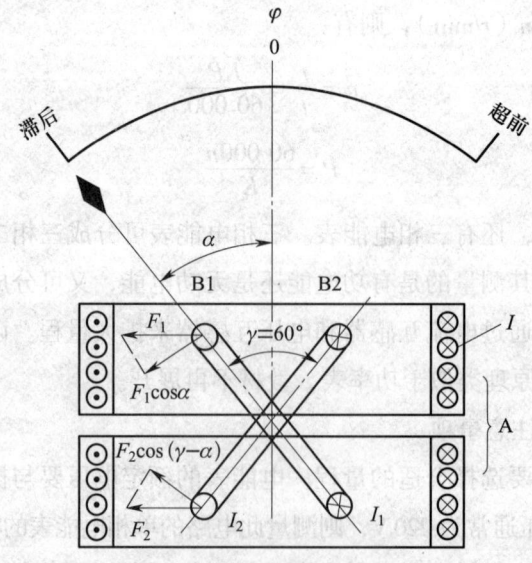

图 5-49 电动系单相相位表结构

将固定线圈 A 串联之后，引出两个电流端子。可动线圈 B1、B2 分别与 R_1、L_1、R_2 串联之后引出两个电压端子，测量相位时电流端子与负载电阻 R_L 串联，电压端子与电源电压并联，如图 5-50a 所示。

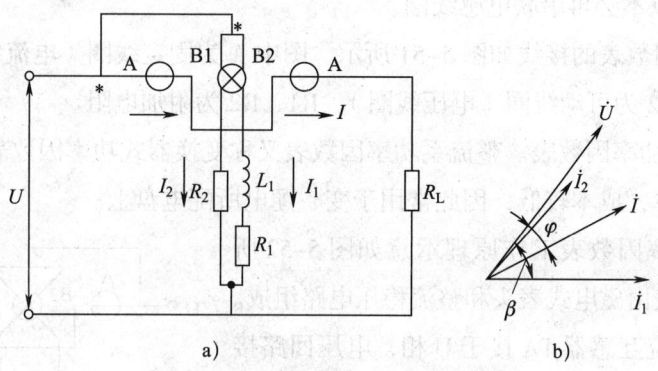

图 5-50 相位表的原理示意图和相量图
a）原理示意图 b）相量图

设通过固定线圈的电流为负载电流 I，通过可动线圈 B1、B2 的电流为 I_1、I_2，给定电流的参考方向如图 5-50b 所示。I 与 I_1 对可动部分产生的电磁力为 F_1，I 与 I_2 对可动部分产生的电磁力为 F_2，使可动部分产生偏转的力是 F_1、F_2，其在与线圈平面垂直方向的分量为 F_1'、F_2'，表达式为

$$F_1' = F_1 \cos\alpha$$
$$F_2' = F_2 \cos(\gamma - \alpha)$$

式中　α——可动线圈 B1 与固定线圈轴线间的夹角。

若线圈 A 与 B1、B2 分别通以交流电 I、I_1、I_2，则两个可动线圈上的转矩分别为

$$M_1 = k_1 I I_1 \cos\varphi_1$$
$$M_2 = k_2 I I_2 \cos\varphi_2$$

这两个转矩，一个是转动力矩；另一个是制动力矩。当这两个转矩相等，即 $M_1 = M_2$ 时，可动部分就停止偏转，这时 $M_1 = M_2$，线圈匝数 $k_1 = k_2$，可动部分的偏转角度只取决于电路中电流 I 与 I_1 以及 I 与 I_2 之间的相位角 φ_1、φ_2。若指针向右偏转，说明负载是电感性的，电流滞后于电压，其相位差角和功率因数为正值；若指针向左偏转，说明负载是电容性的，电流超前于电压，其相位差和功率因数为负值。

如果指针装在可动线圈 B1 的平面上，线圈 A 的轴线与标尺中心重合，则 B1 与线圈 A 的轴线的夹角，就是指针与标尺中心的夹角。由此可知，指针偏转的角度就等于电路的相位角 φ。

如果仪表标尺按 φ 值刻度，则分度是均匀的；如果按 $\cos\varphi$ 刻度，则分度是不均匀

的，通常起始位置为 $\varphi=0$ 或 $\cos\varphi=1$，即指针置于标尺中心。

三相功率因数表的构造和工作原理与单相功率因数表相似，只是其内部电路的两个电压线圈都串联了一个倍压电阻，然后再与其他两相线路相接，因为三相电压彼此相差 120°，所以不必再串联电感线圈。

三相功率因数表的接线如图 5-51 所示。图中 A 为固定线圈（电流线圈），分成两个绕组，B1、B2 为可动线圈（电压线圈），R1、R2 为附加电阻。

2）整流系功率因数表。整流系功率因数表又称变换器式功率因数表，体积小、质量轻，结构简单，成本较低，因此常用于变、配电所配电盘上。

整流系功率因数表工作原理示意如图 5-52 所示。功率因数表由磁电式表头和整流稳压电路组成。电流回路经电流互感器 TA 接于 U 相，电压回路接于 V、W 相。电阻 R1、R2，稳压管 VZ1、VZ2 和微安表（±500μA，中心指零式）组成一个电桥。R3 用于调微安表的电流灵敏度，C1 用于校正电流互感器的相角误差，C2 用于滤波，使指针不抖动。

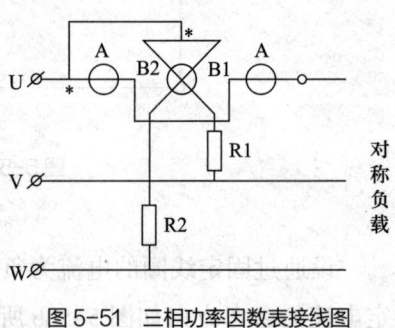

图 5-51 三相功率因数表接线图

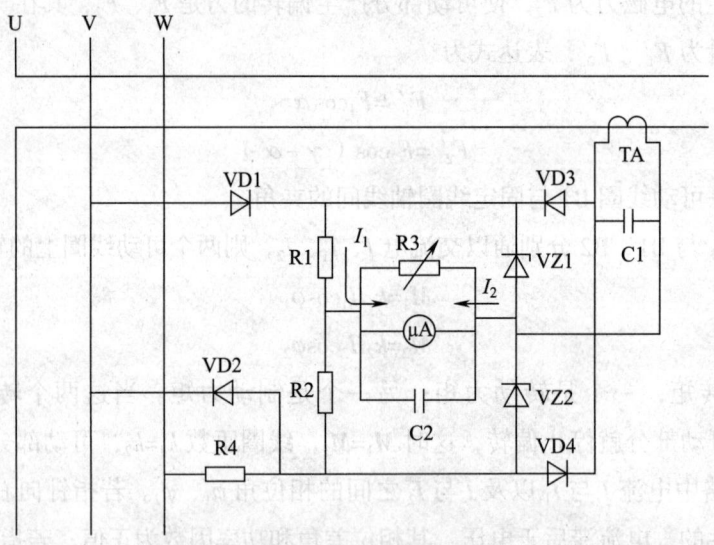

图 5-52 三相整流系功率因数表原理示意图

可以推导出微安表的指示值与功率因数角 φ 成正比。若将表盘标度尺按功率因数刻度，仪表便能直接指示功率因数值。当负载为电感性时，将有 $I_1>I_2$，微安表为正值，指针向右偏转；负载为电容性时，$I_2>I_1$，微安表为负值，指针向左偏转。

3）相位表（功率因数表）使用注意事项。相位表（功率因数表）的接法与功率表很相似，接线时遵守"电源端"守则。由于固定线圈与负载串联，所以额定电流应大于负载电流；可动线圈的两个支路与负载并联，所以额定电压应大于负载电压。

由于相位表（单相功率因数表）的一个活动线圈支路中串有电感，频率改变时支路阻抗等参数将会改变，从而平衡条件也会发生改变，所以只能在指定的频率下测量相位差，否则将会产生附加误差。在电路中，如果有高次谐波，也会导致测量误差。

相位表（功率因数表）的误差表示同普通仪表不同，一般是以标度尺工作部分长度的百分数来表示，也有一些以电角度来表示每个刻度点的基本误差大小，在使用时须加以注意。

（2）频率测量

频率是电能特性的重要指标之一，测量频率的仪表是频率表。需注意的是，此处的频率表是指用来测量工频频率的仪表，而不是通信或电子技术领域中使用的频率计。

1）频率表测量原理。电动系频率表是最为常用的一种频率表，利用电动式比率计的工作原理制成，结构与相位表类似，如图 5-53 所示。图中固定线圈 A、A′ 分两段绕制；可动线圈 B1、B2 呈 90°平面角安装在同一转轴上。工作时，可动部分受到两个力矩的作用，分别为固定线圈 A 的磁场对活动线圈 B1、B2 的电流作用产生的力矩。在这两个力矩的作用下转轴发生偏转，直到这两个力矩互相平衡为止。

电动系频率表的原理如图 5-54 所示，其内部线路是由两条并联支路组成的，一条支路为可动线圈 B2 与 R0 并联后再与固定线圈 A、A′ 及 L、C、R 串联而成；另一条支路为可动线圈 B1 与 C_0 串联而成。这两条支路中都有电感或电容存在，其阻抗随频率变化，所以可动线圈和固定线圈中通过的电流与频率有关，作用在可动线圈上的两个力矩也与频率有关，因此仪表可动部分的偏转角也与频率有关。

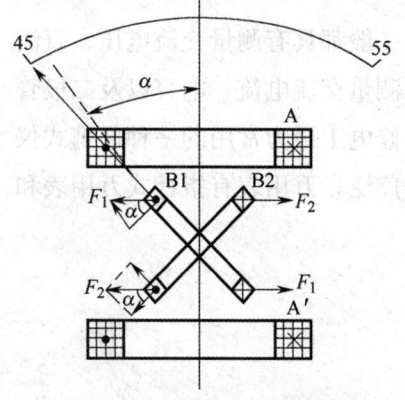

图 5-53 电动系频率表结构

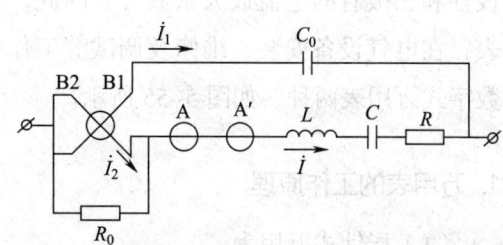

图 5-54 电动系频率表原理

频率表在设计所选择的参数 L 和 C 能使其正好在仪表测量范围的中间频率 f_0 上发生串联谐振。当被测频率 $f=f_0$ 时，LC 串联电路谐振，固定线圈 A 的电流与所加电压同相，而活动线圈 B1 的电流超前于所加电压 90°（假设线圈 A、B1、B2 的阻抗可忽略不计）。固定线圈 A 的磁场作用在可动线圈 B1 上的平均力矩为零，而作用在可动线圈 B2 上的力矩不为零，则仪表的可动部分在这个力矩的作用下一直偏转，到可动线圈 B2 平面和固定线圈平面相平行的位置（这个位置可动线圈 B2 所受力矩为零）为止。

当 $\alpha = 0$ 时，仪表指针指向该量程的中间频率 f_0。

当 $f < f_0$，即被测频率小于 LC 电路的谐振频率时，可动部分在转动力矩的作用下偏向一侧，直到作用在可动线圈 B1、B2 上的力矩相抵消为止，指针指示即为被测频率。

当 $f > f_0$，即被测频率大于 LC 电路的谐振频率时，可动部分在力矩的作用下偏向另一侧，直到作用在可动线圈 B1、B2 上的两个力矩互相抵消为止，指针指示即为被测频率。

2）频率表的使用注意事项。电动系频率表的接线方法与电压表相似。由于这种仪表内没有产生反作用力矩的游丝，所以在不进行测量时，指针可以停在任一位置。

培训项目二　电工常用仪器仪表

一、万用表基础知识

万用表是一种具有多用途、多量程的测量仪表，一般都具有测量交流电压、直流电压、直流电流以及电阻等功能，有的万用表还可以测量交流电流、电容以及二极管极性和三极管的电流放大系数等。因此，万用表是维修电工最为常用的一种便携式仪表，在电气设备安装、维修及调试等工作中应用十分广泛。万用表有指针式万用表和数字式万用表两种，如图 5-55 所示。

1. 万用表的工作原理

（1）指针式万用表

1）指针式万用表的结构。指针式万用表主要由三大部分组成。

图 5-55 指针式万用表和数字式万用表
a) 指针式 b) 数字式

① 表头。表头是指针式万用表的测量机构，其作用是把过渡电量转换为仪表指针的机械偏转角，是指针式万用表进行各种测量的公用部分。表头一般都采用磁电系微安表，其电流量程为几微安到几百微安，电流量程越小，万用表的灵敏度越高，测量电压时表的内阻也越大。由于万用表是多用途、多量程仪表，所以，表头的刻度板上有多条标度尺，使用时要注意根据不同的测量对象及量程读出相应的读数。

② 测量线路。指针式万用表测量线路的作用是把各种不同的被测电量转换成磁电系表头所能直接测量的微小直流电流。由于万用表表头是磁电系小量程直流电流表，只能测量某一量程的直流电流，为了测量交流电流，必须通过整流电路把交流电流转换为直流电流；为了测量电阻，必须通过一套电路把电阻值转换成直流电流值；为了测量电压值，必须通过一套电路把电压值转换成直流电流值。此外，还需要有各种分流，分压电路以扩大电流、电压的量程。所有这些附加电路统称为测量线路，一般指针式万用表包括多量程直流电流表、多量程直流电压表、多量程交流电压表、多量程欧姆表等测量线路。

③ 转换开关。转换开关的作用是对测量线路进行转换，以满足指针式万用表测量不同电量和量程的要求。转换开关一般采用多层多刀多掷开关，当转换开关转到不同的位置时，活动触点就和某个固定触点闭合，从而接通相应的测量线路，实现测量线路和测量功能的转换。

2) 指针式万用表的工作原理。各种不同型号的指针式万用表测量线路是不同的，但其原理基本相似，都是以欧姆定律及电阻的串并联规律为基础，各测量功能实现的原理如下。

① 指针式万用表直流电压挡的工作原理。指针式万用表的直流电压挡相当于一

只多量程的直流电压表，其原理如图5-56所示。被测电压加在"+""-"两端。R1、R2、R3是串联的附加电阻，通过转换开关S进行切换，使得表头串联的附加电阻值发生改变，进而改变电压量程。当转换开关S切换到U_1位置时，附加电阻为R1加R2加R3，电压量程最大；当转换开关S切换到U_3位置时，附加电阻为R1，电压量程最小。在这种结构中，低量程挡的附加电阻与高量程挡的附加电阻是公用的，称为公用式附加电阻电路。这种电路的优点是使用的电阻元件较少，缺点是，一旦低量程挡的附加电阻损坏，则高量程挡也不能使用。电压表的内阻越大，仪表的灵敏度越高，从被测电路分得的电流越小，被测电路受到影响也越小。仪表的灵敏度用每伏欧姆数表示，由于万用表的表头采用磁电系微安表，因此灵敏度较高，如MF30型万用表直流电压挡的灵敏度为$20\,k\Omega/V$。

②指针式万用表直流电流挡的工作原理。指针式万用表的直流电流挡相当于一个多量程的直流电流表，其原理如图5-57所示。被测电流从"+"端流进，从"-"端流出。R1、R2、R3是分流电阻，通过转换开关S进行切换，使得与表头并联的分流电阻的阻值发生改变，进而改变电流量程。当开关S接到I_1位置时，分流电阻为R1，分流电阻最小，R2、R3串入表头支路，此时电流量程为最大；当开关S接到I_2位置时，分流电阻为R1加R2，分流电阻增大，R3串入表头支路，此时测量电路的分流比减小，电流量程减小；当开关S接到I_3位置时，分流电阻为R1加R2加R3，分流电阻最大，此时电流量程为最小。这种结构中分流电阻与表头的接法，称为环形接法。相比于采用"一挡量程换接一个分流电阻"的接法而言，环形接法可避免在改变电流量程的切换开关位置时，因分流电阻暂时断路所造成的电流全部通过电流表而导致电流表烧毁的情况。

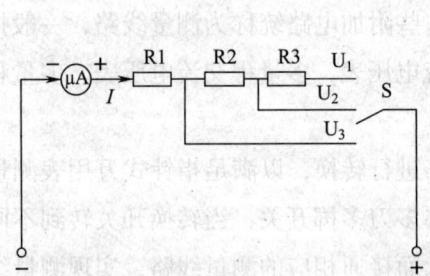

图5-56 指针式万用表的直流电压挡工作原理

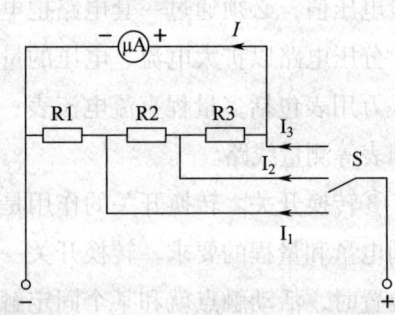

图5-57 指针式万用表的直流电流挡工作原理

③指针式万用表交流电压挡的工作原理。指针式万用表的交流电压挡实际上是一个多量程的整流系交流电压表，其原理如图5-58所示。由于指针式万用表的表头是磁电系仪表，只能直接测量直流电压，所以在指针式万用表的交流电压测量线路中设计有整流电路，用以将交流电压转换为直流电压，再进行测量。磁电系仪表加上整流

电路合称为整流系仪表，一般整流电路可采用半波整流电路和全波（桥式）整流电路。如图 5-58a 所示为采用半波整流电路的整流系交流电压表电路。被测交流电压加在微安表的"+""-"两端，在正半周时，电流从"+"端流入，经二极管 VD1 和微安表流出；在负半周时，电流直接经二极管 VD2 从"+"端流出，而不经过微安表，因此通过微安表的是半波电流。如图 5-58b 所示为采用全波（桥式）整流电路的整流系交流电压表电路，经过微安表的是全波电流。在测量时，由于磁电系仪表指针的偏转角度与表头中直流电流成正比，因此，整流系仪表指针的偏转角度与交流半波或全波电流的平均值（直流分量）成正比。一般的交流电测量结果用有效值表示，所以须将电流平均值转换为有效值。在正弦交流电路中，电流的有效值和平均值之间有确定的关系，半波整流电路的电流有效值是平均值的 1.57 倍，全波整流电路的电流有效值是平均值的 1.11 倍，由此可制成指针式万用表交流电压挡的标度尺，其示值便是所测交流电压的有效值。由上分析可知，指针式万用表的交流电压挡只能测量正弦交流电压，不适用于测量其他波形的电压。交流电压表量程的改变方法与直流电压表一样，通过切换开关可串联不同的附加电阻，进而获得不同的量程。通常，指针式万用表交流电压挡的灵敏度（每伏欧姆数）比直流电压挡的低。

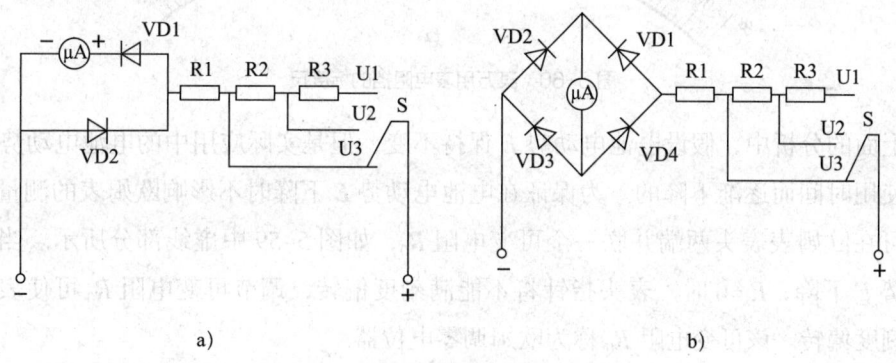

a)　　　　　　　　　　　　　　　b)

图 5-58　指针式万用表交流电压挡工作原理
a）半波整流电路　b）全波（桥式）整流电路

④指针式万用表电阻挡的工作原理。万用表的电阻挡相当于一个多量程的欧姆表。

欧姆表测量电阻的原理如图 5-59 所示。被测电阻 R_x 接在欧姆表的 a、b 端，与欧姆表内部的电池、表头以及电阻 R_S 串联，电阻 R_S 的作用是当被测电阻 $R_x=0$ 时（相当于 a、b 两点短路），使表头指针指在满刻度偏转位置，即 0Ω 刻度值处。由欧姆定律可知，通过

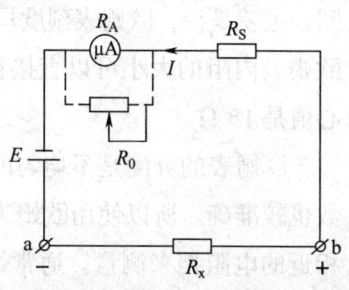

图 5-59　欧姆表测量电阻原理

测量电流的大小即可求得被测电阻的阻值。在电池电动势 E、电流表内阻 R_A 及串联电阻 R_S 已知的情况下，电路电流 I 的大小取决于被测电阻 R_x 的大小，表达式为

$$I = \frac{E}{R_A + R_S + R_x}$$

由上式可知，如果电池电动势 E 不变，则电流 I 的大小与被测电阻 R_x 的大小有对应关系，被测电阻 R_x 越大，则电路电流 I 越小，表头的指针偏转角也越小。因此，只要把电流表的刻度改为对应的电阻刻度，就可以直接读出被测电阻的阻值。当被测电阻 $R_x=0$（相当于 a、b 两端点短路）时，表头指针满刻度偏转；当被测电阻 $R_x=\infty$（相当于 a、b 两端点开路）时，电流为 0，表头指针指在零位；当被测电阻 R_x 在 0～∞ 变化时，电路电流 I 在满刻度 I_m～0 之间变化，即表头指针在满刻度和零位之间变化。由此可见，万用表电阻挡的刻度与电流刻度相反，阻值小则电流大。如图 5-60 所示是某万用表电阻挡的标度尺，可见其刻度是不均匀的，这是由于被测电阻 R_x 与表头电流不成线性关系所致。

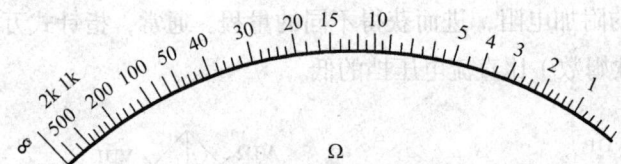

图 5-60 某万用表电阻挡的标度尺

上面的分析中，假设电池电动势 E 保持不变，但是实际应用中的电池电动势 E 是随着使用时间而逐渐下降的。为保证在电池电动势 E 下降时不影响欧姆表的测量准确度，可在欧姆表表头两端并联一个可变电阻 R_0，如图 5-59 中虚线部分所示。当电池电动势 E 下降，$R_x=0$ 时，表头指针将不能满刻度偏转，调节可变电阻 R_0 可使表头指针满刻度偏转。该可变电阻 R_0 称为欧姆调零电位器。

欧姆表内部的电阻称为欧姆表的内阻。由上述分析可知，当被测电阻 R_x 和欧姆表的内阻相等时，欧姆表中的电流是满刻度电流 I_m 的一半，此时指针将指向标度尺的中间，也就是说，欧姆表刻度尺的中心值就是欧姆表的内阻值，称为欧姆中心值。因此，欧姆表内阻的大小可以直接在欧姆表刻度上读出，如图 5-60 所示的刻度尺的欧姆中心值是 15 Ω。

欧姆表的分度是不均匀的，一般在靠近欧姆中心值的一段范围内，分度较细，读数也较准确。所以使用欧姆表时，应根据被测电阻值，选择欧姆中心值与被测电阻值相近的电阻挡来测量。通常，欧姆表刻度尺的有效读数范围为欧姆中心值的 0.1～10 倍，而在标度尺的左侧，则是越向左刻度越密，对于中值电阻为 15 Ω 的欧姆表，当

电阻在 100 Ω 以上时，读数已很困难，当电阻在 500 Ω 时基本已无法读数了，因此虽然欧姆表的测量范围都是从 0～∞，但要想准确地测出电阻阻值，必须转换到相应的量程，所以一般欧姆表都为多量程设计。实际上，万用表中的欧姆挡有 ×1、×10、×100、×1k 及 ×10k 等多挡量程，在测量各种阻值的电阻时，应正确选择万用表中欧姆挡的不同量程，并将测得的读数乘以相应的倍率。

万用表欧姆挡的电路图如图 5-61 所示。

与电流、电压量程扩大不同，电阻量程扩大并不是把满刻度扩大多少倍，因为每一挡电阻量程的刻度范围都是 0～∞，而是把欧姆中心值扩大一定的倍数。以图 5-60 所示电阻标度尺为例，×1 挡时欧姆中心值为 15 Ω，×10 挡时欧姆中心值为 150 Ω，×100 挡为 1 500 Ω 等。由欧姆表原理可知，欧姆中心值扩大了 10 倍，也就是欧姆表的内阻扩大了 10 倍，为了使表头指针在被测电阻为零时达到满刻度电流值（即 0 Ω），电流表的量程就必须相应减小 10 倍。从图 5-61 的电路可知，电

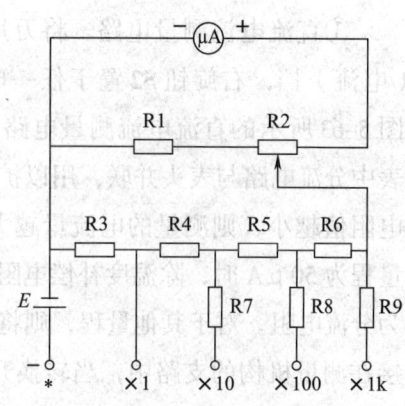

图 5-61 万用表欧姆挡电路图

阻量程的改变通过改变表头的分流电阻来实现。图中 R3、R4、R5、R6 分别为 ×1、×10、×100、×1k 倍率挡的分流电阻，它们组成环形分流器，低电阻挡用小的分流电阻，高电阻挡用大的分流电阻。扩大电阻量程的过程，就是减小电流表量程的过程，因为电阻量程每挡扩大 10 倍，所以设计分流电阻时，应使电流量程每挡减小 10 倍。R7、R8、R9 分别为 ×10、×100、×1k 倍率挡的串联电阻，它们的作用就是增大各挡欧姆表的内阻。

图 5-61 中电位器 R2 是调零电位器，它与电阻 R1 串联后与表头并联，其作用是在被测电阻 Rx 为零时调整表头电流，使指针指到满刻度电流值（即零欧姆）。通常，对于万用表的 ×10k 挡，由于测量电流太小，即使把分流电阻开路，往往还是无法使电流表的指针满刻度偏转，因而可采用提高电池电压的方法来使电流表的指针满刻度偏转，满足电路的要求，所以指针式万用表的 ×10k 挡一般都要用 9 V 或 15 V 叠层电池作为电源。因此，在用指针式万用表测量半导体管结电阻时，不能用 ×10k 挡量程，因为 ×10k 挡测量电压较高，可能击穿耐压低的 PN 结；一般也不能用 ×1 挡，因为 ×1 挡测量电流较大，可能烧毁小功率的二极管。通过工作原理可知，测量电阻时，被测电阻上电流的方向是从黑表笔（"-"负表笔）流向红表笔（"+"正表笔）的，因此，用指针式万用表欧姆挡判别二极管的极性或三极管的类型和管脚时，必须注意表笔的极

性，红表笔与万用表内部电池的负极相连接，黑表笔与万用表内部电池的正极相连接。

3）500型万用表测量电路介绍。现以电工测量中常用的500型万用表为例，分别介绍指针式万用表各种实际测量电路。其他型号的万用表和500型万用表的基本工作原理类似。

500型万用表的外形如图5-62所示，面板上有2个转换旋钮S1和S2，左旋钮S1共12个挡位；右旋钮S2共12个挡位。

①直流电流测量电路。将万用表左旋钮S1置于A（电流）挡，右旋钮S2置于任一电流量程挡，组成如图5-63所示的直流电流测量电路（图中为50 μA挡）。表中分流电路与表头并联，用以扩大电流量程，分流的电阻值越小，则测量的电流量越大。在图5-63中，当量程为50 μA时，除温度补偿电阻外，其余电阻全部作为分流电阻。对于其他量程，则将分流电阻的一部分串接在测量机构的支路中，当转换开关置于不同量程时，即能改变电流表量程的大小。

图5-62　500型万用表外形

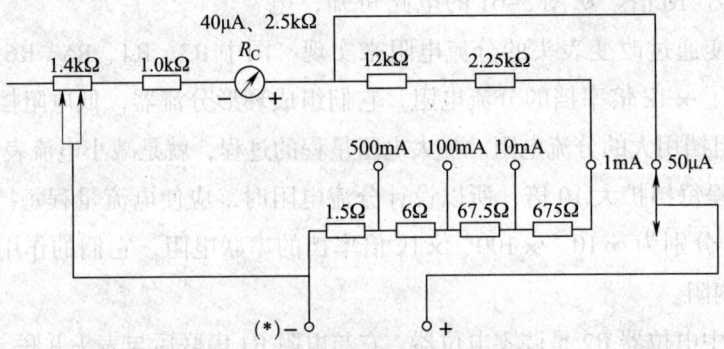

图5-63　500型万用表直流电流测量电路图

②直流电压测量电路。将右旋钮S2置于V（电压）挡，左旋钮S1置于直流电压的任一量程挡位，组成如图5-64所示的电路。它应用分压电阻与表头串联，以扩大测量电压的量程，分压电阻值越大，所得的测量量程越大。测2 500 V高压时，量程开关可放在除2.5 V挡以外的任意直流电压挡上。使用时将红表笔插在2 500 V专用插孔里，黑表笔插在"*"插孔里。

③交流电压测量电路。500型万用表的交流电压测量采用整流电路，将输入的交流电转变成直流电。磁电系微安表和整流装置组成了一个整流系仪表，万用表的交流电压测量电路就是在整流系仪表的基础上串联分压电阻组成的。

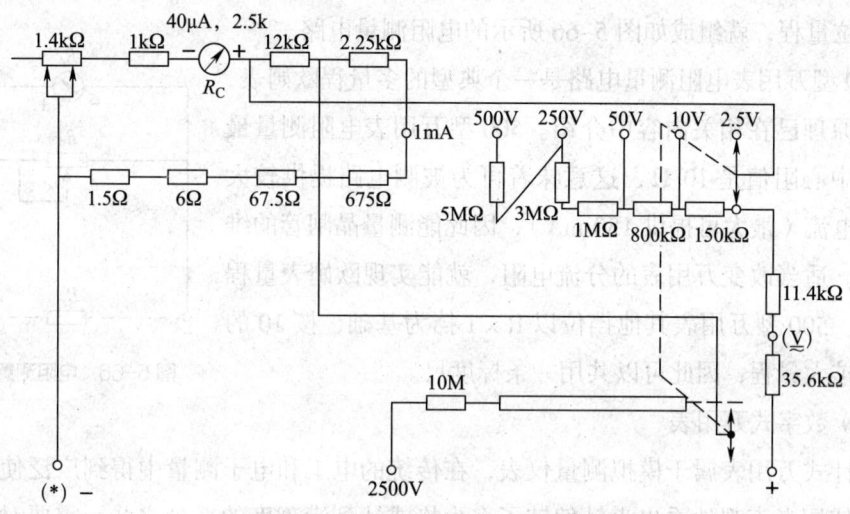

图 5-64　500 型万用表直流电压测量电路图

万用表右旋钮 S2 置于电压挡，左旋钮 S1 置于交流电压的任意一量程，就组成如图 5-65 所示的交流电压测量电路。由图 5-65 可知，交流电压测量电路是在直流电流 50 μA 挡的基础上扩展而成的。测 2 500 V 高压时，将红表笔插在 2 500 V 专用插孔里，黑表笔插在"*"插孔里。此外，由于整流二极管非线性的影响，在交流电压 10 V 挡刻度尺的起始段分度是不均匀的，因此交流电压 10 V 挡专用一根刻度尺，不与其他刻度尺混用。

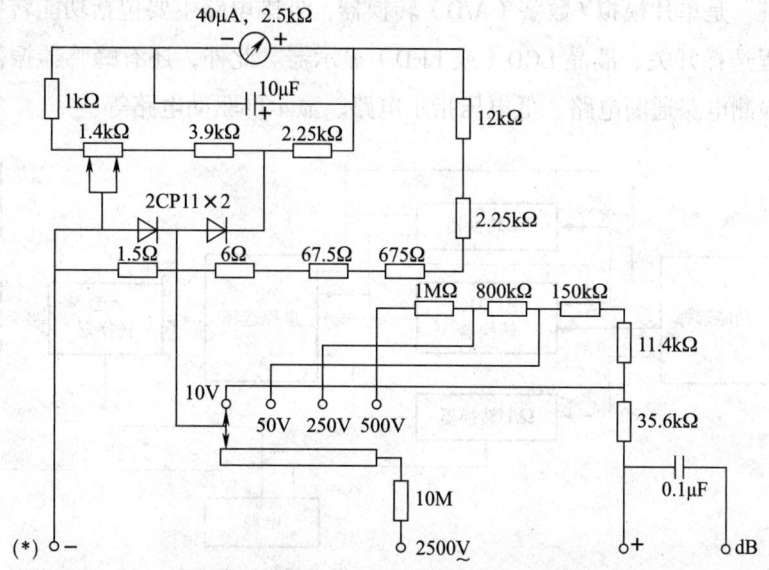

图 5-65　500 型万用表交流电压测量电路图

④电阻测量电路。万用表左旋钮 S1 置于欧姆挡，右旋钮 S2 根据测量估值置于合适的挡位量程，就组成如图 5-66 所示的电阻测量电路。

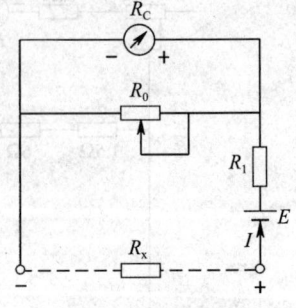

500 型万用表电阻测量电路是一个典型的多量程欧姆表，其工作原理已在相关内容中介绍。500 型万用表电阻测量最小挡的中心阻值是 10 Ω，这意味着可为被测电路提供较大的测试电流（最大可提供 150 mA），因此能测量晶闸管的维持电流。适当改变万用表的分流电阻，就能实现欧姆表量程的扩大。500 型万用表其他挡位以 R×1 挡为基础，按 10 的倍数来扩大量程，因此可以共用一条标度尺。

图 5-66　电阻测量电路图

（2）数字式万用表

指针式万用表属于模拟测量仪表，在传统的电工和电子测量中得到广泛使用，它可以使使用者直观地看出表针偏转了多少格或达到满刻度的百分之几，需要对读数加以换算或说明，但在读数时，由于人为的"视差"，可能造成不同的使用者得到不同的测量结果的情况。数字仪表则可以将测量结果直接用数字显示出来，避免了人为的读数误差。随着微电子技术的发展，数字式万用表成为目前在电子测量及维修工作中最常用、最得力的一种工具类数字仪表。

数字式万用表又称数字多用表，由数字电压表与各种变换器组成。直流数字电压表是数字万用表的基本组成部分，是数字万用表的核心。

1) 数字式万用表的结构。普通数字式万用表的基本构成框图如图 5-67 所示。仪表的"心脏"是单片模拟/数字（A/D）转换器，外围电路主要包括功能转换器、测量项目及量程选择开关、液晶 LCD（或 LED）显示器。此外，还有蜂鸣器振荡电路、驱动电路、检测电路通断电路、低电压指示电路、显示屏驱动电路等。

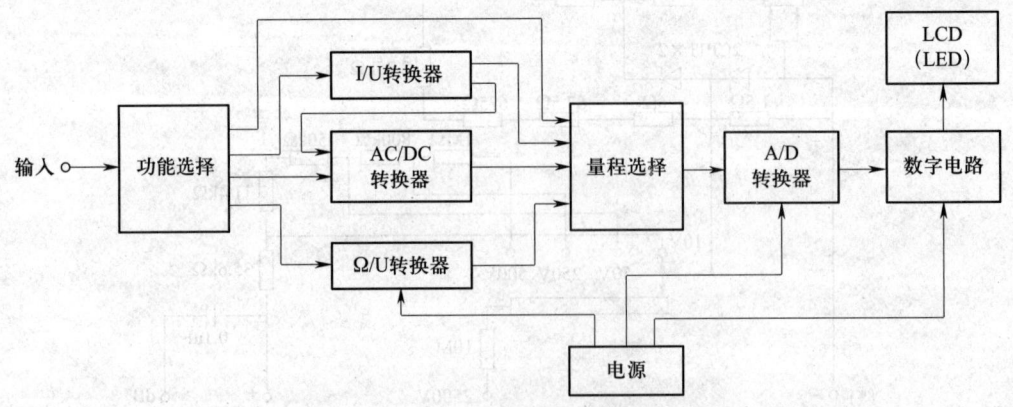

图 5-67　普通数字式万用表的基本构成框图

随着大规模集成电路的发展，数字式万用表已向单片化发展，其基本构成框图如图 5-68 所示。可以看出，单片式数字万用表的时钟振荡器、控制逻辑与自动转换量程逻辑、计数器、锁存 / 译码 / 驱动器、模拟部分（积分器、比较器、模拟开关等）、电源部分、蜂鸣器驱动电路等都集成在一片芯片中，外围仅需要石英晶体、3 位或 4 位 LCD、压电陶瓷蜂鸣器、电压挡的分压电阻、电流挡的分流电阻、电阻挡的标准电阻、AC/DC 转换器、量程选择开关、电源等一些简单的元器件，使得数字式万用表的外围电路大为简化，性能指标明显提高，给维修、调试工作提供了方便。

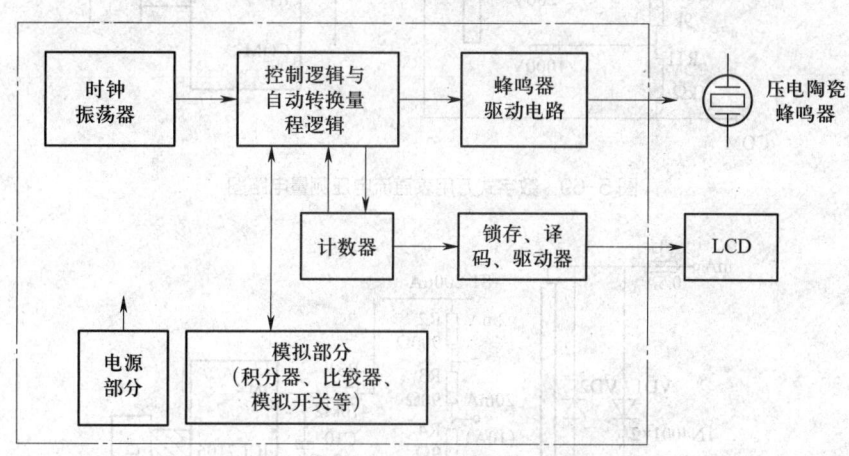

图 5-68　单片数字式万用表的基本构成框图

此外，还有配有单片机的智能数字式万用表，它可以实现量程的自动切换以及和计算机通信等功能。

2）数字式万用表的基本原理。以 DT830 型数字式万用表测量线路为例，说明数字式万用表的测量原理。

①直流电压测量电路。直流电压测量电路如图 5-69 所示，该直流电压由 5 个挡位构成，分别为 200 mV、2 V、20 V、200 V、1 000 V。该电路的基本量程是 200 mV，其他量程靠电路中分压电阻 R7~R11 进行分压，使被测直流电压一律降至 200 mV 以下，再进行测量和显示。电路中的 R31、C10 构成了模拟输入端的高频阻容滤波器，其中 R31 又兼做输入端的限流电阻。

②直流电流测量电路。直流电流测量电路如图 5-70 所示，该电路由 4 个挡位构成，分别为 2 mA、20 mA、200 mA、10 A。其中 10 A 挡另设一个专用输入插孔。

该电路中的 FU 为 0.5 A 的快速熔丝管，起过电流保护作用。二极管 VD1、VD2 组成双向限幅二极管，起电压保护作用，当输入电压低于二极管的正向导通电压降时，二极管截止；当输入电压过大时，二极管便导通，从而限制输入电压，起到保护作用。

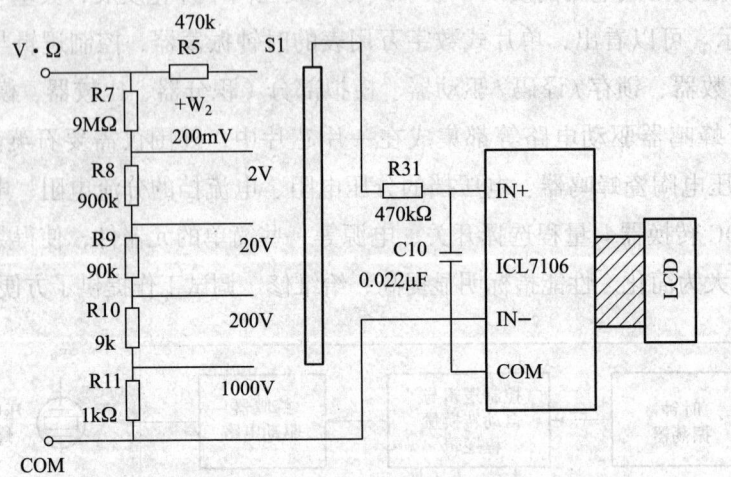

图 5-69 数字式万用表直流电压测量电路图

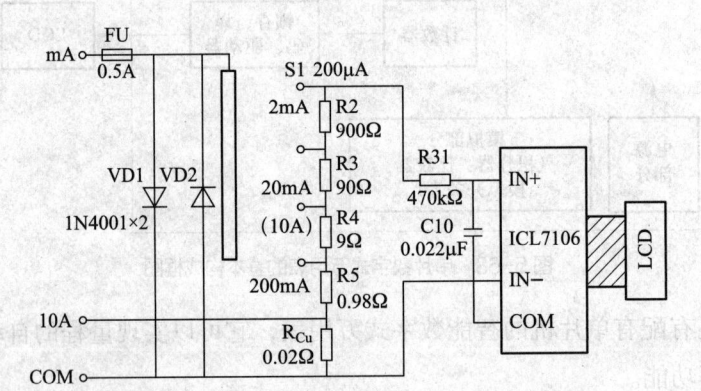

图 5-70 数字式万用表直流电流测量电路图

电路中的 R2～R5 是分流电阻，构成分流器；R_{Cu} 是 10 A 的分流电阻，功率较大，可以承受较大的电流。

③交流电压测量电路。交流电压测量电路如图 5-71 所示。该电路由 5 个挡位构成，分别为 200 mV、2 V、20 V、200 V、750 V，所测交流电压值均为有效值。

交流电压测量电路主要由输入通道、降压电阻、量程选择开关、耦合电路、放大器输入保护电路、运算放大器输入保护电路、运算放大器、交直流转换电路、环形滤波电路等组成。

图 5-71 中左半部分的分压电路和直流电压测量电路中的分压电路共用。C1 为输入电容，VD11、VD12 是 C1 的阻尼二极管，它可以防止 C1 两端出现过电压而影响放大器的输入端。R21 是为防止放大器输入端出现直流分量而设计的直流通道。VD5、VD6 为钳位二极管，互为反向连接，防止输入电压过压。运算放大器 TL062 完成对

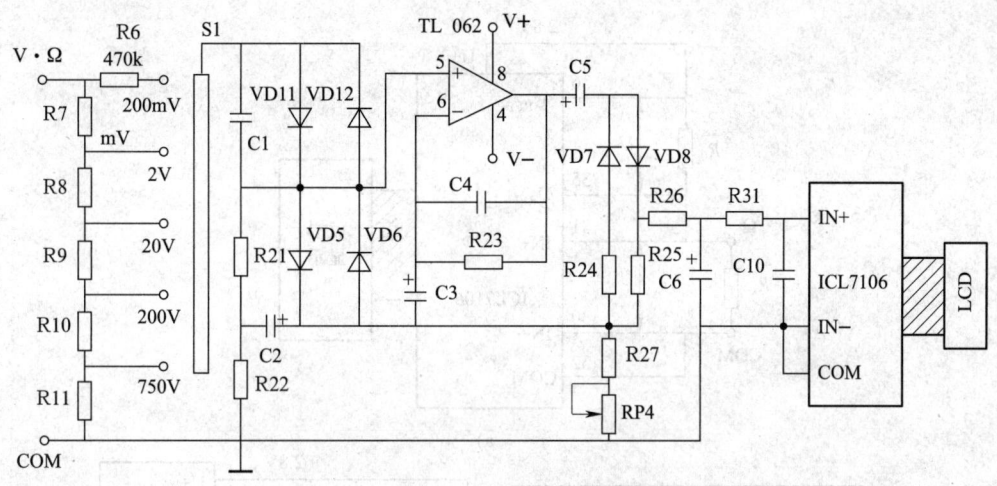

图 5-71 数字式万用表交流电压测量电路图

交流信号的放大,放大后的信号经 C5 加到二极管 VD7、VD8 上,信号的负半周通过 VD7,正半周通过 VD8,对交流信号进行全波整流。经整流后的脉动直流电压经电阻 R26、R31 和电容 C6、C10 组成的滤波电路滤波后,在 R27、RP4 上提取部分信号输入至基本表的输入端 IN+,同时输入至基本表的部分信号经 C3 反馈到运算放大器 062 的反相输入端,以改善检波器的整流特性。RP4 可进行调节,使数字式表头的显示值等于被测交流电压的有效值。

④交流电流测量电路。在交流电压测量电路的基础上,把分压器换成分流器即是交流电流测量电路,即将图 5-70 中左侧的分压电路换成图 5-69 的分流电路,其分流电阻与直流挡共用。

⑤电阻测量电路。数字式万用表中的电阻测量采用比例测量法,其测量电路如图 5-72a 所示。图中标准电阻 R_0 与待测电阻 R_x 串联后接在基本表的 U_+ 和 COM 之间。U_+ 和 U_{REF+}、U_{REF-} 和 IN_+、IN_- 和 COM 两两接通,用基本表的 2.8 V 基准电压向 R_0 和 R_x 供电。其中 U_{R_0} 为基准电压,U_{R_x} 为输入电压。这时有:

$$\frac{U_{R_0}}{U_{R_x}} = \frac{R_0}{R_x}$$

即

$$R_x = \frac{U_{R_x}}{U_{R_0}} R_0$$

根据所用 A/D 转换器的特性可知,数字表显示的是 U_{R_0} 与 U_{R_x} 的比值,当 $U_{R_x}=U_{R_0}$ 时显示"1 000",$U_{R_x}=0.5U_{R_0}$ 时显示"500",以此类推。所以,当 $R_x=R_0$ 时,表头将显示"1 000",当 $R_x=0.5R_0$ 时显示"500",这称为比例读数特性。根据此原理,只需选取不同的标准电阻并适当地对小数点进行定位,就能得到不同量程的电阻测量挡。

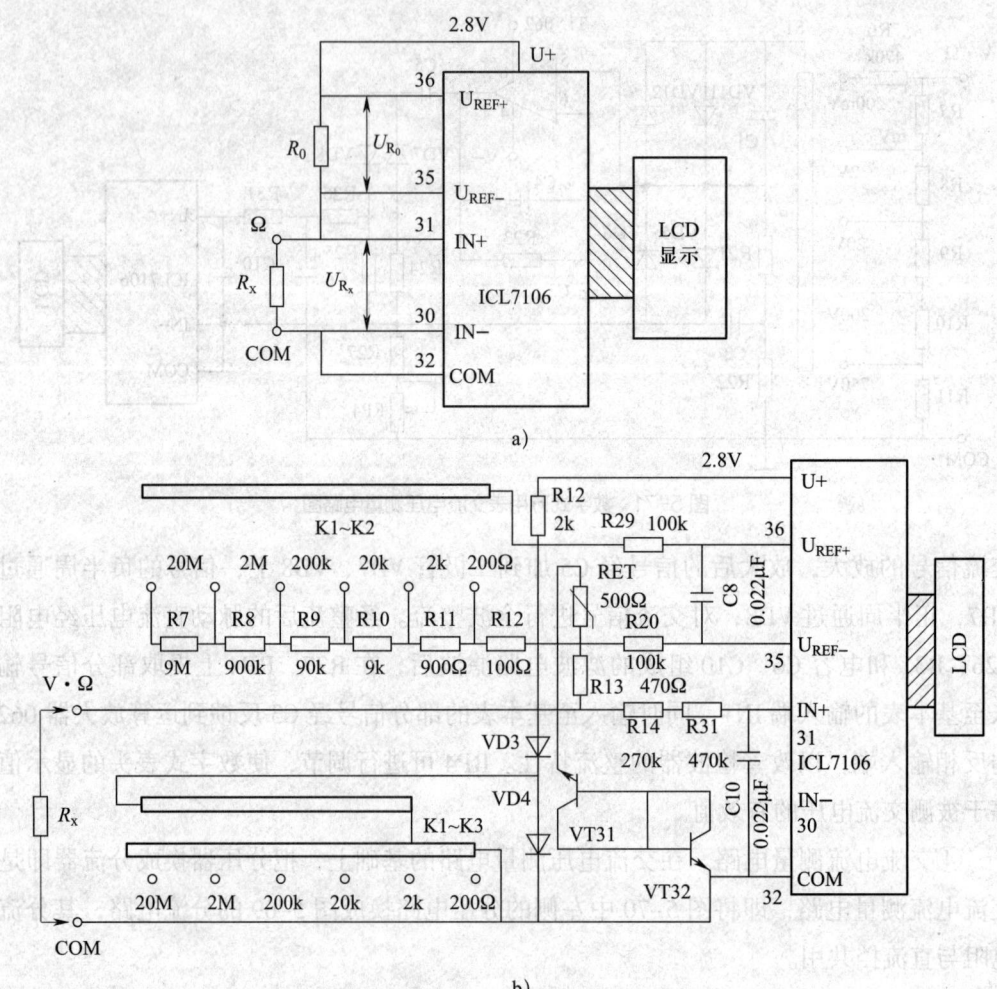

图 5-72 数字式万用表直流电阻测量电路
a) 测量电路图 b) 实际电阻测量电路

例如，对 200 Ω 挡，取 R_0=100 Ω，小数点定在十位上。当 R_x=100 Ω 时，表头就会显示出 100.0 Ω，当 R_x 变化时，显示值相应变化，可以从 0.1 Ω 测到 199.9 Ω；对 2 kΩ 挡，取 R_0=1 kΩ，小数点定在千位上，当 R_x=1 000 时，表头就会显示出 1 kΩ，当 R_x 变化时，显示值相应变化，可以从 0.001 kΩ 测到 1.999 kΩ。因此，只要固定若干个标准电阻 R_0，就可实现多量程的电阻测量。如图 5-72b 所示为实际电阻测量电路，其中 R7～R12 均为标准电阻，且与交流电压挡分压电阻共用。

通常，在输入端设有由正温度系数（PTC）热敏电阻与三极管组成的过压保护电路，以防误用电阻挡测高电压时损坏集成电路。当误测高电压时，三极管发射极将被击穿，从而限制了输入电压的升高，同时，热敏电阻随着电流的增加而发热，使其阻值迅速增大，从而限制了电流的增加，使流过三极管的电流不超过允许范围，三极管不会损坏。一旦解除错误操作，电路可恢复正常工作状态。

2. 万用表的使用方法和注意事项

万用表的结构和电路都比较复杂，测量对象多，量程范围相差悬殊，使用中经常需变换测量挡，稍一疏忽就可能造成万用表损坏。因此，使用万用表之前，必须熟悉各部件的作用，进行测量时应注意以下几点。

（1）使用前检查

测量前，应检查万用表的电池和熔丝管是否安装齐全且完好；认真检查表笔及导线绝缘是否良好，如有破损应更换后再使用，以确保使用人员的安全。

（2）接线要正确

测量交、直流电压时，万用表应并联在被测电路上，测量交、直流电流时，万用表应串联在被测支路中。测量直流电压、电流时，要注意万用表表笔的正、负极性。万用表一般配有红、黑两种颜色的测试表笔，红色测试表笔接正极，黑色测试表笔接负极；面板上也有"+"（或"V""A"等）、"-"（或"*""COM"等）极性的插孔，使用时应将红色测试笔的连接线插入标有"+"号的插孔内，黑色测试表笔的连接线插入标有"-"号的插孔内。

（3）选挡要正确

选挡包括测量对象的选择和量程的选择。测量前，一定要根据需要的测量对象（交、直流电压、电流或电阻）和量程选择好测量挡，将转换开关转到正确的位置上。每次测量前都要检查选挡是否正确，如果选错，将会严重损坏万用表。在所选量程的范围内，测量电压或电流时，指针应尽量落在量程的 1/2～2/3 之内。如对被测电压或被测电流的数值范围未知，应先选用最大量程挡进行测量，然后再根据所测得的数值转换到合适的量程挡再次测量。有些数字式万用表具有溢出功能，即在最高位显示数字"1"或其他一些字符，其他位均消隐，表明仪表已发生过载，此时应更换量程。

（4）不能带电转动转换开关

万用表使用中需要经常转动转换开关来转换测量挡，此时应将被测电路断开，不能带电转动转换开关。尤其是在测量较大的电流时，如事先不将电路断开，则在转换开关切换过程中可能产生火花，导致转换开关的触点烧蚀。

（5）读数要正确

在指针式万用表的表面盘上有多条标度尺，分别用于不同的测量量程和测量挡位，因此在读数时，要根据测量挡位和测量量程选择对应的标度尺。对于数字式万用表，在进行测量时可能出现数字跳动的现象，为使读数准确，应等显示值稳定后再读数。

（6）测量电阻

根据被测电阻的大小选择适当的欧姆倍率挡，并尽量使测量值落在欧姆中心值的 0.1~10 倍范围内。测量前要把表笔短接，调节电阻调零电位器，使指针指在 0 Ω，每次转换量程时需要重新调节调零电位器。如果调节调零电位器不能使指针指在零欧姆，可能是表中所用电池电压不足，应更换新电池。此外，测量电阻时，必须在电阻断电的情况下进行，否则不仅得不到准确的读数，而且有可能损坏万用表。在测量高阻值的电阻时，不可用手捏住被测电阻的两端，避免把人体电阻并入被测电阻而加大误差。

（7）测量完毕关闭电源

测量完毕后，为了避免下次测量时不注意选挡而损坏万用表，应将转换开关转到 OFF 挡或交流电压挡最大量程所在的位置上，同时关闭电源开关，以延长电池的使用寿命。

（8）注意危险标记数据

使用万用表时，要注意插孔旁边所注明的危险标记数据，该数据表示该插孔所输入电压、电流的极限值，使用时如果超过此值，就可能损坏仪表，甚至击伤使用者。

（9）其他

对于具有自动关机功能的数字式万用表，当停止使用的时间超过一定时间后会自动关机，切断主电源，使仪表进入备用状态，LCD 也为消隐状态。此时如要重新使用，必须按动一两次电源开关才能恢复正常。

3. 万用表的故障检查

现简要介绍万用表故障检查的一些方法，通过综合运用这些方法，可以对万用表自行进行故障维修。

（1）判断电路的方法

万用表是由直流电流电压表、交流电流电压表、欧姆表等电路通过转换开关组成的，线路比较复杂，要进行万用表的故障判别和维修，必须首先分析万用表的电路，可以用下面的方法判断电路原理。

1）熟悉仪表各元器件的符号，了解各元器件的作用及分布位置。

2）查电路之前，应确定转换开关各功能挡位对应的各开关触点所在位置。在维修时，一般应将开关触点置于所需检查的测量量程挡位上。

3）检查电压和电流测量电路时，一般可从插孔"+"端出发，经过各元器件再回到"−"端。检查欧姆测量电路时，则可将被测电阻接入测量回路，再从内附电池

"+"端出发,经各元器件再回到电池"-"端。

4)在查看电路时,如碰到几条电路的交点,难以分清该通过哪条电路时,应对各条支路分别检查。如果被转换开关切断,则说明该支路与待测电路无关,再继续检查未被切断的支路,直至回到检测电路的测量端或者电池的另一端,则说明该支路与待测电路有关。

(2)故障的检查

1)直观检查。通过观察,检查万用表的故障所在。首先,查看外壳有无损坏现象,表头玻璃有无破碎脱落,指针是否平直,调零能否起作用,接线端、转换开关等有无损坏,内部元器件是否有烧焦、损坏痕迹。然后检查万用表电池电量是否充足,摇动万用表耳听内部是否有元器件和螺钉、螺母及其他金属异物脱落的声音;用手触摸万用表是否过热或松动;闻一闻万用表内部有无烧焦的气味。由此发现故障,根据具体情况采取正确的方法排除故障。

2)阻值检修法。用另一个万用表的电阻挡测量疑似有故障的元器件、集成电路块或某两点间的电阻值是否正常,从而判断故障点。

3)替换法。用同规格或近似同规格的、完好的元器件替换疑似有故障的元器件,对一些由于元器件故障而造成的电路工作失常的情况有较好的检测效果。

4)对关键点电压、波形进行检测。通过测量电路的关键点电压或波形是否正常来判断故障的部位。

5)采用分割法进行检查。分割法是指将出故障的电路分割成最小的独立单元电路后再进行检查,这样可缩小故障的检查范围,有利于确定故障原因。

(3)指针式万用表常见故障

1)直流电流测量部分的常见故障现象及可能原因见表5-17。

表5-17 直流电流测量部分的常见故障现象及可能原因

故障现象	可能原因
指针无指示	分挡开关没有接通 公共线路断线 表头线头脱落或动圈断路 与表头串联的电阻阻值变大 表头被短路
各量程均为正误差	表头灵敏度偏高 与表头串联的电阻阻值变小 分流电阻值偏高

续表

故障现象	可能原因
各量程均为负误差	表头灵敏度降低 表头串联电阻的阻值变大
各量程误差无一致性	分流电阻某挡焊接不良 分流电阻某挡烧坏、短路 各挡分流电阻阻值变化

2）直流电压测量部分的常见故障现象及可能原因见表 5-18。

表 5-18　直流电压测量部分的常见故障现象及可能原因

故障现象	可能原因
指针无指示	最低量程附加电阻断路 电压部分开关接触点或连线断开
某量程不工作	转换开关接触点不良 该量程的附加电阻连线断线
小量程误差大，随量程增大而误差减小	量程的附加电阻接触不良或阻值变化
某量程误差很大，以前的量程误差合格，其后的量程随量程增大而误差减小	量程附加电阻变质或短路 电阻功率不够，超负荷使阻值变化
250 V 以上量程挡误差大	转换开关绝缘片损坏 电阻变值 高压电阻板绝缘不良

3）交流电流、电压测量部分的常见故障现象及可能原因见表 5-19。

表 5-19　交流电流、电压测量部分的常见故障现象及可能原因

故障现象	可能原因
指针在刻度零点左右快速摆动	与表头串接的整流器被击穿
指示值为实际值的 50% 左右	全波整流电路中有一个整流器被击穿
各挡测量值偏低，误差率一致	整流器反向电阻值变小

4）电阻测量部分的常见故障现象及可能原因见表 5-20。

（4）数字式万用表常见故障

数字式万用表的测量原理大部分和指针式万用表相同，只是最后测量数值的处理及显示方式同指针式万用表不同，因此，其信号采样部分的故障可参考指针式万用表的检查处理方法。数字式万用表的常见故障及可能原因见表 5-21。

表 5-20 电阻测量部分的常见故障现象及可能原因

故障现象	可能原因
指针无指示	电池无电压输出 转换开关公共触点未接通或断线 电阻测量电路与表头串联的电阻不通
正负表笔短路时指针调不到零位；调零时指针跳动误差大	电池容量不足 与表头串联的电阻变大 调零电位器接触不良 各量程分流电阻和限流电阻阻值发生变化

表 5-21 数字式万用表的常见故障及可能原因

故障现象	可能原因
仪表无显示	电池容量不足 电路板短路、断路（特别是主电源电路） 熔丝熔断、稳压块烧毁 显示驱动电路或测量主芯片损坏
电阻挡无法测量	电阻挡回路中连接电阻损坏 测量主芯片损坏
电压挡在测量高压时示值不准 测量时间稍长显示值不准、不稳定	某个或某几个元器件工作功率不足，元器件温度偏高
电流挡无法测量	限流电阻和分压电阻烧坏 运算放大器和其连接的导线损坏
显示值不稳，有跳字现象	整体电路板受潮或有漏电现象 输入回路中有接触不良或虚焊现象（包括测试表笔） 某个或某几个元器件工作功率不足，元器件温度偏高
显示值不准	测量电路中电阻或电容失效 电路中电阻的阻值改变 A/D 转换器的基准电压回路中的电阻、电容、基准电源损坏

二、兆欧表

电气设备的绝缘性能是否良好，不仅关系到设备能否正常运行，而且关系到操作人员的生命安全。电气设备由于工作时的发热、受潮及老化等原因,绝缘性能往往会达不到要求,需要检修,检修前后都需要用兆欧表测量绝缘电阻。

1. 定义

兆欧表俗称"摇表",是一种专门测量绝缘电阻的直读式仪表。它的标度单位是兆欧,用 MΩ 表示,$1\,M\Omega = 1 \times 10^6\,\Omega$。兆欧表分为指针式兆欧表与数字式兆欧表,如图 5-73 所示。

图 5-73 兆欧表的外形
a) 指针式兆欧表 b) 数字式兆欧表

2. 指针式兆欧表

(1) 工作原理

通常兆欧表由两部分组成,一部分是由磁电系比率表组成的测量机构,另一部分是由手摇直流发电机组成的电源供给系统。

指针式兆欧表的电路原理图如图 5-74a 所示,图中 G 表示手摇发电机,1、2 为磁电系比率表中的两个可动线圈,R_A 和 R_V 是串接在两个线圈中的限流电阻。兆欧表有三个接线端钮:"线路"端钮 L、"接地"端钮 E 和"屏蔽"端钮 G,被测绝缘电阻 R_x 接在端钮 L、E 之间。

如图 5-74a 所示,兆欧表发电机发出的电压上并联有两条支路。一条称为电流支路,它是由线圈 1(线圈的电阻为 r_1)、电阻 R_A 与被测电阻 R_x 串联组成的,支路电流为 I_1,表达式为

$$I_1 = U / (R_A + R_x + r_1)$$

另一条称为电压支路,它是由线圈 2(线圈的电阻为 r_2)与电阻 R_V 串联组成的,支路电流为 I_2,表达式为

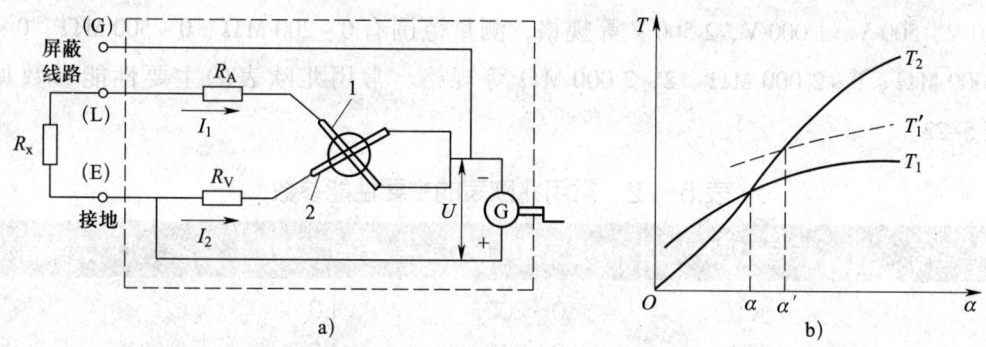

图 5-74 指针式兆欧表的工作原理
a）电路原理图 b）力矩与转角的关系

$$I_2 = U/(R_V + r_2)$$

当发电机的电压 U 和限流电阻 R_A、R_V 的值保持某一恒定值时，电流支路中电流 I_1 的大小由被测电阻 R_x 决定，产生转动力矩 T_1；电压支路中的电流 I_2 是定值，它将产生反作用力矩 T_2。

由于气隙中磁场分布是不均匀的，所以转动力矩 T_1 与反作用力矩 T_2 都与两线圈在磁场中的位置有关，即与指针的偏转角度 α 有关。在指针的零位处，两线圈都偏离磁场中心较远，力矩较小，随着偏转角的增大，线圈逐渐靠近磁场中心，力矩也随之增大，由于线圈 2 比线圈 1 更靠近磁场的中心，所以力矩 T_2 比 T_1 增大得更快，T_1、T_2 与偏转角 α 的关系如图 5-74b 所示。由图可见，在偏转角较小时，转动力矩 T_1 大于反作用力矩 T_2，使得指针偏转，随着偏转角的增大，两力矩也随之增大并逐渐接近相等，在偏转角 α 处两条曲线相交，此时 $T_1=T_2$，指针平衡，指出被测电阻值。如果被测电阻 R_x 减小，电流 I_1 增大，则曲线 T_1 将被抬高到 T_1' 的位置，偏转角 α 要增大到 α' 才能使两条曲线相交，力矩平衡。兆欧表指针的偏转角 α 只随被测电阻 R_x 的电阻值而改变。

兆欧表的刻度与万用表的电阻挡刻度一样，如图 5-75 所示。在被测电阻 $R_x=0$ 时，电流 I_1 为最大，转动力矩 T_1 也是最大（曲线 T_1 抬得最高），兆欧表指针的偏转角将顺时针偏转到标度尺的最右端才能与反作用力矩 T_2 平衡，指示出 $R_x=0$；当未接被测电阻 R_x 时，相当于 $R_x=\infty$，这时电流 $I_1=0$，$T_1=0$，可动线圈在 I_2 产生的反作用力矩 T_2 作用下逆时针偏转，使指针停在标度尺的最左端，指示出 $R_x=\infty$。

（2）使用方法

1）兆欧表的选择。兆欧表的主要性能参数有额定电压、测量范围等，额定电压有 100 V、

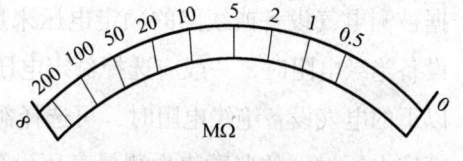

图 5-75 兆欧表的刻度

250 V、500 V、1 000 V、2 500 V 等规格,测量范围有 0~200 MΩ、0~500 MΩ、0~1 000 MΩ、0~2 000 MΩ、2~2 000 MΩ 等规格。常用兆欧表的主要性能参数见表 5-22。

表 5-22 常用兆欧表的主要性能参数

型号	额定电压/V	测量范围/MΩ	准确度等级	备注(兆欧表类型)
ZC—7	100	0~200	1.0	手摇发电机
	250	0~500	1.0	
	500	0~500	1.0	
	1 000	2~2 000	1.0	
	2 500	5~5 000	1.0	
ZC11—1	100	0~500	1.0	手摇发电机
ZC11—2	250	0~1 000	1.0	
ZC11—3	500	0~2 000	1.0	
ZC11—4	1 000	0~5 000	1.0	
ZC11—5	2 500	0~10 000	1.0	
ZC11—6	100	0~20	1.0	
ZC11—7	250	0~50	1.0	
ZC11—8	500	0~100	1.0	
ZC11—9	1 000	0~200	1.0	
ZC11—10	250	0~2 500	1.0	
ZC25—1	100	0~100	1.0	手摇发电机
ZC25—2	250	0~250	1.0	
ZC25—3	500	0~500	1.0	
ZC25—4	1 000	0~1 000	1.0	
ZC—17	250/500	50/100	1.5	晶体管变换器
	500/1 000	1 000/2 000	1.5	
ZC—30	5 000	0~100 000	1.5	晶体管变换器

选择兆欧表时,主要考虑的因素是额定电压及测量范围。兆欧表的额定电压应根据被测电气设备或线路的额定电压来选择。例如,测量额定电压在 500 V 以上的电气设备绝缘电阻时,一般应选择额定电压为 2 500 V 的兆欧表;而测量额定电压在 500 V 以下的电气设备绝缘电阻时,可选择额定电压为 500 V 或 1 000 V 的兆欧表。如果选用额定电压过低的兆欧表去测量高压设备的绝缘电阻,则测量结果不能正确反映被测设

备在工作电压下的绝缘电阻值;如果选用额定电压过高的兆欧表去测量低压电气设备的绝缘电阻,则有可能损坏被测电气设备的绝缘。

兆欧表的测量范围应与被测电气设备或线路的绝缘电阻的范围相适应,不要超过被测绝缘电阻值太多,以免使测量误差过大。例如,测量低压电气设备绝缘电阻时,可选用 0~500 MΩ 的兆欧表;测量高压电气设备或电缆的绝缘电阻时,可选用 0~2 000 MΩ 的兆欧表。另外有一些兆欧表的标尺刻度不是从 0 MΩ 开始,而是从 1 MΩ 或 2 MΩ 开始的,这种兆欧表一般不宜用来测量低压电气设备的绝缘电阻,因为低压电气设备的绝缘电阻可能小于 1 MΩ。可供参考的兆欧表额定电压选择见表 5-23。

表 5-23 兆欧表额定电压的选择

被测对象	被测设备的额定电压/V	兆欧表的额定电压/V
线圈绝缘电阻	500 以下 500 以上	500 1 000
电力变压器线圈绝缘电阻、电动机线圈绝缘电阻	500 以上	1 000~2 500
发电机线圈绝缘电阻	500 以下	1 000
电气设备绝缘电阻	500 以下 500 以上	500~1 000 2 500
瓷绝缘子绝缘电阻		2 500~5 000

2)使用前的检查。使用兆欧表前,应将其放置平稳,对兆欧表进行一次开路和短路试验,检查兆欧表是否良好。检查方法是:先使兆欧表的 L、E 端钮开路,摇动发电机,使其转速达到规定范围,这时指针应指在"∞"处;再将兆欧表的 L、E 端钮短路,摇动发电机,指针应指在"0"处。否则,兆欧表有误差,应进行检修调整。

3)兆欧表的接线。兆欧表有三个测量端钮,分别标有 L(线路)、E(接地)和 G(屏蔽)。一般测量时,只用 L 端和 E 端。例如,测量线路对地的绝缘电阻或者三相电动机绕组对外壳的绝缘电阻时,应将被测电气设备的相线端(如三相电动机绕组端)接 L(线路)端钮,将被测设备的外壳或接地端(如三相电动机的外壳)接 E(接地)端钮,如图 5-76a 所示;测量三相电动机绕组相间的绝缘电阻接线如图 5-76b 所示。

G 是屏蔽端钮,应接屏蔽线,其作用是减少被测设备表面漏电流对测量值的影响,一般仅在测量电缆对地绝缘电阻或被测设备表面漏电流很严重时才使用,其接法如图 5-77 所示。

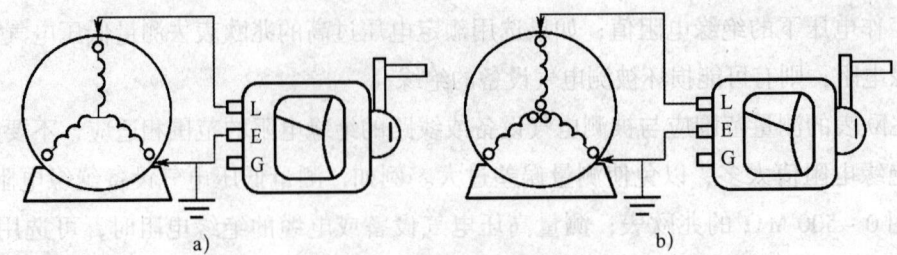

图 5-76 测量绝缘电阻的接法

a) 三相电动机绕组对外壳的绝缘电阻 b) 三相电动机绕组相间的绝缘电阻

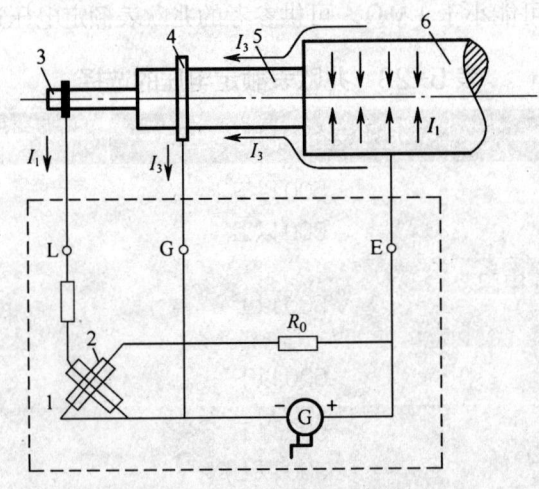

图 5-77 屏蔽端钮 G 的接法

1、2—兆欧表可动线圈 3—芯线 4—保护环 5—绝缘层 6—电缆外皮

当电缆表面存在漏电流 I_3 时，可以通过保护环把电缆的表面接到屏蔽端钮 G，这样就可以把漏电流 I_3 通过屏蔽端钮引回到发电机，不会流到线路端钮 L 上去增大测量电流 I_1，也就不会造成测量误差。

（3）注意事项

1）绝缘电阻的测量必须在被测电气设备和线路断电状态下进行。对于电容量较大的设备，必须进行 2~3 min 的充分放电后再进行测量，以保障人身和设备的安全。

2）测量前，应将被测设备表面擦干净，以免引起误差。

3）兆欧表和被测设备之间的连接导线应用单股线分开单独连接，不可用双股绝缘导线，否则有可能因导线绝缘不良而引起误差。

4）兆欧表虽然采用了比率表测量机构，测量结果与手摇发电机电压无关，但是由于仪表本身的灵敏度有限，线圈需要一定的电流才能产生足够的转动力矩与反作用力矩，因此手摇发电机必须供给足够的电源电压，即应达到一定的转速以保证仪表的正常工作。测量时应使手摇发电机的转速稳定在规定范围内,一般要求为每分钟 120 转左右。由于绝缘电阻阻值随着测量时间的长短而有所改变,因此规定以摇测 1 min 后的读数为准。如果在摇测过程中,发现指针指"0",则不能再继续摇动手摇发电机,以防表内线圈过热而损坏。

5)测量完毕后,在兆欧表没有停止转动、被测电气设备没有完全放电之前,不要急于拆除导线。在对电容量较大的设备进行测量后,也应注意先将被测电气设备对地短路放电,然后才能拆除导线,以防发生触电事故。

3. 数字式兆欧表

数字式兆欧表一般采用三位半 LCD 显示器显示,测试电压由直流电压变换器将 9 V 直流电压变成 250 V、500 V 或 1 000 V 等直流电压,并采用数字电桥进行高阻测量。相比指针式兆欧表,数字式兆欧表具有量程宽、读数直观、携带使用方便、整机性能稳定等优点,适用于各种电气绝缘电阻的测量。

(1)使用方法

数字式兆欧表使用时先将电源开关打开,此时显示器高位显示"1"。然后根据测量需要选择相应的量程,根据测量需要选择相应的测试电压。

测量时将被测对象接入数字式兆欧表相应的插孔,将输入线 L 接至被测对象线路端,L 引线应尽量悬空,E 端接至被测对象地端,测试电缆时,插孔 G 接保护环。接线完毕后按下测试按键,此时高压指示 LED 点亮,测试进行,当显示值稳定后即可读数,读数完毕后松开测试按键。如果显示器最高位仅显示"1",表示超量程,需要换至高量程挡;如用最高量程挡测量时最高位仍仅显示"1",则说明绝缘电阻值已超过此兆欧表最高量程。

(2)注意事项

数字式兆欧表使用时的注意事项与指针式兆欧表基本相同,在测试前也应确保被测对象已完全切断电源,并应短路放电。测试时,不允许手持测试端,以保证读数准确和人身安全。

测试时如显示读数不稳,有可能是受到环境干扰或绝缘材料不稳定的影响,此时将 G 端接到被测对象屏蔽端,可使读数稳定。

电池电压不足时及时更换电池,如果长期不使用应取出电池,以免电池漏液损坏仪表。

为保证测试安全和减少干扰,测试线采用硅橡胶材料,勿随意更换。保存时勿置于高温、潮湿处存放,以延长使用寿命。

三、钳形电流表

1. 定义

钳形电流表，简称钳形表，是将可以开合的磁路套在载有被测电流的导体上测量电流值的仪表，如图 5-78 所示。

2. 工作原理

通常用普通电流表测量电流时，需要将电路切断停机后才能将电流表接入进行测量，过程烦琐，且有时正常运行的电动机不允许停机。此时可以使用钳形电流表在不切断电路的情况下来测量电流。

图 5-78　钳形电流表

钳形电流表由电流互感器和电流表组合而成。电流互感器的铁芯在捏紧扳手时可以张开，被测电流所通过的导线不必切断就可穿过铁芯张开的缺口，当放开扳手后铁芯闭合。穿过铁芯的被测电路导线就成为电流互感器的一次线圈，其中通过的电流便在二次线圈中感应出电流。从而使与二次线圈相连接的电流表便测出被测线路的电流。钳形电流表可以通过转换开关的挡位，改换不同的量程，但转换挡位时不允许带电进行操作。钳形电流表一般准确度不高，通常为 2.5～5 级。

3. 使用方法

用钳形电流表检测电流时，一定要钳住一根被测导线（电线），钳住两根（平行线）则不能检测电流。另外，使用钳形电流表铁芯中心检测时，检测误差小。用直流钳形电流表检测直流电流时，如果显示出负数，则电流的流向与预设的方向相反，可使用该功能检测汽车的蓄电池是充电状态还是放电状态。

（1）真有效值（RMS）的检测

平均值方式的钳形电流表通过交流检测，检测正弦波的平均值，并将放大 1.11 倍（正弦波交流）之后的值作为有效值显示出来。正弦波以外的波形和歪波也同样放大 1.11 倍后显示出来，所以会产生指示误差。因此检测正弦波以外的波形和歪波时，应选用可直接测试出真有效值的钳形电流表。

（2）漏电检测

漏电检测与通常的电流检测不同，两根（单相两线式）或三根（单相三线式，三相三线式）应全部钳住才可检测，也可钳住接地线进行检测。采用漏电钳形电流表来进行漏电检测是常用的判断方法。

四、毫伏表

1. 定义

毫伏表是测量毫伏级电压值的仪表，如图5-79所示。它主要用于测量毫伏级以下的毫伏、微伏交流电压，如电视机和收音机天线输入的电压等。

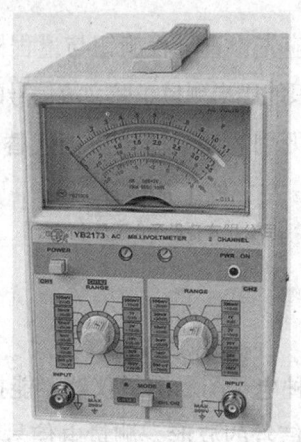

图5-79 毫伏表

2. 工作原理

一般万用表的交流电压挡只能测量1 V以上的交流电压，且测量电压的频率一般不超过1 kHz。常见的毫伏表测量的最小量程是10 mV，测量电压的频率可以是$50 \sim 100 \times 10^3$ Hz，是测量音频放大电路必备的仪表之一。毫伏表由三个普通晶体管、一块100 μA的表头和一些其他元件构成，电路简单，制作容易。

3. 使用方法

（1）测量前应短路调零。打开电源开关，将测试线（也称开路电缆）的红黑夹子夹在一起，将量程旋钮旋到1 mV量程，指针应指在零位（一些毫伏表可通过面板上的调零电位器进行调零，凡面板无调零电位器的，内部设置的调零电位器已调好）。若指针不指在零位，应检查测试线是否断路或接触不良并进行相应修复。

（2）毫伏表灵敏度较高，打开电源后，在较低量程时由于干扰信号（感应信号）的作用，指针会发生偏转，这种现象称为自起现象。所以在不测试信号时应将量程旋钮旋到较高量程挡，以防打弯指针。

（3）毫伏表接入被测电路时，其黑夹子（地端）应始终接在电路的地上（作为公共接地），以防干扰。

（4）调整信号时，应先将量程旋钮旋到较大量程，改变信号后，再逐渐减小。

（5）毫伏表表盘刻度分为0~1和0~3两种，量程旋钮切换量程分为逢一量程（1 mV、10 mV、0.1 V…）和逢三量程（3 mV、30 mV、0.3 V…），逢一量程直接在0~1刻度线上读取数据，逢三量程直接在0~3刻度线上读取数据，单位为该量程的单位，无须换算。

（6）使用前应先检查量程旋钮与量程标记是否一致，若错位会产生读数错误。

（7）毫伏表只能用来测量正弦交流信号的有效值，若测量非正弦交流信号要经过换算。

（8）不可用万用表的交流电压挡代替毫伏表测量交流电压（万用表内阻较低，只能用于测量50 Hz左右的工频电压）。

五、示波器

示波器是一种电子图示测量仪器，能把随时间变化的电信号过程用图像表示出来，主要用于观察电信号的波形，测量电信号波形的重复周期、峰值电压、上升时间、脉冲幅值等多种参数。由于示波器能够直观地显示被测电路电信号的动态过程，测量功能全面，因此被广泛运用于科学技术领域。

示波器主要分为模拟示波器与数字示波器两类。模拟示波器主要基于阴极射线管打出电子束、电子束通过水平偏置和垂直偏置系统，打在屏幕的荧光物质上显示波形。数字示波器主要是通过A/D转换器将模拟数字离散化并存入存储器，通过中央处理器（CPU）或专用芯片进行处理后显示在屏幕上。数字示波器又可以分为数字存储示波器、数字荧光示波器、采样示波器和混合信号示波器等。混合信号示波器在数字存储示波器的基础上增加了逻辑分析功能。

1. 模拟示波器

（1）示波器的结构框图

示波器的结构框图如图5-80所示，主要由示波管、Y轴偏转系统、X轴偏转系统、整步放大器、扫描发生器及电源等部分组成。

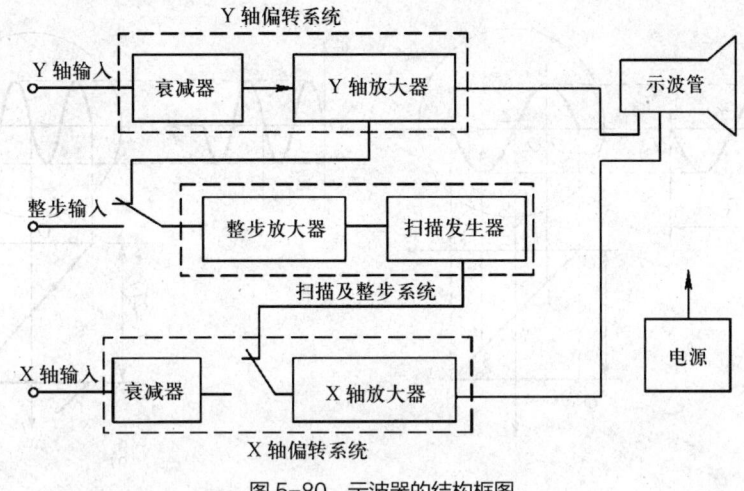

图 5-80　示波器的结构框图

（2）示波器的波形显示原理

示波器的核心部件是示波管，由电子枪、偏转系统、荧光屏等部分组成，结构如图 5-81 所示。示波管内的电子枪能产生一束电子束，电子束打在示波管的荧光屏上就形成光点。在示波管中的垂直偏转板和水平偏转板上加上电压之后，在电场力的作用下，电子束的运动方向将发生偏转，控制电场力的大小就能使电子束在荧光屏上显示线条图形。

在示波器中，对水平偏转板上加上一个幅度与时间成正比的锯齿波电压，则电子束在锯齿波正程电压（锯齿波上升时的电压）的作用下，会沿水平方向从左向右作匀速直线运动，这时就能在荧光屏上扫描出一条水平线；在锯齿波逆程电压（即锯齿波下降时的电压）的作用下，电子束将迅速地从荧光屏的右端返回左端，如此周而复始地循环。电子束的这一水平方向的运动在示波器中称为"扫描"，这个锯齿波电压称为扫描电压。若在垂直偏转板上同时加上一个被测的信号电压，则电子束在沿水平方向作匀速直线运动的同时，又将按照被测信号电压的规律作垂直方向的运动。例如，在测量端加一个正弦波信号，当这一被测信号电压的周期与锯齿波电压的周期完全相同时，水平和垂直两种运动合成，将使电子束在荧光屏上描出一个完整的正弦波形，其原理如图 5-82a 所示；当锯齿波电压的周期是被测信号电压周期的 2 倍时，屏幕上就会显示被测信号的两个周期的波形，如图 5-82b 所示。

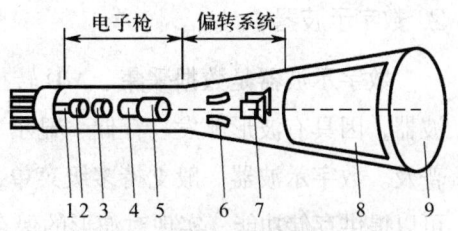

图 5-81　示波管的结构

1—灯丝　2—阴极　3—控制栅板　4—第一阳极
5—第二阳极　6—垂直偏转板　7—水平偏转板
8—碳膜导电层　9—荧光屏

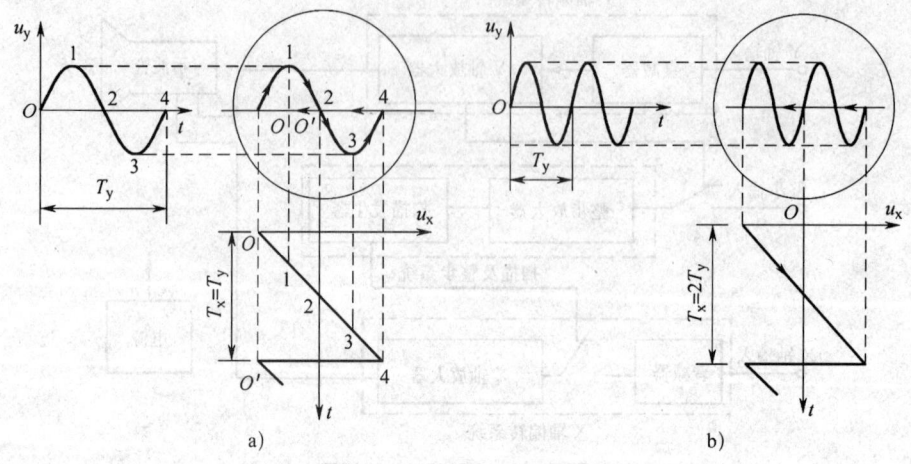

图 5-82 示波器波形显示原理
a) $T_x=T_y$ 的波形 b) $T_x=2T_y$ 的波形

（3）波形的稳定

在示波器中，锯齿波电压是由示波器内部的扫描发生器产生的，经水平放大电路放大后加在水平偏转板上。被测信号通过示波器的 Y 轴输入端输入，经垂直放大电路放大后加载于垂直偏转板上。如果要保证在荧光屏上看到的图形是稳定的，即扫描电压每次扫描光点的运动轨迹完全重合，则锯齿波频率（扫描频率）与被测波形的频率应为整数倍关系，即两者同步。如果两者频率不为整数倍，则每次扫描的起始点必然不在同一个位置上，这就会使每次扫描的波形比前次波形左移或右移，造成波形在水平方向上不断移动，无法稳定。为了保证扫描电压与被测信号同步，通常，在示波器中由被测信号来控制触发扫描电路，称为内触发。示波器中一般还设有 50 Hz 的电源电压或外加信号电压作为同步触发信号源，此时分别称为电源触发和外触发。示波器的扫描方式、触发源的选择以及触发电平的调节，对于稳定波形有着十分重要的作用。

2. 数字示波器

数字示波器是数据采集、A/D 转换、软件编程等一系列技术制造出来的高性能示波器，因具有波形触发、存储、显示、测量、波形数据分析处理等独特优点而被日益普及。数字示波器一般支持多级菜单，能提供给用户多种选择、分析功能。还有一些可以提供存储功能，实现对波形的保存和处理。

（1）数字示波器的分类

1）数字存储示波器（DSO，Digital Storage Oscilloscope）。此种示波器可以将信号数字化后再建波形，具有记忆、存储被观测信号的功能，可以用来观测和比较单次过程和非周期现象、低频和慢速信号以及不同时间不同地点观测到的信号。典型的数字存储示波器的处理体系结构框图如图 5-83 所示。

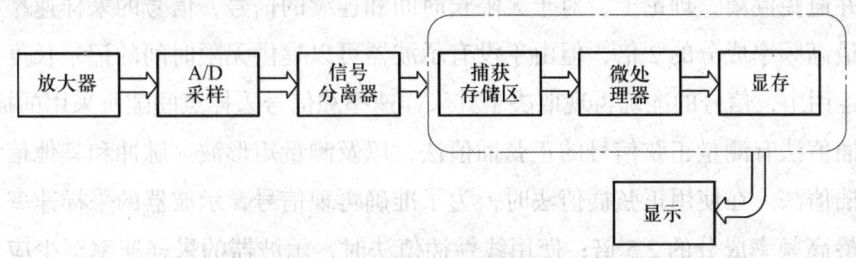

图 5-83　数字存储示波器的处理体系结构框图

2）数字荧光示波器（DPO，Digital Phosphor Oscilloscope）。此种示波器可以通过多层次辉度或彩色可显示长时间内信号的变化情况。典型的数字荧光示波器处理体系结构框图如图 5-84 所示。

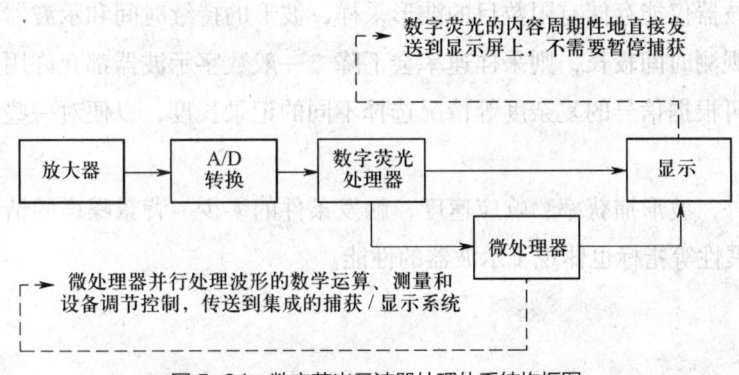

图 5-84　数字荧光示波器处理体系结构框图

3）混合信号示波器（MSO，Mixed Signal Oscilloscope）。此种示波器可以把数字示波器对信号细节的分析能力和逻辑分析仪多通道定时测量能力组合在一起，可用于分析数模混合信号之间互相影响。

（2）数字示波器的主要指标

带宽、采样速率和存储深度是数字示波器最重要的三项技术指标。

1）带宽。示波器带宽指的是正弦输入信号衰减到其实际幅度的 70.7% 时的频率值，即 −3 dB 点。带宽是示波器的基本指标，决定了示波器对信号的基本测量能力，带宽越高，则再现的信号就越准确。如果没有足够的带宽，示波器将无法分辨高频变化，幅度将出现失真，边缘将会消失，细节数据将被丢失。通常，示波器所需带宽为被测信号的最高频率成分的 5 倍，此时示波器的测量误差将不会超过 ±2%。

2）采样速率。采样速率是指数字示波器对信号采样的频率，示波器的采样速率越快，所显示的波形分辨率和清晰度就越高，信号丢失的概率就越小。采样速率的计算方法取决于所测量的波形的类型，以及示波器所采用的信号重构方式。为了准确地再现信号并避免混淆，理论上，对于无限长时间和连续的信号，信号的采样速率必须不小于其最高频率成分的 2 倍，但由于没有示波器可以提供无限时间的记录长度，所以在实际运用中，信号的准确再现取决于其采样速率和信号采样点间隙所采用的插值法。常见的插值法有测量正弦信号的正弦插值法，以及测量矩形波、脉冲和其他信号类型的线性插值法。在使用正弦插值法时，为了准确再现信号，示波器的采样速率至少应为信号最高频率成分的 2.5 倍；使用线性插值法时，示波器的采样速率至少应为信号最高频率成分的 10 倍。

3）存储深度。存储深度直接影响观测时间的长短，也会影响示波器的采样速率。存储深度的计算式为

$$存储深度 = 采样速率 \times 观测时间$$

由于示波器仅能存储有限数目的波形采样，波形的持续时间和示波器的采样速率成反比。若观测时间较长，则采样速率会下降。一般数字示波器都允许用户选择记录长度，用户可根据信号的复杂度等情况选择不同的记录长度，以便对一些操作中的细节进行优化。

除此之外，波形捕获率、响应速度，触发条件的多少、背景噪声的情况、使用的方便性及扩展性等指标也体现了示波器的性能。

职业模块六 常用电工材料应用

 培训项目一　常用导线材料的分类及其应用
 培训项目二　常用绝缘材料的分类及应用
 培训项目三　磁性材料的分类及其应用

培训项目一　常用导线材料的分类及其应用

一、常用导线的分类

导线，工业上也称电线，指的是用作电线电缆的材料，采用导电金属材料制作而成。导电金属中导电性能最好的是银，其次是铜、金、铝等，因此导线一般由上述这几种金属制成，由于银、金、铂等价格较贵，因此仅在一些特殊场合（如精密仪表等）中使用；而铜由于其良好的导电、导热性能，以及具有一定强度、易加工等特点，成为目前导线中最为常用的导线材料；铝也是较为常用的一种材料，其价格较低。根据用途、结构等不同，导线分为很多类型，常见的导线有以下几种。

1. 裸导体

裸导体仅有导体而无任何绝缘层，一部分用于各种电线、电缆作导电缆芯，有圆单线、扁线、铜绞线、铝绞线等；另一部分用在电动机、变压器、电气元件等设备中作导电部件，如母线、梯排、异型排和软接线等。

如图6-1所示，裸导体按产品的形状与结构可分为裸单线、绞线、型线及软接线4类。

（1）裸单线

裸单线指的是不同材料和尺寸的有色金属单线，可分为圆单线（铜、铝及其合金），扁线（铜、铝及其合金），有金属镀层（锡、银、镍）的单线和双金属线（铝包钢、铜包铝、铜包钢）等。此类导线大部分用于供给下一道制作电线电缆的材料。

（2）绞线

常用的绞线有铜、铝两种。相比同截面积的单股线，绞线拥有更高的机械性、柔韧性。铜、铝线可以绞制成各种不同规格截面以及不同种类的电线电缆的导线电芯，适用于工作频率较高，单股线材的集肤效应和邻近效应损耗过大的场合，使用绞线可以使运行温度降低。绞线包括架空导线和裸绞线两种。

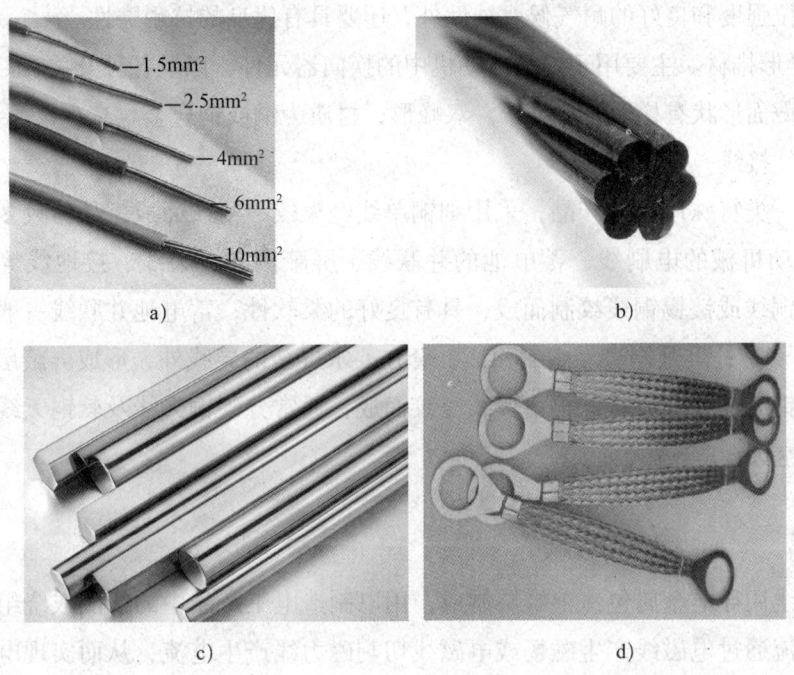

图 6-1 裸导体
a）裸单线 b）绞线 c）型线 d）软接线

裸绞线总是架社在电杆上，因此也称架空导线。在电力网络中，架空线路长度占了总量的 90% 以上，尤其是在 110～500 kV 高压输、配电线路中。

裸绞线从结构组成上可以分为 3 种。第一种以单一金属材料的单线绞制而成，如铝绞线、铜绞线、铝合金绞线等；第二种是以钢绞线为芯线以增加承拉强度，外面绞上一层或几层铝线或铝合金线的钢芯铝绞线；第三种以双金属单线绞制而成，如铝包钢绞线。钢芯铝绞线是使用最广泛的品种，由于有了钢芯承受悬挂在电杆上的拉力，可以增大电杆间距以减少投资（特别是高压线路），并延长导线寿命、增强安全性。敷设线路周围如有腐蚀气体（如海边的盐雾、化工厂地区），则应采用涂有防腐涂料的防腐型钢芯铝绞线。

（3）型线

导线产品的横截面形状不是圆形的称为型线，按其用途可分为 3 种。

1）作为大电流母线（又称汇流排）用的铜、铝排材。它大多为扁平状，也可制成空心矩形和半弓字形，用于电厂、变电站传输大容量电流，以及开关柜中。近年来，又发展出了带有绝缘层的绝缘母线。

2）接触网用导线。此类导线用于电气化铁道、城市电车、隧道内电机车（如地铁、矿山地下坑道车）等的架空导线。接触网用导线的技术要求除了导电性能好、有足够的抗拉强度和良好的耐气候腐蚀性外，还要具有优良的抗耐磨性。

3）异形排材。主要用于各类电动机中的换向器元件，以及各种开关、刀开关的刀头电极，截面形状有梯形、单峰形、双峰形，材质为铜或铜合金。

（4）软接线

这是一类特殊用途的产品，采用细铜单线经束绞、复绞而成，品种较多但用量较少，如电动机械的电刷线、蓄电池的并联线、屏蔽网套、天线、接地线等。铜电刷线由多股铜线或镀锡铜线绞制而成，具有良好的柔软性；蓄电池并联线一般制成扁形（俗称辫子线）；屏蔽网套系编制而成，套在要求屏蔽的导线外，形成屏蔽层；裸铜天线由多股铜绞线绞成股状，再由股线复绞而成，通常分硬铜天线及软铜天线两种，用作通信架空天线。

2. 电磁线

电磁线用导电金属包覆绝缘层制成，用以制造电工产品中的线圈或绕组，又称绕组线。电流通过电磁线产生磁场或电磁线切割磁力线产生电流，从而实现电能与磁能的互相转换。

电磁线必须满足多种使用和制造工艺上的要求。使用包括其形状、规格要求，能短时和长期在高温下工作，以及承受某些场合中的强烈振动和高速下的离心力，高电压下的耐受电晕和击穿，特殊情况下的耐化学腐蚀等；制造工艺包括绕制和嵌线时经受拉伸、弯曲和磨损的要求，以及浸渍和烘干过程中的溶胀、侵蚀作用等符合要求。电磁线所用的导电线芯多数为铜或铝，也有一些采用高强度的铝合金或在高温下工作抗氧化性好的复合金属。

电磁线可以按其基本组成、导电线芯和电绝缘层分类。通常根据电绝缘层所用的绝缘材料和制造方式分为漆包线、绕包线、无机绝缘线和特种电磁线。

（1）漆包线

漆包线是在导体外涂以相应的漆溶液，再经溶剂挥发和漆膜固化、冷却而制成。其特点是漆膜均匀、光滑，便于线圈绕制，漆膜较薄，有利于提高空间因数（线圈中导体总截面与该线圈的横截面之比）。漆包线广泛用于中小型及微型电工产品中。

（2）绕包线

绕包线是绕组线中的一个重要品种，如图6-2

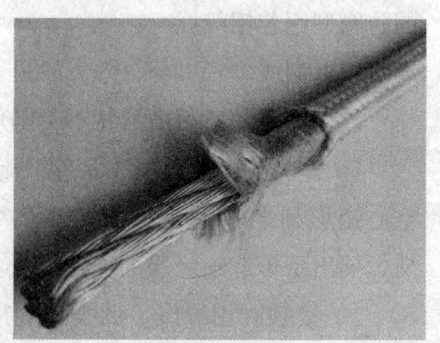

图6-2 绕包线

所示。早期用棉纱和丝包裹，也称纱包线和丝包线，曾用于电动机、电气元件中，但由于绝缘厚度大，耐热性低，多数已被漆包线所代替，目前仅用作高频绕组线。在大、中型规格的绕组线中，当耐热等级较高而力学强度较大时，也采用玻璃丝包线，而在制造时配以适当的胶黏漆。在绕包线中纸包线仍占有相当地位，纸包线是由无氧铜杆或电工圆铝杆经一定规格的模具挤压或拉拔后退火处理的导线，再在铜（铝）导体上绕包两层或两层以上绝缘纸（包括电话纸、电缆纸、高压电缆纸、匝间绝缘纸等），适用于油浸式变压器线圈及其他类似电器绕组用线，具有优异的介电性能，且价格低廉，寿命长。近年来，发展比较迅速的是薄膜绕包线，主要有聚酯薄膜和聚酰亚胺薄膜绕包线，还有用于风力发电的云母带包聚酯亚胺薄膜绕包铜扁线。

绕包线除少数种类外，绝缘层都是组合绝缘，比漆包线的漆膜层要厚些，电性能较高，能较好地承受过负荷，一般应用于大、中型电工产品中。

（3）无机绝缘线

当耐热等级要求超出有机材料的限度时，通常采用无机绝缘漆涂敷的无机绝缘线，如图6-3所示。现有的无机绝缘线可进一步分为玻璃膜线、氧化膜线和陶瓷膜线等。无机绝缘线的特点是耐高温、耐辐射，主要运用在高温或是有辐射的场合。

（4）特种电磁线

特种电磁线是以能够适应特殊场合（如在高温、超低温、高湿度、强磁场或高频辐射等）使用要求的材料为绝缘层的电磁线。特种电磁线为了能在特殊场合仍正常工作，在绝缘结构及机电性能上做了特殊的处理。特殊电磁线有换位导线、潜水电动机绕组导线等。

图6-3 无机绝缘线

3. 绝缘导线

绝缘导线广泛运用于各种电气设备，其在导线外围均匀而密封地包裹一层不导电的材料，如树脂、塑料、硅橡胶、PVC等，形成绝缘层，防止导电体与外界接触造成漏电、短路、触电等事故。在工程项目中，常用的绝缘电线多为绝缘硬导线和绝缘软导线，一般固定敷设用的导线用硬线，移动使用的导线用软线。绝缘导线一般分通用绝缘导线和专用绝缘导线两大类。

（1）通用绝缘导线

通常，通用绝缘导线可分为橡胶或塑料绝缘导线、橡胶或塑料绝缘软线和塑料绝缘屏蔽导线3种。

1）橡胶或塑料绝缘导线。橡胶或塑料绝缘导线用天然橡胶、丁苯橡胶和氯丁橡胶以及聚氯乙烯塑料等作为绝缘层，硬电线的导电线芯采用铜线或铝线，软电线的导电线芯采用铜线。普通橡胶绝缘导线还常用棉纱、玻璃纤维或合成纤维包裹浸以沥青漆以用于机械保护。这种电线广泛用于交流 500 V 以下和直流 1 000 V 以下的各种电工设备和动力、照明线路。目前，作为动力和照明线路用线，塑料绝缘导线已逐步取代橡胶绝缘导线。常用的橡胶及塑料绝缘导线型号及主要用途见表 6-1 及表 6-2。

表 6-1　常用的橡胶绝缘导线型号及主要用途

名称	型号	导线长期允许工作温度 / ℃	主要用途
铝芯氯丁橡胶线	BLXF		固定敷设用，尤其适合于户外，可明敷、暗敷
铜芯氯丁橡胶线	BXF		
铝芯橡胶线	BLX	65	固定敷设用，可明敷、暗敷
铜芯橡胶线	BX		
铜芯橡胶软线	BXR		室内安装，要求较柔软时用
铝芯橡胶绝缘和护套导线	BLXHF		敷设于较潮湿的场合，可明敷、暗敷
铜芯橡胶绝缘和护套导线	BXHF		

表 6-2　常用的塑料绝缘导线型号及主要用途

名称	型号	导线长期允许工作温度 / ℃	主要用途
铝芯聚氯乙烯绝缘导线	BLV	65	固定敷设于室内外及电气装备内部，可明敷、暗敷，最低敷设温度不得低于 −15 ℃
铜芯聚氯乙烯绝缘导线	BV		
铝芯耐热 105 ℃聚氯乙烯绝缘导线	BLV-105	105	固定敷设于高温环境场所，可明敷、暗敷，最低敷设温度不得低于 −15 ℃
铜芯耐热 105 ℃聚氯乙烯绝缘导线	BV-105		
铜芯聚氯乙烯软线	BVR	65	固定敷设，用于安装时要求柔软的场合，可明敷、暗敷，最低敷设温度不得低于 −15 ℃

续表

名称	型号	导线长期允许工作温度 /℃	主要用途
铝芯聚氯乙烯绝缘聚氯乙烯护套导线	BLVV	65	固定敷设于潮湿的室内和机械防护要求高的场合,可明敷、暗敷和直埋地下,最低敷设温度不得低于 −15 ℃
铜芯聚氯乙烯绝缘聚氯乙烯护套导线	BVV		
农用铝芯聚氯乙烯绝缘导线	NLV		
农用铝芯聚氯乙烯绝缘和护套导线	NLVV		直埋地下,埋设深度1 m及以下,最低敷设温度不得低于 −15 ℃
农用铝芯聚乙烯绝缘聚氯乙烯护套导线	NLYV		
铜芯耐热105 ℃聚氯乙烯绝缘软线	BVR-105	105	同BV-105型,用于安装时要求柔软的场合
纤维和聚氯乙烯绝缘导线	BSV	65	电气元件、仪表等作固定敷设线路接线用,用于交流250 V或直流500 V以下场合
纤维和聚氯乙烯绝缘软线	BSVR		
丁腈聚氯乙烯复合物绝缘电气装置用导线	BVF		交流500 V或直流1 000 V以下的电气元件、仪表等装置作连接线用
丁腈聚氯乙烯复合物绝缘电气装置用软线	BVFR		
聚乙烯绝缘导线	BY	80	供固定或移动式无线电设备等的接线用,绝缘电阻较高,可用于高频的场合,最低敷设温度不得低于 −60 ℃

2) 橡胶或塑料绝缘软线。橡胶或塑料绝缘软线线材柔软,可多次弯折,外径小而质量轻,用于各种交、直流移动式电气设备、电工仪表、电信设备及自动化装置,也用于常用电气元件和照明灯线路。导电线芯多采用铜导线,绝缘层用橡胶、塑料及复合物作为绝缘材料,护套有聚氯乙烯和橡胶两种。聚氯乙烯绝缘和护套软线可在野外一般环境下用作轻型的移动式电源线或信号控制线,在较恶劣的环境条件下应选用橡胶软线。目前,塑料绝缘软线已逐步替代橡胶绝缘软线。常用的橡胶及塑料绝缘软线名称、型号见表6-3及表6-4。

表 6-3 常用的橡胶绝缘软线名称、型号

名称	型号	导线长期允许工作温度 / ℃
棉纱编织橡胶绝缘平型软线	RXB	65
棉纱编织橡胶绝缘绞型软线	RXS	
棉纱总编织橡胶绝缘软线	RX	

表 6-4 常用的塑料绝缘软线名称、型号（安装温度不得低于 -15 ℃）

名称	型号	导线长期允许工作温度 / ℃
丁腈聚氯乙烯复合物绝缘平型软线	RFB	70
丁腈聚氯乙烯复合物绝缘平型绞线	RFS	
聚氯乙烯绝缘软线	RV	65
聚氯乙烯绝缘平型软线	RVB	
聚氯乙烯绝缘绞型软线	RVS	
聚氯乙烯绝缘和护套软线	RVV	
耐热聚氯乙烯绝缘软线	RV-105	105

3）塑料绝缘屏蔽导线。塑料绝缘屏蔽导线是在绝缘导线或绝缘软线的绝缘外再包绕一层金属箔或编织一层金属丝构成屏蔽层的导线，如图 6-4 所示。

塑料绝缘屏蔽导线主要用于要求防止相互干扰的线路中，将屏蔽层连接某一固定电位就可以减少外界电磁波对电线内电流的干扰，同时也减少电线内电流产生的电磁场对外界的影响。绝缘层多用聚氯乙烯，屏蔽层多用铜丝编织结构，因

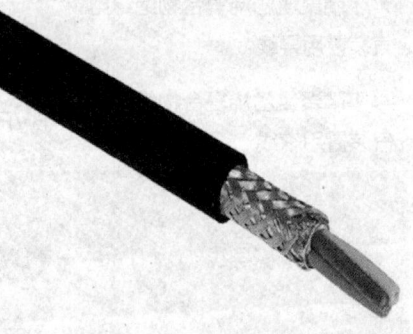

图 6-4 塑料绝缘屏蔽导线

其生产率低，耗铜量大，且屏蔽接地不便，目前正研制用细铜丝单层绞制代替编织，外面再挤压一层薄塑料以防散开，也有用金属化薄膜复合结构，如铝箔和聚酯薄膜的复合带纵包以起绝缘和屏蔽作用。常用的橡胶或塑料绝缘屏蔽导线型号、名称见表 6-5。

（2）专用绝缘导线

除通用绝缘导线外，还有各种适用于特种要求的专用绝缘导线，如汽车用低压导线、汽车用高压点火线、电气元件引接线、航空导线、补偿导线（热电偶连接线）等。

表 6-5　常用的橡胶或塑料绝缘屏蔽导线品种

产品名称	型号	产品名称	型号
聚氯乙烯绝缘屏蔽导线	BVP	耐 105 ℃热聚氯乙烯绝缘导线	BVP-105
聚氯乙烯绝缘和护套屏蔽导线	BVVP	耐 105 ℃热聚氯乙烯绝缘软线	RVP-105
聚氯乙烯绝缘屏蔽软线	RVP	纤维和聚氯乙烯绝缘屏蔽导线	BSVRP
聚氯乙烯绝缘和护套屏蔽软线	RVVP		

注：其他绝缘导线也可生产各自的屏蔽导线，型号一般可在末尾加 P，表示屏蔽导线。

4. 低压电力电缆

低压电力电缆适用于电压在 35 kV 及以下的场合，用于在电力系统中传输或分配较大功率的电能。低压电力电缆主要有油浸纸绝缘电力电缆、橡胶绝缘电力电缆、聚氯乙烯绝缘电力电缆和交联聚乙烯绝缘电力电缆。

（1）油浸纸绝缘电力电缆

油浸纸绝缘电力电缆是绝缘层为油浸纸的电力电缆。绝缘层以一定宽度的电缆纸螺旋状地包绕在导电线芯上，经过真空干燥处理后用浸渍剂浸渍而成。根据浸渍剂的黏度和加压方式可将油浸纸绝缘电力电缆分为普通型、滴干型和不滴流型 3 种。油浸纸绝缘电力电缆的主要优点是应用历史最长、安全可靠、使用寿命长、价格低廉；主要缺点是敷设受落差限制。但不滴流型油浸纸绝缘电力电缆解决了落差限制问题，使油浸纸绝缘电力电缆得以继续广泛应用，主要用于输配电网中。

（2）橡胶绝缘电力电缆

橡胶绝缘电力电缆的导电线芯有铜芯、铝芯两种，采用橡胶绝缘，内护层有铅包、聚氯乙烯及氯丁橡胶护套，有些还采用钢带铠装沥青或浸渍麻被外护层。橡胶绝缘电力电缆广泛用于定期移动的固定敷设场合。

（3）聚氯乙烯绝缘电力电缆

聚氯乙烯绝缘电力电缆的导电线芯有铜芯、铝芯两种，绝缘层采用聚氯乙烯电缆绝缘料热挤压而成。其护层一般有 3 种，第一种是无铠装；第二种是有聚氯乙烯内护层，配以钢带或钢丝铠装，外用聚氯乙烯作为外护套；第三种是仅有内护层和铠装层，而没有外护套的裸铠装。聚氯乙烯绝缘电力电缆主要用于交流 6 kV 及以下的电力线路，作为固定辐射、传输电能的干线及支线电缆，没有敷设位差限制。

（4）交联聚乙烯绝缘电力电缆

交联聚乙烯绝缘电力电缆的结构基本与聚氯乙烯绝缘电缆相同，其绝缘层采用了交联聚乙烯，可使电缆的长期工作温度提高到 90 ℃，瞬时短路温度可到 300 ℃。除有较高的耐热性外，其还具有良好的耐寒性能。交联聚乙烯绝缘电力电缆广泛被用于交流电压的输配电网中传输电能，可替代油浸纸绝缘电力电缆，并且没有敷设位差的限制，还可用于定期移动的固定敷设场合。

5. 电气设备用电缆

电气设备用电缆中常用橡胶绝缘和橡胶护层的橡套电缆，种类繁多，除一些通用的橡套电缆外，还包括电焊机用软电缆、机车车用电缆、无线电装置用电缆、摄影光源软电缆、防水橡套电缆和电梯电缆等，这里仅介绍一些通用橡套电缆和其主要用途。

通用橡套电缆的导电线芯采用软铜线束绞，结构柔软，大截面的导线表面采用纸包，以改善弯曲性能。绝缘和护层一般采用天然丁苯橡胶，抗老化性能较好。户外型橡套电缆采用全氯丁橡胶或以氯丁橡胶为主的混合橡胶，老化性能和力学性能都较好。橡套电缆结构分轻、中及重型 3 类。一般轻型橡套电缆主要用于常用电气设备、小型电动设备，柔软轻巧，弯曲性能好；中型橡套电缆一般用于工农业各部门；重型橡套电缆则主要用于港口机械、探照灯、大型排灌站等场合。通用橡套电缆型号及适用场合见表 6-6。

表 6-6　通用橡套电缆型号及适用场合

产品名称	型号	导线长期允许工作温度 / ℃	敷设场合与要求
轻型通用橡套电缆	YQ	65	连接交流电压 250 V 及以下轻型移动电气设备和常用电气设备
户外型通用轻型橡套电缆	YQW		同 YQ 型，并具有耐气候性和一定的耐油性能
中型通用橡套电缆	YZ		连接交流电压 500 V 及以下各种移动电气设备（包括各种农用电动装置）
户外型通用中型橡套电缆	YZW		同 YQ 型，并具有耐气候性和一定的耐油性能
重型通用橡套电缆	YC		同 YZ 型，并能承受较大的机械外力作用，如港口机械用等
户外型通用重型橡套电缆	YCW		同 YC 型，并具有耐气候性和一定的耐油性能

二、常用导线的选用

在选用导线时，可按照下面的步骤进行，正确选用合适的导线，保证使用安全性。

1. 导线种类的选择

导线的种类选择主要依据使用环境和使用条件，使得各种类型导线的使用环境和条件与其自身特点相适应。一般，在潮湿的地方或是镀锌、酸洗等有腐蚀性气体的厂房内采用塑料绝缘导线，以提高绝缘水平和抗腐蚀能力，电动机的室内配线可采用橡胶导线；但如敷设在地下，则应采用地埋电线管塑料电力导线；经常移动的设备应采用多股软线；使用聚氯乙烯绝缘导线应注意其最低敷设温度的限制。

2. 按导线载流量选择导线截面积

导线具有电阻，通过电流时导线会发热，当发热温度过高时，会造成导线绝缘损坏，甚至造成火灾等严重事故，因此在选用导线时，导线的载流量不得高于其截面积所允许的安全载流量，安全载流量的计算将在《电工》初级教材中详细介绍。

3. 按力学强度复核导线截面积

除了根据安全载流量来选择导线截面积外，还要考虑导线的力学强度。导线在敷设时及敷设后，由于敷设的方法、支撑点的距离及其自身的质量等因素将受到力的作用，为了使导线不发生断线，导线必须拥有足够的力学强度，以保证安全运行。特别是当负荷很小时，由于按安全载流量计算得到的导线截面积太小，往往不能满足力学强度要求而容易发生断线事故，因此必须根据力学强度复查导线截面积是否满足要求。部分常见情况中力学强度要求的导线最小截面积见表 6-7。

表 6-7　部分常见情况中力学强度要求的导线最小截面积

装置方法	前、后支持物间最大距离 /m	绝缘导线最小截面积 / mm^2	
		铜芯	铝芯
瓷夹板配线	0.6	1	1.5
瓷柱配线	1.5	1	2.5
	2.0	1.5	4

续表

装置方法	前、后支持物间最大距离 /m	绝缘导线最小截面积 / mm²	
		铜芯	铝芯
绝缘子配线	3.0	1.5	4
	6.0	2.5	4
塑料护套线配线	0.2	0.5	1.5
钢管或塑料管配线	—	1.0	2.5

4. 按允许电压损失复核导线截面积

由于导线电阻的存在，电流通过导线时会产生电压损失。各种电气设备都规定了允许的电压波动范围，一般规定端电压与额定电压相差不得高于 ±5%。所以，即使导线的截面积符合安全载流量和力学强度的要求，也有可能由于在导线上损失的电压过大而造成用电设备不能正常工作，故应按允许电压损失复核电线、电缆导线截面积，特别是当导线距离较长、电阻较大及电流较大时，更应注意电压的损失情况。按允许电压损失复核导线截面积的计算公式为

$$S = \frac{PL}{\Gamma \Delta U_r U_N^2} \times 100$$

式中　S——导线截面积，mm²；

　　　P——通过线路的有功功率，kW；

　　　L——线路的长度，km；

　　　Γ——导线材料电导率，铜为 5.8×10^{-5}（$1/\Omega \cdot m$）、铝为 3.5×10^{-6}（$1/\Omega \cdot m$）；

　　　ΔU_r——允许电压损失中的电阻分量，%；

　　　U_N——线路的额定电压，kV。

ΔU_r 计算式为

$$\Delta U_r = \Delta U - \Delta U_X = \Delta U - \frac{QX}{10 U_N^2}$$

式中　ΔU——允许电压损失，%，一般取 5%；

　　　ΔU_X——允许电压损失中的电抗分量，%；

　　　Q——无功功率，kvar；

　　　X——电抗，Ω。

5. 按经济电流密度选择导线截面积

在输电线路中，常常按经济电流密度来选择导线截面积。导线截面影响线路投资和电能损耗，为了节省投资，要求导线截面小些；而为了降低电能损耗，则要求导线截面大些。通过综合比较，确定一个比较合理的导线截面，称为经济截面积，与其对应的电流密度称为经济电流密度，当按经济电流密度选择导线的截面积时，输电导线在运行中的电能损耗、维护费用和建设投资等各方面都是最经济的。经济电流密度的选择与年最大负荷利用小时数、导线的材质和每平方毫米通过的安全电流值有关。

按经济电流密度选择导线截面积的计算公式为

$$S_{ec} = \frac{I_{ca}}{J_{ec}}$$

式中　I_{ca}——线路计算电流，A；

　　　J_{ec}——经济电流密度，A/mm²。

我国现行的经济电流密度规范见表 6–8。

表 6–8　我国现行的经济电流密度规范

导线材料	最大负荷年利用小时数 / h		
	<3 000	3 000~5 000	>5 000
铝（A/mm²）	1.65	1.15	0.9
铜（A/mm²）	3.0	2.25	1.75

培训项目二　常用绝缘材料的分类及其应用

一、绝缘材料特性

1. 绝缘材料常用性能指标

绝缘材料又称电介质，在直流电压作用下，只有极微小的电流流过，其电阻率一般都大于 $1 \times 10^8 \ \Omega \cdot m$。绝缘材料主要用来隔离不同电位的导体，还可用于散热冷却、机械支撑固定、储能、灭弧、保护导体等方面。

绝缘材料并不是绝对不导电的，在外电场的作用下也会产生电导、极化、损耗、击穿等现象。影响各种绝缘材料的性能指标主要有以下几种。

（1）绝缘电阻和电阻率

绝缘材料在施加一定的直流电压后，会流过极小的电流，其中由内部带电质点导电而产生的电流称漏导电流。漏导电流密度与直流电场强度的比值成为绝缘材料的电导率。电阻率则是电导率的倒数，材料电导率越小，其电阻率越大。对绝缘材料来说，漏导电流分为表面电流和内部的体积电流两部分，相应的电阻率也分为两种，一种为表面电阻率 ρ_s，单位为 Ω；另一种为体积电阻率 ρ_V，单位为 $\Omega \cdot m$。

（2）相对介电常数和介质损耗角正切

相对介电常数是表征绝缘材料的介电性质或极化性质的物理参数，等于以此种材料为介质与以真空为介质制成的同尺寸电容器电容量之比。该值也是材料储电能力的表征，也称相对电容率。不同材料、不同温度下的相对介电常数不同，当绝缘材料用于各部件的相互绝缘时，要求相对介电常数小；当绝缘材料用于电容器的介质时，则要求相对介电常数大。

电介质中在交变电场作用下转换成热能的那部分能量称为介质损耗功率。介质损耗角正切又称介电损耗角正切，是指在单位时间内每单位体积电介质将电能转化为热能而消耗的能量，是表征电介质材料在施加电场后介质损耗大小的物理量，以 $\tan\delta$ 来表示介质损耗因数，δ 是介质损耗角。介质损耗角正切值与测量样品的大小和形状都无关，而是电介质自身的属性，测量出绝缘材料介质损耗因数就能评价材料的介质本身能量损耗。一般在日常使用中，总是希望绝缘材料本身能量损耗越小越好，即介质损耗因数越小越好。

（3）击穿电压和电气强度

在某一个强电场下绝缘材料的绝缘性能发生破坏，失去绝缘性能变为导电状态的现象称为击穿，击穿时的电压称为击穿电压（介电强度）。电气强度是在规定条件下发生击穿时电压与承受外施电压的两电极间距离之商，也就是单位厚度所承受的击穿电压。对于绝缘材料而言，一般击穿电压、电气强度的值越高越好。

（4）拉伸强度

拉伸强度是在拉伸试验中，试样可以承受的最大拉伸应力。

（5）耐燃烧性

耐燃烧性是指绝缘材料接触火焰时抵制燃烧或离开火焰时阻止继续燃烧的能力。随着绝缘材料应用日益增多，其耐燃烧性要求更显重要，材料耐燃烧性越高，其安全性越高。

（6）耐电弧

耐电弧是指在规定的试验条件下，绝缘材料耐受沿其表面的电弧作用的能力。试验时，采用交流高压小电流，使高压在两电极间产生的电弧作用，采用绝缘材料表面形成导电层所需的时间来判断绝缘材料的耐电弧性，时间值越大，其耐电弧性越好。

2. 绝缘材料的老化

绝缘材料在使用或储存过程中，其性能随时间会发生不可逆的劣化，这种变化称为老化。电工设备运行的可靠性，很大程度上取决于绝缘材料的老化特性。据统计，电气设备的故障率与绝缘材料的使用时间有明显关系。

造成绝缘材料老化的因素很多，最主要的是热和电两个因素。

（1）热老化

绝缘材料长期在电气设备运行温度作用下，由于发生热分解和热氧化裂解等反应，使材料发脆、厚度减薄、形成气隙，生成新的离子杂质和挥发物，导致材料的性能劣化，即为热老化。热分解和热氧化裂解的反应速度随温度升高而增加，即温度越高，绝缘材料的绝缘性能越差。为保证绝缘强度，每种绝缘材料都有一个最高允许工作温度，在此温度以下，可以长期安全地使用，超过这个温度材料就会迅速老化。按照耐热程度，把绝缘材料分为 Y、A、E、B、F、H、C 等级别，各耐热等级对应的温度如下：Y 级绝缘耐温 90 ℃、A 级绝缘耐温 105 ℃、E 级绝缘耐温 120 ℃、B 级绝缘耐温 130 ℃、F 级绝缘耐温 155 ℃、H 级绝缘耐温 180 ℃、C 级绝缘耐温 200 ℃ 以上。

（2）电老化

高压电气设备中，介质不均匀或电场分布不均匀，特别是在固体或液体材料内部或表面存在气体，就可能产生局部放电。放电产生的带电质点会直接轰击绝缘材料，使材料分解；在放电点可产生很高的温度，使材料发生热裂解或炭化；放电可能产生各种新的生成物（如臭氧等）而腐蚀材料；放电会发出各种射线及声波，对材料起破坏作用。这些都会引起绝缘材料老化。

（3）其他老化因素

绝缘材料在许多场合下要承受各种恒定、振动、热胀冷缩循环等机械应力的作用，这些应力会导致材料蠕变破坏或疲劳破坏。在户外使用的绝缘材料受日光直接照射，在紫外线作用下也会发生老化。在核反应堆、X 射线装置中用的绝缘材料受到辐射作用，均会发生老化。绝缘材料受潮会使电导增大，加大损耗，水还会溶解许多物质，加速导致老化的各种化学反应。酸、臭氧等也会导致化学老化。对于某些绝缘材料（如聚乙烯），由于水分的存在，在很低的电场强度下会发生"水树枝"现象。此外，在温热带地区绝缘材料还会受到各种微生物的损害，即所谓微生物老化。

绝缘材料在实际应用中往往同时受到多种老化因素的作用，其效应并不是各种单一因素老化效应的简单叠加，它们之间还存在着相互作用，所以老化机理很复杂。掌握这些机理可以找出防止老化的方法和制定可靠的人工加速老化的试验方法。

二、常用绝缘材料

绝缘材料品种很多，按其形态一般可分为气体、液体和固体绝缘材料 3 类。常用的绝缘材料有如下几种。

1. 绝缘气体

绝缘气体指用以隔绝不同电位导电体的气体，其特点是具有高的电离场强和击穿场强，击穿后能迅速恢复绝缘性能，化学稳定性好，不燃、不爆、不老化，无腐蚀性，不易为放电所分解，并且比热容大，导热性、流动性均较好。

空气是使用最广泛的气体绝缘材料，例如交、直流输电线路的架空导线之间、架空导线对地之间均由空气绝缘。

由于气体的介电系数稳定，介质损耗极小，所以高压标准电容器均采用气体介质，早期采用高气压的氮或二氧化碳，目前已为六氟化硫（SF_6）气体取代。在高压断路器中，六氟化硫兼具灭弧和绝缘功能，性能优良，已逐步取代少油断路器和压缩空气断路器。充六氟化硫的金属封闭式组合电气设备、六氟化硫气体绝缘的输电管道电缆和六氟化硫气体绝缘变压器的发展，使一些高压变电所走向全面气体绝缘化。

除空气、氮气、二氧化碳和六氟化硫气体外，还有其他气体也可用作绝缘。氟利昂 -12（CCl_2F_2）曾用于某些高能物理装置中作为绝缘。氟利昂 -12 击穿强度与六氟化硫相仿，但其液化温度较高，且电火花会使氟利昂 -12 析出炭微粒，因此目前已被六氟化硫取代。在氢冷发电机中，氢气除作冷却介质外也用作绝缘。

几种绝缘气体在标准压力（1.01×10^5 Pa）下对空气的相对击穿强度（以空气为 1）如下：氮气为 1；氢气为 0.5；二氧化碳为 0.9；六氟化硫为 2.5；氟利昂 -12 为 2.7。

2. 绝缘油

（1）分类

1）绝缘油按用途可分为变压器油、油开关油、电容器油和电缆油 4 类，其中变压器油和油开关油是主要的电气设备用油。绝缘油主要起绝缘和冷却的作用，在断路器内还起消灭电路切断时所产生的电弧（火花）的作用。

2）绝缘油按油类材料分类可分为矿物油、合成油及精制蓖麻油。

①矿物油从原油中提炼而出，采取不同的工艺可得到用途不同的变压器油、电容器油、电缆油、开关油等。

②合成油是人工合成的液体绝缘材料。由于矿物绝缘油是多种碳氢化合物的混合物，难以除净降低绝缘性能的组分，且制取工艺复杂，易燃烧，耐热性低，介电常数不高，因而研究、开发了多种性能优良的合成油。目前，用于电缆的合成油主要有十二烷基苯（用于自容式充油电缆）、聚丁烯（用于钢管充油电缆）和少量难燃电缆用的硅油。变压器油主要采用十二烷基苯（与矿物油混合）、硅油及酯类合成油。由于聚丙烯薄膜（PP 膜）在电容器中的推广应用，发展了吸气性强、击穿场强高、与 PP 膜相容性优良的多种合成油。

③精制蓖麻油的主要成分是蓖麻酸甘油酯，它的相对介电系数较大，无毒，不易燃，耐电弧，击穿时无炭粒，但金属锡会对蓖麻油的热老化有明显催化作用。精制蓖麻油的相对介电系数和介质损耗角正切值随频率的变化很大，且黏度大、难以精制，所以一般仅用于标准电容器。

（2）电气性能要求

绝缘油有以下电气性能方面的要求。

1）良好的抗氧化安定性能。绝缘油要求油品有较长的使用寿命，在热、电场作用下氧化变质较慢。

2）高温安全性好。绝缘油的高温安全性是用油品的闪点来表示的，高温安全性越差，闪点越低，挥发性越大，油品在运行中损耗也越大，使用越不安全。

3）低温性能好。变压器及电容器等常安置于户外，为了适应在严寒条件下工作，对油品的低温性能有一定要求。

4）水分和杂物含量低。水分和杂物对油品的电气性能与理化性能影响很大，水分和杂物含量增加时，油的击穿电压降低，介质损耗因数增加。水分和杂物还会促进有机酸对钢铁、铜等金属的腐蚀作用，使油品的老化速度增高。

5）析气性。绝缘油在高压电场下会发生吸气或放气的现象，称为油品的析气性。这是由于变压器工作温度比较高，介质不断发生膨胀与收缩，易于生成气泡，产生局部放电或电子撞击油分子的情况，使之分解析出气体。一般要求使用具有"吸气性"的油，以防在极端情况下产生放电现象。

3. 绝缘浸渍材料

绝缘浸渍材料一般是以合成树脂或天然树脂为基础，能在一定条件下固化成绝缘膜或绝缘整体的流体绝缘材料，有绝缘漆、绝缘胶和熔敷绝缘粉等。

（1）绝缘漆

绝缘漆一般由合成树脂或天然树脂为漆基，与溶剂或稀释剂和辅助材料等混合而成。按照使用范围绝缘漆可以分为浸渍漆、漆包线漆、覆盖漆、硅钢片漆和防电晕漆等5类。

1）浸渍漆。浸渍漆分为有溶剂漆和无溶剂漆两大类，主要用于浸渍电动机、电气元件的线圈，以填充其间隙和微孔，且固化后能在被浸渍物的表面形成连续平整的漆膜，使之黏结成坚硬的整体。

2）漆包线漆。漆包线漆主要用于漆包线芯的涂覆绝缘。它具有良好的涂覆性（即能均匀涂覆），漆膜附着力强，表面光滑柔软有韧性，有一定的耐磨性、耐热性、耐溶性和弹性，对导体无腐蚀，电气性能好。

3）覆盖漆。覆盖漆用于涂覆经浸渍处理的线圈和绝缘零部件，在其表面形成厚度均匀的绝缘保护层，以防止设备绝缘受力学损伤以及受大气、化学药品侵蚀，提高表面绝缘强度。

4）硅钢片漆。硅钢片漆用于涂覆硅钢片，以降低铁芯的涡流损耗，增强耐腐蚀能力。其特点是涂层薄、附着力强、坚硬、光滑、厚度均匀、耐油、耐潮、电气性能良好，涂覆后需经短时高温烘干。

5）防电晕漆。电晕放电是在极不均匀电场中，场强凸处（如电极尖锐处）局部空间空气电离而产生蓝色晕光的一种放电现象。防电晕漆一般由绝缘清漆和非金属导体（炭黑、石墨等）粉末混合而成，主要用于高压线圈以防止电晕放电，如用于大型高压电动机中电压较高的线圈端部。

（2）绝缘胶

绝缘胶以沥青、天然树脂或合成树脂为主体材料，具有良好电绝缘性能。常温下具有很高黏度，使用时加热可以提高流动性，使之便于灌注、浸渍、涂覆。冷却后可以固化，也可以不固化。其特点是不含挥发性溶剂，可用作电气元件表面保护。通常，绝缘胶可以分为热塑性胶和热固性胶两种。

1）热塑性胶。用于工作温度不高、力学强度较小的场合，如浇注电缆接头，一般由树脂、固化剂、增韧剂、稀释剂、填料（可无填料）等配制而成。

2）热固性胶。按其固化方式分为热固型（加热固化）、晾固型（常温下经一定时间后固化)、光固型和触变性几类；按其在电工中的应用方式，可分为黏合剂和浸渍剂、浇铸胶、包封胶等；按主体树脂的组成可分为聚酯、环氧胶、聚氨酯、聚丁二烯酸、有机硅、聚酯亚胺及聚酰亚胺等。在电工中以环氧胶最为常用；热固型和晾固型绝缘胶可用于各种电机、电气设备及高电压大容量发电机绕组的浸渍，还可作为复合绝缘的黏合剂；浇注胶、密封胶可作变压器、电容器等元件或无线电装置的密封绝缘；触变性绝缘胶与工件接触后，可立即黏附工件而形成一层不流动的均匀覆盖层，主要用作小型电气设备、电工及电子部件的表面护层；光固型绝缘胶主要有不饱和聚酯型和丙烯酸型两类，它们能在光作用下快速固化，能透明黏接和低温黏接，在黏接电工及电子产品、光学部件等方面的应用日益广泛。

(3) 熔敷绝缘粉

熔敷绝缘粉是由合成树脂、固化剂、填料、增塑剂、颜料等制成的一种粉末状绝缘物质。其特点是在高于树脂熔点的温度下，能均匀地涂敷在物体表面，经烘焙后形成厚度均匀、平整紧密的绝缘涂层。这种涂层具有导热性好、耐潮、耐腐蚀的优点，并且可以切削加工，熔敷的工艺也简便、效率高，适用于低压电机的槽绝缘、绕组线圈端部绝缘以及零部件的密封和防腐涂敷材料。

4. 绝缘纸

绝缘纸是电绝缘用纸的总称，主要由植物纤维、合成纤维或玻璃纤维等制成，用作电缆、线圈等各项电气设备的绝缘材料。绝缘纸通常包括电容器纸、电缆纸、电话纸、浸渍绝缘纸、卷管绝缘纸、粉云母纸等多种，不仅具有良好的绝缘性能和力学强度，还各有其特点。

电容器纸是一种专供制作纸质电容器用的绝缘纸，为卷筒纸。纸质均匀紧密，无孔眼，厚度非常薄，具有很高的力学强度和良好的透气度、电解液吸收性能和化学纯度。

电缆纸又称电缆绝缘纸，是供高压电力电缆、控制电缆和信号电缆用的一种绝缘纸，为卷筒纸。它包在电缆线芯最外层，用以保护导电线芯的绝缘层密封，不使潮气侵入，以免绝缘层遭受破坏。

5. 绝缘织物

电工产品中常用到纱、带、绳等织物，制造这类织物的常用纤维有棉、玻璃纤维、合成纤维等。

(1) 棉织物

单股及多股棉纱常用于电线、电缆的绝缘和护层；棉布带常用于线圈整形或浸胶过程中的临时包扎。棉纤维由于耐热性差、易吸潮，目前已逐渐被玻璃纤维及合成纤维替代。

（2）玻璃纤维织物

玻璃丝具有绝缘性好、耐热性强、抗腐蚀性好、机械强度高等优点，常用于电线、电缆的编制护层；玻璃丝带用于绕包绝缘；玻璃丝套管用于绝缘护套。

（3）合成纤维织物

它具有强度高、耐腐蚀、耐霉、防虫蛀等优点，制成的合成纤维丝常用于电线、电缆的绝缘。

（4）浸渍织物

浸渍织物主要有以下几类：漆布，用于电气设备、电动机的衬垫或线圈绝缘；漆管，用于电动机、电气设备等引出线和连接线绝缘；绑扎带，用于绑扎变压器铁芯和代替无磁性合金钢丝及钢带等材料的电动机转子。

6. 云母

在电工产品中，广泛应用云母及其制品作为绝缘材料。云母制品有天然云母和合成云母，以及制成的粉云母、云母带、云母板、云母箔、云母玻璃等。云母柔软性好，具有良好的电气性能、力学性能、耐热性、化学稳定性和耐电晕性等优点，被广泛运用于低、中、高压电动机和各类电气设备中，用于主绝缘、磁极绝缘等。

7. 层压制品

层压制品是以纤维纸、布作底材，浸渍或涂覆不同的胶黏剂后，经热压、卷制而成的层状结构电绝缘材料，可以是板、管、棒或其他形状。层压制品的性能取决于基材、黏合剂以及成型工艺。常用的胶黏剂有酚醛树脂、环氧树脂、三聚氰胺树脂、有机硅树脂、二苯醚及聚酰亚胺等。

层压制品可加工成各种绝缘和结构零部件，广泛应用在电机、变压器、高低压电器、电工仪表和电子设备中。按其组成、特性和耐热性，层压制品可分为以下两种。

（1）有机基材层压制品

它以木浆绝缘纸、棉纤维纸、棉布等为增强材料。长期使用温度可达120℃，还发展了合成纤维制品为增强材料。

（2）无机基材层压制品

它以无机玻璃纤维布、无碱玻璃纤维毡等为增强材料。长期使用温度为130~180℃，甚至可达更高温度，随黏合树脂而异。

层压制品按成型工艺分为层压板、卷制和模制层压制品。层压板包括层压纸板、布板、玻璃布板和敷铜箔层压板，适于做电气设备中的各种绝缘结构零部件及印制电路板。卷制层压制品包括纸、布卷制品和电容式胶纸套管芯，主要用作绝缘结构零部件。模制层压制品由绝缘纸、棉布、玻璃布等浸以合成树脂，经成型模具热压而成，具有棒状模压制品、V形环和其他特殊形状的模压制品，主要用作电机、电气设备及其他设备的绝缘结构零部件。

8. 电工用膜带

电工用膜带主要有以下几类。

（1）电工用薄膜

电工用薄膜由各种不同特性的高分子聚合物制成，可适用于不同用途。它具有膜薄、柔软、耐潮、电气性能和力学性能良好等特点，主要用作电机、电气元件（如线圈）、电线和电缆绕包绝缘以及电容器介质。

（2）薄膜复合箔

薄膜复合箔是在薄膜的一面或两面黏合绝缘纸或漆绸等纤维材料组成的复合材料，主要用作中、小型电动机的槽绝缘及电动机、电气的线圈顶部和相间绝缘，所黏纤维材料加强了薄膜的力学性能，提高了抗衡强度和表面挺度。

（3）黏带

电工用黏带主要有薄膜黏带、织物黏带和无底材黏带等。其绝缘工艺好，使用方便，适用于电动机、电气元件（如线圈）绝缘和包扎固定以及电线接头的包扎绝缘等。

9. 电工用塑料及橡胶

（1）电工用塑料

常用的电工用塑料有以下几种。

1）热固性塑料。它由热固性树脂、填料（木粉、石粉、石棉纤维、玻璃纤维等）、固化剂、促进剂、润滑剂、颜料等配制而成，成型工艺主要有模压、递模和注入等几种，主要用于低压电机、电气设备和仪器的绝缘零部件。

2）一般电工用热塑性塑料。它由纯树脂或树脂、填料及添加剂组成，成型工艺主要有注入和挤出等几种。热塑性塑料在热压或热挤出成型后，其物理、化学性质不会发生明显变化，主要用于制作各类仪表外壳、开关按钮、线圈骨架、绝缘零部件等。

3）电线、电缆用热塑性塑料。它主要由聚氯乙烯、聚乙烯、聚丙烯、氟塑料、氯化聚醚等组成，主要用于电线、电缆的绝缘及护套材料。

（2）电工用橡胶

橡胶需要硫化后才能用作电工材料。电工用橡胶分天然和合成两类。天然橡胶是非极性材料，而合成材料有非极性和极性两种。非极性橡胶主要用作电线、电缆绝缘；极性橡胶主要用于电线、电缆护套。在电工产品中，除在线缆上使用外，还用于电动机、电气设备绝缘、各类模压制品及热收缩管等，硬质橡胶还可用作蓄电池及电子元器件的外壳。

培训项目三　磁性材料的分类及其应用

磁性材料是电气设备、电子仪器仪表和电信等工业中重要的材料。

一、电工用磁性材料

前文已经介绍，磁性是物质的一个基本属性，表征物质导磁能力的物理量是磁导率 μ，磁导率 μ 越大，物质的导磁性能越好。工程上，通常用相对磁导率 μ_r 来表示物质的导磁性能。

电工用磁性材料又称为铁磁材料，如铁、镍、钴及其合金等。它们的特点是相对磁导率 μ_r 远远大于1，可以达到几百甚至几万。自然界中的物质除铁、镍、钴是铁磁性物质，其余都是弱磁性物质。

电工用磁性材料按其磁特性和应用，可以分为软磁材料、硬磁材料和特殊磁性材料3类；按材料组成又可分为金属（合金）磁性材料和非金属磁性材料（铁氧体磁性材料）2类。

二、软磁材料

软磁材料的磁滞回线形状狭长且陡，如图6-5所示。这类材料的特点是磁导率 μ 很高，剩磁 B_r 很小，矫顽力 H_c 很小，磁滞现象不严重，因而软磁材料是一种既容易磁化又容易去磁的磁性材料。软磁材料的磁滞回线所包围的面积小，表明它的磁滞损耗也小，所以在交变磁场中工作的各种设备的铁芯都是采用软磁材料。不同类型的软磁材料其磁性能是有差异的，一般把矫顽力 H_c<1×10^3 A/m 的磁性材料归类为软磁材料。

目前，常用的软磁材料可分为金属软磁材料和铁氧体软磁材料两大类，其中金属软磁材料包括电工纯铁、硅钢片、铁镍合金和铁铝合金四类。

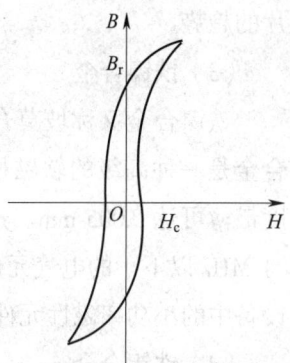

图6-5　软磁材料的磁滞回线

1. 金属软磁材料

与铁氧体软磁材料相比，金属软磁材料具有高饱和磁感应强度和低矫顽力，但这类材料的电阻率普遍很低，一般为 $1\times10^{-6}\sim1\times10^{-8}$ $\Omega\cdot m$。因此金属软磁材料只适用于直流、低频和高磁场等场合。

（1）电工纯铁

电工纯铁（牌号代号 DT）是一种含碳量极低（约 0.04%）的软铁。电工纯铁可分为原料纯铁、电子管纯铁和电磁纯铁 3 种。工程技术上广泛采用电磁纯铁。

电磁纯铁的优点是磁化特性优良，具有高饱和磁感应强度、高磁导率和低矫顽力，且居里温度高达 770 ℃，冷加工性能好。缺点是铁损太大，因此不能用在交流磁场中，只宜做直流磁路的材料，如电磁铁磁极、磁轭、继电器铁芯和磁屏蔽等。电磁纯铁加工成磁性元件后，为了消除应力和提高磁性能，必须进行退火处理。目前，电工纯铁基本上已被各类铁磁合金所取代。

（2）硅钢片

硅钢片（牌号代号 DR、DW 或 DQ）又名电工钢片，是一种在铁中加入 0.5%～4.5% 硅的铁硅合金，经轧制而成厚度为 0.05～1 mm 的片状材料，按制造工艺可分为热轧和冷轧两种。硅钢片与电工纯铁相比，电阻率增加几倍（如含硅 3%～5% 的硅钢片的电阻率是纯铁的 5 倍），磁导率高，磁滞损耗小，密度下降，并使磁老化显著改善。硅的加入使饱和磁感应强度降低，材料的硬度和脆性增大，导热系数降低，所以通常硅的含量小于 5%。

硅钢片是电力和电信等工业的基础材料，用量占磁性材料的 90% 以上。硅钢片主要用于工频交流电磁元件中，如变压器、电动机、开关和继电器等的铁芯。通常，含硅量 1%～3% 的硅钢片用于制造电动机和发电机；含硅量 3%～5% 的硅钢片用于制造变压器。在电子器件中应用时，则要求使用厚度为 0.05～0.20 mm 的薄带硅钢片。热轧硅钢片是磁性无取向的硅钢片，可用作各种旋转电动机和变压器的冲片铁芯。冷轧硅钢片有无取向和取向两种，冷轧无取向硅钢片主要用于小型叠片铁芯，冷轧取向硅钢片主要用作电力变压器和大型发电机的铁芯。近年来，冷轧硅钢片有取代热轧硅钢片的趋势。

（3）铁镍合金

铁镍合金又称坡莫合金，是在铁中加入 30%～80% 的镍，经真空冶炼而成。铁镍合金是一种高级的软磁材料，它通常被冷轧成厚度为 0.01～2.5 mm 的薄带（板），厚度最薄可达 0.005 mm。这类合金的特点是具有较好的高频特性，从而可用于较高频率（1 MHz 以下）的电气元件。由于铁镍合金含有贵重金属镍，价格昂贵，故多用作电子设备中的小功率磁性元件。

（4）铁铝合金

铁铝合金指含铝 6%～16% 的铁合金，是一种新型的软磁合金材料，其性能接近低镍含量的铁镍合金。这类合金成本低，故在某些场合可以代替铁镍合金使用。但这类合金加工性能差，当含铝量超过 10% 时，合金变脆，塑性降低，影响了其应用。

2. 铁氧体软磁材料

铁氧体实际上是一种具有铁磁性能的金属氧化物。铁氧体软磁材料则是以三氧化二铁为主要成分的铁氧体材料，其外观呈黑色，硬而脆。与金属软磁材料相比，密度约为金属的 1/2，电阻率至少是金属的 1 000 倍以上，相当于半导体，磁导率则与之大致相同，但它居里点和饱和磁感应强度低，磁导率随温度变化大，因此适用于 1 000 Hz～1 000 MHz 的中、高频和超高频的电气元件。

最常用的铁氧体软磁材料有锰锌铁氧体和镍锌铁氧体。锰锌铁氧体的饱和磁感应强度高，可达 0.5 T，100 kHz 以下的低频范围使用；镍锌铁氧体的电阻率较高，宜在 1～300 MHz 的高频下使用。

软磁材料的参考牌号、主要特点和应用范围见表 6-9。

表 6-9　软磁材料的参考牌号、主要特点和应用范围

品种	参考牌号	主要特点	应用范围
电工用纯铁	DT3～DT6 DT3A～DT6A DT4E DT6E DT4C DT6C	含碳量在 0.04% 以下，饱和磁感应强度高、冷加工性好；但电阻率低、铁损高，有磁时效现象	用于直流或脉动成分不大的电气元件中，作为导磁铁芯
硅钢片	见表 1-30	含 0.8%～4.5% 的硅。与电工纯铁相比，电阻率高、铁损低、磁时效基本消除；但导热系数低、硬度高、脆性大	电动机、变压器、继电器、互感器、开关等产品的铁芯

续表

品种		参考牌号	主要特点	应用范围
导磁合金	铁镍合金	IJ50 IJ51 IJ79	磁导率大，但饱和磁通密度不如硅钢片，耐腐蚀性好	常用于中、高频电压变压器，磁放大器，微特电动机和仪表作为铁芯，也可用作电信元件的磁屏蔽
	铁铝合金	IJ6 IJ12 IJ16	与铁镍合金相比，电阻率高、比重小；但磁导率降低，随着含铝量增加，硬度和脆性增大，塑性变差	
铁氧体	软磁锰锌铁氧化	R1K R1.5KB R2K R2.5K R4K	电阻系数高达 100 Ω·mm²/m，适用的交变磁场频率为 100~500 kHz	中、高频变压器，脉冲、开关电源变压器，高频焊接变压器，低通滤波器

三、硬磁材料

硬磁材料又称永磁或恒磁材料。这类材料的磁滞回线的形状宽厚，经强磁场饱和磁化后，具有较高的剩磁和矫顽力，将磁化磁场去掉以后，在较长时间内仍能保持强而稳定的磁性。硬磁材料适合制造永久磁铁，被广泛应用于磁电系测量仪表、扬声器、永磁发电机及通信设备中。一般把矫顽力 H_c >1×10^4 A/m 的磁性材料归为硬磁材料。

硬磁材料的种类很多，可分为铝镍钴系永磁合金、铁铬钴系永磁合金、永磁铁氧体、稀土永磁材料和复合永磁材料等。

1. 铝镍钴合金

铝镍钴合金是一种金属硬磁材料。这种合金的剩磁较大，磁感应强度受温度影响小，居里点高，矫顽力在硬磁材料中居中等水平，具有良好的磁特性和热稳定性。铝镍钴合金主要用于电动机、微电机，磁电系仪表中。

2. 铁氧体硬磁材料

铁氧体硬磁材料是一种不含镍、钴等贵重金属的非金属硬磁材料，可分为钡铁氧体和锶铁氧体两种。其特点是矫顽力高，电阻率大，价廉，是目前产量最大的硬磁材料。铁氧体硬磁材料的出现为硬磁材料在高频器件中的应用开辟了新的途径，因而在许多方面逐渐取代了铝镍钴合金。但其缺点是剩磁较低，磁感应强度受温度影响较大，故不宜用作电测仪表的永磁体。

3. 稀土钴硬磁材料

稀土钴硬磁材料是目前磁性能最高的一种新型的金属硬磁材料。其特点是具有极高的矫顽力（约为铁氧体硬磁材料的3倍）和磁能积（BH），适宜制成微型或薄片的永磁体。其缺点是价格仍较贵，居里点稍低，磁感应强度受温度影响稍大，会产生高温退磁。

上述3种硬磁材料的共同缺点是脆性大，只能采用研磨或电火花加工，不能进行一般的机械加工，因而不适宜制作特殊形状的永磁体。

4. 塑性变形硬磁材料

塑性变形硬磁材料也是一种金属硬磁材料。它主要有永磁钢（铬钢、钨钢、钴钢）、铁钴钼、铁钴钒、铂钴、铜镍钴和铁铬钴型等合金。这类材料经过适当的热处理后，塑性好，具有良好的机械加工性能，可加工成丝、带、棒材及其他特殊形状的永磁体。

综上可知，各种硬磁材料具有不同的特点，在选用硬磁材料时，通常要求其最大磁能积大、磁性受温度影响小、磁稳定性高，另外还要考虑其形状、质量、加工性及价格等因素。

职业模块七

安全知识

- ✓ 培训项目一　电工安全基本知识
- ✓ 培训项目二　电气安全基本规定
- ✓ 培训项目三　触电急救知识
- ✓ 培训项目四　电气消防知识
- ✓ 培训项目五　电气安全装置
- ✓ 培训项目六　接地知识
- ✓ 培训项目七　防雷和防静电知识
- ✓ 培训项目八　电工安全用具
- ✓ 培训项目九　电气安全措施

培训项目一　电工安全基本知识

一、电工作业人员的要求

1. 电工作业人员基本条件

电工作业是指发电、输电、变电、配电和用电装置的安装、运行、检修、试验等电工工作，电工作业人员是指直接从事电工作业的技术工人、工程技术人员及生产管理人员。电工作业人员基本条件是：

（1）年满18周岁，身体健康，无妨碍从事本职工作的病症和生理缺陷。

（2）具有初中以上文化程度，掌握相应的电工作业安全技术、电工基础理论和专业技术知识，并具有一定的实践经验。

（3）通过安全技术培训考试合格后已取得"特种作业人员安全技术操作证"，并经定期复审合格。

（4）事业心、责任心强，工作认真负责，踏实肯干。

（5）熟悉电气安全规程和设备运行操作规程。

（6）能熟练掌握和运用触电急救法和人工呼吸法。

2. 电工作业人员的职责

（1）持证才可上岗操作。如果发现非电工人员从事电气操作，应及时制止，并报告领导。

（2）严格遵守有关安全法规、规程和制度，不得违章作业。

（3）对管辖区域内电气设备和线路的安全负责。

（4）认真做好巡视、检查和消除隐患的工作，并及时、准确地填写工作记录。

（5）架设临时线路和进行其他危险作业时，应完备审批手续，否则应拒绝施工。

（6）积极宣传电气安全知识，有权制止违章作业和拒绝违章指挥。

二、电气事故种类

根据电能的不同作用形式,电气事故分为触电事故、电气系统故障事故、雷电事故、电磁伤害事故和静电事故等。

1. 触电事故

（1）电击

电击是指电流通过人体,刺激机体组织,使肌肉非自主地发生痉挛性收缩而造成的伤害,严重时会使人的心脏、肺部、神经系统无法正常工作,危及生命。按照人体触及带电体的方式,电击可分为单相触电、两相触电、跨步电压触电。

（2）电伤

电伤是指电流的热效应、化学效应、机械效应等对人体所造成的伤害,表现为局部伤害。电伤包括电烧伤、电烙印、皮肤金属化、机械损伤、电光眼等多种伤害。

2. 电气系统故障事故

电气系统故障是由于电能在输送、分配、转换过程中失去控制而产生的。断线、短路、异常接地、漏电、误闭合、误断开、电气设备或电气元件损坏、电子设备受电磁干扰而发生误动作等都属于电气系统故障。

3. 雷电事故

雷电是大气中的一种放电现象。雷电放电具有电流大、电压高的特点,其能量释放出来可能形成极大的破坏力,破坏作用主要有:

（1）直击雷放电、二次放电、雷电流的热量会引起火灾和爆炸。

（2）雷电的直接击中、金属导体的二次放电、跨步电压的作用及火灾与爆炸的间接作用,均会造成人员的伤亡。

（3）强大的雷电流、高电压可导致电气设备击穿或烧毁。发电机、变压器、电力线路等遭受雷击,可导致大规模停电事故。

（4）雷击可直接毁坏建筑物、构筑物。

4. 电磁伤害事故

人体在电磁场作用下,吸收辐射能量会受到不同程度的伤害,电磁场伤害主要会引起中枢神经系统功能失调，表现为神经衰弱症候群，如头痛、头晕、乏力、睡眠失调、记忆力减退等，还对心血管正常工作有一定影响。

5. 静电事故

静电事故由静电电荷或静电场能量引起。由于静电能量不大，不会直接使人致命，但是其电压可能高达数十千伏乃至数百千伏，发生放电，产生放电火花。静电事故主要有以下几个方面的危害。

（1）在有爆炸和火灾危险的场所，静电放电火花会成为可燃性物质的点火源，造成爆炸和火灾事故。

（2）人体因受到静电电击的刺激，可能引发二次事故，如坠落、跌伤等。对静电电击的恐惧心理还对工作效率产生不利影响。

（3）某些生产过程中，静电的物理现象会对生产产生妨碍，导致产品质量不良、电子设备损坏，造成生产故障乃至停工。

培训项目二　电气安全基本规定

一、安全距离

1. 电气安全距离定义

为防止人体触及或接近带电体，确保作业者和电气设备不发生事故的电气距离称为电气安全距离。电气安全距离的大小应符合有关电气安全规程的规定。

2. 安全距离类型

根据各种电气设备（设施）的性能、结构和工作的需要，安全距离大致可分为以下4种。

（1）各种线路的安全距离。

（2）变、配电设备的安全距离。

（3）各种用电设备的安全距离。

（4）检修、维护时的安全距离。

根据工作电压的不同，安全距离通常规定为：500 kV 为 5 m，220 kV 为 3 m，110 kV 为 1.5 m，35 kV 为 1 m，10 kV 为 0.7 m。

二、安全色

1. 安全色定义

安全色是表达安全信息的颜色，表示禁止、警告、指令、提示等意义。正确使用安全色，可以使人员迅速发现并分辨安全标志，及时得到提醒，以防止事故发生。

2. 安全色含义和用途

我国安全色国家标准规定用红、黄、蓝、绿 4 种颜色作为全国通用的安全色，其含义和用途举例见表 7-1。

表 7-1 安全色含义和用途举例

颜色	含义	用途举例
红色	禁止	禁止标志，禁止通行
	停止	停止信号，机器和车辆上紧急停止按钮及禁止触动部位
	消防	消防器材及灭火
	信号灯	电路处于通电状态
蓝色	指令	指令标志
	强制执行	必须戴安全帽，必须戴绝缘手套，必须穿绝缘鞋
黄色	警告	警告标志，警戒标志，当心触电
	注意	注意安全，戴安全帽
绿色	提供信息	提示标志，启动按钮，已接地，在此工作
	安全	安全标志，安全信号旗
	通行	通行标志，从此上下
其他颜色（黑、白两种）	安全色的对比色	主要用作上述各种安全色的背景色

三、安全标志

1. 安全标志的种类

根据国家标准规定,安全标志由安全色、几何图形和图形符号构成,用来表达特定的安全信息。国家制定了56种安全标志,部分安全标志的名称、图形符号及设置范围和地点见表7-2。安全标志从内容上分为以下4类。

(1)禁止标志。禁止人们的不安全行为,有禁止吸烟、禁区禁止通行等16种。

(2)警告标志。提醒人们注意周围环境,避免可能发生的危险,有当心火灾、注意安全等23种。

(3)指令标志。强制人们必须做出某种动作或采用某种防范措施,有必须戴防毒面具等8种。

(4)提示标志。向人们提供某一信息,有太平门、安全通道、消防器材存放处等9种。

表7-2 部分安全标志的名称、图形符号及设置范围和地点

名称及图形符号	设置范围和地点	名称及图形符号	设置范围和地点
禁止吸烟	有丙类火灾危险物质的场所,如木工车间、油漆车间、沥青车间、纺织厂、印染厂等	当心扎脚	易造成脚部伤害的作业地点,如铸造车间、木工车间、施工工地及有尖角散料等处
禁止烟火	有乙类火灾危险物质的场所,如面粉厂、煤粉厂、焦化厂、施工工地等	当心吊物	有吊装设备作业的场所,如施工工地、港口、码头、仓库、车间等
禁止带火种	有甲类火灾危险物质及其他禁止带火种的各种危险场所,如炼油厂、乙炔站、液化石油气站、煤矿井内、林区、草原等	当心坠落	易发生坠落事故的作业地点,如脚手架、高处平台、地面的深沟(如池、槽)等

续表

名称及图形符号	设置范围和地点	名称及图形符号	设置范围和地点
禁止用水灭火	生产、储运、使用中有不准用水灭火的物质的场所，如变压器室、乙炔站、化工药品库、各种油库等	当心烫伤	具有热源易造成伤害的作业地点，如冶炼、锻造、铸造、热处理车间等
禁止放易燃物	具有明火设备或高温的作业场所，如动火区，各种焊接、切割、锻造、浇注车间等场所	当心车辆	厂内车、人混合行走的路段，道路的拐角处、平交路口；车辆出入较多的厂房、车库等出入口处
禁止启动	暂停使用的设备附近，如设备检修、更换零件等	当心滑跌	地面有易造成伤害的滑跌地点，如地面有油、冰、水等物质及滑坡处
禁止转动	检修或专人定时操作的设备附近	必须戴防护眼镜	对眼睛有伤害的作业场所，如机加工、各种焊接车间等
禁止触摸	禁止触摸的设备或物体附近，如裸露的带电体，炽热物体，具有毒性、腐蚀性物体等处	当心绊倒	地面有障碍物，绊倒易造成伤害的地点
禁止攀登	不允许攀爬的危险地点，如有坍塌危险的建筑物、构筑物、设备旁	必须戴安全帽	头部易受外力伤害的作业场所，如矿山、建筑工地、伐木场、造船厂及起重吊装处等

续表

名称及图形符号	设置范围和地点	名称及图形符号	设置范围和地点
禁止入内	易造成事故或对人员有伤害的场所，如高压设备室、各种污染源等入口处	必须戴防护手套	易伤害手部的作业场所，如具有腐蚀、污染、灼烫、冰冻及触电危险的作业等地点
禁止通行	有危险的作业区，如起重、爆破现场，道路施工工地等	必须戴防尘口罩	具有粉尘的作业场所，如纺织清花车间、粉状物料拌料车间以及矿山凿岩处等
禁止堆放	消防器材存放处、消防通道及车间主通道等	必须戴防护帽	易造成人体头发碾绕伤害或有粉尘污染头部的作业场所，如纺织、石棉、玻璃纤维以及具有旋转设备的机加工车间等
注意安全	本标准警告标志中没有规定的易造成人员伤害的场所及设备等	必须穿防护鞋	易伤害脚部的作业场所，如具有腐蚀、灼烫、触电、砸（刺）伤等危险的作业地点
当心触电	有可能发生触电危险的电气设备和线路，如配电室、开关等	必须系安全带	易发生坠落危险的作业场所，如高处建筑、修理、安装等地点

续表

名称及图形符号	设置范围和地点	名称及图形符号	设置范围和地点
当心机械伤人	易发生机械卷入、轧压、碾压、剪切等机械伤害的作业地点	必须穿防护服	具有放射、微波、高温及其他需穿防护服的作业场所
当心伤手	易造成手部伤害的作业地点，如玻璃制品、木制加工、机械加工车间等	必须加锁	剧毒品、危险品库房等地点
当心火灾	易发生火灾的危险场所，如可燃性物质的生产、储运、使用等地点	紧急出口	便于安全疏散的紧急出口处，与方向箭头结合设在通向紧急出口的通道、楼梯口等处
当心腐蚀	有腐蚀性物质（GB 12268—2072《危险货物品名表》中第8类所规定的物质）的作业地点	可动火区	经有关部门划定的可使用明火的地点

2. 安全标志的使用注意事项

　　安全标志应装贴在光线充足明显之处；高度应略高于人的视线，使人容易发现。一般不应安装于门窗及可移动的部位，也不宜安装于其他物体容易触及的部位。安全标志不宜在大面积或同一场所使用过多，通常应在白色光源的条件下使用，光线不足的地方应增设照明设备。安全标志一般用钢板、塑料等材料制成，同时也不应有反光现象。

培训项目三　触电急救知识

一、触电的危害性

1. 触电的概念

当人体接触设备的带电部分并形成电流通路时，就会有电流流过人体，从而造成触电。触电时，电流对人身造成的伤害程度与流过人体的电流强度、持续时间、电流频率、电压大小及流经人体的途径等多种因素有关。

2. 常见的触电原因

（1）碰触了带电的导体。这种触电往往是由于用电人员缺乏安全用电知识或在工作中不注意，不按有关规章和安全距离操作等，直接触碰了裸露在外的导电体引起的。这种触电是最危险的。

（2）由于某些原因，电气设备绝缘受到了破坏产生漏电，人员没有及时发现或疏忽大意，触碰了漏电的设备。

（3）由于外力的破坏，如雷击、弹打等原因，使输电的导线断落地上，导线周围有大量的扩散电流流入大地，将出现高电压，人行走时进入了有危险电压的范围，造成跨步电压触电。

（4）高压送电线路处于大自然环境中，由于风力作用导致电线摩擦或因与其他带电导线并架等原因受到感应，在导线带静电工作时不注意或未采取相应措施，人员上杆作业时碰上带有静电的导线而触电。

3. 常见的触电形式

（1）单相触电

人体的某一部位触及一根相线或与相线相接的其他带电体（如漏电的电器外壳）便构成单相触电，如图 7-1 所示。发生单相触电事故次数最多，约占总触电事故的

75%，其危险程度与电源中性点是否接地有关。

（2）两相触电

两相触电就是人体不同部位（如双手）同时触及两根相线，人体承受电源线电压，如图7-2所示。发生两项触电事故的次数约占总触电事故的15%，是最严重的触电形式。

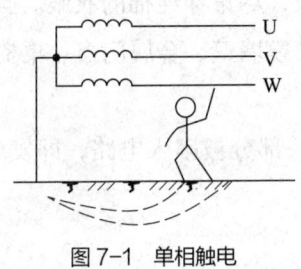

图7-1 单相触电

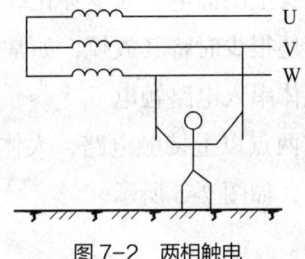

图7-2 两相触电

（3）跨步电压触电

在高压输电线断线落地时，有强大电流流入大地，在断线接地点周围产生电压降，当人体接近接地点时，两脚之间承受跨步电压而触电，如图7-3所示。发生跨步电压触电事故的次数较少，一般在人的两只脚同时接触地面上有不同电位的两点时才会发生，其危险程度与人和接地点之间的距离、两脚之间的跨距、接地电流大小等因素有关。

（4）接触电压触电

电气设备由于绝缘损坏或其他原因造成接地故障时，若人体两个部分（如手和脚）同时接触设备外壳和地面时，人体两部分会处于不同的电位，其电位差即为接触电压，由接触电压造成触电事故称为接触电压触电，如图7-4所示。发生人体与带电设备外壳接触时，人体站立地点离接地点越近，则接触电压越小，反之就越大。

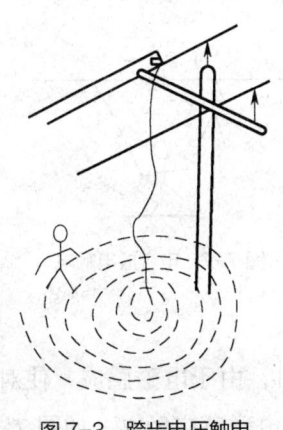

图7-3 跨步电压触电

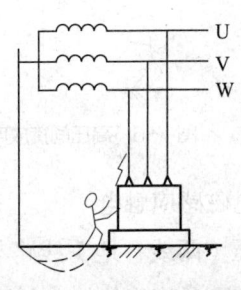

图7-4 接触电压触电

（5）静电触电

当人体带有静电并和带着相反静电的人或物体接触时就会有触电的感觉，即静电触电。静电并不是人体产生的，而是人在活动时身上穿的衣服互相摩擦产生的，冬天空气干燥更容易产生。对于静电各人的电阻和敏感性不同，同样的电荷通过人体，有的人有触电的感觉，而有的人没有触电的感觉。

要减少身上的静电，应少穿化纤、皮毛的衣服，尽量穿纯棉的衣服。当有静电时，应该在电荷还很少时将其放掉，如常洗手，经常摸摸墙壁、金属门窗、桌椅等。

（6）人体串入电路触电

人体有两点以上接触电路，人体作为导线的一部分被串入电路，即发生了人体串入电路触电，如图7-5所示。

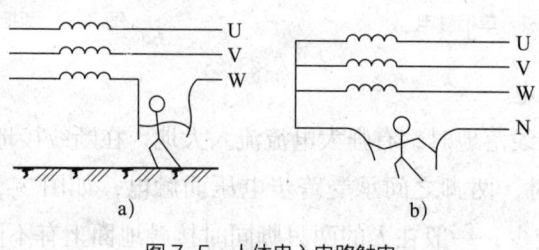

图7-5　人体串入电路触电
a）串入相线　b）串入中性线

（7）高压间接放电触电

高压间接放电是因物体之间的压差大而造成的高压释放现象，触电人距高压线路或设备距离太近时（尽管没有直接接触）也会造成人体的间接放电，如图7-6所示。通常人们所说的高压放电，是专指电能的压差放电。

（8）电容放电触电

人触及带电的电容器时，可能造成通过人体放电的形式而触电，如图7-7所示。

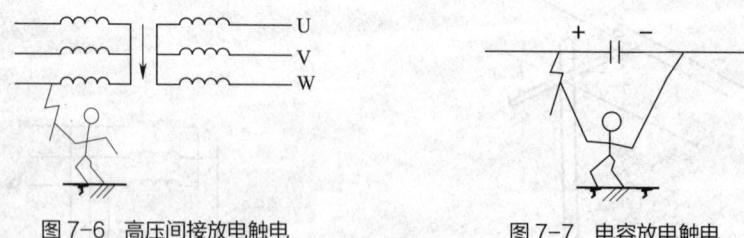

图7-6　高压间接放电触电　　　　图7-7　电容放电触电

（9）电磁感应触电

当高压（两线一地）线路与低压线路同杆架设时，由于电磁感应，使对地绝缘的低压线路带电，当人体触及低压线时，可能造成人体电磁感应触电，如图7-8所示。

(10) 雷击触电

雷击触电包括在雷雨天，雷击中树木或建筑物时，间接通过人体放电，或旷野中雷击中金属伞柄，通过人体放电等，如图7-9所示。

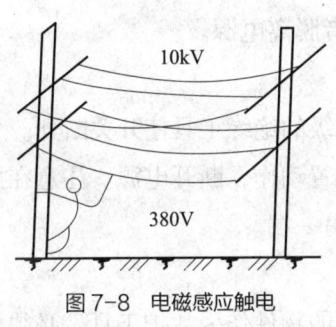

图7-8 电磁感应触电

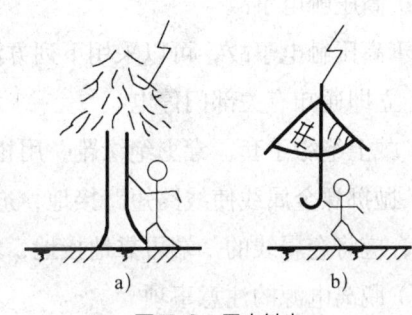

图7-9 雷击触电
a) 雷击树 b) 雷击金属伞柄

(11) 剩余电荷触电

剩余电荷触电是指当人体触及带有剩余电荷的设备时，对人体放电造成的触电事故。带有剩余电荷的设备通常含有储能元件，如并联电容器、电力电缆、电力变压器及大容量电动机等，在退出运行和对其进行类似摇表测量等检修后，都会带上剩余电荷，因此要及时对其放电，避免剩余电荷触电事故。

二、触电急救知识

1. 脱离电源

人触电以后，可能由于痉挛或失去知觉等原因而紧抓带电体，不能自行摆脱电源，这时应使触电者尽快脱离电源，如图7-10所示。

(1) 低压触电事故

对于低压触电事故，可采用下列方法使触电者脱离电源。

1) 若触电地点附近有电源开关或插头，可立即断开开关或拔掉电源插头，切断电源。

2) 若电源开关远离触电地点，可用有绝缘柄的电工钳或干燥木柄的斧头分相切断电线，断开电源；也可用干木板等绝缘物插入触电者

图7-10 脱离电源

身下，以隔断电流。

3) 若电线搭落在触电者身上或被压在身下，可用干燥的衣服、手套、绳索、木板、木棒等绝缘物作为工具，拉开触电者或挑开电线，使触电者脱离电源。

(2) 高压触电事故

对于高压触电事故，可以采用下列方法使触电者脱离电源。

1) 立即通知有关部门停电。

2) 戴上绝缘手套，穿上绝缘靴，用相应电压等级的绝缘工具使开关断开。

3) 抛掷裸金属线使线路短路接地，迫使保护装置动作，断开电源。注意在抛掷金属线前，应将金属线的一端可靠地接地，然后抛掷另一端。

(3) 脱离电源的注意事项

1) 救护人员不可以直接以手或其他金属及潮湿的物件作为救护工具，必须采用适当的绝缘工具且单手操作，以防止自身触电。

2) 防止触电者脱离电源后可能造成的摔伤。

3) 如果触电事故发生在夜间，应当迅速解决临时照明问题，以利于抢救，并避免扩大事故影响。

2. 紧急救护

当触电者脱离电源后，应当根据触电者的具体情况，迅速且对症地进行救护。

(1) 救护处理

对症救护触电者时，大体上可按照以下 3 种情况分别处理。

1) 如果触电者伤势不重，神志清醒，但是有些心慌、四肢发麻、全身无力的现象，或者触电者在触电的过程中曾经昏迷，但已经恢复清醒，在这种情况下，应当使触电者安静休息，不要走动，密切观察触电者身体状况，并通知医生前来诊治或送往医院。

2) 如果触电者伤势比较严重，已经失去知觉，但仍有心跳和呼吸，这时应使触电者舒适、安静地平卧，保持空气流通，同时解开他的衣服，以利于呼吸，如果天气寒冷，要注意保温，并要立即通知医生前来诊治或送往医院。

3) 如果触电者伤势严重，呼吸停止、心脏停止跳动或两者都已停止时，则应立即实行人工呼吸和胸外挤压，并迅速通知医生前来诊治或送往医院。应当注意，急救要尽快进行，不能等候医生的到来，在送往医院的途中，也不能中止急救。

(2) 口对口人工呼吸法

口对口人工呼吸法是在触电者呼吸停止后应用的急救方法，具体步骤如下。

1）使触电者仰卧，迅速解开其衣领和腰带。

2）使触电者头偏向一侧，清除口腔中的异物，使其呼吸道畅通，必要时可用金属匙柄由口角伸入，使口张开。

3）救护者站在触电者的一边，一只手捏紧触电者的鼻子，另一只手托在触电者颈后，使触电者颈部上抬，头部后仰，然后救护者深吸一口气，将口紧贴触电者的口部，大口吹气，接着放松触电者的鼻子，让气体从触电者肺部排出。每 5 s 吹气一次，不断重复地进行，直到触电者苏醒为止。注意对儿童施行此法时，不必捏鼻；触电者开口困难时，可以使其嘴唇紧闭，对准鼻孔吹气（即口对鼻人工呼吸），效果相似。

（3）胸外心脏挤压法

胸外心脏挤压法是触电者心脏跳动停止后采用的急救方法，具体操作步骤如下。

1）使触电者仰卧在结实的平地或木板上，松开衣领和腰带，使其头部稍后仰（颈部可枕垫软物），救护者跪跨在触电者腰部两侧。

2）救护者将右手掌放在触电者胸骨处，中指指尖对准其颈部凹陷的下端，左手掌复压在右手背上（对儿童可只用一只手）。

3）救护者借身体重量向下用力挤压，压下 3~4 cm，再突然松开。挤压和放松动作要有节奏，每秒进行一次，每分钟宜挤压 60 次左右，不可中断，直至触电者苏醒为止。要求挤压定位准确，用力适当，防止用力过猛给触电者造成内伤或用力过小挤压无效。注意对儿童施行此法时，用力要适当小些。

4）若触电者呼吸和心跳都停止时，允许同时采用"口对口人工呼吸法"和"胸外心脏挤压法"。单人救护时，可先吹气 2~3 次，再挤压 10~15 次，交替进行。双人救护时，应每 5 s 吹气一次，每秒钟挤压一次，两人同时进行操作。

抢救既要迅速又要有耐心，即使在送往医院途中也不能停止急救。此外，不能给触电者打强心针、泼冷水或压木板等。

3. 触电急救的注意事项

（1）抢救过程中的再判断

1）实行口对口人工呼吸法和胸外心脏挤压法抢救触电者时，要随时注意触电者的变化。按压吹气 1 min 后（相当于单人抢救时做了 4 个 15∶2 压吹循环），应用看、听、试等方法在 5~7 s 内完成对触电者呼吸和心跳是否恢复的再判定。

2）若判定颈动脉已有搏动但无呼吸，则暂停胸外按压而再连续大口吹气 4 次（每次 1~1.5 s），接着可每 4~5 s 吹气一次（即 12~16 次/min）。如脉搏和呼吸均未恢复，则应继续坚持抢救。

3）在整个抢救过程中，要每隔数分钟就进行一次再判定，判定时间均不得超过 5~7 s。在医务人员未接替抢救前，不得放弃现场抢救。

（2）移动与转院

1）心肺复苏应坚持在现场就地进行，不要单纯为一时方便而随意移动触电者。如确有需要移动或送医院时，抢救中断时间不应超过 30 s。要让触电者平躺在担架上并在其背部垫以平硬的阔木板，在医务人员未接替救治前切勿中止救治。

2）如有可能，用塑料袋装入砸碎的冰屑做成帽状包绕在触电者头部，露出眼睛，使脑部温度降低，争取心、肺、脑能尽早复苏。

（3）触电者伤情好转后的处理

1）触电者心跳呼吸恢复后，有的早期还可能再次骤停，故要密切监护，随时准备再次抢救。

2）恢复初期，触电者会出现神志不清、精神恍惚或者情绪躁动等现象，应尽量设法使其保持平静。

（4）紧急救护的其他注意事项

1）急救过程中，若发现触电者皮肤由紫变红，瞳孔由大变小，说明已见效果；当触电者嘴唇稍有开合、眼皮活动或咽喉有咽物样动作，应观察呼吸和心跳是否恢复。除非触电者呼吸和心跳都已恢复正常，或是出现明显死亡症状（瞳孔放大无光照反应，背部四肢等出现红色尸斑，皮肤青灰身体僵冷）且经医生诊断已死亡外，不可中止救护。

2）对于电伤和摔跌造成的局部外伤，现场救护中也应做适当处理，防止细菌感染及摔跌骨折刺伤周围组织，以此减轻触电者痛苦和便于转送医院。

培训项目四　电气消防知识

一、电气火灾发生的原因

电气火灾是指由电气原因引燃的事故，一般是由电流热量、电火花、电弧等直接引起。形成电气火灾的主要原因包括以下几种。

1. 短路

电气设备发生短路故障时，一方面短路电流比正常工作电流大数十倍甚至上百倍，急剧增加的电流产生大量的热量使电气设备的温度迅速上升，当温度达到绝缘材料的燃点时就会导致燃烧；另一方面在短路点产生电火花、电弧，温度更高时可使金属熔化，导致附近的物体燃烧从而造成火灾。形成短路故障的原因如下。

（1）电气线路弧垂过大，不符合规程规定的要求，当遇大风时导线相碰或混线引起短路产生电火花或电弧，导致附近的物体燃烧。

（2）架空线路在外力的作用下形成短路，如在线路附近伐树时树木倒在线路上、小孩玩耍把杂物搭在两根裸导线上等引起短路。

（3）照明线路施工时不按技术要求，导线随意固定在其他物体上，久而久之绝缘层磨损失去绝缘性能而形成短路。

（4）设备在安装或检修过程中不遵守操作规程，出现误接线、误操作，直接引起短路。

（5）配电室、用电设备上有杂物或小动物钻入等造成短路。

2. 过负荷

电气设备过负荷运行时，保护装置若不能及时动作切断电源，导致电气设备过度发热加速绝缘老化，当温度达到绝缘材料的易燃温度时就会引起火灾。造成过负荷的原因如下。

（1）设计不合理，用电设备选择不当，造成"小马拉大车"的现象。

（2）使用不合理，不按设备的技术要求使用，如连续使用铭牌规定短时运行的电动机等。

（3）运行不合理或设备故障运行，工作电流超过设备的额定电流，使设备额外发热，如配变三相负荷严重不平衡，电动机缺相运行等。

（4）导线选择不合理，截面过细，工作电流超过导线允许的最大电流，造成长期过载运行。

（5）用电负荷增加时，负荷电流超过电气设备允许的最大电流，加速绝缘层老化而引起火灾。

3. 接触电阻过大

导线连接处是线路的薄弱环节，也是发生过热的重点部位。接触电阻过大发热，一方面可使绝缘层损坏引起短路；另一方面接头接触不良会产生电火花、电弧而直接引起火灾。接触电阻过大的原因如下。

（1）导线连接达不到规定的技术要求，接触电阻过大。

（2）控制设备触点接触不良，接触电阻增大，通断过程中产生电火花或电弧。

（3）线路运行时间长，缺乏正常的维护检修，接头处氧化、松动、接触不良等使接触电阻增大，尤其不同性质的金属连接时更易出现此类现象。

（4）导线受外力作用或意外损伤形成断股。

4. 电热设备使用不当

电热设备（电烙铁、电熨斗、电焊机等）使用不当，如附近堆放易燃易爆物品、使用后忘记切断电源等均可形成火灾。

二、防火、防爆措施

防火、防爆措施是综合性的措施，包括选用合理的电气设备、保持必要的防火间距、电气设备正常运行并有良好的通风、采用耐火设施、有完善的继电保护装置等技术措施，具体措施如下。

1. 防止可燃、可爆系统的形成。
2. 凡有易燃易爆物质生产（使用）的场所，都应尽量避免采用明火。
3. 摩擦与撞击能产生火花，引起火灾爆炸事故。在处理燃点较低或起爆能量较小的物料时，要尤为注意防止发生摩擦与撞击。
4. 在火灾爆炸危险场所，必须根据物质的危险特性正确选用不同的防爆电气设备，防止电火花引起火灾。
5. 有效监控、及时处理。在可燃气体、蒸气可能泄漏的区域设置检测报警仪，早发现、早排除、早控制，防止事故发生。

三、电气灭火

电气火灾一般有两个特点，一个是着火后电气设备可能是带电的，如不注意可能引起触电事故；另一个是有些电气设备本身充有大量的油，可能发生喷油甚至爆炸事故。因此在进行电气灭火时，首先要设法切断电源，再采取相应的灭火措施。对可能带电的设备应使用干式灭火器、二氧化碳灭火器或1211灭火器；对已隔断电源的设备可使用泡沫灭火器。扑救可能产生有毒气体的火灾（如电缆着火）时，扑救人员应佩戴正压式消防空气呼吸器。

培训项目五　电气安全装置

一、漏电保护装置

1. 漏电保护装置的用途

漏电保护装置是用来防止人身触电和漏电引起事故的一种接地保护装置。当电路或用电设备漏电电流大于装置的整定值，或人、动物发生触电危险时，它能迅速动作，切断事故电源，避免事故扩大，保障了人身和设备的安全。如图7-11所示为智能综合漏电保护器。

2. 漏电保护装置的选用与安装

（1）漏电保护装置的选用

漏电保护装置的选用应根据系统的保护方式、使用目的、安装场所、电压等级、被控制回路的漏电电流以及用电设备的接地电阻数值等因素来确定。

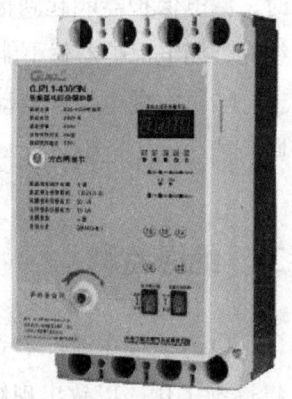

图7-11　智能综合漏电保护器

（2）漏电保护器的安装

漏电保护器安装时除应遵守常规的电气设备安装规程外，还应注意以下几点。

1）漏电保护器的安装应符合生产厂家产品说明书的要求。

2）标有电源侧和负荷侧的漏电保护器不得接反。如果接反，会导致电子式漏电保护器的脱扣线圈无法随电源切断而断电，以致长时间通电而烧毁。

3）安装漏电保护器不得拆除或放弃原有的安全防护措施，漏电保护器只能作为电气安全防护系统中的附加保护措施。

4）安装漏电保护器时，必须严格区分中性线和保护线。使用三极四线式和四极四线式漏电保护器时，中性线应接入漏电保护器，经过漏电保护器的中性线不得作为保护线。

5) 工作零线不得在漏电保护器负荷侧重复接地，否则漏电保护器不能正常工作。

6) 采用漏电保护器支路的工作零线只能作为本回路的零线，禁止与其他回路工作零线相连接，其他线路或设备也不能借用已采用漏电保护器的线路或设备的工作零线。

7) 安装完成后，要按照 GB 50303—2015《建筑电气工程施工质量验收规范》中 3.1.6 条款，"动力和照明工程的漏电保护装置应做模拟动作试验"的要求，对完工的漏电保护器进行试验，以保证其灵敏度和可靠性。试验时可操作试验按钮 3 次，带负荷分合 3 次，确认动作正确无误，方可正式投入使用。

3. 注意事项

（1）当发生人体单相触电事故时，即在漏电保护器负载侧接触一根相线（火线）时，漏电保护器能起到很好的保护作用。如果人体对地绝缘，且触及一根相线一根零线时，漏电保护器就不能起到保护作用。

（2）在漏电保护器动作时，应认真查找原因，严禁将漏电保护器短接或拆除，否则可能会发生危险。

二、绝缘监测

电力设备在运行中受到电、热、机械、不良环境等各种因素的作用，其绝缘性能将逐渐劣化，以致出现缺陷，造成故障。因此通过对绝缘的试验和各种特性的测量，了解并评估绝缘在运行过程中的状态，从而能在早期发现故障是十分重要的，这种技术称为绝缘监测和诊断技术。

在日常工作中常使用兆欧表作为绝缘检查工具。

三、击穿保险器

在不接地低压配电系统和电压互感器中性点，为了防止由于电压升高而造成绝缘击穿的问题，往往采用击穿保险器作为其主要保护装置。击穿保险器由两片铜制电极夹以带孔的云母片制成，如图 7-12 所示，其击穿电压在数百伏。一旦被保护设备和大地

图 7-12 击穿保险器

之间产生的过电压达到击穿保险器的放电电压，击穿保险器即进行放电，电流经接地装置流入大地，从而可将过电压限制在一定数值之内，使设备的绝缘得到有效保护。

培训项目六 接地知识

一、接地

1. 接地的概念

接地一般是指电气装置为达到安全的目的，采用包括接地极、接地母线、接地线等接地系统与大地形成电气连接，即接大地；或是电气装置与某一基准电位点形成电气连接，即接基准地。

2. 接地装置

接地装置是埋设在地下的接地电极与该接地电极到设备之间的连接导线的总称，由埋入土中的金属接地体（角钢、扁钢、钢管等）和连接用的接地线构成。

3. 中性点

电力系统的中性点是指在三相星形连接中，三相导线的公共结点。

发电机的中性点主要采用不接地、经消弧线圈接地、经电阻或直接接地 3 种方式。

4. 零点

直接接地的中性点称为零点。

二、电气接地的种类

电气接地按其不同的作用分为工作接地、重复接地、保护接地、保护接零、过电压保护接地、防静电接地、屏蔽接地等，如图 7-13 所示。

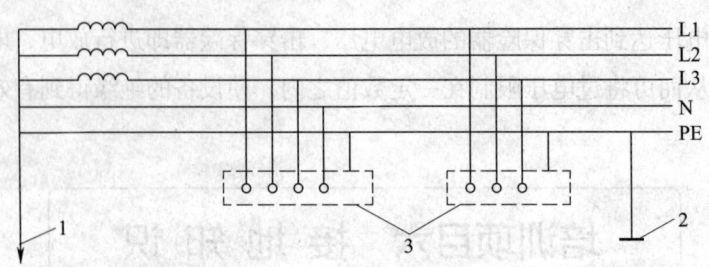

图 7-13　电气接地的种类
1—工作接地　2—重复接地　3—电气设备外露导电部分
PE—保护零线　L1、L2、L3—相线　N—工作零线

1. 工作接地

为保证电气设备正常运行，必须在电力系统中某一点进行接地，称为工作接地。工作接地可直接接地或经特殊装置接地，多在变压器低压侧使用。工作接地的作用包括：保证电气设备可靠运行；降低人体接触电压；迅速切断故障设备；降低电气设备或送配电线路的绝缘水平。

2. 重复接地

将零线上的一点或多点与地再次做金属连接，称为重复接地。重复接地作用包括：当系统中发生碰壳或接地短路时，可以降低零线对地的电压；当零线发生断线时，可以使故障程度减轻。

3. 保护接地

为防止因绝缘破坏而产生触电的危险，将与电气设备带电部分相绝缘的金属外壳或架构同接地体之间做良好的连接，称为保护接地。这种接地一般在中性点不接地系统中采用。设有保护接地装置时，当绝缘层破坏外壳带电时，接地短路电流将同时沿着接地装置和人体两条通路流过，流过每条通路的电流值与该通路电阻的大小成反比，通常人体的电阻在 1 000 Ω 以上，比接地电阻大几百倍，所以当接地电阻很小时，流经人体的电流几乎等于零，从而使人体避免了触电的危险。以 TT 方式保护接地系统为例，电动机外壳部分与大地相连，进行了保护接地，如图 7-14 所示。

4. 保护接零

将与带电部分相绝缘的电气设备的金属外壳或构架与中性点直接接地系统相连接称为保护接零。当电气设备发生碰壳短路，即形成单相短路时，保护接零可使保护设备迅速动作断开故障设备，避免人体触电危险。因此，在中性点直接接地的 1 kV 以下的系统中必须采取接零保护。以 TN-C 方式保护接零系统为例，如图 7-15 所示。

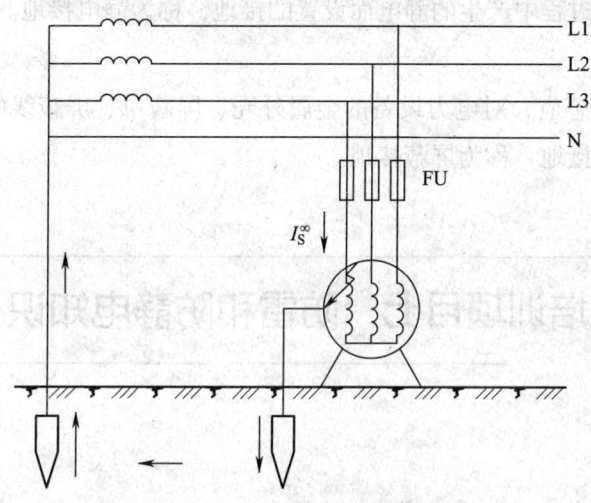

图 7-14　TT 方式保护接地系统

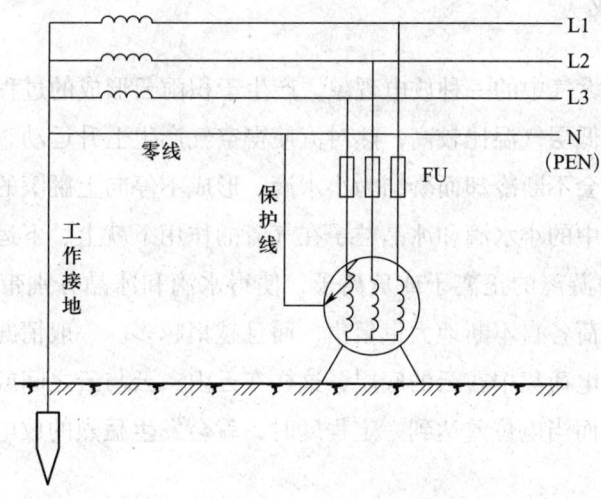

图 7-15　TN-C 方式保护接零系统

5. 其他保护接地

（1）过电压保护接地

利用过电压保护装置或设备的金属结构为消除过电压危险影响而做的接地，称为过电压保护接地。过电压保护接地的作用包括：对直击雷，能促使雷云正电荷和地面感应负电荷中和，以防雷击；对静电感应雷，感应产生的静电荷能迅速被导入地中，以防止静电感应过电压；对电磁感应雷，防止感应出非常高的电势，以免产生火花放电而造成燃烧爆炸的危险。

（2）防静电接地

为了消除生产过程中产生的静电而设置的接地，称为静电接地。

（3）屏蔽接地

为了防止电磁感应，对电力设备的金属外壳、屏蔽罩、屏蔽线的外皮或建筑物的金属屏蔽体等进行接地，称为屏蔽接地。

培训项目七　防雷和防静电知识

一、雷电的形成

雷电是自然界大气中的一种放电现象，产生于积雨云形成的过程中。由于太阳的辐射作用使大气的低层气温比较高，热对流使得空气产生上升运动。空气在上升过程中，其中的水汽就会不断冷却而凝结为小水滴，形成不停向上翻滚的积雨云团。积雨云进一步发展，云中的小水滴和冰晶粒子在气流的作用下就上、下运动，在相互碰撞过程中吸附空气中游离的正离子或负离子，使得水滴和冰晶分别带有正电荷或负电荷。这些正、负电荷各自不断地大量聚集，而且越集越多。一般情况下，正电荷集中在云的上层，而负电荷集中在云的底层，这样在云内、云与云之间或者云与大地之间就会产生电位差，而当电位差达到一定程度时，就会发生猛烈的放电现象，即形成了雷电。

二、雷电的危害

按雷电造成的危害可分为直击雷和雷电感应两种。

1. 直击雷

大气中带有电荷的雷云对地电压高达几亿伏，当雷云与地面凸出物之间电场强度达到空气击穿强度时，就发生放电现象，称为直击雷。

2. 雷电感应

雷电感应又称感应雷，分为静电感应和电磁感应。静电感应是雷云接近地面时，在地面凸出物的顶部感应出大量异性电荷，在雷云与其他部位或其他雷云放电后，凸出物顶部电荷失去束缚，并以雷电波的形式高速传播而形成的；电磁感应是发生雷击后，雷电流在周围空间产生迅速变化的强磁场，该磁场在附近金属导体上感应出很高的电压形成的。

由于雷击，在架空线路或空中金属管道上产生的冲击电压沿线路或管道的两方向迅速传播的雷电波称为雷电侵入波，其传播速度为 300 m/μs（在电缆中为 150 m/μs）。

雷电的危害巨大，可以导致设备损坏、人员伤亡、建筑物损坏或电气系统故障，严重时还可导致火灾和爆炸。

三、雷电的防护

雷电的防护是保护建筑物、电力系统及其他装置和设施免遭雷电损害的技术措施，各种建筑物、电力系统、通信系统、大型电子计算机等对雷电防护的要求各异。

1. 建筑物的防护

建筑物的防护采用直击雷防护装置，由接闪部分、引下线和接地装置组成，其中接闪部分有避雷针、避雷带、避雷网和避雷线等类型。

2. 电力系统的防护

发电厂和变电所广泛使用独立避雷针，变电架构上的避雷针可防护直击雷。大、中型变电所需安装 8～10 支高 30 m 左右的避雷针群，有些变电所采用避雷线来保护。输电线路采用避雷线保护。对发电机的雷电侵入波防护，应采用旋转电机专用避雷器，并配以金属屏蔽电缆和电缆首端的避雷器及其前方的避雷针或避雷线保护段组成的进线保护段。

3. 通信系统的防护

通信明线一般不设直击雷保护。对地下通信电缆，依据电缆的重要程度和土壤电阻率的大小，在电缆上方采取不同的屏蔽线方式。微波通信站、卫星地面站、雷达站、广播台、电视台等防雷措施基本相同，其措施有：天线防雷，宜设直击雷保护，避雷针可固定在天线架上；机房防雷，波导管或同轴电缆的金属外皮应至少在上、下两端与塔身金属结构连接，并在引进机房处与接地网连接，若机房未在天线避雷针的保护范围之内，应另设直击雷防护；台、站供电设备防雷，变压器的高压、低压侧均应装设阀型避雷器。

4. 大型电子计算机的防护

现代电子计算机对雷电极为敏感，对于特别重要的计算机，应采取措施防护远方的感应雷。大型电子计算机的防雷需采用分流（D）、屏蔽（S）、搭接（B）、接地（G）、保护（P）系统，即 DSBGP 系统。

四、静电的防护

1. 接地法

接地是消除静电危害最简单的方法，主要用来消除导电体上的静电，不宜用来消除绝缘体上的静电，将带有静电的绝缘体直接接地反而容易发生火花放电。静电接地装置应当连接牢靠，并有足够的力学强度，可以同其他接地用一套接地装置。

2. 泄漏法

采取增湿措施和添加剂抗静电，促使静电电荷从绝缘体上自行消散，这种方法称为泄漏法。

（1）增湿

增湿就是提高空气的湿度。湿度对于静电泄漏的影响很大，湿度增加，绝缘体表面电阻大大降低，导电性增强，加速静电泄漏。空气相对湿度如果保持在 70% 左右，可以防止静电大量积累。

（2）加抗静电添加剂

抗静电添加剂是特制的辅助剂，有些添加剂能增加材料的吸湿性或离子性，从而增强导电性能，加速静电泄漏；另一些添加剂本身即具有较好的导电性。

（3）采用导电材料或绝缘材料

对于易产生静电的机械零件应尽可能采用导电材料制作。在绝缘材料制成的容器内层，衬以导电层或金属网络，并予以接地，或采用导电橡胶代替普通橡胶等，都会加速静电泄漏。

3. 中和法

静电中和法是在静电电荷密集的地方设法产生带电离子，将该处静电电荷中和掉，是消除静电危害的重要措施。静电中和法可运用感应中和器、高压中和器、放射线中和器等装置消除静电危害。

4. 工艺控制法

在工艺上采用适当措施，限制静电的产生，控制静电电荷的积累，即为工艺控制法。例如，用齿轮传动代替带传动，减少摩擦；降低液体、气体或粉尘物质的流速，限制静电的产生；保持传动带的正常拉力，防止打滑；将灌注液体的管道通到容器底部或紧贴侧壁，避免液体冲击和飞溅等。

培训项目八　电工安全用具

电工安全用具用来防止触电、坠落、灼伤等工伤事故，保障工作人员的安全，主要包括绝缘安全用具、电压和电流指示器、登高安全用具、检修工作中的临时接地线、遮栏和标志牌等。

一、绝缘安全用具

绝缘安全用具包括绝缘棒、绝缘夹钳、绝缘靴、绝缘手套、绝缘垫、绝缘毯、绝缘鞋和绝缘站台。绝缘安全用具分为基本安全用具和辅助安全用具，前者的绝缘强度能长时间承受电气设备的工作电压，能直接用来操作带电设备；后者的绝缘强度不足以承受电气设备的工作电压，只能起到加强基本安全用具的保护作用。

1. 绝缘棒和绝缘夹钳

绝缘棒和绝缘夹钳都是基本安全用具。

（1）绝缘棒

绝缘棒也称操作棒或绝缘拉杆，主要用于断开或闭合高压隔离开关、跌落式熔断器，或安装和拆除携带型接地线、进行带电测量和试验工作等。绝缘棒由工作部分、绝缘部分和握手部分组成，如图7-16所示，工作部分一般用金属制成，也可以用玻璃钢或具有较大力学强度的绝缘材料制成；绝缘和握手两部分由浸过绝缘漆的木材、硬塑料、胶木或玻璃钢制成，并用护环隔开。

（2）绝缘夹钳

绝缘夹钳主要用于35 kV及以下电力系统的拆除和安装熔断器及其他类似工作。绝缘夹钳由钳口、钳身和钳把3部分组成，如图7-17所示。使用时钳口要保证夹紧熔断器，各部分所使用的材料与绝缘棒相同。

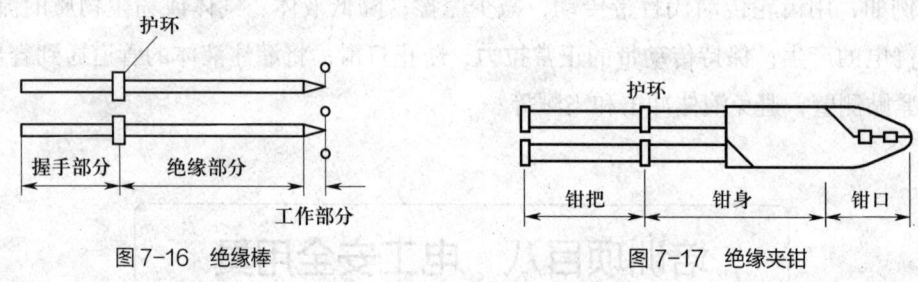

图7-16　绝缘棒　　　　　　图7-17　绝缘夹钳

2. 绝缘手套和绝缘靴

（1）绝缘手套

绝缘手套采用特种橡胶（或乳胶）制成，作用是使人的两手与带电体绝缘，按照电气性能分为0~4五级，对应不同的耐压等级。绝缘手套不能用医疗手套或化工手套代替使用。绝缘手套一般作为辅助安全用具，在1 kV以下电气设备上使用时可以作为基本安全用具。绝缘手套的长度至少应超过手腕10 cm。

（2）绝缘靴

绝缘靴采用特种橡胶制成，作用是使人体的双脚与大地绝缘，防止跨步电压，耐压等级有5 kV、20 kV、30 kV三种。其高度不小于15 cm，上部应另加高边5 cm。

3. 绝缘台、绝缘垫和绝缘毯

绝缘台、绝缘垫和绝缘毯均系辅助安全用具。绝缘台用干燥的木板或木条制成，其站台的最小尺寸是0.8 m×0.8 m；四角用绝缘子作台脚，其高度不得小于10 cm。

绝缘垫和绝缘毯由特种橡胶制成，其表面有防滑槽纹，厚度不小于5 mm。绝缘垫的最小尺寸为0.8 m×0.8 m；绝缘毯最小宽度为0.8 m，长度依需要而定。它们一般铺设在高、低压开关柜前，作为固定的辅助安全用具。

4. 绝缘鞋

有高、低腰两种，耐压等级多为 5 kV，在明显处标有"绝缘"和耐压等级，1 kV 以下可作为辅助安全用具，1 kV 以上禁止使用。绝缘鞋不能用防雨胶靴代替。

二、高、低压验电器

验电器又叫电压指示器，是用来检查线路和电气设备是否带电的工具，分为低压和高压两种。验电器的构成是由绝缘材料制成一根空心管子，管子上端有金属制的工作触头，管内装有氖光灯和电容器。另外，绝缘和握手部分用胶木或硬橡胶制成。

低压验电器又称验电笔（简称试电笔），除判断电气设备或线路是否带电外，还可以区分相线（火线）和地线（零线）、判断交流电荷直流电、判断电压高低等。它具有体积小、质量轻、携带方便、检验简单等优点。如图 7-18 所示为感应式数字试电笔。

高压验电器又称高压测电器、高压试电器或电压指示器，是用来检验高压电气设备、元件、导线上是否带电的一种专用的安全工具，还可以用于测量高频电场是否存在。其检测电压范围可达 1 000 V 以上，主要组成如图 7-19 所示。新式高压验电器多为具有声光报警功能的接触式和感应式。

图 7-18 感应式数字试电笔

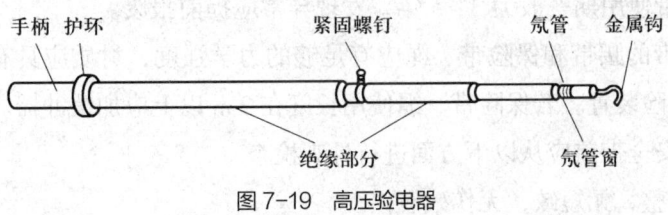

图 7-19 高压验电器

三、安全帽、安全带和安全绳

1. 安全帽

安全帽是一种重要的安全防护用品，凡在有可能会发生物体坠落的工作场所，或有可能发生头部碰撞、劳动者自身有坠落危险的场所，都要求佩戴安全帽。安全帽是电气作业人员的必备用品，由帽壳、帽衬、下颏带和后箍组成。帽壳呈半球形，坚固、光滑并有一定弹性，可以承受打击物的冲击和穿刺动能。帽壳和帽衬之间留有一定空间，可缓冲、分散瞬时冲击力，从而避免或减轻对头部的直接伤害。

安全帽的基本技术性能要求是冲击防护性能、耐穿刺性能、侧向刚性、电绝缘性、阻燃性等。按安全帽的用途可将其分为一般作业类和特殊作业类两种。一般作业类安全帽具有一般冲击防护性能，用于存在冲击伤害的作业场所，如建筑、造船作业场所等。特殊作业类安全帽除具有一般冲击防护性能外，还具有特殊防护性能，可用于某些特殊需要的作业场所，如静电防护、侧向刚性防护、阻燃防护、低温防护等。

安全帽的主要防护作用有以下几点。
（1）防止突然飞来物体对头部的打击。
（2）防止从 2~3m 以上高处坠落时头部受伤。
（3）防止头部遭电击。
（4）防止化学和高温液体从头顶浇下时头部受伤。
（5）防止头发被卷进机器里或暴露在粉尘中。

2. 安全带

电工安全带是电工作业时防止坠落的安全用具，由带子、绳子和金属配件等组成。使用安全带时应注意以下事项。

（1）安全带使用期一般为 3~5 年，发现异常应提前报废。

（2）安全带的腰带和保险带、绳应有足够的力学强度，材质应具有耐磨性，卡环（钩）应具有保险装置。若保险带、绳使用长度在 3m 以上应加缓冲器。

（3）使用安全带前应从以下方面进行外观检查。
1）组件完整，无短缺，无伤残破损。
2）绳索、编带均无脆裂、断股或扭结。
3）金属配件无裂纹，焊接无缺陷，无严重锈蚀。
4）挂钩的钩舌咬口平整不错位，保险装置完整可靠。
5）铆钉无明显偏位，表面平整。

（4）安全带应系挂在牢固的物体上，禁止系挂在移动或不牢固的物体上，也不得系在棱角锋利处。安全带要高挂或平行拴挂，严禁低挂高用。

（5）在杆塔上工作时，应将安全带后备保护绳系在安全牢固的构件上（带电作业时应视其具体任务决定是否系后备安全绳）。

3. 安全绳

安全绳也是作业人员在空中作业时预防坠落伤亡的常用安全防护用具，通常与护腰式安全带配合使用。安全绳用锦纶丝捻制而成，目前常用的安全绳有 2 m、3 m 和 5 m 3 种。使用安全绳时应注意以下事项。

（1）所使用的安全绳必须按规程进行定期静荷重试验，并做好合格标志。
（2）外观检查周期为每月一次，试验周期为每半年一次。

四、其他安全用具

1. 临时接地线

装设临时接地线的目的如下，一般装设在被检修区域两端的电源线路上。
（1）防止突然来电。
（2）消除邻近高压线路所产生的感应电。
（3）用来放泄线路或设备上可能残存的静电。

装设临时接地线时，应先接接地端，后接线路设备端；拆下时顺序则相反。

2. 临时遮栏和栅栏

为防止工作人员走错位置或接近带电设备、线路，在高压电气设备上进行部分工作时一般仅用临时遮栏、栅栏或其他隔离装置进行防护。在室外进行高压设备部分停电作业时，用红白色带、三角旗绳索及红布幔等拉成遮栏，即为临时遮栏，其作用是限制作业人员的活动范围，以保证作业人员正常操作和安全。进入作业前，应先用验电器在遮栏内验电，以确保安全。

培训项目九　电气安全措施

一、保证安全的组织管理措施

1. 电气安全管理机构

电气安全主要包括人身安全与设备安全两个方面。人身安全是指在从事工作和电气设备操作使用过程中人员的安全；设备安全是指电气设备及有关其他设备、建筑的安全。由于电工是特殊工种，又是危险工种，分散在各个部门，不安全因素较多，为确保安全，就必须加强电气安全管理工作，从上到下建立一套完整的安全管理机构。安全技术部门应有专人负责电气安全管理工作，动力部门或电力部门也应有专人负责用电安全工作。

2. 电工安全管理的规章制度

制定必要而合理的规章制度，是保证安全生产的有效措施之一，应根据不同的电气工种，建立各种安全操作规程。例如，变电室值班安全操作规程、内外线维护检修安全操作规程、电气设备维修安全操作规程、电气试验室安全操作规程、手持电动工具安全操作规程、电焊安全操作规程、电炉安全操作规程、起重机司机安全操作规程等，对于其他非电气工种的安全操作规程，也不能忽视电气有关的内容。此外，还应该根据环境的特点，建立相应的电气设备运行管理规程和电气设备安装规程，以保证电气设备始终在良好的、安全的状态下工作。

对于开关设备、临时线路、临时电气设备等比较容易发生事故的设备，应建立专人管理的责任制。特别是临时线路和临时设备，最好能结合现场情况，明确规定安装要求、长度限制、使用期限等项目。

做好电气设备的维护检修工作，是保持电气设备正常运行的重要环节，对消除隐患、防止设备和人身事故也是非常重要的。为了保证检修工作的安全，特别是高压检修工作的安全，必须坚持必要的安全工作制度，如工作票制度、工作许可制度、工作监护制度、工作间断制度及工作终结和恢复送电制度等。各项规章制度是人们从长期生产实践中总结出来的，也是保障安全、促进生产的有效手段。

二、保证安全的技术措施

1. 触电防护措施

触电防护措施是为防止电流的能量作用于人体造成突发性伤害所采取的电气安全措施。预防触电事故的主要技术措施有采用安全电压、保证电气设备的绝缘性能、采取屏护、保证安全距离、合理选用电气装置、装设漏电保护装置和保护接地、接零等。

（1）采用安全电压

安全电压是为防止触电事故而采用的由特定电源供电的电压系列。这个电压系列的上限值是指在任何情况下，两导体间或任一导体之间均不得超过交流有效值 50 V（频率为 50 Hz）。

国家标准规定安全电压额定值的等级为 42 V、36 V、24 V、12 V、6 V。当电气设备采用了超过 24 V 的电压时，必须采取防止人接触带电体的防护措施。

（2）保证电气设备的绝缘性能

所谓绝缘，是用绝缘物将带电导体封闭起来，使之不能被人身触及，从而保证安全。一般使用的绝缘物有瓷、云母、橡胶、胶木、塑、布、纸、矿物油等。但绝缘也会遭到破坏，如力学损伤和电压过高或绝缘老化产生的电击穿。绝缘损坏会使电气设备外壳带电的机会增加，进而使触电的危险增大，因此，必须使电气设备的绝缘程度保持在规定范围内。

绝缘电阻是衡量电气设备绝缘性能的基本指标。足够的绝缘电阻能把电气设备的泄漏电流限制在很小的范围内，防止漏电引起的事故。不同电压等级的电气设备，有不同的绝缘电阻要求，并要定期进行测定。此外，电工作业人员还应正确使用绝缘用具，穿用绝缘靴、鞋等。

（3）采取屏护

所谓屏护，就是由遮栏、护罩、护盖、箱盒等把带电体同外界隔绝开来，以减少人员直接触电的可能性。

（4）保证安全距离

为了防止人体触电和接近带电体，为了避免车辆或其他工具碰撞或过分接近带电体，为了防止火灾、过电压放电和各种短路事故，在带电体与地面之间、带电体与带电体之间、带电体与人体之间、带电体与其他设施设备之间，均应保证安全距离。安全距离由电压的高低、设备的类型及安装方式等因素决定。

（5）合理选用电气装置

选择电气设备要根据周围环境的需要，合理选用电气装置是减少触电危害和火灾爆炸事故的重要措施。例如，在干燥少尘的环境，可采用开启式或封闭式电气设备；在潮湿和多尘的环境中，应采用封闭式电气设备；在有腐蚀性气体的环境中，必须采用封闭式电气设备；在有易燃易爆危险的环境中，必须采用防爆式电气设备。

（6）装设漏电保护装置

漏电保护装置是一种在设备及线路漏电时，保证人身和设备安全的装置。其作用主要是防止由于漏电引起的人身触电事故，其次是防止由于漏电引起设备火灾事故，以及监视、切除电源一相接地故障。有的漏电保护装置还能够切除三相电动机缺相运行的故障。

（7）保护接地与接零

2. 电气作业安全措施

在全部停电或部分停电的电气设备上工作，必须在完成停电、验电、装设接地线、悬挂标示牌和装设遮栏后，方能开始工作。

（1）停电

工作地点必须停电的设备如下。

1）待检修的设备。

2）与工作人员在进行工作中正常活动范围距离较小的设备。

（2）验电

验电时，必须用电压等级合适且合格的验电器，在检修设备的进、出线两侧分别验电。验电前，应先在有电设备上进行试验，以确认验电器良好。使用高压验电器必须戴绝缘手套。对 35 kV 以上的电气设备，在没有专用验电器的特殊情况下，可以使用绝缘棒代替验电器，根据绝缘棒端有无火花和放电声来判断有无电压。

（3）装设接地线

当验电明确无电压后，应立即将检修设备接地并三相短路，在工作地点突然来电时，可以保证工作人员安全，同时设备断开部分的剩余电荷也可因接地而放尽。

（4）悬挂标示牌和装设遮栏

在工作地点、施工设备和一经合闸即可送电到工作地点或施工设备的开关和刀闸的操纵把手上，均应悬挂"禁止合闸，有人工作！"的标示牌。假如线路上有人工作，应在线路开关和刀闸操纵把手上悬挂"禁止合闸，线路有人工作！"的标示牌。标示牌的悬挂和拆除，应按调度员的命令执行。

在室内高压设备上工作，应在工作地点两旁间隔和对面间隔的遮栏上、禁止通行的过道上悬挂"止步，高压危险！"的标示牌。

在室外地面高压设备上工作，应在工作地点四周用绳索做好围栏，围栏上悬挂适当数目的"止步，高压危险！"的标示牌（标示牌必须朝向围栏），在工作地点悬挂"在此工作！"的标示牌。

在室外构架上工作，应在工作地点邻近带电部分的横梁上，悬挂"止步，高压危险！"的标示牌。在工作职员上下用的铁架和梯子上，应悬挂"从此上下！"的标示牌，在邻近的其他可能误登的带电构架上，应悬挂"禁止攀登，高压危险！"的标示牌。

部分停电的工作，应在带电部分外设置临时遮栏，临时遮栏可用干燥木材、橡胶或其他坚韧绝缘材料制成，装设应牢固，并悬挂"止步，高压危险！"的标示牌。35 kV 及以下设备的临时遮栏，如因特殊工作需要，可用绝缘挡板与带电部分直接接触，但此种挡板必须具有高度的绝缘性能，符合耐压试验要求。

严禁在电工作业过程中移动或拆除遮栏、接地线和标示牌。

3. 安全操作规程

电工安全操作规程一般包含以下内容。

（1）岗前的检查和准备工作

1）上岗前，必须按规定穿戴好工作服、工作鞋和工作帽。

2）在安装或维修电气设备时，要清扫工作场地和工作台面，防止灰尘等杂物落入电气设备而造成故障。

3）上岗前不准饮酒，工作时应集中精力，不准做与本职工作无关的事。

4）必须检查工具、测量仪表和防护用具是否完好。

5）必须检查现场的安全情况是否良好。

（2）作业中的文明操作和安全技术

1）停电作业时，必须先用验电笔检查是否有电，无电时方可进行工作。凡是安装设备或修理设备完毕时，在送电前进行严格检查后，方可送电。

2）在一般情况下不许带电作业，必须带电作业时，要做好可靠的安全保护措施，必须有两人进行，一人操作，另一人监护。

3）雷雨天禁止高空、高压作业（如使用高压拉杆等），雨天室外作业必须停电，并尽量保持工具干燥。

4）高空作业必须系戴好安全带、小绳及工具袋，禁止上、下抛掷物品。

5）高空作业必须执行停送电工作票制度，做到无工作票不上杆，不交票不送电。

6）高空作业坚持"四不上"，即梯子不牢不上，安全用具不可靠不上，没有监护不上，线路识别不明不上。

7）带电工作时，切勿切割任何载流导线。

8）任何电气设备拆除后不得有裸露带电的导体。

9）清扫电动机线圈时不得用洗油或尖锐金属以免损坏绝缘。

10）设备检修时，不得私自改变线路，安装必须按图样施工。

11）凡是用临时的电气设备与电源相接时，禁止直接或搭挂，需装临时开关或刀开关。

12）使用高压拉杆时，必须戴高压绝缘手套。

13）在带电操作换灯泡和切线等作业时，要戴防护眼镜，以防止电压不符的灯泡爆炸。

14）对变压器进行维修时，高、低压侧均需断开线路电源及负荷线，并短放电以防止意外发生高压等危险。

15）300 A 以上电流互感器，二次侧回路禁止带电作业。

16）电工安全用具装备应经常检查绝缘情况，并规定每年一次耐压试验。

17）在电气设备进行维修前，必须将电源切断并加锁或悬挂"停电作业"标示牌。

18）遇有严重威胁人身或设备的安全紧急情况时，可先拉开有关开关，事后向上级报告。

（3）下班前的结束工作

1）清理好现场，擦净仪器和工具上的油污及灰尘，并放入规定位置或归还工具室。

2）断开电源总开关，防止电气设备起火造成事故。

3）修理后的电气元件应放在干燥、干净的工作场地，并摆放整齐。

4）做好检修电气设备后的故障记录，积累修理经验。

三、设备安全运行规则

1. 单相设备

（1）必须严格遵守操作规程，闭合电源时，先合隔离开关，再合负荷开关；分断电源时，先断负荷开关，再断隔离开关。

（2）电气设备一般不能受潮，在潮湿场合使用时，要有防雨水和防潮措施。电气设备工作时会发热，应有良好的通风散热条件和防火措施。

（3）所有电气设备的金属外壳均应有可靠的保护接地。电气设备运行时可能会出现故障，所以应有短路保护、过载保护、欠压和失压保护等保护措施。

（4）凡有可能被雷击的电气设备，都要安装防雷措施。

（5）对电气设备要做好安全运行检查工作，对出现故障的电气设备和线路应及时检修。

2. 电热设备

（1）电阻炉

为防止事故发生，电阻炉设备应设温度控制装置及报警装置，并应装设隔离器、单独的电源开关和熔断器；电阻炉的铁箱应可靠接地或接零；电阻炉电源引线应用带耐热阻燃外皮的导线，使用时，切勿超过本电阻炉的最高温度。装取工件时一定要切断电源，以防触电；炉门开启时间应尽量短，以延长电炉使用寿命；要戴手套，以防烫伤。禁止向炉膛内灌注任何液体，不得将沾有水和油的试样放入炉膛；不得用沾有水和油的夹子装取工件。工件应放在炉膛中间，整齐放好，切勿乱放。不得随便触摸电炉及周围的工件。严格按照设备的操作规程进行操作，未经管理人员许可，不得操作电阻炉。使用完毕后，应切断电源、水源。

（2）电焊设备

电焊又称电弧焊，是一种通过焊接设备（电焊机）产生的电弧热效应，促使被焊金属的截面局部加热、熔化达到液态，使原来分离的金属结合成牢固的、不可拆卸的接头的工艺方法。根据焊接工艺的不同，电弧焊可分为自动焊、半自动焊和手工焊。自动焊和半自动焊主要用于大型机械设备制造，其设备多安装在厂房里，作业场所比较固定；手工焊由于不受作业地点条件的限制，具有良好的灵活性，多用于野外露天施工作业。由于电焊作业工作场所差别很大，伴随着电、光、热及明火的产生，因而作业中存在着各种各样的危害，因此要采取防触电措施，采取绝缘、屏蔽、隔绝、漏电保护和个人防护等安全措施，避免人体触及带电体。电焊作业防止触电事故的安全措施如下。

1）隔离防护，避免人与带电导体接触。电焊机接线端应在防护罩内，电源线长度一般不超过 3 m。

2）绝缘良好。

3）电焊机应在规定的电压下使用，供电线路应有标准的熔封保险装置，防止焊机受潮。

4）安装自动断电装置，避免焊工在更换焊条时触电。

5）焊工必须穿戴好防护用品，如绝缘手套、绝缘鞋等。

6）对设备采取保护接地、接零措施。

四、带电作业要求

根据人体所处的电位高低，带电作业可分为间接作业法、中间电位作业法和等电位作业法3种。间接作业法是指人处于大地电位，通过绝缘工具代替人手对带电体进行作业，其特点是工作人员不直接接触带电体；中间电位作业法是指在人体与大地绝缘的情况下，利用绝缘工具接触带电体进行作业，其特点是工作人员处于中间电位，不与带电体直接接触，这种作业法常用于220 kV及以上的线路；等电位作业法是指人体与大地绝缘的情况下，工作人员直接到带电体上进行作业，也称为直接作业法。

1. 带电作业的安全要求

（1）通过人体的电流必须限制在安全电流1 mA以下。

（2）必须将高压电场强度限制在人身安全和对健康无损害的范围内。

（3）工作人员与带电体间距离应保证在电力系统中发生各种过电压时不会发生闪络放电。人身与带电体的安全距离不得小于GB 26164.1—2010《电业安全工作规程》规定的数值。

（4）对于比较复杂、难度较大的带电作业，必须进行现场勘察，编制相应的操作工艺方案和严格的操作程序，并采取可靠的安全技术组织措施。

（5）带电作业应在良好天气下进行。

2. 低压带电作业的安全技术

（1）低压带电作业应设专人监护，使用有绝缘柄的工具。工作时，站在干燥的绝缘物体上进行，并戴绝缘手套和安全帽，必须穿长袖衣衫工作。严禁使用锉刀、金属尺和带有金属物的毛刷等工具。

（2）对于高、低压同杆架设的情况，在低压带电线路上工作时，应先检查与高压线路的距离，采取防止误碰高压带电设备的措施。在低压带电导线未采取绝缘措施时，工作人员不得穿越。在低压配电装置上工作时，应采取防止相间短路和单相接地的绝缘隔离措施。

（3）上杆前，应先分清相线、零线，选好工作位置。断开导线时，应先断开相线，后断开零线；搭接导线时，顺序相反。注意，人体不得同时接触2根线头。

五、倒闸开关操作要求

电气设备分为运行、备用（冷备用及热备用）、检修3种状态。将设备由一种状态转变为另一种状态的过程叫倒闸，所进行的操作叫倒闸操作。通过操作隔离开关、断路器以及挂、拆接地线将电气设备从一种状态转换为另一种状态或使系统改变了运行方式，这种操作就叫倒闸操作。

倒闸操作主要包括以下内容：拉开或合上断路器或隔离开关，拉开或合上接地刀开关，拆除或挂上接地线，取下或装上控制、合闸及电压互感器的熔断器，检验是否确无电压，停用或投入某些继电保护装置和自动装置或改变其整定值，改变变压器、消弧线圈分接头及检查设备绝缘等。

倒闸操作时，必须执行操作票制和工作监护制，应戴绝缘手套、穿绝缘靴，不允许将设备的电气和机械防误操作闭锁装置解除，特殊情况下如需解除，必须经值班长或值班负责人同意。雨天操作室外高压设备时，绝缘杆应有防雨罩，雷电时禁止倒闸操作。

装卸高压熔断器时，应戴护目镜和绝缘手套，必要时使用绝缘夹钳，并站在绝缘垫或绝缘台上。装设接地线或合接地刀闸前，应先验电。

电气设备停电后，即使是事故停电，在未拉开有关隔离开关和做好安全措施前，不得触及设备进入遮栏，以防突然来电。

职业模块八 其他相关知识

- 培训项目一　供电和用电知识
- 培训项目二　钳工基础知识
- 培训项目三　质量管理知识
- 培训项目四　环境保护知识
- 培训项目五　现场文明生产

培训项目一　供电和用电知识

一、电力系统

1. 电力系统的概念

电力系统由发电厂、送电线路、变电所、配电网和电力负荷组成,如图 8-1 所示是典型的电力系统主接线单线图,图中未画出用户内部的配电网。

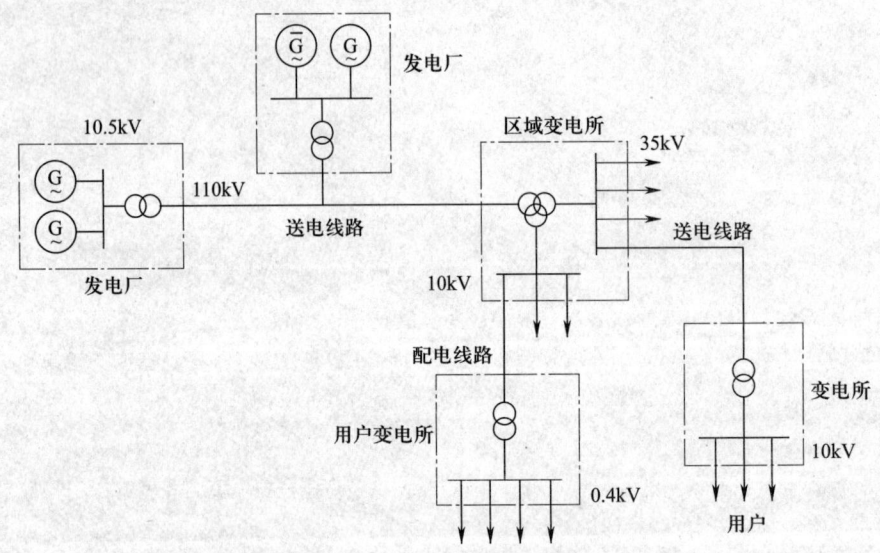

图 8-1　电力系统主接线单线图

电厂又称发电站,是将自然界蕴藏的各种一次能源转换为电能(二次能源)的工厂。根据一次能源的不同,发电厂分为火力发电厂、水力发电厂、核能发电厂以及风力发电厂、地热发电厂、太阳能发电厂等。在现代的电力系统中,最常见的是火力发电厂、水力发电厂和核能发电厂。

送电线路是指电压为 35 kV 及以上的电力线路,分为架空线路和电缆线路,其作用是将电能输送到各个地区的区域变电所和大型企业的用户变电所。

变电所是构成电力系统的中间环节,分为区域变电所(中心变电所)和用户变电所,其作用是汇集电源、升降电压和分配电力。

配电网由电压为 10 kV 及以下的配电线路和相应电压等级的变电所组成,也有架空线路和电缆线路之分,其作用是将电能分配到各类用户。

电力负荷是指国民经济各部门用电以及居民生活用电的各种负荷。

2. 高压供电系统的简介

工业企业内部输送、分配电能的高压配电线路,可采用架空线路或电缆线路。架空线路投资少,维护也方便。当与建筑物距离达不到要求,或因管线交叉、腐蚀性气体、易燃易爆物质等因素的限制,不便于敷设架空线路时,可采用电缆线路。

二、低压供配电系统

1. 低压供配电系统组成

低压配电系统是由配电变电所(通常是将电网的输电电压降为配电电压)、高压配电线路(即 1 kV 以上电压)、配电变压器、低压配电线路(1 kV 以下电压)以及相应的控制保护设备组成的。一般中型工厂的电源进线电压是 6~10 kV。电能先经高压配电所集中,再由高压配电线路将电能分送到各车间变电所,或由高压配电线路直接供给高压用电设备。车间变电所内装有电力变压器,将 6~10 kV 的高压电降为一般低压用电设备所需的电压,然后由低压配电线路将电能分送给各用电设备使用。工厂内的低压配电线路主要用来向低压用电设备输送和分配电能,室外多用架空线,室内可视情况采用明敷或暗敷。在车间内,动力和照明线路宜分开敷设,从配电箱到用电设备的线路可将绝缘导线穿管保护。在民用建筑内的低压配电线路,由于空间限制和安全美观的要求,竖向和纵向均可采用电缆竖井、母线槽、穿管等方法进行。

2. 低压配电系统的形式

根据现行的国家标准 GB 50054—2011《低压配电设计规范》,将低压配电系统分为 TN、TT 和 IT 3 种形式。其中,第一个大写字母为 T 表示电源变压器中性点直接接地;为 I 则表示电源变压器中性点不接地或通过高阻抗接地。第二个大写字母为 T 表示电气设备的外壳直接接地,但和电网的接地系统没有联系;为 N 表示电气设备的外壳与系统的接地中性线相连。

（1）TN 系统。电源变压器中性点接地，设备外壳与中性线相连。

（2）TT 系统。电源变压器中性点接地，电气设备外壳采用保护接地。

（3）IT 系统。电源变压器中性点不接地（或通过高阻抗接地），而电气设备外壳采用保护接地。

3. 供电系统的电压质量

电压质量是指给出实际电压与理性电压的偏差，以反映供电部门向用户分配的电力是否合格。电压质量通常包括电压偏差、电压频率偏差、电压不平衡、电压瞬变现象、电压波动与闪变、电压暂降（暂升）与中断、电压谐波、电压陷波、欠电压、过电压等。

影响电压质量的因素有以下几个方面。

（1）电网架构仍然不完善。改革开放以来，我国经济发展十分迅速，导致出现了很多地区经济发展不平衡的情况，特别是对于新兴的工业区，由于这些工业区是刚刚兴起的，短时间内的用电量剧增，造成线路过负荷的现象出现。还有的地区，特别是城郊和农村地区，不但线径小，线路破旧，而且低压供电半径比较大，造成的直接后果是用户端电压质量较差。

（2）系统干扰性负荷。系统本身接有整流器、电弧炉、单相负荷、大功率电动机等干扰性负荷。这些负荷会对电网产生的负面影响有无功冲击、谐波、负序等，并且这些负面影响还可以经过公共连接点影响其他终端用户。所以，为了能够及时缓解这些问题，系统中一定要安装相关装置，同时还要依照电能质量评估体系，来约束这类用户对电能质量的影响。

（3）季节对电力供应的影响。电力负荷会随用户生产流程与昼夜、季节的变化而改变。用电负荷越低电压越高，用电负荷越高电压越低，导致不同季节、不同时间中用电量峰谷负荷的悬殊，从而引起电压波动较大，不能够提供稳定的运行电压。

（4）设备问题。配网 380/220 V 线路、10 kV 线路以及运行时间长、配电设备数量巨大的线路设备数量很多，要对改造量残旧设备与线路需要按轻重缓急按计划分年分批进行，在一定程度上阻碍了电压质量的提高。

（5）其他因素干扰。造成断电或电压变动的其他因素也会干扰系统，如雷电、树枝影响、外力破坏、电容器投切、配电设备故障、线路切换等，这些因素甚至会对相邻线路造成影响，造成有害影响的蔓延。

培训项目二 钳工基础知识

一、划线、錾削、锯削和锉削

1. 划线

划线是根据图样和技术要求,在工件毛坯或半成品上用划线工具画出加工界线,或划出作为基准的点、线的一种操作方法。划线分为平面划线和立体划线,只需要在工件一个表面上划线后即能明确表明加工界限的,称为平面划线;需要在工件几个互成不同角度(一般是互相垂直)的表面上划线,才能明确表明加工界限的,称为立体划线。常用划线工具有基准工具(划线平板)、支撑装夹工具(方箱、千斤顶、V形架等)、直接绘划工具(划针、划规、划卡、划针盘和样冲等)和量具(钢尺、直角尺、游标高度尺)等。划线的基本要求是线条清晰匀称,定型、定位尺寸准确。由于划线的线条有一定宽度,一般要求精度达到 0.25~0.5 mm。应当注意,工件的加工精度不能完全由划线确定,而应在加工过程中通过测量来保证。

2. 錾削

錾削是用锤子打击錾子对金属工件进行切削加工的一种方法。錾削主要用于不便于机械加工的场合,工作范围包括去除凸缘、毛刺、分割材料、錾油槽等,有时也做较小的表面粗加工。錾削工作可提高锤击的准确性,为熟练装拆设备打下基础。錾削主要工具有錾子和锤子,如图 8-2 所示。錾子由切削部分、斜面、柄部和头部四部分组成,其长度约为 170 mm,直径为 18~24 mm。錾子的切削部分包括两个表面(前刀面和后刀面)和一条切削刃(锋口)。切削部分要求较高硬度(大于工件材料的硬度),且前刀面和后刀面之间形成一定楔角 β。楔角大小应根据材料的硬度及切削量大小来选择,楔角大,切削部分强度大,但切削阻力大。在保证足够强度下,尽量取小的楔角,一般取楔角 $\beta=60°$。錾子根据加工需要,主要有扁錾、尖錾、油槽錾 3 种。锤子又叫榔头,其规格用锤头的质量大小表示,是钳工常用的敲击工具。起錾时,錾子尽可能向右斜45°左右,从工件边缘尖角处开始,并使錾子从尖角处向下倾斜30°左右,轻打錾子,可较容易切入材料。起錾后按正常方法錾削。当錾削到工件尽头时,要防止工件材料边缘崩裂,尤其需要注意脆性材料。因此,錾到尽头10 mm左右时,必须掉头錾去其余部分。

3. 锯削

用锯对材料和工件进行切断和锯槽的加工方法称为锯削。锯削的常用工具是手锯,手锯由锯弓和锯条组成,其构造如图8-3所示。

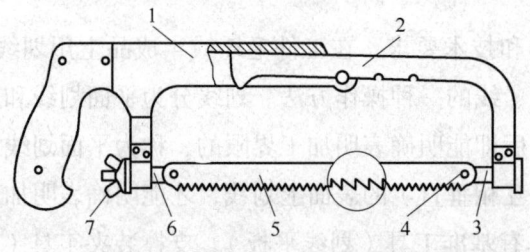

图8-3 可调式手锯的构造
1—固定部分 2—可调部分 3—固定拉杆 4—销子
5—锯条 6—活动拉杆 7—蝶形螺母

起锯在锯削中是相当重要的,起锯的方法有远起锯和近起锯两种,如图8-4所示。起锯时,锯条与工件表面之间夹角要小一些,以防崩齿;起锯时的锯削行程要短些,压力要小些。收锯时,可用单手进行锯削,左手拿住没有夹住的那段材料。锯削的注意事项如下。

(1)要充分利用锯条的全部锯齿。

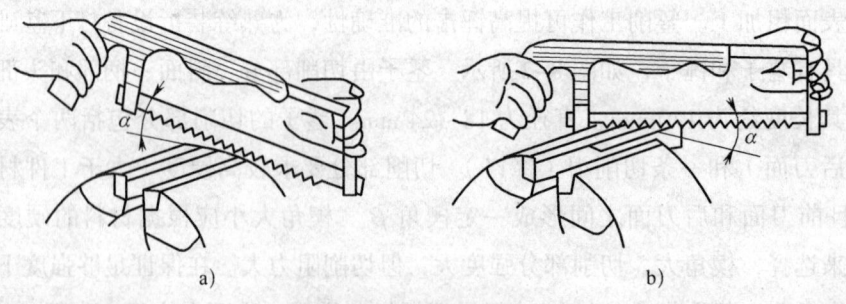

图8-4 起锯方法
a)远起锯 b)近起锯

（2）锯条断后，换上新的锯条时可从反方向重新开始锯削。小心地把原先的锯缝锯宽些，使新锯条能顺利通过。

（3）必要时，在锯削中可适当加些冷却润滑液。

4. 锉削

锉削是用锉刀对工件表面进行切削加工，使工件达到所要求的尺寸、形状和表面粗糙度的一种操作方法。锉削精度可以达到 0.01 mm，表面粗糙度 Ra 可达到 0.8 μm。锉削的应用范围很广，可以锉削平面、曲面、外表面、内孔、沟槽和各种形状复杂的表面，还可以做样板、修整个别零件的几何形状等。锉刀由锉身和锉柄两部分组成，锉刀各部分的名称如图8-5所示。锉削方法包括平面锉削和曲面锉削。

（1）平面锉削

平面锉削有顺向锉、交叉锉、推锉等。

1）顺向锉。顺向锉是最普通的锉削方法。锉刀运动方向与工件夹持方向始终一致。顺向锉可得到正直的锉痕，比较整齐美观，精锉时常采用，面积不大的平面和最后锉光都是采用这种方法。

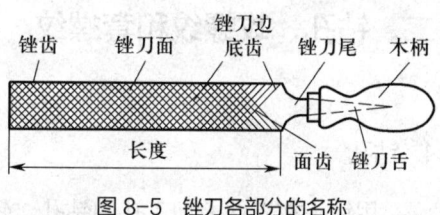

图8-5 锉刀各部分的名称

2）交叉锉。锉刀与工件夹持方向约成35°角，且锉痕交叉，如图8-6a所示。交叉锉时锉刀与工件的接触面积增大，容易掌握锉刀平稳，一般用于粗锉。

3）推锉。推锉一般用来锉削狭长平面，用于使用顺向锉时锉刀受阻的情况，如图8-6b所示。推锉不能充分发挥手臂的力量，故锉削效率低，只在加工余量较小和修整尺寸时适用。

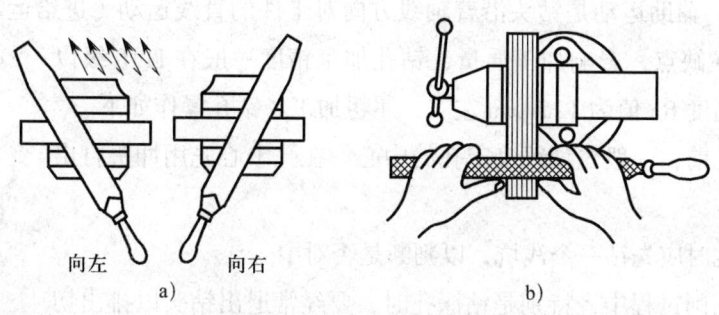

图8-6 交叉锉法和推锉法
a）交叉锉法 b）推锉法

（2）曲面锉削

曲面锉削指锉刀运动时要根据工件的曲面特点做相应的变化，使锉削的表面准确光滑。曲面锉削也可称为滚动锉削。

锉削操作对站立位置和姿势都有要求。两脚立正面对台虎钳，确定与台虎钳的距离：胳膊的上、下臂垂直，端平锉刀，锉刀尖部能搭放在工件上；然后迈出左脚，右脚尖到左脚跟的距离约等于锉刀长度，左脚与台虎钳中线形成约30°的夹角，右脚与台虎钳中线形成约75°的夹角。锉削姿势是双手端平锉刀，左腿弯曲，右腿伸直，身体重心落在左脚上，两脚要始终站稳不动，靠左腿的屈伸做往复运动。保持锉刀的平直运动，推进锉刀时两手加在锉刀上的压力要保持刀平稳，不上下摆动。锉削时要有目标，不能盲目地锉，锉削过程中要勤用量具或卡板检查锉削表面，做到要锉的部位必须锉下铁屑。

二、钻孔、攻螺纹和套螺纹

1. 钻孔

用钻头在工件上加工孔叫钻孔。钻孔使用的设备或工具有钻床、手电钻、钻夹具等。钻头是钻孔所用的刀削工具，常用高速钢制造，工作部分经热处理淬硬至62~65HRC（洛氏硬度）。一般钻头由柄部、颈部及工作部分组成，如图8-7所示。钻孔用的夹具主要包括钻头夹具（钻夹头和钻套）和工件夹具（手虎钳、平口钳、V形铁和压板等）两种。

常用的钻床有台式钻床、立式钻床和摇臂钻床3种。在钻床上钻孔时，一般情况下，钻头应同时完成主运动和辅助运动两个运动。主运动是钻头绕轴线的旋转运动（切削运动）；辅助运动是钻头沿着轴线方向对工件的直线运动（进给运动）。由于钻头结构上存在缺点，影响加工质量，钻孔加工精度一般在IT10级以下，表面粗糙度Ra值为12.5μm左右，属粗加工。钻孔操作如下。

（1）钻孔前，一般先划线确定孔的中心，在孔中心先用冲头打出较大中心眼。

（2）钻孔时应先钻一个浅坑，以判断是否对中。

（3）在钻削过程中，特别是钻深孔时，要经常退出钻头以排出切屑和进行冷却，否则可能使切屑堵塞或因过热使钻头磨损甚至折断，影响加工质量。

图8-7 钻头

（4）钻通孔时，当孔将被钻透时，要减小进刀量，避免钻头在钻穿时的瞬间抖动，出现"啃刀"现象，影响加工质量，损伤钻头，甚至发生事故。

（5）钻削孔径大于 30 mm 的孔应分两次钻，第一次先钻第一个直径较小的孔（为加工孔径的 50%~70%）；第二次用钻头将孔扩大到所要求的直径。

（6）钻削时要进行冷却润滑。钻削钢件时，常用机油或乳化液；钻削铝件时，常用乳化液或煤油；钻削铸铁时，则常用煤油。

钻削时应注意，在使用钻床时不允许戴手套，手中不允许拿棉纱头和抹布。不允许用手清除切屑或用嘴吹切屑，应使用钩子和刷子，并尽量在停机时清除切屑。钻孔时工件应稳妥夹持，防止工件在钻孔过程中移位，或在将要钻孔时，因为进给量过大而使工件甩出。台面上不准放置量具和其他无关的工具夹。钻通孔时，应采取相应措施防止钻坏台面。钻床主轴未停妥时，不允许用手握住钻头。松紧钻头必须用锥形钥匙，不准用其他工具乱敲。

2. 攻螺纹

攻螺纹（也称攻丝）是用丝锥在工件内圆柱面上加工出内螺纹。攻螺纹所用的工具是丝锥（分为头锥、二锥、三锥）及铰杠，如图 8-8、图 8-9 所示。攻螺纹的操作顺序为：钻底孔→孔口倒角→起攻→校正→反转退出。

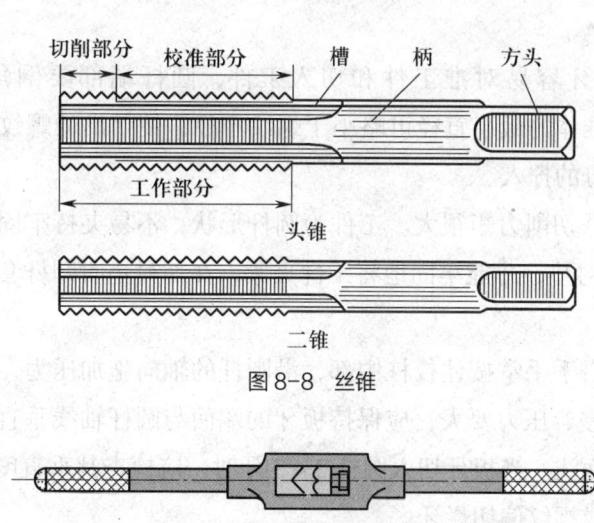

图 8-8 丝锥

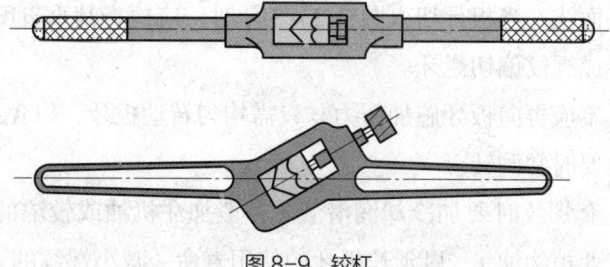

图 8-9 铰杠

攻螺纹的具体操作如下。

（1）按图样尺寸要求划线。

（2）根据螺纹标称直径，依据相关公式计算出底孔直径后钻孔。

（3）用头锥起攻。

（4）攻螺纹时，每扳转铰杠1/2～1圈，就应倒转1/4～1/2圈，使切屑碎断，容易排除。

（5）攻螺纹时，必须按头攻、二攻、三攻的顺序攻削到标准尺寸。

（6）在不通孔上攻制有深度要求的螺纹时，可根据所需螺纹深度在丝锥上做好标记，避免因切屑堵塞而使攻螺纹达不到深度要求。

（7）在塑性材料上攻螺纹时，一般都应加润滑油，以减小切削阻力和螺孔的表面粗糙度值，延长丝锥的使用寿命。

3. 套螺纹

套螺纹（或称套丝、套扣）是用板牙在圆柱杆上加工外螺纹，所用的工具是板牙和板牙架，如图8-10所示。板牙是加工外螺纹的刀具，用合金工具钢制成，并经热处理淬硬。板牙由切屑部分、定位部分和排屑孔组成。板牙架是用来夹持板牙、传递扭矩的工具，不同外径的板牙应选用不同的板牙架。套螺纹有以下注意事项。

（1）为了使板牙容易对准工件和切入工件，圆杆端部要倒角成圆锥斜角为15°～20°的锥体，锥体的最小直径可略小于螺纹小径，使切出的螺纹端部避免出现锋口和卷边而影响螺母的拧入。

（2）套螺纹时，切削力矩很大。工件为圆杆形状，不易夹持牢固，所以要用硬木的V形块或铜板做衬垫，才能牢固地将工件夹紧，在加衬垫时圆杆套螺纹部分要尽量离钳口近些。

（3）起套时，右手手掌按住铰杠中部，沿圆杆的轴向施加压力，左手配合做顺向旋进，此时转动宜慢，压力要大，应保持板牙的端面与圆杆轴线垂直，否则切出的螺纹牙齿将一面深一面浅。当板牙切入圆杆2～3牙时，应检查其垂直度，若不垂直，继续扳动铰杠时将造成螺纹偏切烂牙。

（4）起套后，不应再向板牙施加压力，只需均匀转动板牙，以免损坏螺纹和板牙。为了断屑，板牙也要时常倒转。

（5）在钢件上套螺纹时要加冷却润滑液（一般加注机油或较浓的乳化液，螺纹要求较高时，可用工业植物油），以延长板牙的使用寿命，减小螺纹的表面粗糙度值。

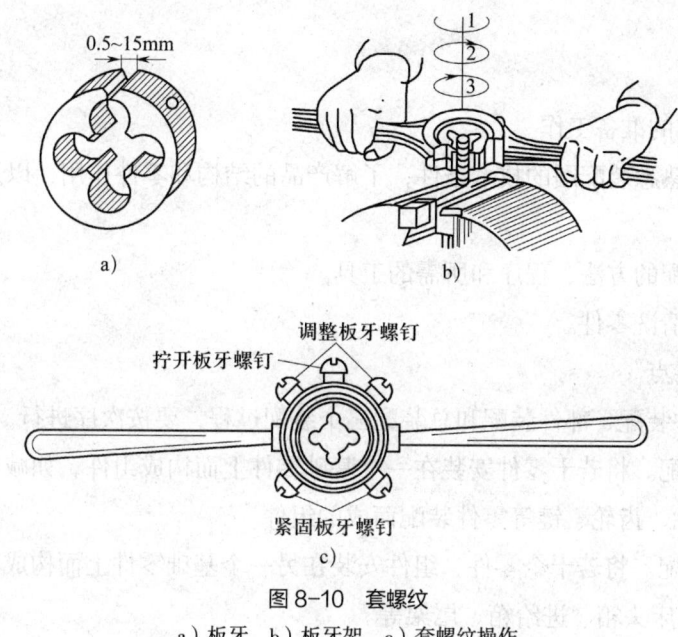

图 8-10 套螺纹
a) 板牙 b) 板牙架 c) 套螺纹操作

三、一般机械零部件的拆装

任何一台机器设备都由许多零件组成,将若干合格的零件按规定的技术要求组合成部件,或将若干零件和部件组合成机器设备,并经过调整、试验等成为合格产品的工艺过程称为装配。装配是机器制造中的最后一道工序,也是保证机器达到各项技术要求的关键,对产品的质量起着重要的作用。

1. 拆卸方法

(1) 机器拆卸工作,应按其结构的不同,预先考虑操作顺序,以免先后倒置,或贪图省事猛拆猛敲,造成零件的损伤或变形。

(2) 拆卸的顺序应与装配的顺序相反。

(3) 拆卸时,使用的工具必须保证对合格零件不会发生损伤,严禁用锤子直接在零件的工作表面上敲击。

(4) 拆卸时,零件的旋松方向必须辨别清楚。

(5) 拆下的零部件必须有次序、有规则地放好,并按原来结构套在一起;配合件应做记号,以免混乱。对丝杠、长轴类零件必须吊起存放,防止变形。

2. 装配方法

（1）装配前的准备工作

1）研究和熟悉装配图的技术条件，了解产品的结构和零件作用，以及相互连接的关系。

2）确定装配的方法、程序和所需的工具。

3）领取和清洗零件。

（2）装配要点

装配有组件装配、部件装配和总装配三个装配过程，要按次序进行。

1）组件装配。将若干零件安装在一个基础零件上而构成组件，如减速器中一根传动轴，就是由轴、齿轮、键等零件装配而成的组件。

2）部件装配。将若干个零件、组件安装在另一个基础零件上而构成部件（独立机构），如车床的床头箱、进给箱、尾架等。

3）总装配。将若干个零件、组件、部件组合成整台机器，如车床就是把几个箱体等部件、组件、零件组合而成。

培训项目三　质量管理知识

一、企业的质量方针

企业的质量方针是由企业的最高管理者批准发布的企业全面的质量宗旨和质量方向，是企业总方针的重要组成部分。企业的质量方针不仅提出和规定了企业在提供产品、技术或服务的质量要达到的标准水平，也是企业的经营理念在质量管理工作方面的体现。

企业的质量方针是每个职工必须熟记并在工作中认真贯彻的质量准则。每个职工首先要以企业的质量方针为宗旨，全面完成本岗位工作的质量目标；其次要把自身的工作岗位作为实现企业质量方针的一个环节，做好与上下工序之间的衔接配合，为全面实现企业质量方针作出自己的贡献；最后就是要精益求精，在工作中不断进行改善，努力提高产品和工作的质量,实现企业的质量宗旨,满足市场和客户的要求。

二、岗位的质量要求

岗位的质量要求是企业根据对产品、技术或服务最终的质量要求和本身的条件,对各个岗位质量工作提出的具体要求,一般体现在各个岗位的工作指导书或工艺规程中,主要包括操作程序、工作内容、工艺规程、参数控制、工序的质量指标、各项质量记录等。岗位的质量要求是每个职工必须做到的最基本的岗位工作职责。

三、岗位的质量保证措施与责任

岗位的质量保证措施与责任是为实现各个岗位的质量要求而采取的具体实施方法,主要有以下几方面内容。首先是要有明确的岗位质量责任制度,对岗位工作要按作业指导书或工艺规程的规定,明确岗位工作的质量标准以及上下工序之间、不同班次之间对应的质量问题的责任、处理方法和权限。其次是要经常通过对本岗位产生的质量问题进行统计与分析等活动,采用排列图、因果图和对策表等数理统计方法,提出解决这些问题的方法与措施;必要时经过专家咨询来改进岗位的工作,如取得明显效果,可在报告上级批准之后,将改进后的工作方法编入作业指导书或工艺规程,进一步规范和提高岗位的工作质量。最后就是要加强对员工的质量培训工作,提高职工的质量观念和质量意识,并针对岗位工作的特点,进行保证质量方面的方法与技能的学习和培训,提升操作者的技术水平,以提高产品、技术或服务的质量水平。

培训项目四　环境保护知识

一、环境污染的种类

环境是指影响人类生存和发展的各种天然的和经过人工改造的自然因素的总体,是以人类为中心的。环境污染是指人类直接或间接地向环境排放超过其自净能力的物质或能量，从而使环境的质量降低，对人类的生存与发展、生态系统和财产造成不利影响的现象。

环境污染具体包括：水污染、大气污染、噪声污染、放射性污染等。水污染是指水体因某种物质的介入，导致其化学、物理、生物或者放射性污染等方面特性的改变，从而影响其有效利用，危害人体健康或者破坏生态环境，造成水质恶化的现象。大气污染是指空气中污染物的浓度达到有害程度，以致破坏生态系统和人类正常生存、发展的条件，对人和生物造成危害的现象。噪声污染是指环境噪声超过国家规定的环境噪声排放标准，并干扰他人正常工作、学习、生活的现象。放射性污染是指由于人类活动造成物料、人体、场所、环境介质表面或内部出现超过国家标准的放射性物质或射线的现象。环境污染源主要有以下几方面。

1. 工厂排出的废烟、废气、废水、废渣和噪声。
2. 人们生活中排出的废烟、废气、噪声、脏水、垃圾。
3. 交通工具（燃油车辆、轮船、飞机等）排出的废气和噪声。
4. 大量使用化肥、杀虫剂、除草剂等化学物质的农田灌溉后流出的水。
5. 矿山废水、废渣。

二、电工作业主要环境危害的种类

1. 电磁辐射

电磁辐射是能量以电磁波形式从辐射源发射到空间的现象。对人们生活环境有影响的电磁污染分为天然电磁辐射和人为电磁辐射两种，大自然引起的如雷、电一类的电磁辐射属于天然电磁辐射类；而人为电磁辐射则主要包括脉冲放电、工频交变磁场、微波、射频电磁辐射等。人为电磁辐射污染源包括以下几种。

（1）计算机、电视、音响、微波炉、电冰箱等家用电器。

（2）手机、传真机、通信站等通信设备。

（3）高压电线以及电动机、电机设备等。

（4）飞机、电气铁路等。

（5）广播、电视发射台、手机发射基站、雷达系统等。

（6）电力产业的机房、卫星地面工作站、调度指挥中心等。

（7）应用微波、X射线等的医疗设备。

2. 电磁噪声

电磁噪声是由电磁场交替变化引起某些机械部件或空间容积振动而产生的噪声。产生电磁噪声的常见原因有线圈和铁芯空隙大、线圈松动、载波频率设置不当、线圈磁饱和等。电磁噪声的主要特性与交变电磁场的特性、被迫振动部件和空间的大小形状等因素有关。较高频的电磁噪声称为电磁啸叫。变压器和镇流器等发出的噪声是典型的电磁噪声；电动机和发电机的噪声中除了机械噪声外，就是电磁噪声。日常生活中，民用中小型变压器、开关电源、电感、电机等均可能产生电磁噪声。工业中变频器、大型电动机和变压器是主要的电磁噪声来源。

3. 工业废弃物

工业废弃物，即工业固体废弃物，是指工矿企业在生产活动过程中排放出来的各种废渣、粉尘及其他废物等，如化学工业的酸碱污泥、机械工业的废铸砂、食品工业的活性炭渣、纤维工业的动植物的纤维屑、硅酸盐工业的砖瓦碎块等。工业废弃物数量庞大、成分复杂、种类繁多，一般分为工业废物和工业有害固体废物，前者包括高炉渣、钢渣、赤泥、有色金属渣、粉煤灰、煤渣、硫酸渣、废石膏、盐泥等；后者包括有毒的、易燃的、有腐蚀性的、能传播疾病的及有强化学反应的废弃物。

三、电工作业主要环境危害的控制

1. 电磁辐射的控制

电磁辐射防护与治理的目的是减少、避免或者消除电磁辐射对人体健康和各种电子设备产生的不良影响或危害。对于各种产生电磁辐射的设备而言，从设计、制造到使用各个环节都要特别注意电磁辐射的污染问题。

（1）基本原则

1）屏蔽辐射源或辐射单元。

2）屏蔽工作点。

3）采用吸收材料，减少辐射源的直接辐射。

4）清除工作现场二次辐射。

5）屏蔽设施必须有良好的单独接地。

6）加强个人防护，如穿具有屏蔽功能的工作服、戴具有屏蔽功能的工作帽等。

（2）防护与治理措施

为了减少或避免高频电磁辐射对人体健康的危害和对环境的污染，应当采取防护与治理措施，其中很重要的是对高频电磁设备采取屏蔽、接地、滤波、阻波抑制等技术方法。

1）屏蔽。屏蔽就是采取一切技术措施，将电磁辐射的作用与影响限制在规定的空间范围以内，所以才有屏蔽体构件。所谓屏蔽体，是指用来消除场源空间内的辐射和限制其能量，而在场源直接占据的体积内所设置的零件的组合。

中、短波频段可用金属导体将辐射源屏蔽起来，并加以良好接地；高频段一般选用铜、铝作为屏蔽材料；超短波、微波段一般先用屏蔽材料和吸收材料制成复合材料，然后再做成屏蔽体，屏蔽材料应选择导电性能好和磁导率高的材料。

屏蔽结构要合理，在设计屏蔽结构时，应当注意屏蔽体对屏蔽设备特性的影响。通常屏蔽体的电磁感应会造成一部分能量被屏蔽体反射，致使电阻和电容量增加、电感量减少，从而使高频能量损耗过大。因此，屏蔽体与被屏蔽设备之间必须保持一定的距离，保持屏蔽结构的电气接触性能良好，并妥善进行屏蔽接地。当对微波设计屏蔽结构时，尤其要注意避免微波辐射的反射问题。

2）接地。接地是指将场源屏蔽体或屏蔽体部件内由于产生感应电流而采取迅速的引流，造成等电位分布的措施，也就是说，高频接地是将设备屏蔽体和大地之间，或者与大地可以看成公共点的某些构件之间，用低电阻的导体连接起来，形成电气通道，造成屏蔽系统与大地之间提供一个等电位分布。

接地系统包括接地线与接地极，接地系统射频防护接地情况的好坏直接关系到防护效果。接地的技术要求有：接地电阻要尽可能小；接地线与接地极以用铜材为好；接地极的环境条件要适当；接地极一般埋设在接地井内。任何屏蔽的接地线都要有足够的表面积，要尽可能短，以宽为 10 cm 的铜带为佳。接地极主要有三种方式：接地铜板、接地格网板、嵌入接地棒。地面下的管道（如水管、煤气管等）是可以充分利用的自然接地体，这种方法简单且节省费用，但是接地电阻较大，只适用于要求不高的场合。

3）滤波。线路滤波的作用就是保证有用信号通过，并阻截无用信号通过。滤波是抑制电磁干扰最有效的手段之一。电源网络的所有引入线，在其进入屏蔽室之处必须装设滤波器。滤波器是由电阻、电容和电感组成的一种网络器件。滤波器在电路中的设置位置是各式各样的，其设置位置要根据干扰侵入的途径确定。若导线分别引入屏蔽室，则要求对每一根导线都必须进行单独滤波。在对付电磁干扰信号的传导和某些辐射干扰方面，电源电磁干扰滤波器是相当有效的器件。

4）其他措施

①采用电磁辐射阻波抑制器,通过反作用场在一定程度上抑制无用的电磁散射。

②在新产品和新设备的设计制造时,尽可能使用低辐射产品。

③从规划着手,对各种电磁辐射设备进行合理安排和布局,并采用机械化或自动化作业,减少作业人员直接进入强电磁辐射区的次数或工作时间。

④使作业人员加强个体防护。

2. 电磁噪声的控制

噪声系统由噪声源、传播途径、接收方组成,因此控制噪声就要从这3个环节考虑。

(1) 从噪声源上控制噪声

控制噪声源是控制噪声最根本、最有效的途径。所谓噪声源控制,就是将发声大的设备改进成发声小的或者不发声的设备。工业噪声源主要有三大类,第一类是气动源,如通风机、鼓风机、空压机、高压气体放空时所产生的噪声等;第二类是振动声源,如锻锤、凿岩机等冲击噪声;第三类是电磁性噪声源,由于磁场脉动、电源频率脉动引起电器部件振动而产生,如发电机、变压器、继电器产生的噪声。对这些噪声大的设备进行远置或者采取隔离措施、提高机器的精密度、尽量减少机器部件的撞击摩擦和振动等,都可以降低或者消除噪声源的噪声排放。

(2) 从传播途径上降低噪声

如果受条件限制,很难从声源上根治噪声,就要在噪声的传播途径上采取措施加以控制,采用吸声体、消声器、隔声罩等。例如,城市高架桥采用隔音屏障,将直接面对向周围居民区的噪声进行隔离。

(3) 对噪声接收方进行保护

当其他措施不能实现时,个人防护是既经济又有效的措施。常用的防护装置有耳塞、耳罩和头盔等。

3. 工业废弃物的处理

(1) 减量化

减量化是指通过适宜的手段减少固体废弃物的数量和容积。减量化主要有两条途径,一是通过改革工艺、产品设计或改变社会消耗结构和废物发生机制来减少固体废弃物发生量;二是进行固体废弃物处理,如压缩、焚烧等。

(2) 无害化

无害化是指对固体废弃物进行工程处理,达到不损害人体健康、不污染周围自然环境的目的。

（3）资源化

资源化是指通过各种方法从固体废弃物中回收有用成分和能源，从而减少资源消耗，加速资源循环，保护环境。综合利用固体废弃物，可以收到良好的经济效益和环境效益。

培训项目五　现场文明生产

一、概述

电工生产场地要坚持文明生产，定期清扫、整理，经常保持场地环境的清洁卫生和整齐美观。消防设施应固定安放在便于取用的位置。

二、工具、材料的管理

电工生产场地的工具、材料应存放在干燥通风的处所，电气安全用具不允许与其他工具混放在一起，并应符合下列要求。

1. 绝缘杆应悬挂或架在支架上，不应与墙接触。
2. 绝缘手套应存放在密闭的橱内，并与其他工具仪表分别存放。
3. 绝缘靴应放在密闭的橱内，不应代替一般套鞋使用。
4. 绝缘垫和绝缘台应经常保持清洁，无损伤。
5. 高压验电器应存放在防潮的匣内，并放在干燥的地方。
6. 安全用具和防护用具不允许作为其他工具使用。
7. 考虑操作、维护、检修、试验、搬运的方便和安全，各个电气设备之间的尺寸应满足安全净距的要求。
8. 为了防止电火花或危险温度引起火灾，开关、插头、熔断器、电热器具、照明器具、电焊设备、电动机等均应根据需要适当避开易燃或易爆建筑构件。

三、卫生要求

按维护周期对设备进行清扫检查。保持设备的清洁，做到无油污，无积灰，油、气、水管道阀门无渗漏，瓷件无裂纹，电缆沟无积水、积油和杂物，盖板齐全，现场照明完好。

每班对值班室、控制室的家具、地面、电话机等清扫一次，并整理记录本、图样、书籍，经常保持整齐清洁。

建立卫生责任区，落实到人。每月进行一两次大清扫，清扫场地、道路，保持无积水、无油污、无垃圾、无散落元器件。安全用具和消防设施应齐全、合格。

变电站或有条件的配电站，要有计划地搞好绿化工作，站内草坪、花木要定期修剪，设备区的草高不得超过 300 mm，不准种植高秆作物。

金属构架和固定遮栏要定期刷漆，保持清洁美观。

职业模块九 法律、法规相关知识

- 培训项目一 《中华人民共和国劳动合同法》相关知识
- 培训项目二 《中华人民共和国电力法》相关知识
- 培训项目三 《中华人民共和国安全生产法》相关知识

培训项目一 《中华人民共和国劳动合同法》相关知识

一、《中华人民共和国劳动合同法》简介

《中华人民共和国劳动合同法》(以下简称《劳动合同法》)共包括八章、九十八项条款,涉及劳动合同的订立、劳动合同的履行和变更、劳动合同的解除和终止等内容。

二、《中华人民共和国劳动合同法》主要内容

1. 劳动合同的形式

劳动合同不仅是明确双方权利和义务的法律文书,也是今后双方产生劳动争议时主张权利的重要依据,员工进单位工作,首先应与单位签订书面劳动合同。

《劳动合同法》中将劳动合同分为固定期限、无固定期限和以完成一定工作任务为期限的劳动合同,还规定了全日制用工、非全日制用工和劳务派遣三种用工形式。其中,除了非全日制用工外,其他用工形式均需订立书面合同。

针对未订立书面劳动合同的情况,《劳动合同法》规定用人单位自用工之日起超过一个月不满一年未与劳动者签订劳动合同的,应当向劳动者每月支付2倍工资作为赔偿;当应签订而未签订劳动合同的情况满一年后,将视为"用人单位与该劳动者间已订立无固定期限劳动合同"。

2. 立法目的

《劳动合同法》的制定充分考虑了我国劳动关系双方当事人的情况,针对"强资本、弱劳工"的现实,内容侧重于对劳动者权益的维护,使劳动者的地位能够与用人单位达到一个相对平衡的水平。《劳动合同法》同样注重用人单位权益的维护,它既规定了劳动者的权利和义务,也规定了用人单位的权利和义务;既规定了用人单位的违

法责任,也规定了劳动者的违法责任。强调这种权利义务的对应性,才能构建和发展和谐稳定的劳动关系。

3. 用人单位不得向员工收取押金

酒店、餐饮等服务行业员工一般都要统一着装上岗,而有些用人单位却以此为由向员工收取几百元不等的服装押金。对用人单位的这种行为,《劳动合同法》做出了明确规定:用人单位招用劳动者,不得扣押劳动者的居民身份证和其他证件,不得要求劳动者提供担保或以其他名义向劳动者收取财物。

在用工过程中,如果必须穿着工作服,应当视为用人单位给员工提供的劳动条件之一,用人单位不可向员工收取押金。对于用人单位违法收取押金的行为,《劳动合同法》做出了明确规定:用人单位违反本法规定,以担保或者其他名义向劳动者收取财物的,由劳动行政部门责令限期退还劳动者本人,并以每人五百元以上二千元以下的标准处以罚款;给劳动者造成损害的,应当承担赔偿责任。

4. 试用期

有些用人单位通过与员工约定较长的试用期或者多次约定试用期,来规避对员工应尽的法律责任。《劳动合同法》对劳动者试用期限和工资都做出了详细的规定,有效遏制了企业滥用试用期的行为。

《劳动合同法》规定,同一用人单位与同一劳动者只能约定一次试用期,试用期包含在劳动合同期限内。其中劳动合同期限三个月以上不满一年的,试用期不得超过一个月;劳动合同期限一年以上不满三年的,试用期不得超过二个月;三年以上固定期限和无固定期限的劳动合同,试用期不得超过六个月。用人单位违法约定试用期的,将由劳动行政部门责令改正;违法约定的试用期已经履行的,由用人单位以劳动者试用期满月工资为标准、按已经履行的超过法定试用期的期间向劳动者支付赔偿金。

除试用期有明确规定外,《劳动合同法》对试用期间工资也给出了明确标准,即不得低于本单位相同岗位最低档工资或者劳动合同约定工资的百分之八十,并不得低于用人单位所在地的最低工资标准。

【案例 9-1】

1997 年 12 月,王某经体检、考核合格,与某单位签订了两年期的劳动合同。合同规定试用期为 6 个月。1998 年 1 月,王某患急性肺炎住院两个月,共花费医疗费 5 000 余元。出院后,单位以王某在试用期内患病,不符合录用条件为由,作出了解除劳动合同的决定。王某遂向当地的劳动争议仲裁委员会提出申诉。

【解析】这是一宗违反劳动合同法规的案件，用人单位的违法行为具有一定的隐蔽性。本案例中的用人单位以王某患病、不符合录用条件为由，在试用期内解除了与王某所签订的劳动合同，实际上是不正确的。首先，单位约定的试用期违反规定；其次，王某在签订劳动合同时，是经体检合格的，其所患疾病不是原来就有的，而是由于感冒等原因导致的急性肺炎；最后，急性肺炎是可以治愈的，且本案中的王某已治愈，治愈后对其所从事的工作没有影响。因此，单位不允许以试用期内患病为由，而解除其劳动合同，且试用期应纠正为两个月。

5. 劳动合同必备条款

《劳动合同法》规定了劳动合同的必备条款，与《中华人民共和国劳动法》相比，增加了工作地点、工作时间和休息休假、社会保险、职业危害防护等重要内容，更加有利于维护劳动者的合法权益。

6. 违约金

一些用人单位与员工签订劳动合同时，往往以设定高额违约金的方式来限制员工流动，《劳动合同法》对违约金的设定有明确规定，除两种特殊情况外，用人单位不得与劳动者约定由劳动者承担违约金。这两种情况分别是：第一，用人单位为劳动者提供专项培训费用，对其进行专业技术培训并约定了服务期后，员工违反服务期约定的，应当按照约定向用人单位支付违约金；第二，负有保密义务的劳动者违反竞业限制责任或保密协议时，员工也应承担违约金责任。

【案例 9-2】
小刘是某建筑公司的农民工，与建筑公司签订了为期 10 年的合同，合同虽然仅几十条，却规定了 10 多项违约金条款，其中有一项是如果小刘跳槽，需一次性支付 10 万元违约金。工作半年后，小刘发现了另一家建筑公司招人，开出的条件和待遇都比现在的单位好很多。他想跳槽，但面对巨额违约金，又陷入了深深的苦恼之中。

【解析】为防止劳动者跳槽，不少用人单位都规定了高额违约金。按照《劳动合同法》对违约金的相关规定，除上述两种特殊情况外，其余一切情况包括劳动者跳槽都不需要向用人单位支付高额违约金。不过，劳动者跳槽仍需支付一定代价，《劳动合同法》第九十条规定，劳动者违反法律规定解除劳动合同，给用人单位造成损失的，应当承担赔偿责任。因此，依据《劳动合同法》的规定，该建筑公司约定的高额跳槽违约金是无效的，小刘只要在赔偿对该公司造成的损失后就可跳槽去另一家建筑公司。

7. 无固定期限劳动合同

一些劳动者认为签了无固定期限就等于捧上了"铁饭碗",一些用人单位则认为与员工签订无固定期限劳动后就不能解除,其实这些都是对"无固定期限劳动合同"的误解。

实际上,无固定期限劳动合同除了不能以合同到期为由解除外,解除条件与固定期限劳动合同无其他区别,同样可以通过双方协商或依法律规定而解除。根据《劳动合同法》规定,若员工出现严重违反用人单位的规章制度,严重失职,营私舞弊,给用人单位造成重大损害等情况时,用人单位仍可解除劳动合同。

8. 劳务派遣用工成本提高

劳务派遣近年来因其成本低、用工灵活、便于管理的优势在我国迅速发展,劳务派遣用工形式非常普遍。但长期以来劳务派遣工的权益得不到保护,使随意克扣工资、同工不同酬等现象屡屡发生。

为了让劳务派遣工享受与正式员工同等的待遇,《劳动合同法》对规范劳务派遣用工做了一系列的规定,大大提高了劳务派遣的成本,值得用工单位和被劳务派遣者注意。第一,在选择劳务派遣单位时,应与具有合法资质、注册资本不少于50万元的公司进行合作;第二,劳务派遣单位与被派遣劳动者签订的劳动合同,期限不能少于二年,被派遣劳动者在无工作期间,派遣单位应当按照所在地人民政府规定的最低工资标准,向其按月支付报酬;第三,被派遣劳动者不用向劳务派遣单位、实际用工单位支付任何派遣费用;第四,被跨地区派遣的员工,其劳动报酬和劳动条件,按用工单位所在地标准执行;第五,本着同工同酬的原则,实际用工单位应当向派遣员工支付加班费、绩效奖金,发放与工作岗位相关的福利待遇;第六,派遣员工在实际用工单位连续工作的,同样适用该单位的工资调整机制;第七,用人单位不得设立劳务派遣单位向本单位或者所属单位进行再次派遣。

三、工作中应注意的问题

1. 签订劳动合同可以有效保护劳动者和企业经营者双方的权益,因此无论是劳动者还是企业经营者都应当依法签订劳动合同。

2. 用人单位应使用劳动行政部门提供的劳动合同范本,如未使用劳动合同范本,则需注意自行设计劳动合同文本也应具备《劳动合同法》规定的必备条款,否则将由劳动行政部门责令改正，给劳动者造成损害的，还要承担赔偿责任。

3. 员工手册、企业制度应通过企业工会确认。

培训项目二 《中华人民共和国电力法》相关知识

为了保障和促进电力事业的发展，维护电力投资者、经营者和使用者的合法权益，保障电力安全运行，制定《中华人民共和国电力法》。本法适用于中华人民共和国境内的电力建设、生产、供应和使用活动。

一、电力建设

电力发展规划应当根据国民经济和社会发展的需要制定，并纳入国民经济和社会发展计划。电力发展规划，应当体现合理利用能源、电源与电网配套发展、提高经济效益和有利于环境保护的原则。

城市电网的建设与改造规划，应当纳入城市总体规划。城市人民政府应当按照规划，安排变电设施用地、输电线路走廊和电缆通道。任何单位和个人不得非法占用变电设施用地、输电线路走廊和电缆通道。

国家通过制定有关政策，支持、促进电力建设。地方人民政府应当根据电力发展规划，因地制宜，采取多种措施开发电源，发展电力建设。

电力投资者对其投资形成的电力，享有法定权益。并网运行的，电力投资者有优先使用权；未并网的自备电厂，电力投资者自行支配使用。

电力建设项目应当符合电力发展规划，符合国家电力产业政策。电力建设项目不得使用国家明令淘汰的电力设备和技术。

输变电工程、调度通信自动化工程等电网配套工程和环境保护工程，应当与发电工程项目同时设计、同时建设、同时验收、同时投入使用。

电力建设项目使用土地，应当依照有关法律、行政法规的规定办理；依法征收土地的，应当依法支付土地补偿费和安置补偿费，做好迁移居民的安置工作。电力建设应当贯彻切实保护耕地、节约利用土地的原则。地方人民政府对电力事业依法使用土地和迁移居民，应当予以支持和协助。

地方人民政府应当支持电力企业为发电工程建设勘探水源和依法取水、用水。电力企业应当节约用水。

二、电力生产与电网管理

电力生产与电网运行应当遵循安全、优质、经济的原则。电网运行应当连续、稳定，保证供电可靠性。

电力企业应当加强安全生产管理，坚持安全第一、预防为主的方针，建立、健全安全生产责任制度。电力企业应当对电力设施定期进行检修和维护，保证其正常运行。

发电燃料供应企业、运输企业和电力生产企业应当依照国务院有关规定或者合同约定供应、运输和接卸燃料。

电网运行实行统一调度、分级管理。任何单位和个人不得非法干预电网调度。

国家提倡电力生产企业与电网、电网与电网并网运行。具有独立法人资格的电力生产企业要求将生产的电力并网运行的，电网经营企业应当接受。并网运行必须符合国家标准或者电力行业标准。并网双方应当按照统一调度、分级管理和平等互利、协商一致的原则，签订并网协议，确定双方的权利和义务；并网双方达不成协议的，由省级以上电力管理部门协调决定。

三、电力供应与使用

国家对电力供应和使用，实行安全用电、节约用电、计划用电的管理原则。电力供应与使用办法由国务院依照本法的规定制定。

供电企业在批准的供电营业区内向用户供电。供电营业区的划分，应当考虑电网的结构和供电合理性等因素。一个供电营业区内只设立一个供电营业机构。供电营业区的设立、变更，由供电企业提出申请，电力管理部门依据职责和管理权限，会同同级有关部门审查批准后，发给"电力业务许可证"。供电营业区设立、变更的具体办法，由国务院电力管理部门制定。

供电营业区内的供电营业机构，对本营业区内的用户有按照国家规定供电的义务；不得违反国家规定对其营业区内申请用电的单位和个人拒绝供电。申请新装用电、临时用电、增加用电容量、变更用电和终止用电，应当依照规定的程序办理手续。供电企业应当在其营业场所公告用电的程序、制度和收费标准，并提供用户须知资料。

电力供应与使用双方应当根据平等自愿、协商一致的原则，按照国务院制定的电力供应与使用办法签订供用电合同，确定双方的权利和义务。

供电企业应当保证供给用户的供电质量符合国家标准。对公用供电设施引起的供电质量问题，应当及时处理。用户对供电质量有特殊要求的，供电企业应当根据其必要性和电网的可能，提供相应的电力。

供电企业在发电、供电系统正常的情况下，应当连续向用户供电，不得中断。因供电设施检修、依法限电或者用户违法用电等原因，需要中断供电时，供电企业应当按照国家有关规定事先通知用户。用户对供电企业中断供电有异议的，可以向电力管理部门投诉；受理投诉的电力管理部门应当依法处理。

因抢险救灾需要紧急供电时，供电企业必须尽速安排供电，所需供电工程费用和应付电费依照国家有关规定执行。

用户应当安装用电计量装置。用户使用的电力电量，以计量检定机构依法认可的用电计量装置的记录为准。用户受电装置的设计、施工安装和运行管理，应当符合国家标准或者电力行业标准。

用户用电不得危害供电、用电安全和扰乱供电、用电秩序。对危害供电、用电安全和扰乱供电、用电秩序的，供电企业有权制止。

供电企业应当按照国家核准的电价和用电计量装置的记录，向用户计收电费。供电企业查电人员和抄表收费人员进入用户，进行用电安全检查或者抄表收费时，应当出示有关证件。

用户应当按照国家核准的电价和用电计量装置的记录，按时交纳电费；对供电企业查电人员和抄表收费人员依法履行职责，应当提供方便。

供电企业和用户应当遵守国家有关规定，采取有效措施，做好安全用电、节约用电和计划用电工作。

四、电力设施保护

任何单位和个人不得危害发电设施、变电设施和电力线路设施及其有关辅助设施。在电力设施周围进行爆破及其他可能危及电力设施安全的作业的，应当按照国务院有关电力设施保护的规定，经批准并采取确保电力设施安全的措施后，方可进行作业。

电力管理部门应当按照国务院有关电力设施保护的规定，对电力设施保护区设立标志。任何单位和个人不得在依法划定的电力设施保护区内修建可能危及电力设施安全的建筑物、构筑物，不得种植可能危及电力设施安全的植物，不得堆放可能危及电力设施安全的物品。在依法划定电力设施保护区前已经种植的植物妨碍电力设施安全的，应当修剪或者砍伐。

任何单位和个人需要在依法划定的电力设施保护区内进行可能危及电力设施安全的作业时，应当经电力管理部门批准并采取安全措施后，方可进行作业。

电力设施与公用工程、绿化工程和其他工程在新建、改建或者扩建中相互妨碍时，有关单位应当按照国家有关规定协商，达成协议后方可施工。

五、法律责任

电力企业或者用户违反供用电合同，给对方造成损失的，应当依法承担赔偿责任。电力企业违反法律规定，未保证供电质量或者未事先通知用户中断供电，给用户造成损失的，应当依法承担赔偿责任。

因电力运行事故给用户或者第三人造成损害的，电力企业应当依法承担赔偿责任。电力运行事故由下列原因之一造成的，电力企业不承担赔偿责任：

1. 不可抗力。
2. 用户自身的过错。

因用户或者第三人的过错给电力企业或者其他用户造成损害的，该用户或者第三人应当依法承担赔偿责任。

非法占用变电设施用地、输电线路走廊或者电缆通道的，由县级以上地方人民政府责令限期改正；逾期不改正的，强制清除障碍。

电力建设项目不符合电力发展规划、产业政策的，由电力管理部门责令停止建设。电力建设项目使用国家明令淘汰的电力设备和技术的，由电力管理部门责令停止使用，没收国家明令淘汰的电力设备，并处五万元以下的罚款。

未经许可，从事供电或者变更供电营业区的，由电力管理部门责令改正，没收违法所得，可以并处违法所得五倍以下的罚款。

拒绝供电或者中断供电的，由电力管理部门责令改正，给予警告；情节严重的，对有关主管人员和直接责任人员给予行政处分。

危害供电、用电安全或者扰乱供电、用电秩序的，由电力管理部门责令改正，给予警告；情节严重或者拒绝改正的，可以中止供电，可以并处五万元以下的罚款。

未按照国家核准的电价和用电计量装置的记录向用户计收电费、超越权限制定电价或者在电费中加收其他费用的，由物价行政主管部门给予警告，责令返还违法收取的费用，可以并处违法收取费用五倍以下的罚款；情节严重的，对有关主管人员和直接责任人员给予行政处分。

减少农业和农村用电指标的,由电力管理部门责令改正;情节严重的,对有关主管人员和直接责任人员给予行政处分;造成损失的,责令赔偿损失。

未经批准或者未采取安全措施在电力设施周围或者在依法划定的电力设施保护区内进行作业,危及电力设施安全的,由电力管理部门责令停止作业、恢复原状并赔偿损失。

在依法划定的电力设施保护区内修建建筑物、构筑物或者种植植物、堆放物品,危及电力设施安全的,由当地人民政府责令强制拆除、砍伐或者清除。

有下列行为之一,应当给予治安管理处罚的,由公安机关依照治安管理处罚法的有关规定予以处罚;构成犯罪的,依法追究刑事责任。

1. 阻碍电力建设或者电力设施抢修,致使电力建设或者电力设施抢修不能正常进行的;

2. 扰乱电力生产企业、变电所、电力调度机构和供电企业的秩序,致使生产、工作和营业不能正常进行的;

3. 殴打、公然侮辱履行职务的查电人员或者抄表收费人员的;

4. 拒绝、阻碍电力监督检查人员依法执行职务的。

盗窃电能的,由电力管理部门责令停止违法行为,追缴电费并处应交电费五倍以下的罚款;构成犯罪的,依照刑法有关规定追究刑事责任。盗窃电力设施或者以其他方法破坏电力设施,危害公共安全的,依照刑法有关规定追究刑事责任。

电力管理部门的工作人员滥用职权、玩忽职守、徇私舞弊,构成犯罪的,依法追究刑事责任;尚不构成犯罪的,依法给予行政处分。电力企业职工违反规章制度、违章调度或者不服从调度指令,造成重大事故的,依照刑法有关规定追究刑事责任。电力企业职工故意延误电力设施抢修或者抢险救灾供电,造成严重后果的,依照刑法有关规定追究刑事责任。电力企业的管理人员和查电人员、抄表收费人员勒索用户、以电谋私,构成犯罪的,依法追究刑事责任;尚不构成犯罪的,依法给予行政处分。

【例9-3】

某人盗走本村附近220 kV回路输电线路铁塔角钢若干,造成倒塔,致使某地区停电10余小时,给用户造成很大损失;该人在赃物出手后获利400余元。

【解析】他的行为构成了破坏电力设备罪。

破坏电力设备罪是指故意破坏电力设备、危害公共安全尚未造成严重后果或者已经造成严重后果的行为。本罪侵犯的对象是正在使用的电力设备,包括用来发电、供电的公共设备,如电厂、变压器、输电设备等。破坏电力设备的方法多种多样,如毁坏、拆卸、割断等。

按照中国刑法第118条、第119条规定，破坏电力设备罪尚未造成严重后果的，处三年以上十年以下有期徒刑，造成严重后果的，处十年以上有期徒刑、无期徒刑或者死刑。

培训项目三 《中华人民共和国安全生产法》相关知识

一、《中华人民共和国安全生产法》概述

《中华人民共和国安全生产法》是为了加强安全生产工作，防止和减少生产安全事故，保障人民群众生命和财产安全，促进经济社会持续健康发展而制定。

《中华人民共和国安全生产法》（以下简称《安全生产法》）共七章一百一十九条，涉及立法的目的、生产经营单位的安全生产保障、从业人员的安全生产权利义务、安全生产的监督管理、生产安全事故的应急救援与调查处理、法律责任等内容。

二、《中华人民共和国安全生产法》主要内容

1. 在中华人民共和国领域内从事生产经营活动的单位（以下统称生产经营单位）的安全生产，适用《安全生产法》；有关法律、行政法规对消防安全和道路交通安全、铁路交通安全、水上交通安全、民用航空安全以及核与辐射安全、特种设备安全另有规定的，适用其规定。

2. 安全生产工作坚持中国共产党的领导。安全生产工作应当以人为本，坚持安全发展，坚持安全第一、预防为主、综合治理的方针，强化和落实生产经营单位的主体责任，建立生产经营单位负责、职工参与、政府监管、行业自律和社会监督的机制。

3. 生产经营单位必须遵守《安全生产法》和其他有关安全生产的法律、法规，加强安全生产管理，建立、健全安全生产责任制和安全生产规章制度，改善安全生产条件，加强安全生产标准化、信息化建设，提高安全生产水平，确保安全生产。

4. 生产经营单位的主要负责人对本单位的安全生产工作全面负责。

5. 生产经营单位的从业人员有依法获得安全生产保障的权利,并应当依法履行安全生产方面的义务。

6. 生产经营单位的工会依法组织职工参加本单位安全生产工作的民主管理和民主监督,维护职工在安全生产方面的合法权益。生产经营单位制定或者修改有关安全生产的规章制度,应当听取工会的意见。

三、从业人员的安全生产权利义务

1. 生产经营单位与从业人员订立的劳动合同,应当载明有关保障从业人员劳动安全、防止职业危害的事项,以及依法为从业人员办理工伤保险的事项。

2. 生产经营单位不得以任何形式与从业人员订立协议,免除或者减轻其对从业人员因生产安全事故伤亡依法应承担的责任。

3. 生产经营单位的从业人员有权了解其作业场所和工作岗位存在的危险因素、防范措施及事故应急措施,有权对本单位的安全生产工作提出建议。

4. 从业人员有权对本单位安全生产工作中存在的问题提出批评、检举、控告;有权拒绝违章指挥和强令冒险作业。

生产经营单位不得因从业人员对本单位安全生产工作提出批评、检举、控告或者拒绝违章指挥、强令冒险作业而降低其工资、福利等待遇或者解除与其订立的劳动合同。

5. 从业人员发现直接危及人身安全的紧急情况时,有权停止作业或者在采取可能的应急措施后撤离作业场所。生产经营单位不得因从业人员在前款紧急情况下停止作业或者采取紧急撤离措施而降低其工资、福利等待遇或者解除与其订立的劳动合同。

6. 因生产安全事故受到损害的从业人员,除依法享有工伤保险外,依照有关民事法律尚有获得赔偿的权利的,有权向本单位提出赔偿要求。

7. 从业人员在作业过程中,应当严格落实岗位安全责任,遵守本单位的安全生产规章制度和操作规程,服从管理,正确佩戴和使用劳动防护用品。

8. 从业人员应当接受安全生产教育和培训,掌握本职工作所需的安全生产知识,提高安全生产技能,增强事故预防和应急处理能力。

9. 从业人员发现事故隐患或者其他不安全因素,应当立即向现场安全生产管理人员或者本单位负责人报告;接到报告的人员应当及时予以处理。

10. 工会有权对建设项目的安全设施与主体工程同时设计、同时施工、同时投入生产和使用进行监督，提出意见。

11. 生产经营单位使用被派遣劳动者的，被派遣劳动者享有本法规定的从业人员的权利，并应当履行本法规定的从业人员的义务。

四、相关法律责任

1. 生产经营单位有下列行为之一的，责令限期改正，可以处五万元以下的罚款，对其直接负责的主管人员和其他直接责任人员可以处一万元以下的罚款；逾期未改正的，责令停产停业整顿；构成犯罪的，依照刑法有关规定追究刑事责任：

（1）生产、经营、储存、使用危险物品的车间、商店、仓库与员工宿舍在同一座建筑内，或者与员工宿舍的距离不符合安全要求的；

（2）生产经营场所和员工宿舍未设有符合紧急疏散需要、标志明显、保持畅通的出口、疏散通道，或者占用、锁闭、封堵生产经营场所或者员工宿舍出口、疏散通道的。

2. 生产经营单位与从业人员订立协议，免除或者减轻其对从业人员因生产安全事故伤亡依法应承担的责任的，该协议无效；对生产经营单位的主要负责人、个人经营的投资人处二万元以上十万元以下的罚款。

3. 生产经营单位的从业人员不落实岗位安全责任，不服从管理，违反安全生产规章制度或者操作规程的，由生产经营单位给予批评教育，依照有关规章制度给予处分；构成犯罪的，依照刑法有关规定追究刑事责任。

4. 违反本法规定，生产经营单位拒绝、阻碍负有安全生产监督管理职责的部门依法实施监督检查的，责令改正；拒不改正的，处二万元以上二十万元以下的罚款；对其直接负责的主管人员和其他直接责任人员处一万元以上二万元以下的罚款；构成犯罪的，依照刑法有关规定追究刑事责任。

5. 生产经营单位的主要负责人在本单位发生生产安全事故时，不立即组织抢救或者在事故调查处理期间擅离职守或者逃匿的，给予降级、撤职的处分，并由安全生产监督管理部门处上一年年收入百分之六十至百分之一百的罚款；对逃匿的处十五日以下拘留；构成犯罪的，依照刑法有关规定追究刑事责任。

生产经营单位的主要负责人对生产安全事故隐瞒不报、谎报或者迟报的，依照前款规定处罚。

6. 有关地方人民政府、负有安全生产监督管理职责的部门，对生产安全事故隐瞒不报、谎报或者迟报的，对直接负责的主管人员和其他直接责任人员依法给予处分；

构成犯罪的，依照刑法有关规定追究刑事责任。

7. 生产经营单位不具备本法和其他有关法律、行政法规和国家标准或者行业标准规定的安全生产条件，经停产停业整顿仍不具备安全生产条件的，予以关闭；有关部门应当依法吊销其有关证照。

8. 本法规定的行政处罚，由安全生产监督管理部门和其他负有安全生产监督管理职责的部门按照职责分工决定。予以关闭的行政处罚由负有安全生产监督管理职责的部门报请县级以上人民政府按照国务院规定的权限决定；给予拘留的行政处罚由公安机关依照治安管理处罚法的规定决定。

9. 生产经营单位发生生产安全事故造成人员伤亡、他人财产损失的，应当依法承担赔偿责任；拒不承担或者其负责人逃匿的，由人民法院依法强制执行。

生产安全事故的责任人未依法承担赔偿责任，经人民法院依法采取执行措施后，仍不能对受害人给予足额赔偿的，应当继续履行赔偿义务；受害人发现责任人有其他财产的，可以随时请求人民法院执行。